中等职业教育系列教材

Photoshop CS3 实例教程

主编 曲 威

主审 李明志

西安电子科技大学出版社

内 容 简 介

本书以案例为主线，全面系统地介绍了 Photoshop CS3 的基本功能和常用工具。全书共分 8 章，第 1～7 章依次介绍了与 Photoshop 相关的基础知识、绘图与基本操作、图层与图层样式的应用、路径工具、滤镜、通道与蒙版、图像色彩与色调调整，第 8 章为读者提供了多个实战案例，以进一步提高操作能力。

本书附带光盘一张，盘内包括了本书所有案例的素材及案例的源文件，可帮助读者更好地学习 Photoshop CS3 的相关知识。

本书可作为中专相关专业学生和电脑短期培训班的教材，也可作为 Photoshop CS3 初学者的自学教材。

图书在版编目(CIP)数据

Photoshop CS3 实例教程/曲威主编. —西安：西安电子科技大学出版社，2017.7

中等职业教育系列教材

ISBN 978-7-5606-4520-9

Ⅰ. ① P…　Ⅱ. ① 曲…　Ⅲ. ① 图象处理软件—教材　Ⅳ. ① TP391.413

中国版本图书馆 CIP 数据核字(2017)第 150642 号

策　　划　戚文艳

责任编辑　王　瑛

出版发行　西安电子科技大学出版社(西安市太白南路 2 号)

电　　话　(029)88242885　88201467　　邮　　编　710071

网　　址　www.xduph.com　　电子邮箱　xdupfxb001@163.com

经　　销　新华书店

印刷单位　陕西利达印务有限责任公司

版　　次　2017 年 7 月第 1 版　2017 年 7 月第 1 次印刷

开　　本　787 毫米×1092 毫米　1/16　印　张　17.5

字　　数　414 千字

印　　数　1～3000 册

定　　价　36.00 元(含光盘)

ISBN 978-7-5606-4520-9/TP

XDUP 4812001-1

如有印装问题可调换

前　言

Adobe 公司的 Photoshop 是目前全球使用最为广泛的图形图像处理软件和专业平面设计工具之一，其卓越的性能使其同类产品望尘莫及。从极具有视觉冲击力的各类海报、宣传单到网络上令人目眩的图像，以及平时我们亲自动手处理的数码照片，可以说在生活的每一个角落里都会发现 Photoshop 的存在，Photoshop 正在逐渐地渗入我们的日常生活。

1．本书特色

由于编者是多年从事教学的一线教师，十分了解中专生和初学者的学习心理——他们常常希望由有趣的案例入手来学习相关知识，如果涉及的知识过多过深，往往就会失去学习兴趣。因此本书每个章节的知识点顺序是根据案例所涉及的知识点来安排的，这样有利于初学者边学习边巩固，使初学者较易、较快地打开 Photoshop 这扇大门。

2．本书读者对象

本书主要是为中专学校相关专业学生和电脑短期培训班而编写的教材，同样也适用于正欲寻找合适教程的初学者。

3．本书内容安排

第 1 章介绍了与 Photoshop CS3 相关的基础知识，第 2 章介绍了绘图与图像的基本操作以及文字的编辑与排版，第 3 章介绍了图层的应用与管理以及图层样式的应用，第 4、5 章介绍了路径工具和滤镜工具的应用，第 6 章详细介绍了通道与蒙版的应用，第 7 章介绍了图像色彩与色调调整，第 8 章为读者提供了进一步提高操作能力的多个实战案例。

4．本书配套光盘

本书附带光盘一张，盘内包括了本书所有案例和练习的素材、案例的样本以及案例的源文件，以帮助读者更好地学习 Photoshop CS3 的相关知识。

素材与源文件均可直接在相应的章节目录下找到。比如，在“2.7.4 制作‘洗衣粉宣传海报’”小节中，要求读者打开该案例样本“蝶恋花洗衣粉海报.jpg”进行参照绘画，读者可直接在光盘中的“\素材\第 2 章\2.7”目录下找到相应的“蝶恋花洗衣粉海报.jpg”文件。参照此方式，读者完全可以找到其它所需的文件。因此，在本书内容中不再指出各素材及源文件所在的具体目录位置，敬请读者留意。

5．本书的学习建议

通常，我们都是先学习案例所涉及的基本操作知识后，再进入案例的学习。不过，也可以按照书中所提供的案例操作步骤直接进入学习，通过案例来掌握相关的基本操作知识。这样做的好处是容易保持学习兴趣，学习过程中不易感到枯燥。若直接进入案例的学习，建议学完案例后，一定要倒回来把本书中写在案例前面的基本知识再看一遍，这样不仅学习起来相对简单，而且更重要的是可将知识梳理和深化。

本书由曲威主编，李明志主审。

本书在编写过程中，得到了很多人的大力支持与热切关心，在此深表感谢。

由于编者水平所限，书中难免有不妥之处，恳请读者批评指正(联系方式 E-mail: qw_lyl@sina.com)。

编 者
2017年4月

目　录

第 1 章

初识Photoshop CS3

本章导读

自从 Adobe 公司的 Photoshop(简称 PS)软件问世以来，它一直是最受世人喜爱的平面图形图像处理软件之一，它功能强大、操作快捷，并且具有超强的灵活性。

本章主要介绍中文版 Photoshop CS3 的工作界面、文件管理、图像浏览、辅助功能的使用以及操作步骤的撤销与恢复等基本操作，并介绍与 Photoshop CS3 相关的基础知识。通过本章的学习，读者可以对 Photoshop CS3 有一个初步的认识。

学习要点

※ Photoshop CS3 的工作界面、工具箱、工具选项栏和控制调板。
※ Photoshop CS3 的文件管理、图像的缩放与查看。
※ Photoshop CS3 的标尺、网格和参考线的设置。
※ 利用 Photoshop CS3 菜单命令和历史记录调板进行操作步骤的撤销与恢复。
※ Photoshop CS3 的矢量图与位图、像素与分辨率以及颜色模式等基本概念。

1.1　Photoshop CS3 的工作界面

启动 Photoshop CS3 软件后，打开任意一幅图像，就会出现如图 1-1-1 所示的界面。

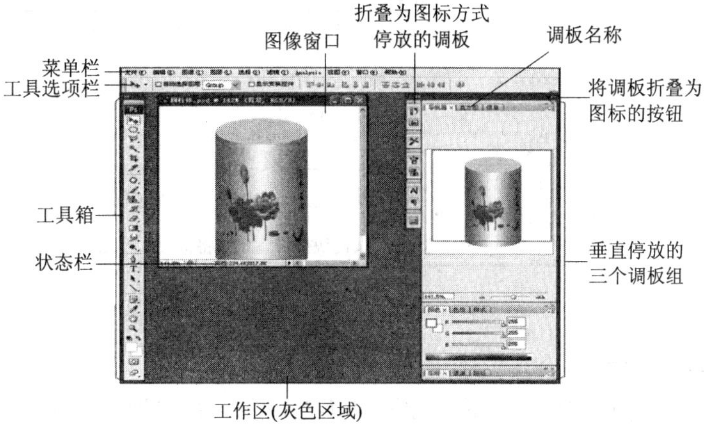

图 1-1-1　Photoshop CS3 的工作界面

可以看出，Photoshop CS3 的工作界面包含了菜单栏、图像窗口、状态栏、工具箱、工具选项栏和控制调板等。下面对各个栏目和选项进行详细的介绍。

1.1.1　菜单栏、图像窗口、状态栏

1. 菜单栏

菜单栏在工作界面的最上方，共包括 10 个主菜单，每个主菜单下又包含多个子菜单，使用菜单命令可执行大部分 Photoshop CS3 的命令。如图 1-1-2 所示，单击各主菜单就会显示相应的子菜单，然后在弹出的子菜单中选择相应的命令。还可以通过按住【Alt】键不放，再按菜单栏命令名称右边带下划线字母的快捷键方式打开菜单和执行命令。比如，按住【Alt】键不放，再按【F】键，就可打开【文件】菜单，再按【N】键，就可以执行【新建】命令，打开【新建】对话框。

下面说明子菜单的一些特定规则。

如图 1-1-2 所示，若子菜单名称后边有“…”，则表示单击该命令后会弹出对话框；若子菜单名称后边有三角按钮“▸”，则表示单击该命令后还会出现下一级子菜单；若子菜单名称呈灰色状态，则表示该命令当前不可用；若某一子菜单名称的最右边有快捷键，则按此快捷键，系统将直接执行此命令，无需在菜单中选择。比如，要新建一个文件，既可选择菜单【文件】/【新建】命令新建文件，也可直接用按【Ctrl+N】键的快捷方式新建文件。

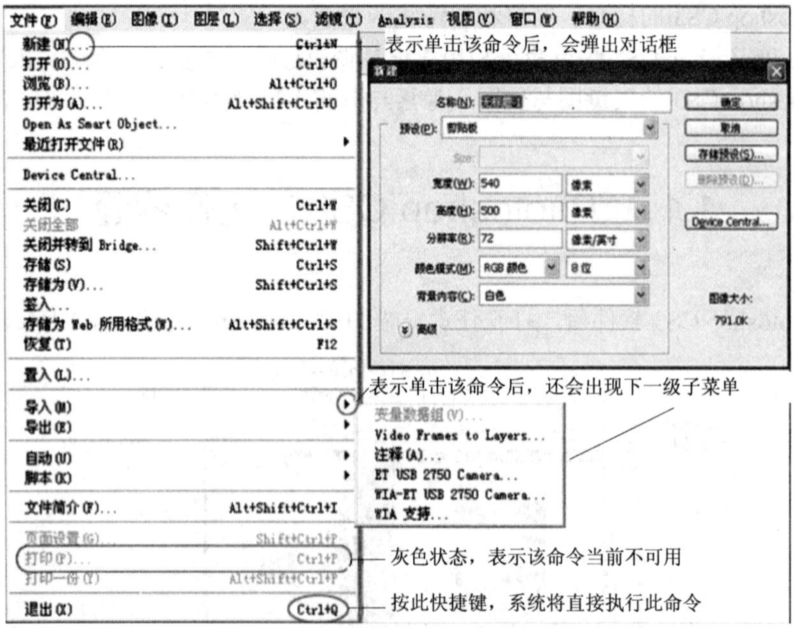

图 1-1-2　菜单栏与子菜单的使用

2. 图像窗口和状态栏

图像窗口即图像文件的显示区域，如图 1-1-3 所示。窗口顶部有文件名称、页面比例的显示信息；窗口底部的横条即状态栏，为用户提供当前图像的一些状态信息。图像的各种编辑和操作都在图像窗口中进行。

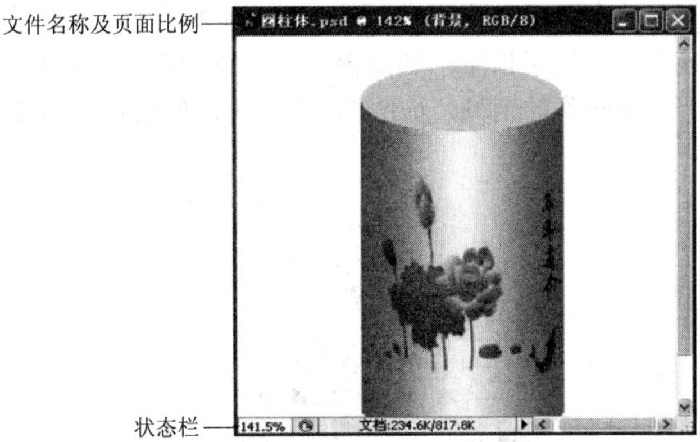

图 1-1-3　图像窗口

1.1.2　工具箱、工具选项栏、控制调板

1．工具箱

Photoshop CS3 中，在默认状态下，工具箱位于工作界面的左侧且为单列状态(见图 1-1-1)，不再像以前版本中呈双列状态。可以通过双击如图 1-1-4 所示的工具箱左上方的按钮，将其展开为双列；若再双击，可将其收缩为单列。

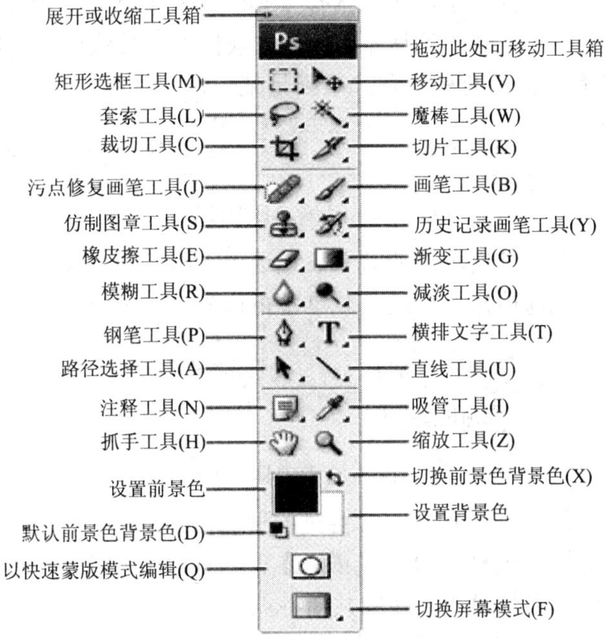

图 1-1-4　工具箱

通过图 1-1-4 的展示，可看到工具箱包含了图像处理时最常用的基本工具。通过这些工具，我们可以输入文字，选择对象，绘制、取样、编辑、移动、注释和查看图像，还可以更改前景色和背景色，创建蒙版以及改变屏幕显示模式等。如果要显示或隐藏工具箱，则通过菜单【窗口】/【工具】命令进行选择。

我们可在工具箱中单击图标选择所需工具。当把鼠标指针悬停在任何一个工具按钮上时，都会出现关于该工具的提示信息。如果该工具按钮的右下角有小三角形，可在工具按钮上单击鼠标右键查看其隐藏的工具，如图 1-1-5 所示，然后单击所需选择的工具。

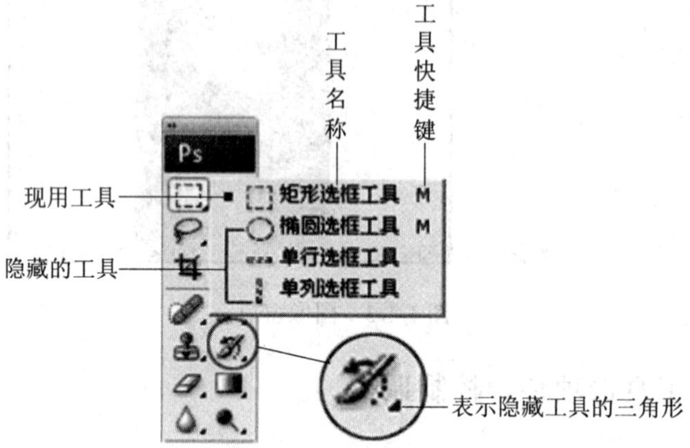

图 1-1-5　工具箱的使用

2. 工具选项栏

工具选项栏位于工作界面顶部菜单栏的下方。在工具箱中选择某一工具后，选项栏中就会显示出该工具的各个属性选项，比如选择【画笔工具】后，其选项栏如图 1-1-6 所示。工具选项栏会随着选择不同的工具而变化，选项栏中的某些设置选项(如绘画模式和不透明度)是几种工具共有的，而有些设置选项则是某一种工具所特有的。

图 1-1-6　画笔工具选项栏

当把鼠标指针悬停在工具选项栏的某一设置选项上时，会出现相应的提示，如图 1-1-7 所示。如果要显示或隐藏选项栏，可通过菜单【窗口】/【选项】命令进行选择。

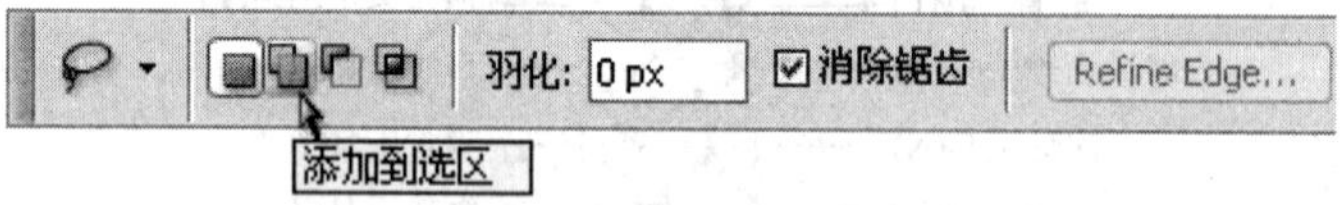

图 1-1-7　套索工具选项栏

在 Photoshop CS3 的基本操作中，常会对各种对话框或选项栏的参数进行设置，下面以通过选择菜单【编辑】/【调整】/【可选颜色】命令而打开的【可选颜色】对话框中的选项设置为例，说明它们在参数设置方面的共同特点。

如图 1-1-8 所示，凡对话框或选项栏中的文本框右侧有按钮的，只要单击该按钮，就会弹出相应的可选列表。对于需输入数值的选项，方法有三种：

(1) 在选项框中直接输入数值后回车确认。

(2) 在框内单击，用键盘上的【↑】、【↓】箭头微调数值。

(3) 若有参数滑杆，还可左右拖动滑杆上的滑块来确定数值。

参数的设置方法在后续章节里不再赘述。

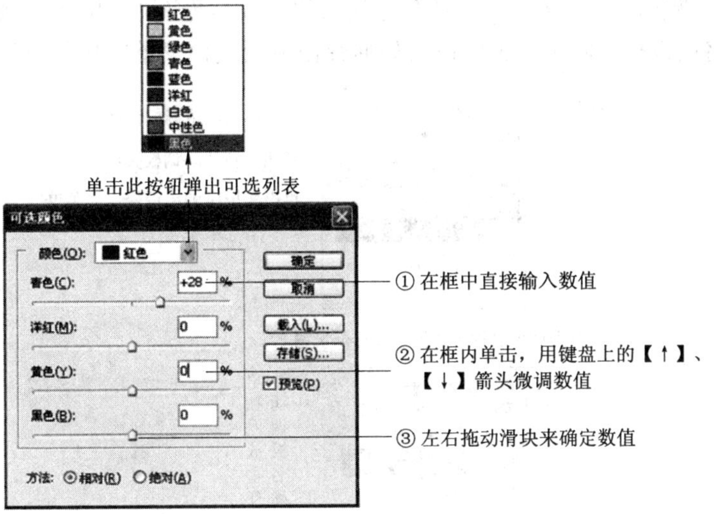

图 1-1-8　对话框或选项栏参数设置的常用方法

3．控制调板

Photoshop CS3 工作界面右侧有很多浮动的调板，这些小窗口式的调板用来控制和配合对图像的各项操作。如图 1-1-9 所示，单击调板左上角的▥按钮向外拖动可将调板拉宽显示名称，若再向回拖动可将调板缩回；单击调板右上角的◀◀按钮可打开调板，再单击▶▶按钮可将调板收回。

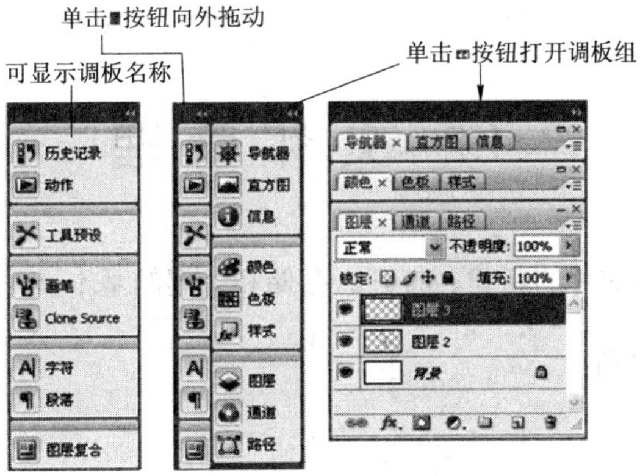

图 1-1-9　调板的扩展与收缩

打开和停放调板组的操作方法参见图 1-1-10。

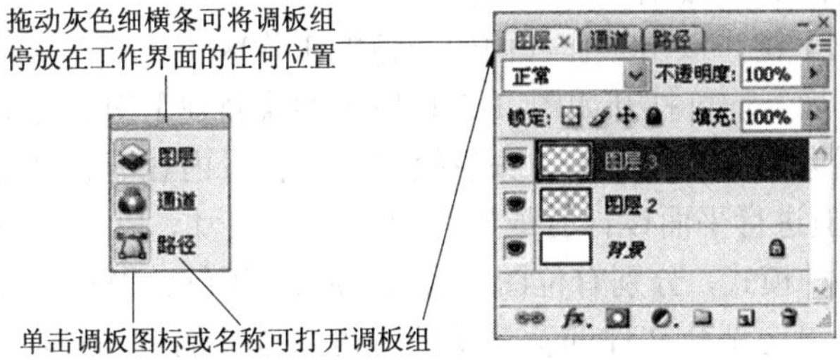

图 1-1-10　打开和停放调板组

关于如何将调板(组)停放在工作界面的任意位置或至界面右侧归位，如何切换调板显示状态，如何将调板扩展收缩、关闭以及如何弹出调板快捷菜单的操作方法参见图 1-1-11。

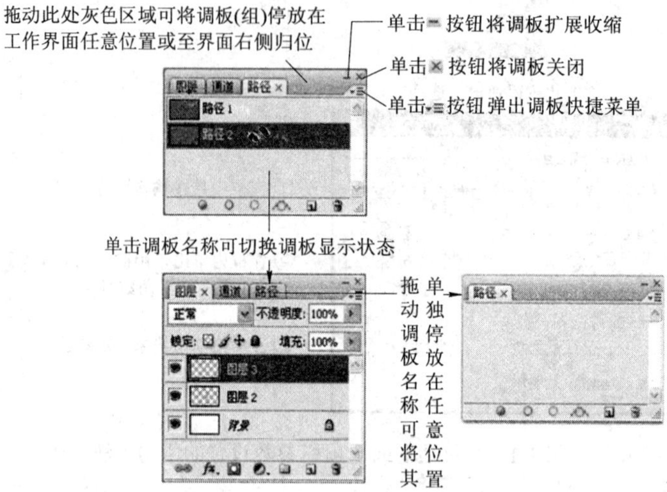

图 1-1-11　调板(组)的切换、扩展收缩、关闭及弹出调板快捷菜单的操作方法

此外，还可以通过按【Tab】键来隐藏(或显示)所有正在使用中的调板，若单击调板图标或名称可打开调板组进行编组、堆叠或停放。若在操作过程中，各调板的位置被调整得有些凌乱，可通过选择菜单【窗口】/【工作区】/【复位调板位置】命令将所有调板(包括工具箱)归位。

1.2　文 件 管 理

本节主要介绍图像文件的新建、打开、存储和关闭的基本操作。

1.2.1　新建和打开文件

1. 新建文件

新建文件的方法有三种：

(1) 选择菜单【文件】/【新建】命令。

(2) 直接执行【Ctrl+N】命令。

(3) 按住【Ctrl】键，双击工作界面中灰色的工作区。

执行上述命令后，均可打开如图 1-2-1 所示的【新建】对话框。在该对话框中，可以设置文件名称、图像大小、分辨率、颜色模式以及背景内容等。其中，图像的默认分辨率为 72 像素/英寸，但进行平面设计时最好为 300 像素/英寸，以便用于印刷。在“颜色模式”中可设定图像的各种模式，分别有位图、灰度、RGB 颜色、CMYK 颜色及 Lab 颜色等。在“背景内容”中可设定新建文件的背景颜色，可供选择的有白色、背景色(即当前背景色)和透明。

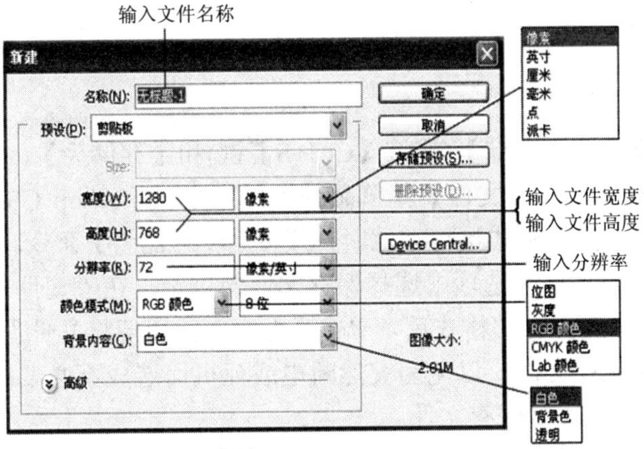

图 1-2-1　【新建】对话框

2. 打开文件

打开文件的方法有三种：

(1) 选择菜单【文件】/【打开】命令。

(2) 直接执行【Ctrl+O】命令。

(3) 双击工作界面中灰色的工作区。

执行上述命令后，均可打开如图 1-2-2 所示的【打开】对话框，在“查找范围”选项中打开可选列表选择文件所在的目录，然后在该目录下选择所要打开的文件，单击【打开】按钮便将文件打开。若要打开多个文件，可用鼠标拖出一个方框将多个文件圈选或按住【Ctrl】键单击多个所需文件，这样就将多个文件同时选中，再单击【打开】按钮即可。

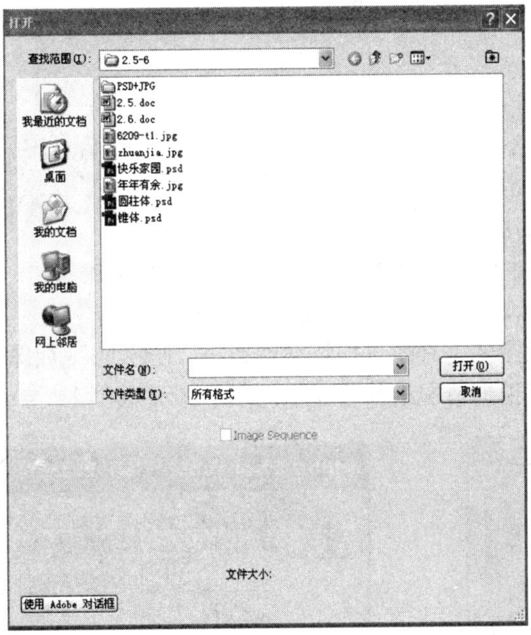

图 1-2-2　【打开】对话框

1.2.2　存储和关闭文件

1．存储文件

文件的存储主要包括【存储】(或按【Ctrl+S】键)和【存储为】(或按【Shift+Ctrl+S】键)两个命令，它们均可通过【文件】菜单命令执行。在 Photoshop CS3 中，对于欲将编辑过的文件以其它文件名称或格式进行存储时，须使用【存储为】命令。【存储为】对话框如图 1-2-3 所示，在“保存在”选项中选择保存文件的目录，在“文件名”选项中输入文件名，在“格式”选项中选择存储格式后，单击【保存】按钮便将文件保存。【存储】命令常用来在编辑的过程中保存文件，以免因突然断电或死机而造成不必要的损失，通常用该命令的【Ctrl+S】快捷方式随时保存文件。

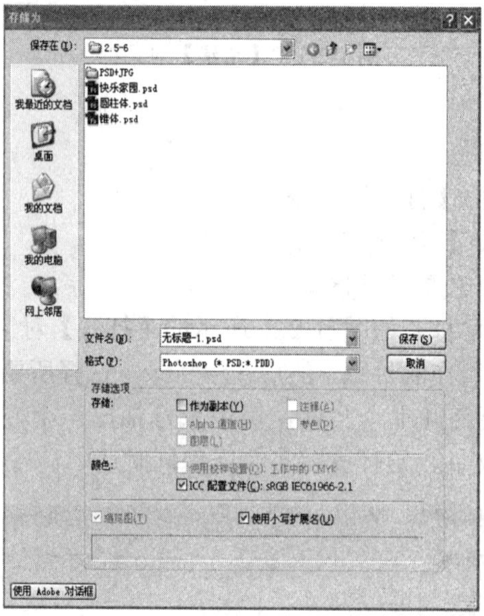

图 1-2-3　【存储为】对话框

2．关闭文件

关闭文件有两种方法：

(1) 选择菜单【文件】/【关闭】命令(或按【Ctrl+W】键)。

(2) 如图 1-2-4 所示，单击窗口右上角的【关闭】按钮。

如果关闭文件时的图像是修改过但还未存盘的，则会出现如图 1-2-5 所示的对话框，询问是否存盘，用户可根据情况选择【是】、【否】或【取消】。

图 1-2-4　关闭文件

图 1-2-5　询问文件是否存盘的对话框

1.3　图像浏览

1.3.1　图像的缩放

在处理图像的过程中，有时需要对图像的显示进行缩小或放大的查看操作，有时放大显示图像后还要针对某一细节进行查看，Photoshop CS3 为用户提供了多种缩放显示图像命令。使用缩放显示命令只是放大或缩小了图像的显示比例，并没有真正改变图像的尺寸。缩放图像的方法有：选择【视图】菜单中的有关【放大】或【缩小】命令，或使用【缩放工具】以及直接在状态栏中调整显示比例数值等。Photoshop CS3 中最大的显示比例为 3200%。

1. 缩放显示图像的菜单命令

若打开【视图】下拉菜单，就会发现关于缩放显示图像的命令有五个，如图 1-3-1 所示。下面打开任意一幅图像，逐一说明它们的使用方法。

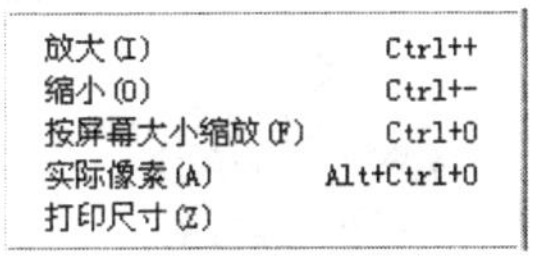

图 1-3-1　图像缩放菜单命令

① 【放大】或【缩小】方式：选择菜单【视图】/【放大】(或按【Ctrl + +】键)或【视图】/【缩小】(或按【Ctrl + －】键)命令，可将图像的显示逐步放大或缩小。

② 【按屏幕大小缩放】方式：选择菜单【视图】/【按屏幕大小缩放】(或按【Ctrl + O】键)命令，则在图像窗口中显示整个图像。也可双击工具箱中的【抓手工具】。

③ 【实际像素】方式：选择菜单【视图】/【实际像素】(或按【Alt + Ctrl + O】键)命令，则图像以 100% 的比例显示。也可双击工具箱中的【缩放工具】。

④ 【打印尺寸】方式：选择菜单【视图】/【打印尺寸】命令，则在图像窗口中以打印尺寸显示图像。

2. 缩放工具

除了应用上述的菜单命令和快捷键命令外，还可以直接选择工具箱中的【缩放工具】对图像进行缩放操作。【缩放工具】的选项栏如图 1-3-2 所示。

图 1-3-2　【缩放工具】的选项栏

当【缩放工具】选择为状态时，光标显示状态也变为状态。打开任意一幅图像，每在图像窗口中单击一次，就可将图像放大显示；若在图像窗口中用鼠标拖出一个矩形选定区域，则可将选定区域放大至整个窗口，如图 1-3-3 所示。若光标仍处于状态时，按住【Alt】键并在图像窗口中单击，可将图像缩小显示，相当于选择【缩放工具】状态。

【缩放工具】的使用方法与类似，只不过它的作用是将图像缩小显示。

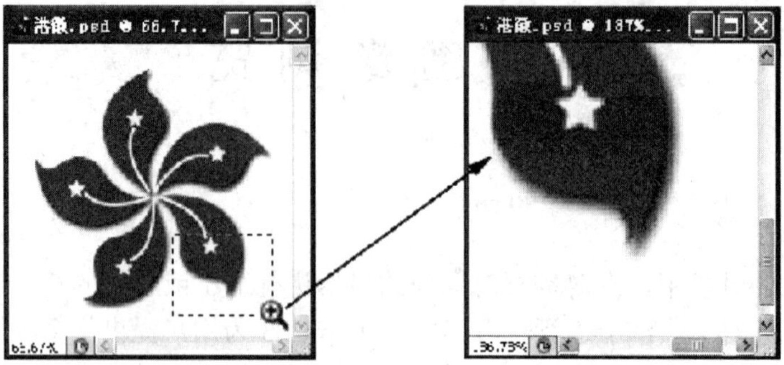

图 1-3-3　用【缩放工具】进行区域放大显示图像

3. 调整状态栏缩放显示图像

除了可通过【视图】菜单中的缩放命令和【缩放工具】缩放显示图像外，还可以直接通过输入显示比例数值来缩放图像。如图 1-3-4 所示，用鼠标在图像窗口下方的状态栏左侧的显示比例处单击，再直接输入数值，回车即可。

可在此处直接输入显示比例数值

图 1-3-4　调整状态栏显示比例缩放图像

1.3.2　图像的查看

当将图像放大显示超出图像窗口范围，导致图像不能完全在窗口中显示，而又想对显示在窗口外的图像进行局部精细处理时，就需要利用【抓手工具】或通过【导航器】调板在窗口中移动图像，对其进行观察和处理。

1. 抓手工具

打开任意一幅图像，选择工具箱中的【抓手工具】后，光标的显示状态也变为状态。在图像窗口中按住鼠标并拖动图像，直到出现需修改的局部区域即可，如图 1-3-5 所示。

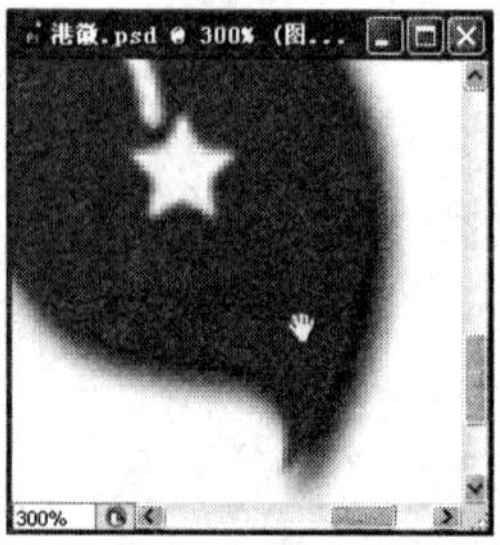

图 1-3-5　【抓手工具】

2.【导航器】调板

使用【导航器】调板可查看图像窗口内无法看到的整个区域，可直接对图像进行缩放和局部查看，十分方便。【导航器】调板的使用方法参见图 1-3-6，当确定好图像显示比例后，可在图像预览区内拖动显示框选取需修改的局部区域，图像窗口中便会同步显示局部图像。

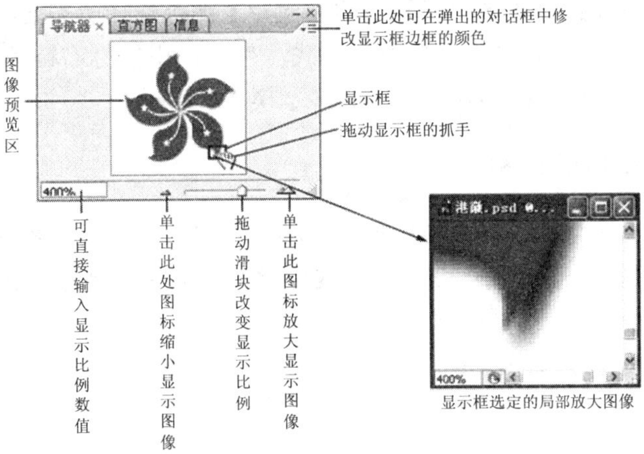

图 1-3-6　【导航器】调板的使用方法

1.3.3　屏幕显示模式

为了用户实际设计的需要，Photoshop CS3 提供了四种屏幕显示模式，分别为标准模式、最大化屏幕模式、带菜单栏的全屏模式和无菜单栏的全屏模式。标准模式是 Photoshop CS3 默认显示模式，如图 1-3-7 所示；最大化屏幕模式是用来显示最大化的图像窗口，该窗口占用停放调板之间的所有可用空间，并会随停放调板的宽度变化而自动调整本身的大小，如图 1-3-8 所示；带菜单栏的全屏模式是带有菜单栏和灰色背景，但没有标题栏和滚动条，如图 1-3-9 所示；无菜单栏的全屏模式是只有黑色背景，没有标题栏、菜单栏和滚动条，如图 1-3-10 所示。

图 1-3-7　标准模式

图 1-3-8　最大化屏幕模式

图 1-3-9　带菜单栏的全屏模式

图 1-3-10　无菜单栏的全屏模式

以上四种模式可通过菜单【视图】/【屏幕菜单】命令选择所需要的模式，或单击工具箱中的按钮直到出现所需要的屏幕显示模式。也可以用鼠标右键单击工具箱中的按钮，在弹出的快捷菜单中选择所需要的屏幕显示模式。

1.3.4　多个图像窗口的调整

有时需要打开多个文件进行多窗口切换和编辑，下面介绍调整图像窗口的方法，使这些窗口合理排列显示以便于操作。选择菜单【窗口】/【排列】命令，弹出如图 1-3-11 所示的四种多窗口的排列方式。

层叠(D)
水平平铺(H)
垂直平铺(V)
排列图标(I)

图 1-3-11　多窗口排列方式

“层叠”方式是指从屏幕左上角到右下角以堆叠和层叠方式显示各窗口，如图 1-3-12 所示；“水平平铺”或“垂直平铺”方式是以边靠边的方式平铺排列显示各窗口，如图 1-3-13 所示；“排列图标”方式是沿屏幕底部对齐且以最小化的方式显示各图像窗口，如图 1-3-14 所示。

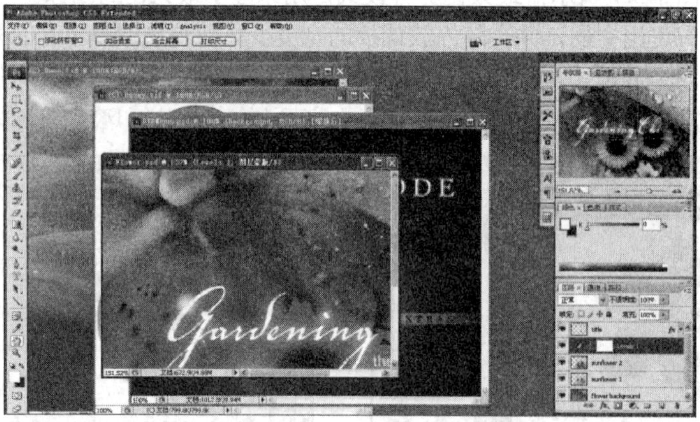

图 1-3-12　多窗口“层叠”方式

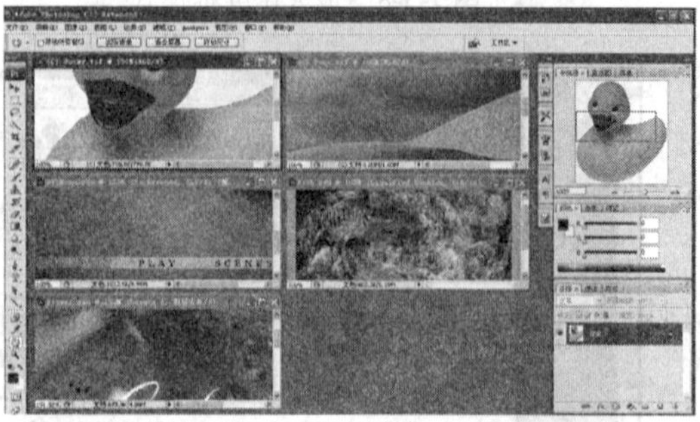

图 1-3-13　多窗口“水平平铺”或“垂直平铺”方式

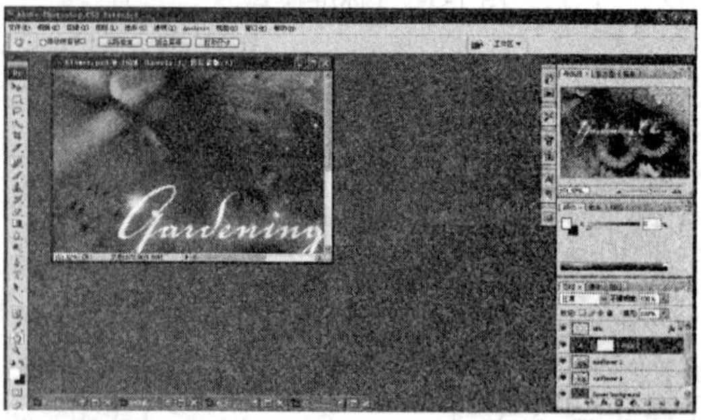

图 1-3-14　多窗口“排列图标”方式

1.4　辅助功能的使用

标尺、网格和参考线是操作中常用的辅助工具，可帮助我们精确地确定图像或元素的位置。网格间距、参考线和网格的颜色及样式对于所有的图像都是相同的。

1.4.1　标尺的设置

打开任意一幅图像，选择菜单【视图】/【标尺】命令(或按【Ctrl+R】键)可显示标尺，再次选择该菜单命令可隐藏标尺。如图 1-4-1 所示，标尺左上角的(0,0)标志为标尺原点，光标移动时标尺上的标记显示光标的位置。选择菜单【编辑】/【首选项】/【单位与标尺】命令，如图 1-4-2 所示，可在弹出对话框的“单位”选项区的“标尺”选项下拉列表中选择不同的选项来改变标尺的单位。

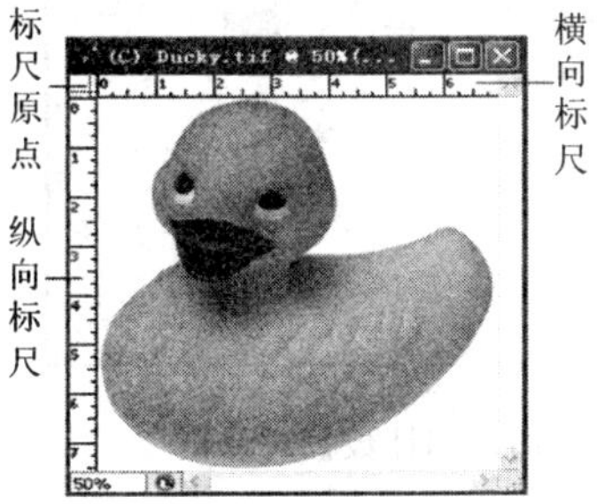

图 1-4-1　标尺

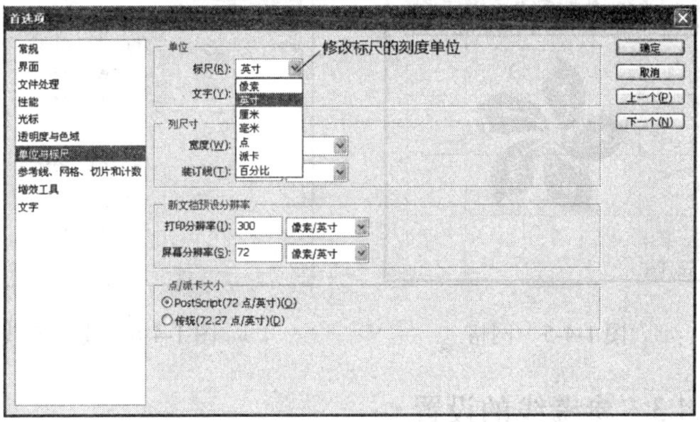

图 1-4-2　【单位与标尺】对话框

如果想将图像上的特定点作为标尺原点开始度量，可将光标放在标尺交叉点上，沿对角线向下拖动光标到特定点，这时会出现一组十字虚线，如图 1-4-3 所示。松开鼠标左键后标尺上就会出现新的原点，如图 1-4-4 所示。若要将标尺原点复位到其默认值，双击标尺交叉点即可。

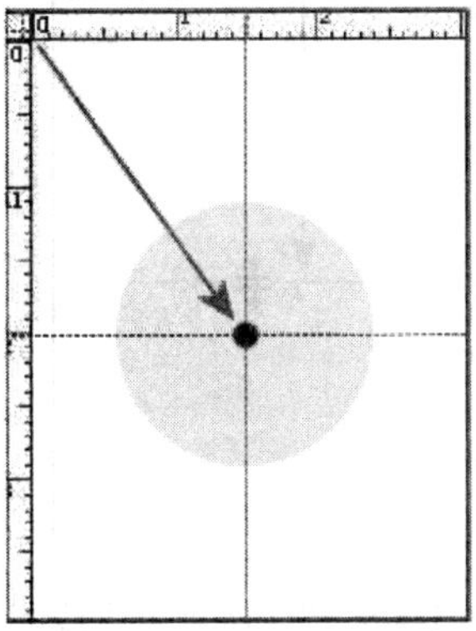

图 1-4-3　拖动光标到特定点

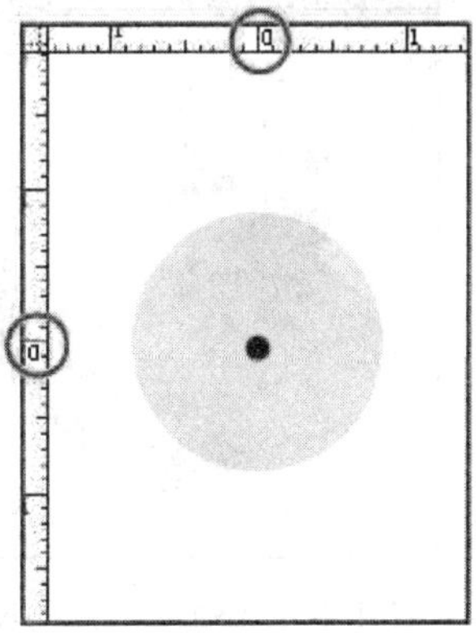

图 1-4-4　新标尺原点

1.4.2　网格的设置

选择菜单【视图】/【显示】/【网格】命令，在图像窗口中会显示如图 1-4-5 所示的网格。网格对于对称布置图素很有用。在默认情况下，网格显示为不打印出来的线条。如果选择菜单【视图】/【对齐到】/【网格】命令，可使绘制的选区或图形自动对齐到网格，再次选择该命令，可将该功能关闭。选择菜单【编辑】/【首选项】/【参考线、网格、切片和计数】命令，则弹出如图 1-4-6 所示的对话框，在该对话框中可修改网格的颜色和样式、网格线之间的间隔单位和子网格的数量等选项。

图 1-4-5　网格

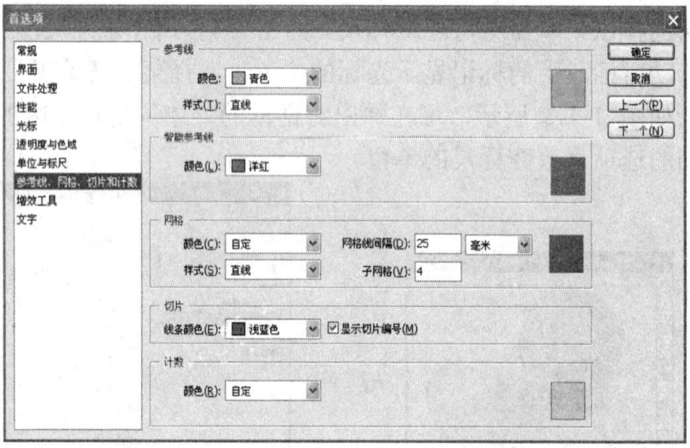

图 1-4-6　【参考线、网格、切片和计数】对话框

1.4.3　参考线的设置

如果已在图像窗口中创建了参考线，选择菜单【视图】/【显示】/【参考线】(或按【Ctrl+;】键)命令，就会显示如图 1-4-7 所示的参考线，再次选择该命令就会关闭显示参考线状态。要创建参考线，首先要将标尺打开，然后将光标放在标尺上，按住鼠标左键向下或向右拖动即可添加参考线。如图 1-4-8 所示，从水平标尺处向下拖动鼠标即可添加一条水平参考线。

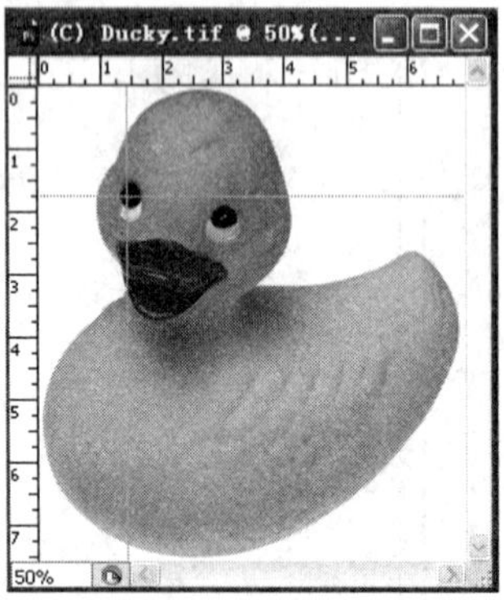

图 1-4-7　添加参考线的窗口

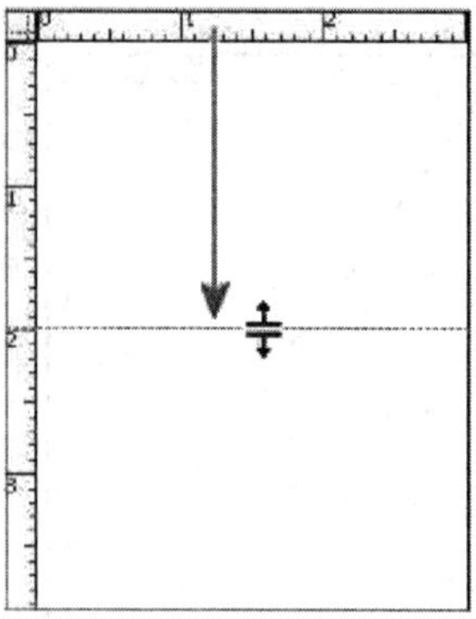

图 1-4-8　添加水平参考线

移动参考线的方法是：选择工具箱中的【移动工具】，将光标放在参考线上，当光

标变为双箭头时，就可以将参考线拖动到想要的位置。如果一直把参考线拖出图像窗口外再释放鼠标，则删除该参考线。如果选择菜单【视图】/【清除参考线】命令，则图像窗口中所有的参考线一同被删除。如果拖动参考线时按住【Shift】键，则参考线与标尺上的刻度对齐。在 Photoshop CS3 中，增加了智能参考线来帮助我们对齐形状、切片和选区。当绘制形状或创建选区、切片时，这些智能参考线会自动出现。

选择菜单【编辑】/【首选项】/【参考线、网格、切片和计数】命令，在弹出的对话框中可修改参考线的颜色和样式等选项。

1.5　操作步骤的撤销与恢复

在 Photoshop CS3 中进行编辑时，经常需要对操作步骤进行撤销与恢复。我们可利用菜单命令或通过【历史记录】调板进行操作步骤的撤销与恢复。

1.5.1　利用菜单命令撤销与恢复操作步骤

刚启动 Photoshop CS3 时，打开菜单栏中的【编辑】命令，如图 1-5-1 所示，【编辑】下拉菜单中的第一组子命令就是关于对操作步骤进行撤销与恢复的命令，它们分别是【还原】、【前进一步】和【后退一步】三个命令。

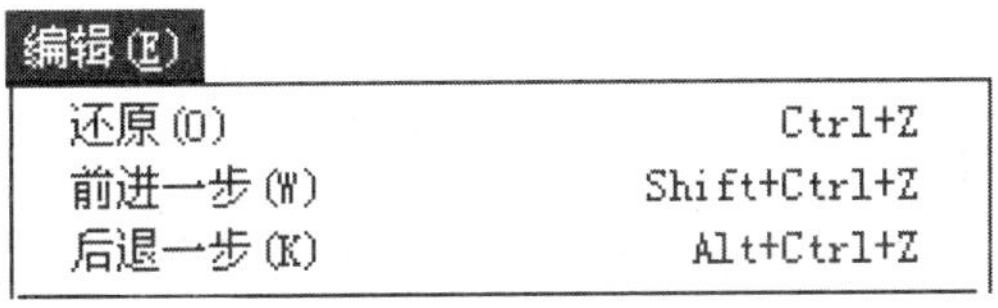

图 1-5-1　【编辑】下拉菜单中关于对操作步骤进行撤销或恢复的命令

如果在操作中，某一步操作不当，即可通过【还原】命令取消该步的操作。执行【还原】命令后，【还原】命令变为【重做】命令，因此还可通过【重做】命令恢复到还原操作前的状态。【还原】命令的快捷键为【Ctrl + Z】，该命令只能撤销或恢复当前的操作步骤。

在实际操作中，更常用的是【前进一步】(或按【Shift + Ctrl + Z】键)和【后退一步】(或按【Alt + Ctrl + Z】键)这两个命令，通过这两个命令可对操作步骤连续多次地撤销或恢复。尤其是这二者的快捷键，因其使用频率高，是必须掌握的命令。

1.5.2　历史记录调板

若要撤销或恢复多步操作，还可通过【历史记录】调板来进行。通过【历史记录】调板，可十分灵活地还原和重做至某一步的操作状态，它提供了更为完善的操作步骤的撤销与恢复功能。

选择菜单【窗口】/【历史记录】命令，即可打开如图 1-5-2 所示的【历史记录】调板。当打开或新建一个文件之后，【历史记录】调板就会自动将我们所进行的各个操作步骤如实地记录到调板中。

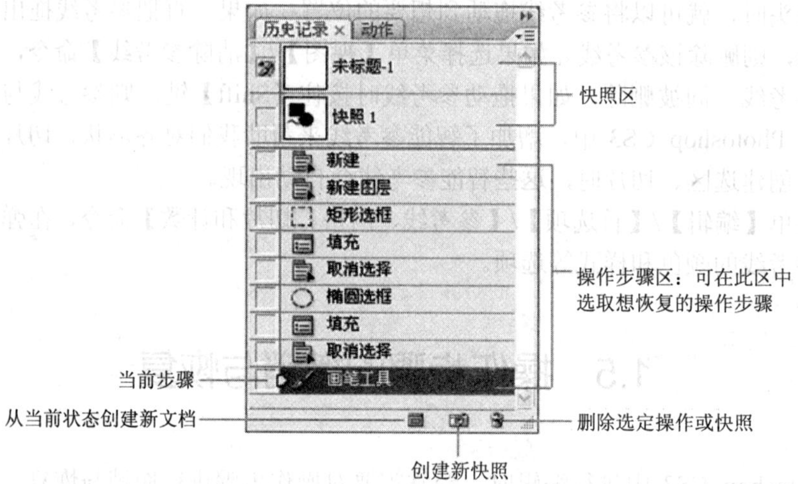

图 1-5-2 【历史记录】调板

1. 撤销全部操作步骤

当打开一个文件后，系统会自动将该文件的初始状态记录在【历史记录】调板的快照区中(即快照区中的第一行)，快照名称为文件名。只要在该快照名称上单击，即可撤销打开文件后所执行的全部操作。

2. 执行撤销至指定步骤

只要在【历史记录】调板“操作步骤区”中单击指定的操作步骤，即可撤销至指定步骤。

3. 恢复被撤销的步骤

若撤销了多个步骤，同时又未执行其它操作，我们就可以恢复刚被撤销的步骤。这时在【历史记录】调板中，在要恢复步骤中的最后一步上单击，则最后一步前的所有步骤均被恢复。

4. 删除某部分操作步骤

在【历史记录】调板中单击选定要删除的步骤后，单击调板下方的【删除】按钮或将选择的步骤直接拖动到按钮上，即可将该步骤后面的所有步骤删除。被删除后的操作步骤不能再恢复，但撤销的操作步骤可被恢复。

5. 通过【历史记录】调板创建为新文件

通过【历史记录】调板可将处于当前状态的图像复制并创建为新文件，该新文件是独立的，与原来的文件窗口没有任何联系。当对一个图像进行某些编辑操作后，如果想尝试其它操作效果，但又不想影响当前文件，就可以将当前状态创建为一个新文件。

单击【历史记录】调板下方的【从当前状态创建新文档】按钮，系统会自动创建一个新的图像文件。

6. 利用快照功能暂存图像处理状态

创建新快照功能是指当对图像进行一系列操作后，单击【历史记录】调板下方的【创建新快照】按钮，就能将当前状态的图像暂时保存在内存中。如果此后对图像进行了其它步骤的操作，又想回到先前的“快照”状态，只需在先前创建的快照名称上单击即可。

需要注意的是，快照保存的只是一个暂时的图像状态，文档关闭后，快照信息也随之消失。

1.6　与 Photoshop CS3 相关的基础知识

1.6.1　图像的基本概念

1. 矢量图形和位图图像

计算机图形分为两类：矢量图形和位图图像。

矢量图形简称矢量图，也称向量图，是由矢量数学对象定义的直线和曲线组成的，是根据图形的几何特性对图形进行描述的。矢量图与分辨率无关，其特征就是无论将矢量图放大多少倍，其边缘都非常清晰，不会产生锯齿，如图 1-6-1 所示。其缺点是看上去不“真实”，有明显的人工绘制痕迹，显得有些呆板和不自然。在实际中，矢量图常用作标志设计、文字设计和版式设计等。矢量图主要由图形绘制软件(如 CorelDraw、Illustrator 和 FreeHand 等)产生。

位图图像简称位图或图像，是由一定数目的像素(像素是构成位图的最小单位)组合而成的图形。位图上的每个像素点都有其特定的颜色和位置，因此位图又叫像素图、光栅图或点阵图。位图与分辨率有关，其特征就是在放大时图像边缘会出现明显的锯齿，如图 1-6-2 所示。其优点是能较“真实”地再现人眼观察到的世界，类似于照片，效果比矢量图要“逼真”得多。其缺点是位图的颜色越丰富，图像所需的存储空间也就越大。在实际中，位图常用作图像的合成、特殊效果的制作等。位图主要由图像处理软件(如 Photoshop 和 Painter 等)产生。

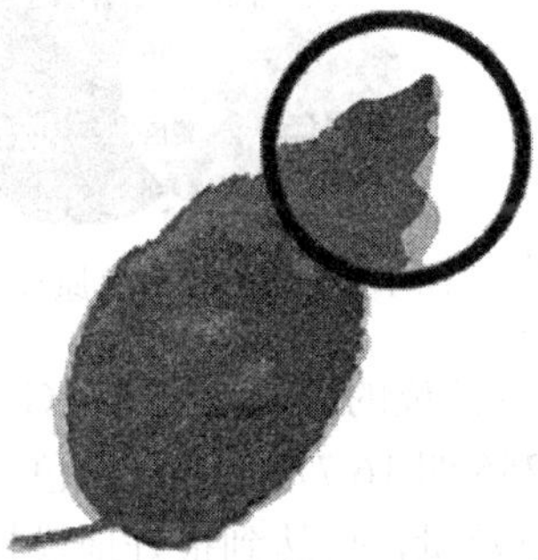

图 1-6-1　矢量图及其放大效果

图 1-6-2　位图及其放大效果

2. 像素与分辨率

像素是用来表现图像的亮度和色彩变化的一个点，是构成位图的最小单位，它的英文名称是 Pixel(简写为 px)，这是一个复合词，由 Picture 和 Element 复合而成。图像质量是否细腻，与每英寸上有多少像素，即分辨率有关。像素本身是没有实际尺寸的，它依赖于输出(呈现)它的硬件设备。只有当像素向指定的设备(如显示器、打印机)输出时，才具有物理量的长、宽、面积等。

图像的分辨率指每英寸(或厘米)长度单位内的像素数值，用通俗的语言表达，就是指每英寸长度单位内能够容纳多少个像素。通常它的单位是“像素/英寸(简写为 dpi)”或“像素/厘米”。我们常说的 72 分辨率就是指 72 像素/英寸，也就是说，在 1 英寸的长度上包含 72 个像素，因此 1 平方英寸的面积里有 72 × 72 = 5184 个像素。比如在打印时，分辨率为 300 像素/英寸(每平方英寸内包含 90 000 个像素)的图像就会比 72 像素/英寸(每平方英寸内包含 5184 个像素)的图像清晰。虽然说分辨率越高，图像就越清晰，但图像文件也会随之增大，并降低图像的打印速度。

在广告设计中，不同的广告形式对图像的分辨率的要求也不同。比如，印刷彩色图片一般要求 300 像素/英寸，报纸图片一般要求 120 像素/英寸，大型灯箱喷绘图片一般要求 30 像素/英寸等。

1.6.2　图像的色彩模式

在 Photoshop CS3 中，色彩模式(也称颜色模式)是用来表现颜色的一种数学算法，换句话说就是一幅图像用什么样的方式在计算机中显示或打印输出。不同的色彩模式有不同的特性，也可以进行互相转换。色彩模式包括位图模式、灰度模式、双色调模式、索引模式、RGB 模式、CMYK 模式、HSB 模式、Lab 模式、多通道模式、8 位/16 位/32 位模式。除 HSB 模式是在 Photoshop CS3 中的拾色器和颜色调板中出现外，其它色彩模式均可在菜单【图像】/【模式】命令的下拉菜单中找到。下面介绍几种常见的色彩模式。

1. RGB 模式

RGB 模式是以色光三原色为基础建立的色彩模式，是最基础的颜色模式，也是 Photoshop CS3 默认的颜色模式。

我们所见的各种色彩都是由三种色光或三种颜色组成的，而它们本身不能再拆分出其它颜色成分，所以被称为三原色。基于自然界中三种基色光的混合原理，将红色(Red)、绿色(Green)、蓝色(Blue)按各种比例相混合就可产生各种颜色，因此 RGB 模式也叫加色模式，如图 1-6-3 所示。若将红(R)、绿(G)、蓝(B)这三种等量的色光混合，便可得出白色光。

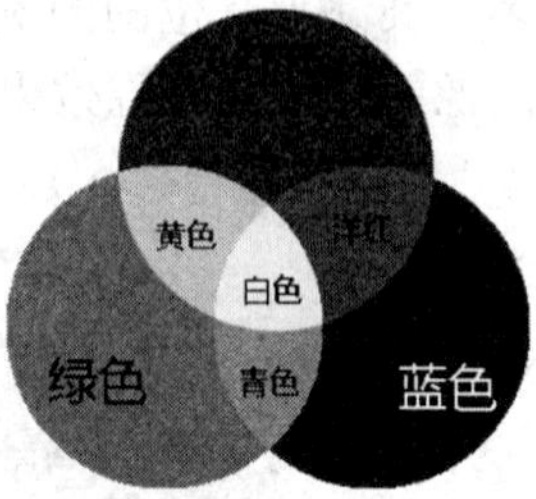

图 1-6-3　RGB 成色原理示意图

由于 R、G、B 三种颜色各有 256 个亮度级，图像各部位的色彩均由 R、G、B 三个色彩的数值决定，它们混合在一起就可形成 256 × 256 × 256 即 16 777 216 种颜色，这就是我们俗称的 RGB 真彩色，已超过了人眼能够分辨的颜色数量，可达到很好地模拟自然界颜色的效果。

比如现实生活中的霓虹灯，它所发出的光本身带有颜色，能直接刺激人的视觉神经而让人感觉到色彩，显示器、投影设备以及电视机等许多设备都是依赖于 RGB 模式来实现的。

2. CMYK 模式

CMYK 模式是一种颜料模式，也称印刷色彩模式。在 CMYK 模式中，C 代表青色(Cyan)，

M 代表洋红色(Magenta)，Y 代表黄色(Yellow)，K 代表黑色(Black)，其中 C(青色)、M(洋红色)、Y(黄色)分别是 R、G、B 的补色。印刷品千变万化的色彩均由 CMYK 四色油墨混合产生，即通常所说的四色印刷。

下面说明 CMYK 模式的工作原理。物体三原色分别为青色(Cyan)、洋红色(Magenta)、黄色(Yellow)，物体不像霓虹灯，可以自己发出色光，物体要靠光线照射，再反射出部分光线去刺激视觉，使人产生颜色的感觉。以青色和黄色为例，由于青色油墨能吸收掉红色光，黄色油墨能吸收掉蓝色光，因此当光线照射到青色和黄色混合的油墨上时，其中的红蓝色光被吸收掉，只剩下绿色光反射到人眼，使人眼感受到了印刷品上的绿色。该模式通过减色法混合产生其它颜色，如图 1-6-4 所示，因此该模式又叫减色模式。

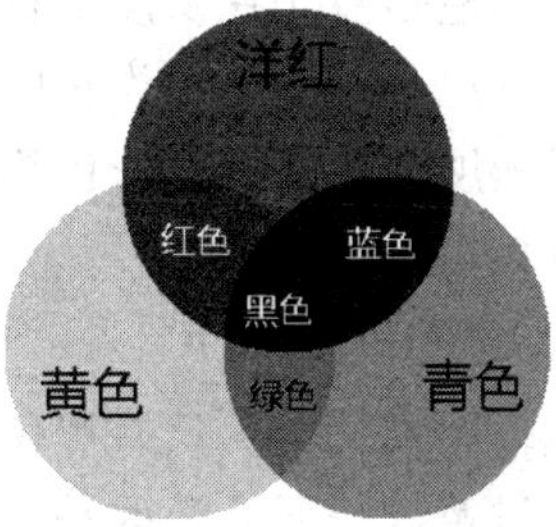

图 1-6-4　CMYK 成色原理示意图

从理论上讲，C(青色)、M(洋红色)、Y(黄色)三色油墨混合后能吸收所有光线而产生黑色，但由于油墨本身总会包含一些杂质，因此这三种油墨的混合无法生成真正的黑色。为了解决这个问题，在印刷中又引入独立的黑色(K)，以保证印刷品的质量。

3. HSB 模式

在 HSB 模式中，H 表示色相，S 表示饱和度，B 表示亮度，它们是颜色所具有的三个基本特性，在色彩学上称之为色彩的三大要素或色彩的三属性。它不是将颜色数字化为不同的数值来表示的，而是基于人眼对颜色的感受来定义的，比其它色彩模式更直观。

色相是指从物体反射或透过物体传播的颜色，即组成可见光谱的单色。通俗地讲，色相就是指区别颜色的必要名称，如玫瑰红、橘黄、柠檬黄、钴蓝、翠绿……

饱和度是指某种颜色中含有该颜色分量多少的程度，亦称彩度。具体来说，饱和度是指某颜色中所含灰色数量的多少。含灰色越多，则饱和度越低。白、黑和其它灰色色彩是没有饱和度的。

亮度是指颜色的相对明暗程度。不同颜色反射的光量强弱不一，故会产生不同程度的明暗。

4. Lab 模式

Lab 模式是由国际照明委员会(CIE)于 1976 年公布的。这种模式由三个通道组成，它的一个通道是亮度，即 L；另外两个是色彩通道，用 A 和 B 来表示，A 通道包括的颜色范围是从深绿色到灰色再到亮粉红色，B 通道包括的颜色范围是从亮蓝色到灰色再到黄色。Lab 模式是一种与设备无关的颜色模式，一个 Lab 颜色数据值在任何时候任何设备上都是唯一的，解决了不同外设颜色不一致的难题。Lab 模式几乎涵盖了 RGB 和 CMYK 模式的所有颜色。

5. 索引模式

索引模式是采用一个颜色表存放并且索引图像中的颜色，只能存储一个 8 bit 色彩深度的文件，即最多 256 种颜色，并且颜色都是预先定义好的。由于印刷的数字图像必须是真色彩图像，因此这种色彩模式不能用于常规的印刷。但由于其文件存储空间小，多用于多媒体制作和互联网。

6. 灰度模式

灰度模式中只存在灰度，这种模式包括从黑色到白色之间的 256 种不同深浅的灰色调，只表达单色信息。在灰度文件中，图像的色彩饱和度为 0，亮度是控制灰度的唯一要素。当一个彩色文件被转换为灰度文件时，所有的颜色信息都将从文件中去除。Photoshop 允许将一个灰度文件转换为彩色模式文件，但不能够将原来的颜色完全地恢复回来，因此转换前最好做个备份。

7. 位图模式

在位图模式中，只有黑色和白色表示图像中的像素，其效果类似黑白装饰和版画，没有中间过渡。需要注意的是，只有灰度图像或多通道图像才能被转化为位图模式，当图像转换为位图模式后，无法进行其它编辑，甚至不能复原灰度模式时的图像，该模式主要用于报版印刷。

1.6.3　图像色彩模式的转换

在操作过程中，经常需要进行色彩模式间的转换。选择菜单【图像】/【模式】命令后会弹出如图 1-6-5 所示的下拉子菜单，在子菜单中选择想要转换的模式即可。

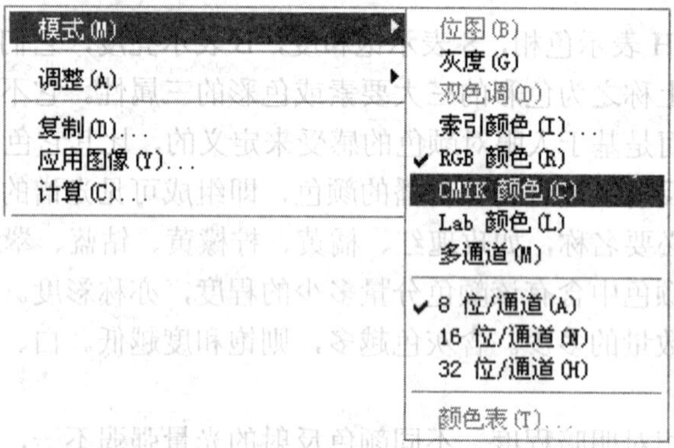

图 1-6-5　转换图像模式的下拉子菜单

1.6.4　RGB 和 CMYK 颜色模式图

颜色模式是颜色理论的重点和难点，初接触时会感到十分抽象。通过绘制 RGB 和 CMYK 颜色模式图的方法，可帮助读者理解这两种不同的色彩混合模式。

1. 绘制 RGB 颜色模式图

RGB 颜色模式图如图 1-6-6 所示，绘制的具体操作步骤如下：

(1) 打开 Photoshop CS3，选择菜单【文件】/【新建】命令，打开【新建】对话框，新建一个 400 px × 400 px 大小的文件后，按【F7】键打开【图层】调板。

(2) 在工具箱中的前景色"色块"上单击，在弹出的【拾色器】上单击选择黑色，将前景色设置为黑色。

(3) 在【图层】调板中选择"背景"图层，按【Alt+BackSapce】键为该图层填充黑色，再单击【图层】调板下方的【新建图层】按钮，新建三个图层。

(4) 选择工具箱中的【椭圆工具】，按住【Shift】键拖动鼠标在图层中绘制一个圆形选区，分别选择新建的三个图层，在选区中填充红、绿、蓝三色，然后按【Ctrl+D】键去掉选区。

(5) 选择工具箱中的【移动工具】，分别选择三个图层，在图像窗口中分别调整三个图层中各圆相对的位置。

(6) 在【图层】调板中分别选中新建的三个图层，在【图层】调板上方的【混合模式】的下拉列表中将“正常”模式改为“滤色”模式。观察图像窗口，会发现混合后的颜色变淡：红、绿两色混合生成黄色，绿、蓝两色混合生成青色，红、蓝两色混合生成洋红色，三种原色混合在一起的部分生成白色，如图 1-6-6 所示。

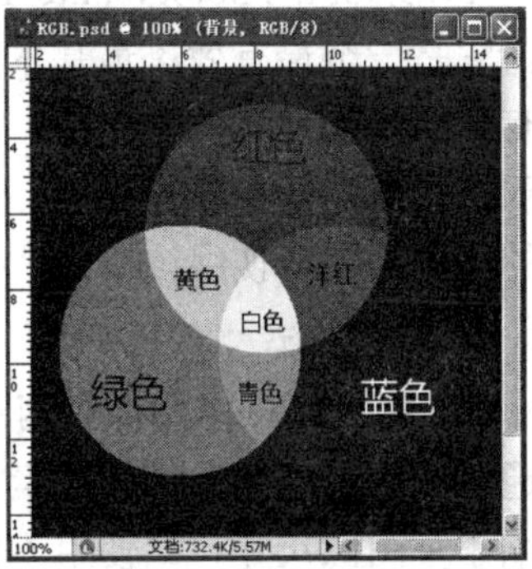

图 1-6-6　RGB 颜色模式图

2. 绘制 CMYK 颜色模式图

CMYK 颜色模式图如图 1-6-7 所示，绘制的具体操作步骤如下：

(1) 用同样的操作方法，再新建一个文件，背景设为白色。同样新建三个图层并绘制圆形选区，依次填充青、洋红、黄三色后，取消选区，调整各图层中圆的位置。

(2) 在【图层】调板中，把这三个图层的“混合模式”均改为 “正片叠底”。观察图像窗口，会发现混合后的颜色变暗：青、洋红两色混合生成蓝色，青、黄两色混合生成绿色，黄、洋红两色混合生成红色，三色混合在一起的部分生成黑色，如图 1-6-7 所示。

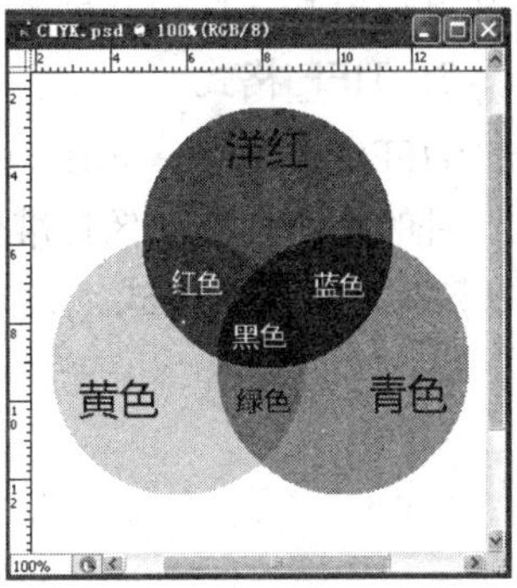

图 1-6-7　CMYK 颜色模式图

1.6.5　常用的文件格式

Photoshop CS3 支持多种文件格式，常见的格式有 PSD、BMP、PDF、JPEG、GIF、EPS、TGA、TIFF 等。下面简要介绍其中的几种格式。

1. PSD 格式

PSD 格式是 Photoshop CS3 的专有文件格式。PSD 格式可以很好地保存图层、通道、路径和蒙版等信息，不会失真，在设计过程中为位图文件的修改和调整提供了极大的方便；但很少有应用程序能够支持 PSD 格式，并且它所占用的磁盘存储空间与其它文件格式相比也是最大的。

2. BMP 格式

BMP(Windows Bitmap)格式是微软和 IBM 公司联合专门为 DOS 和 Windows 兼容计算机系统设计的标准处理图像格式，也是最普遍的点阵格式，该格式被大多数软件所支持。BMP 格式采用了一种叫 RLE 的无损压缩方式，故此格式的图像具有极丰富的颜色。

3. JPEG 格式

JPEG(Joint Photographic Experts Group，联合图形专家组)是我们平时最常用的图像格式。它是一个最有效、最基本的有损压缩格式，该格式图像被广泛用于网页制作，几乎被所有的图像处理软件所支持。它支持多达 32 位颜色，是照片和扫描图像的最佳选择，主要用于摄影图像的存储与显示。在高档印刷品中，应尽量少用 JPEG 格式。但在品质要求不高的印刷品中可使用该格式，如报纸、广告设计等。

4. GIF 格式

GIF 格式是输出图像到网页最常采用的格式。GIF 采用 LZW 压缩格式，它的工作原理是通过减少组成图像每个像素的存储位数和 LZH 压缩存储技术来减少图像文件大小，大大地缩小了图像尺寸。如使用 GIF 格式，就必须转换成索引色模式，使色彩数量最多为 256 种颜色或更少。

5. EPS 格式

EPS 格式是专门为存储矢量图像而设计的，基本上所有的图像、图表和页面排版软件都支持该格式。此格式的缺点是存储图像效率低，压缩效率也较差。

6. TIFF 格式

TIFF(Tag Image File Format，有标签的图像文件格式)是为 Macintosh 机开发的文件格式，目的是使扫描图像标准化。它是跨越 Mac 与 PC 平台最广泛的图像打印格式。TIFF 使用 LZW 无损压缩方式，大大减少了图像尺寸，但增加了打开和存储文件的时间。

1.7 本章小结

本章主要介绍了 Photoshop CS3 的工作界面、文件管理、图像浏览、辅助功能的使用、操作步骤的撤销与恢复等基本操作，以及与 Photoshop 相关的基础知识，比如矢量图与位图的概念、像素与分辨率以及颜色模式等基本概念。其中，矢量图与位图的概念、像素与分辨率以及颜色模式等这些基本概念比较抽象，尤其是颜色模式，对于初学者可能一时难以全部理解，不要过于着急，随着日后进一步的学习就会慢慢地理解和掌握这些内容。

1.8 上机练习

1. 新建文件的练习

打开 Photoshop CS3，根据以下三种方法进行新建文件的操作练习：

(1) 选择菜单【文件】/【新建】命令。

(2) 直接按【Ctrl+N】键。

(3) 按住【Ctrl】键，双击工作界面中灰色的工作区。(注：文件的大小为 200 px × 200 px，【新建】对话框中的其它参数为默认。)

2．存储文件的练习

分别选择菜单【文件】/【存储】(或按【Ctrl＋S】键)和【文件】/【存储为】(或按【Shift+Ctrl+S】键)两个命令，将练习 1 中建立的文件进行存储。在保存过程中，请体会这两个命令的不同之处。

3．缩放及查看图像的练习

打开 Photoshop CS3 安装目录下“样本”文件夹中名为“小鸭.tif”的图像文件，在“小鸭”图像窗口中使用工具箱中的【缩放工具】对图像进行放大和缩小。对图像放大后，再使用【抓手工具】拖动图像，学会对图像细节的查看。(“小鸭.tif”图片是 Photoshop 自带的图片，自带图片通常在“C:\ProgramFiles\Adobe\AdobePhotoshopCS3\样本”目录下。)

4．撤销与恢复操作步骤的练习

根据练习 1 生成新建文件后，选择工具箱中的【画笔工具】，无需参数设置，按住鼠标左键直接在图像窗口中不断地拖动鼠标进行涂抹。

(1) 利用菜单命令：在进行了多次绘画涂抹操作后，打开菜单栏【编辑】命令下拉菜单中的第一组子命令，执行【还原】、【前进一步】和【后退一步】三个命令，对操作步骤进行撤销与恢复的练习。

(2) 利用快捷键：在进行了多次绘画涂抹操作后，直接使用【Ctrl+Z】、【Shift+Ctrl+Z】和【Alt＋Ctrl＋Z】快捷键，对操作步骤进行撤销与恢复的练习。在练习过程中，请注意这三个快捷键的区别。

(3) 利用【历史记录】调板：在进行了多次操作后，选择菜单【窗口】/【历史记录】命令，打开【历史记录】调板，通过单击【历史记录】调板中的记录对操作步骤进行撤销与恢复的练习。

5．制作 RGB 和 CMYK 颜色模式图

参考 1.6.4 小节所提供的步骤，绘制 RGB 和 CMYK 颜色模式图，以加深对 RGB 和 CMYK 颜色模式的理解。

1.9　思考练习

1．填空题

(1) Photoshop CS3 工作界面包含________、__________、__________、_________、____________和__________等。

(2) 在 Photoshop CS3 中，可以通过按下__________快捷键隐藏(或显示)所有使用中的调板。

(3) 若 Photoshop CS3 中的子菜单名称后边有“…”，则表示单击该命令后会弹出_______；若子菜单名称后边有三角按钮“▸”，则表示单击该命令后还会出现_______菜单；若子菜单名称呈_______状态，则表示该命令当前不可用。

(4) 在 Photoshop CS3 中，新建文件的方法有三种：① 选择菜单_______命令；② 直接选择执行_______快捷键；③ 按住_______键，双击工作界面中灰色的工作区。

(5) 在 Photoshop CS3 中，打开文件的方法有三种：① 选择菜单_______命令；② 直接执行_______快捷键；③ 双击工作界面中_______的工作区。

(6) _______、_______和_______是 Photoshop CS3 操作中常用的辅助工具，可帮助我们精确地确定图像或元素的位置。

(7) _______模式是以色光三原色为基础建立的色彩模式，是最基础的颜色模式，也是 Photoshop CS3 默认的颜色模式。基于自然界中三种基色光的混合原理，将_______色(R)、_______色(G)、_______色(B)按各种比例相混合就可产生各种颜色，因此该模式也叫_______模式。

(8) CMYK 模式是一种颜料模式，因此又称_______色彩模式。在 CMYK 模式中，C 代表_______色(Cyan)，M 代表_______色(Magenta)，Y 代表_______色(Yellow)，K 代表_______色(Black)。

(9) Photoshop CS 3 中常见的格式有 PSD、BMP、JPEG、GIF、TIFF 等，其中_______格式是 Photoshop CS3 的专有文件格式。

2．简答题

(1) 在 Photoshop CS3 中的某一对话框或选项栏中，需输入数值的选项参数的设置方法有哪几种？请简要说明。

(2) 缩放显示命令在对图像进行放大或缩小后，是否改变了图像的尺寸？缩放显示图像的常用方法有哪几种？请简要说明。

(3) 请简要说出矢量图形和位图图像之间的区别。

第 2 章
绘图与基本操作

本章导读

Photoshop CS3 中关于绘图与基本操作的工具有些纷繁复杂，在学习的过程中，会感到枯燥乏味，但只要坚持，当熟练掌握了这些工具后，我们就会顺利地打开 Photoshop CS3 这扇大门。

本章主要介绍关于 Photoshop CS3 绘图与基本操作的最常用、最基本的知识点。其中，包括图像与画布大小的设置及调整，颜色的设置与填充，选区的操作方法，工具箱中常用的绘画和修饰工具的使用方法，图像的自由变换和变形，形状工具和文字工具的使用方法，图案的定义与填充，选区描边及文字的栅格化等。以上这些基本知识点都是学习 Photoshop CS3 所必须掌握的，可为以后章节的学习打下坚实的基础。

学习要点

※ 图像大小、画布大小及画布旋转。
※ 前景色、背景色及拾色器。
※ 选区工具的使用方法、选区范围的调整、羽化选区及选区描边。
※ 油漆桶工具和渐变填充。
※ 画笔(铅笔)工具、橡皮擦、背景擦、魔术橡皮擦。
※ 仿制图章和图案图章工具。
※ 图像的自由变换和变形。
※ 形状工具和文字工具。
※ 图案的定义与填充、文字的栅格化。

2.1　案例——多彩世界 Colorful World

在学习“多彩世界 Colorful World”案例前，先介绍图像大小、画布大小及画布旋转的设置方法，以及前景色、背景色、拾色器、选区工具和油漆桶工具的使用方法。

2.1.1　改变图像大小

当需要对已建立好的图像大小或分辨率进行修改时，就要用到改变图像大小的命令。

选择菜单【图像】/【图像大小】命令或用鼠标右键单击图像窗口的标题栏，在弹出的快捷菜单中选择“图像大小”选项，出现如图 2-1-1 所示的【图像大小】对话框。该对话框中的设置与新建文件对话框的设置类似，可以修改图像尺寸、打印尺寸及打印分辨率。

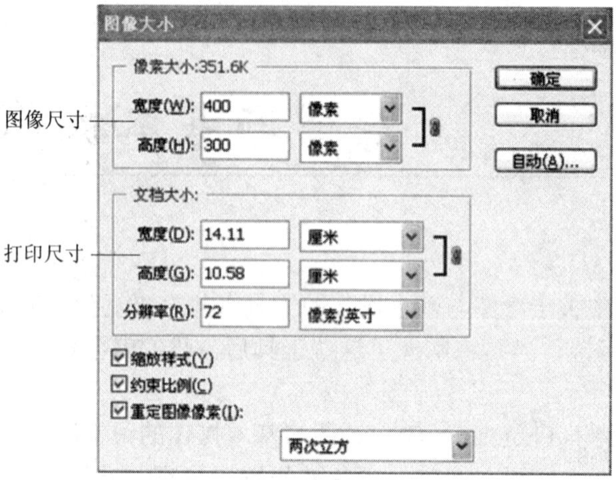

图 2-1-1 【图像大小】对话框

◆ “约束比例”：当此项处于选取状态时，系统将锁定图像的长宽比例。比如，当将宽度改为 200 px 时，高度也会随之变小，这样就可保持图片宽、高比例不变。若取消该项，可任意修改图像的宽、高，而不再去理会是否保持图像的原来比例。

◆ “重定图像像素”：该选项用来锁定分辨率。

2.1.2 改变画布大小

选择菜单【图像】/【画布大小】命令，弹出如图 2-1-2 所示的【画布大小】对话框，可重新设置图像画面尺寸的大小，并可调整图像在当前画面中的位置。

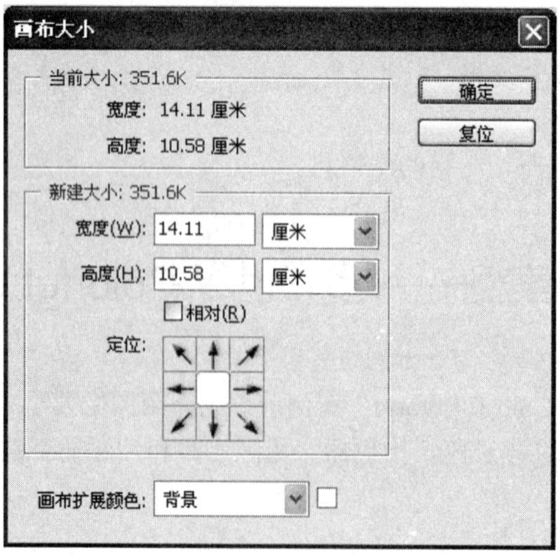

图 2-1-2 【画布大小】对话框

增加画布尺寸后，并不会改变原图像尺寸的大小。在默认值情况下，新增加的画布用背景色填充。如果要改变的画布尺寸比原图尺寸小，则类似于工具箱中裁剪工具的功能，将会剪切掉部分图像。

◆ “宽(高)度”：设置新的画布宽(高)度。若选定对话框中的“相对”选项，则输入的数值是画布相对于原图像尺寸增加或减小的差值。

◆ “定位”：点击各个位置的箭头，可设定图像在改变大小后的画布中的相对位置。

图 2-1-3 所示为几种加大画布尺寸的情况，因操作简单，未列出的情况请自行操作。

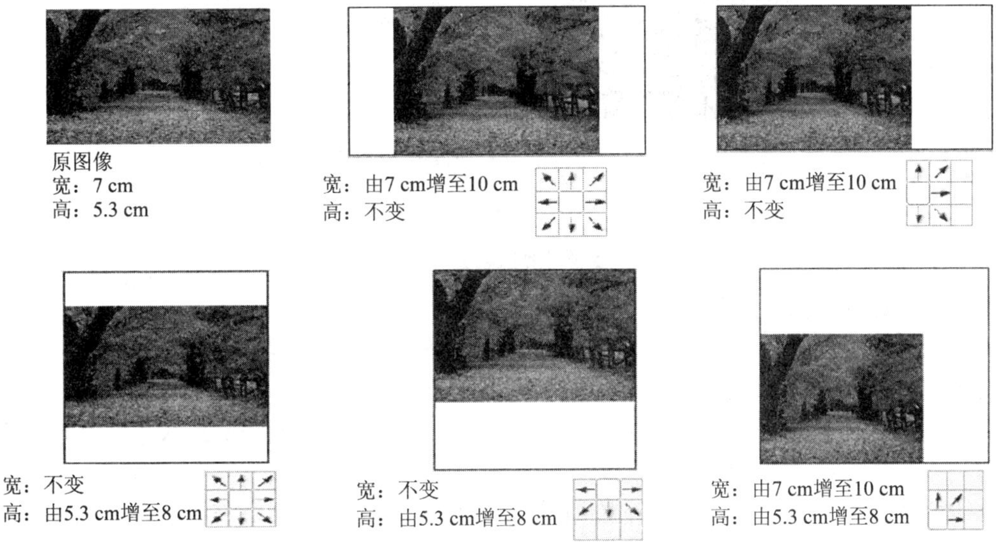

图 2-1-3　加大画布尺寸的几种情况

2.1.3　前景色、背景色、拾色器

在使用 Photoshop CS3 的过程中，经常要用前景色绘画、填充和描边，用背景色和渐变进行填充等基本操作。Photoshop CS3 提供了多种设定前景色和背景色的方法，最常用的选色方法是使用 Photoshop CS3 的拾色器。下面通过图 2-1-4 来说明如何通过工具箱调出拾色器。

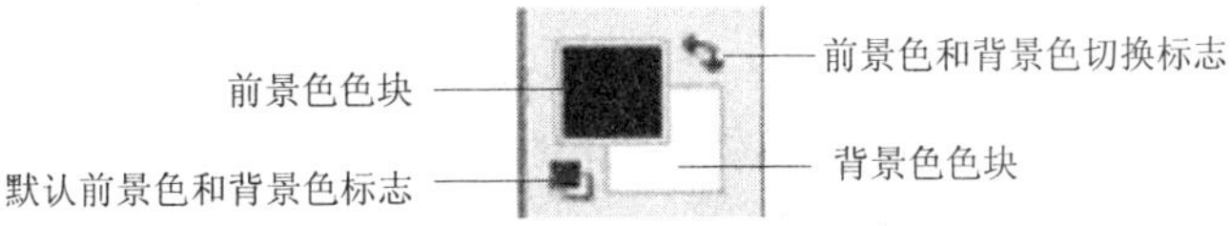

图 2-1-4　前景色和背景色

在默认状态下，前景色为黑色，背景色为白色。单击【默认前景色和背景色标志】，前景色和背景色会恢复为默认的黑、白色；单击【前景色和背景色切换标志】，前景色和背景色会互换颜色。

当点击前景色或背景色色块时，会显示如图 2-1-5 所示的【拾色器】对话框，可以通过该拾色器设置前景色或背景色。

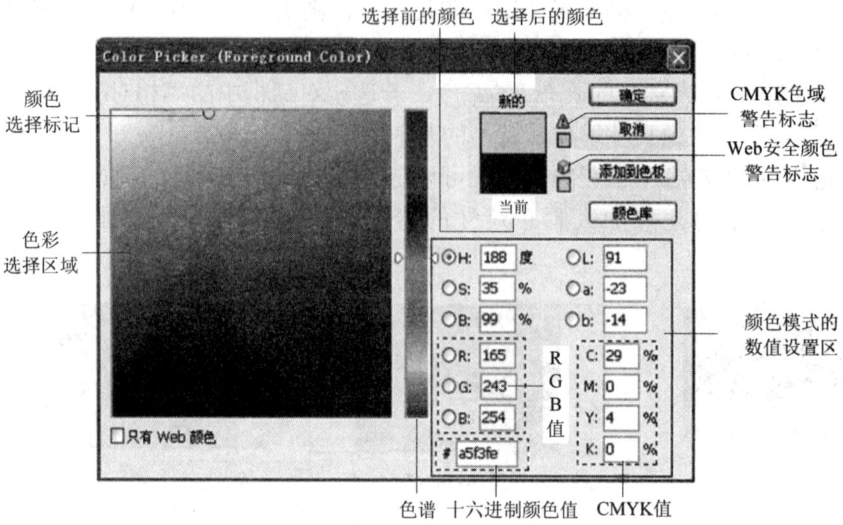

图 2-1-5　【拾色器】对话框

【拾色器】对话框中各选项的含义如下：

◆　“色彩选择区域”：对话框左边的方框区域，鼠标在这个色域里变为一个圆环标记，即颜色选择标记，可以通过拖动圆环标记来选择想要的颜色。

◆　“色谱”：紧邻色彩选择区域右边的是色谱，可拖动色谱两边的滑块来选择要使用的颜色。

◆　“选择后的颜色”和“选择前的颜色”：对话框右上边的小矩形框的上半部分是拖动圆环标记选择后的颜色，矩形框的下半部分是选择前的颜色，也就是未进入【拾色器】对话框之前所选择的前景色或背景色。

◆　“色域警告”：是 CMYK 色域警告标志，当我们所选择的颜色不在 CMYK 色域时，就会出现该标志，如果单击下边的色块就会切换到离目前颜色最接近的 CMYK 可打印色；是 Web 安全颜色警告标志，当我们所选择的颜色不是 Web 安全颜色时，就会出现该标志，如果单击下边的色块就会切换到离目前颜色最接近的 Web 颜色。

◆　“颜色模式的数值设置区”：除了用色域或色谱选择颜色之外，还可以在【拾色器】对话框右下方的四种颜色模式的数值框中输入相应的数值来设置颜色。

到底如何设定颜色呢？比如，要选择浅蓝色，就先把色谱两边的滑块移动到蓝色那一段，然后在色彩选择区域中移动鼠标到较浅的区域中单击即可。

除了可通过【拾色器】设置前景色和背景色外，还可以通过【窗口】菜单中的【色板】调板以及【颜色】调板来设置颜色，其使用方法与拾色器的使用方法有相通之处。另外，还可以选择工具箱中的【吸管工具】在图像中直接点取所需要的颜色。以上方法，请读者自行练习。

快捷方式：按键盘上的【D】键可恢复默认的前景色(黑色)和背景色(白色)；按【X】键可将前景色与背景色进行调换；按住【Alt+Del】(或【Alt+Backspace】)快捷键可直接填充前景色；按住【Ctrl+Del】(或【Ctrl+Backspace】)快捷键可直接填充背景色。

2.1.4　选区工具

当只需要对图像中特定的区域进行移动、复制、修改或校正颜色时，就必须使用选区工具选取特定的区域。当我们将图像的某部分选定生成选区后，就会出现类似于图 2-1-6 所示的动态虚线，而虚线之内的区域就是被选择的选区。

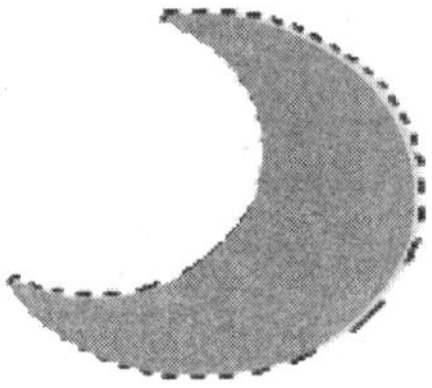

图 2-1-6　选区

首先，对于选区要有一个这样的认识：凡是选区工具所选取的选区都是首尾相接的、闭合的区域。只要建立了选区，那么几乎所有的操作都只局限于选区内。

选区工具包括矩形选框工具、套索工具、魔棒工具，它们位于工具箱的上部。其中，选框工具包含四个按钮，如图 2-1-7 所示，主要用来创建或选取规则区域；套索工具包含三个按钮，如图 2-1-8 所示，主要用来创建或选取不规则区域；魔棒工具主要用来智能选取颜色相同或相近的区域。平时，选区工具中只有被选择的那个工具为显示状态，其它的为隐藏状态，可通过单击鼠标右键来显示出所有的按钮，再选择所需的工具。下面逐一介绍各工具的使用方法。

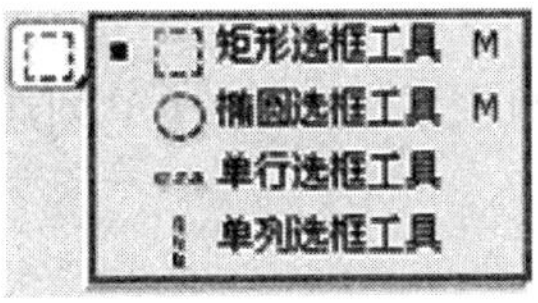

选框工具全部按钮

图 2-1-7　选框工具

套索工具全部按钮

图 2-1-8　套索工具

1. 矩形选框工具和椭圆选框工具

【矩形选框工具】用于创建或选取矩形区域，【椭圆选框工具】用于创建或选取椭圆形区域。选择【矩形(椭圆)选框工具】后，在图像中拖动鼠标就会画出一个矩形或椭圆选区，如图 2-1-9 和图 2-1-10 所示。

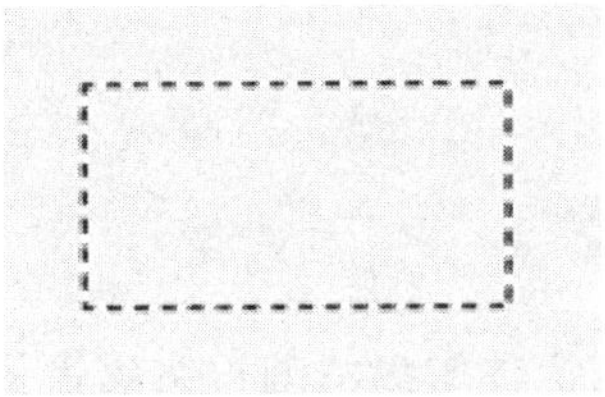

图 2-1-9　矩形选区

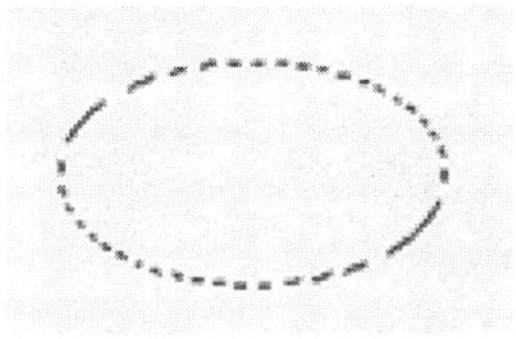

图 2-1-10　椭圆选区

【选框工具】选项栏如图 2-1-11 所示。

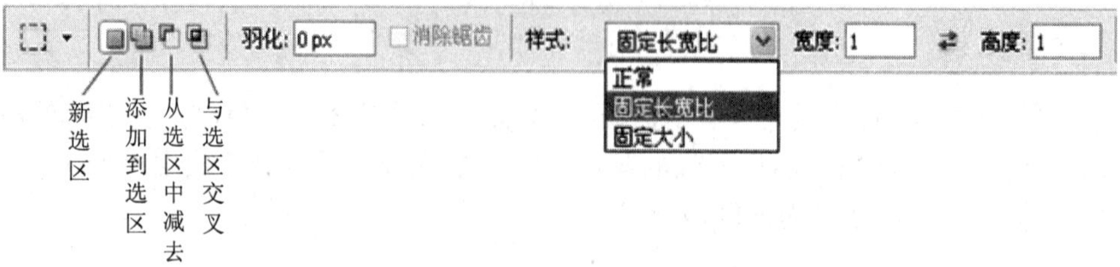

图 2-1-11　【选框工具】选项栏

【选框工具】选项栏中各参数的含义如下：

◆ “羽化”：设置选区边界的羽化宽度，设置的数值越大，羽化的范围越大。

◆ “消除锯齿”：用于去除选区边界的锯齿状边缘。

◆ “样式”中“正常”选项：鼠标在图像上拖动产生的范围将成为选择区域。

◆ “样式”中“固定长宽比”选项：在选项栏右边的“宽度”和“高度”选项中输入的宽度值和高度值将起作用，当输入宽(高)度值后，所选取区域的宽高将按该宽高度的比值强制生成。

◆ “样式”中“固定大小”选项：选择该项后，输入的宽度数值和高度数值将成为选取区域的固定尺寸，那么每次在图像中单击鼠标，都会产生一个固定大小的矩形区域。

快捷方式：选择矩形或椭圆选框工具后，按住【Shift】键在图像中拖动鼠标，将选取出一个正方形或正圆形的区域；按住【Alt】键在图像中拖动鼠标，将以拖动的起点作为中心选取出一个区域；按住【Shift+Alt】键在图像中拖动鼠标，将以拖动的起点作为中心选取出一个正方形或正圆形的区域。

2. 单行选框工具和单列选框工具

【单行选框工具】用于在图像中选取 1 个像素高的水平线区域，【单列选框工具】用于在图像中选取 1 个像素宽的垂直线区域。

3. 套索工具

【套索工具】可以用鼠标随意拖动画出一个选区，松手后即可建立一个与拖动轨迹相符的选区，常用来创建或选取不规则、外形复杂的选区，如图 2-1-12 所示。

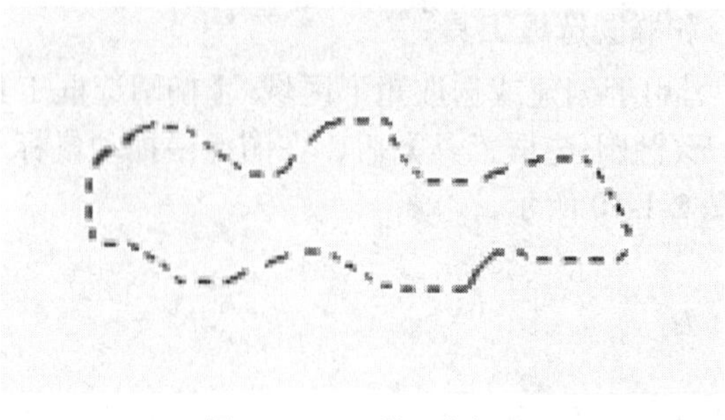

图 2-1-12　不规则选区

注意，在使用套索选取过程中，必须一直按着鼠标选择所需范围直至终点，如果起点与终点不在一起时就松手，则系统自动在两点间连接一条直线；如果在起点与终点未闭合前按【Esc】键，则将终止本次选取。【套索工具】选项栏中各选项的含义与【选框工具】的基本一致，可参考【选框工具】的相关内容。

4. 多边形套索工具

【多边形套索工具】可以通过鼠标的连续点击形成一个多边形选区。如果终点与起点重合，在的右下方就会出现一个小圆圈提示符，如图 2-1-13 所示，此时单击就会将起点与终点闭合而完成选取。在起点与终点没有重合的情况下，可按下回车键或直接双击完成选取。若在选取过程中，按住【Shift】键，可使选区某段连线是水平、垂直或 45° 角的方向连线。

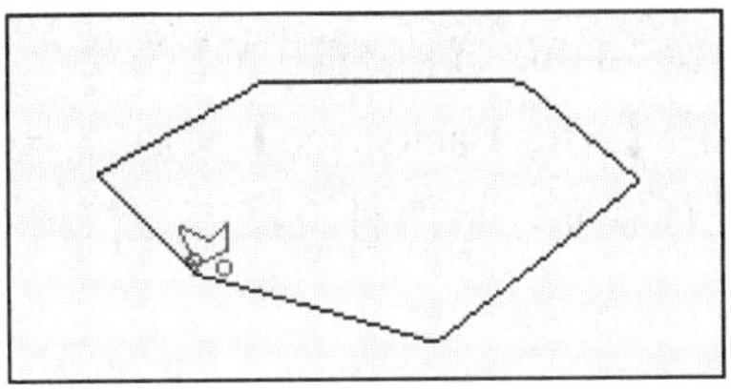

图 2-1-13　选区闭合提示状态

5. 磁性套索工具

【磁性套索工具】适用于快速选择边缘与背景对比强烈且边缘复杂的对象，因此有几个独有的选项设置，如图 2-1-14 所示。

图 2-1-14　【磁性套索工具】选项栏

【磁性套索工具】选项栏中各参数的含义如下：

◆ “宽度”：该选项决定磁性套索检测指针周围区域的大小。

◆ “边对比度”：该选项决定套索工具对图像边缘的灵敏度，较高的数值只检测与它们的环境对比鲜明的边缘，而较低的数值则检测低对比度的边缘。

◆ “频率”：该选项用来设置选取时的节点密度。

6. 魔棒工具

【魔棒工具】用来选取颜色相同或颜色相近的区域，适合选择色彩和色调较单一的画面，可使复杂的颜色选取工作变得简单化。与其相关的选项如图 2-1-15 所示。

图 2-1-15　【魔棒工具】选项栏

【魔棒工具】选项栏中各参数的含义如下：

◆ “容差”：该选项输入数值越小，所选取的颜色就越接近，但可选取的颜色范围也就越小；反之，输入数值越大，可选取的颜色范围也就越大。

◆ “连续”：若选中该项，则容差范围内的所有相邻像素都被选中。

◆ “对所有图层取样”：若选中该项，魔棒工具将在所有可见图层中选择颜色，否则只在当前图层中选择颜色。

快捷方式：按【Ctrl+A】键可选取当前图层中的全部图像；按【Ctrl+D】键可取消选区；按【Shift+Ctrl+I】键可反选当前图层中的选区。

2.1.5 油漆桶工具

【油漆桶工具】可将前景色或图案快速填充整个图像区域或选区。【油漆桶工具】选项栏如图 2-1-16 所示，各选项含义可参见【魔棒工具】选项栏的含义。

图 2-1-16 【油漆桶工具】选项栏

油漆桶的纯色填充功能可由【Alt+Backspace】快捷键来完成，图案填充也可直接选择菜单【编辑】/【填充】命令进行填充，这两种方法方便快捷，因此【油漆桶工具】已很少被使用。

2.1.6 制作“多彩世界 Colorful World”

本案例“多彩世界 Colorful World”效果图如图 2-1-17 所示，其主要是通过创建矩形选区并填充指定颜色来完成的。

具体操作步骤如下：

(1) 在 Photoshop CS3 中新建一个大小为 800 px×250 px、分辨率为 72 dpi、RGB 模式、背景为白色的文件，并将文件命名为“多彩世界”。按下【F7】键，弹出【图层】调板。用鼠标左键单击【图层】调板下方的【新建图层】按钮，新建图层 1，如图 2-1-18 所示。

图 2-1-17 “多彩世界 Colorful World”效果图

图 2-1-18 新建图层

(2) 用鼠标左键单击工具箱中如图 2-1-19 所示的前景色块，弹出如图 2-1-20 所示的【拾色器】对话框，将颜色设置为绿色(#11cf02)。

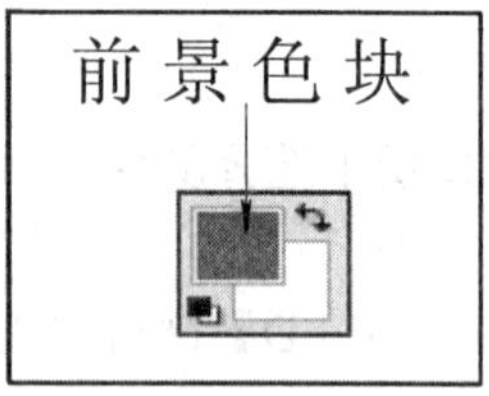

图 2-1-19 前景色块

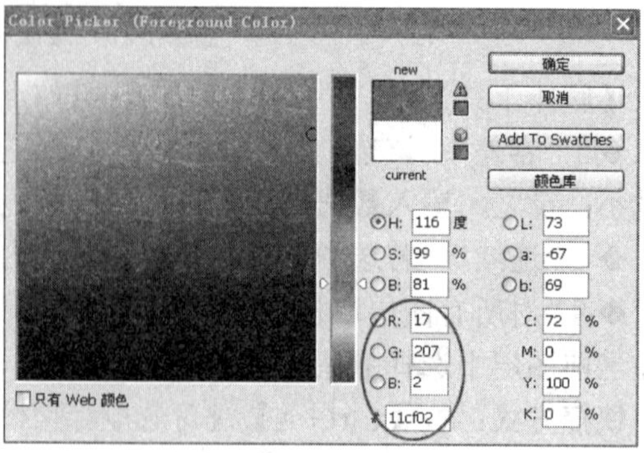

图 2-1-20 设置颜色

(3) 选择工具箱中的【矩形选框工具】，则光标在图像窗口中变为十字状态。将光标放置在图像的左下角，按住鼠标左键从左至右拖动出一条较细长的矩形选区，按【Alt+Del】键将先前设置好的绿色填充至选区，如图 2-1-21 所示。用同样的方法画出其它彩色线条，颜色值如图 2-1-22 所示。画各线条时，要注意各线条之间的间隔疏密。

图 2-1-21　画出矩形选区填充绿色

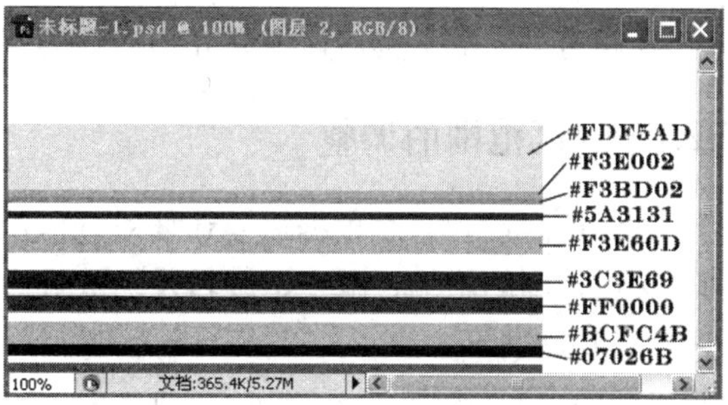

图 2-1-22　画出其它彩条

(4) 因为还要在线条上方加“Colorful World”字样，但图像上方位置不够，需向上增加画布高度。原文件画布的高度为 8.82 cm，现在文件的高度增至 15.02 cm。选择菜单【图像】/【画布大小】命令，弹出【画布大小】对话框，并按如图 2-1-23 所示的参数进行修改后单击【确定】按钮。

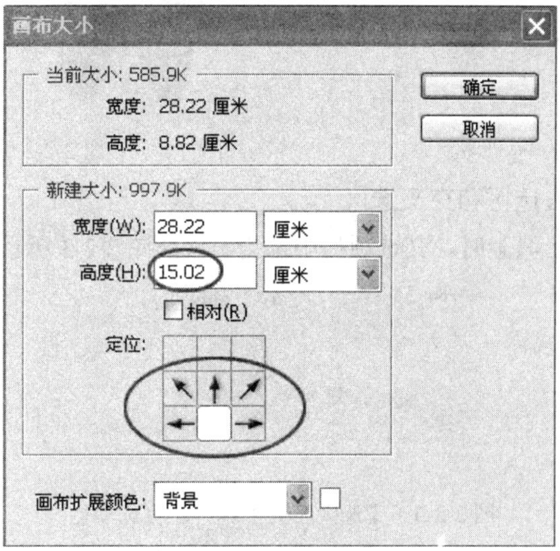

图 2-1-23　调整画布大小

(5) 画布增高后，选择工具箱中文字编辑工具【横排文字工具】T，按如图 2-1-24 所示的参数设置文字选项栏。在线条上方单击鼠标左键，进入文字编辑状态，输入“Colorful World”字样。至此，整个作品完成。

图 2-1-24　【横排文字工具】选项栏

2.2　案例——光盘

在学习“光盘”案例前，先介绍选区的调整以及多种渐变填充的操作。

2.2.1　选区范围的调整

创建选区后，有时根据需要还要对选区的范围进行各种调整操作，比如选区位置的移动，选区范围的增加、减少、旋转及缩放等。

1. 移动选区

打开素材“蝴蝶.jpg”文件(该图像也可用【自定形状工具】选择“蝴蝶”图案自行画出)，用【魔棒工具】选取图像中的“蝴蝶”，当光标放在选区范围内时，光标会变为形状，如图 2-2-1 所示。这时，拖动鼠标就可以移动选区，如图 2-2-2 所示。若要精确移动选区位置，可使用小键盘上的【←】、【→】、【↑】、【↓】箭头移动选区。

图 2-2-1　选区内光标变为形状

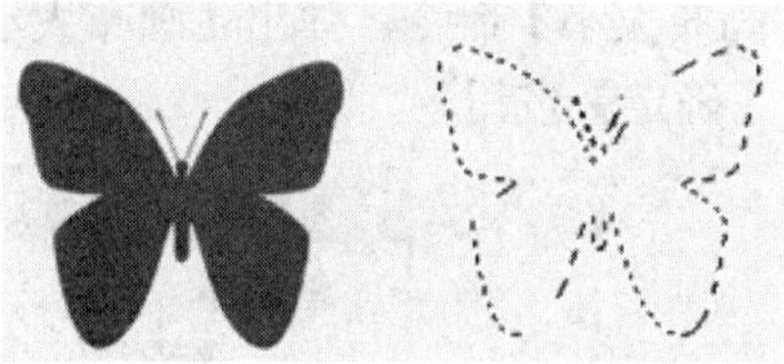

图 2-2-2　移动选区

2. 添加选区、减去选区和交叉选区

当选择任一【选区工具】时，其选项栏中都会出现如图 2-2-3 所示的选区运算公共选项。

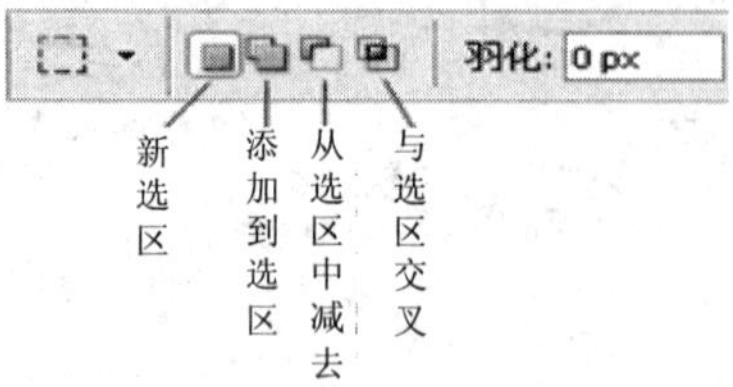

图 2-2-3　【选区工具】选区运算选项栏

【选区工具】选区运算选项栏中各参数的含义如下：

◆ “添加到选区”：在添加状态下，光标变为形状。若新选区添加在旧选区之外，则新旧选区均独立存在，如图 2-2-4 所示。若新旧选区相交，则旧选区处于保留状态，新选区范围加入到旧选区中，形成如图 2-2-5 所示的“联合”选区。

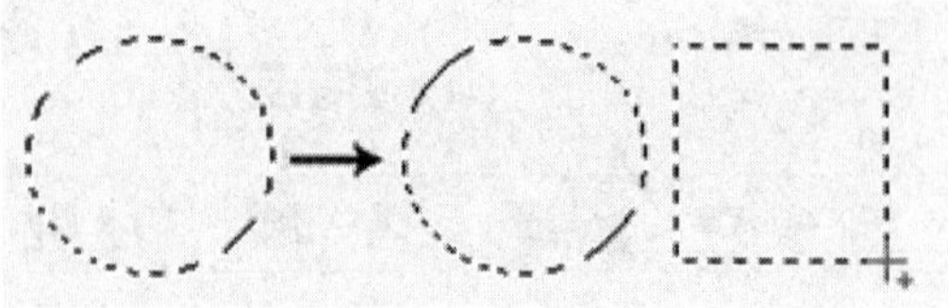

图 2-2-4　新选区添加在旧选区之外

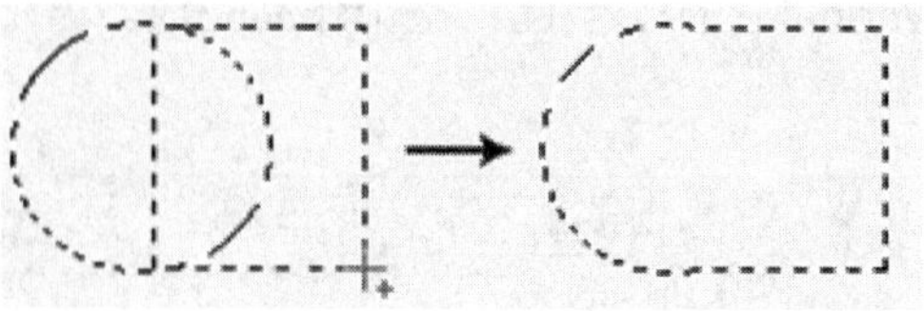

图 2-2-5　新旧选区相交生成“联合”选区

◆ “从选区中减去”：在减去状态下，光标变为形状。新选区必须与旧选区有重叠部分时，才能发生相减关系，通常是在旧选区中减去两者相交的区域，如图 2-2-6 所示。

◆ “与选区交叉”：选区与选区交叉时，光标变为形状。同样，新选区必须与旧选区有重叠部分时，才能发生交叉关系，通常是保留新旧两选区相交部分，如图 2-2-7 所示。

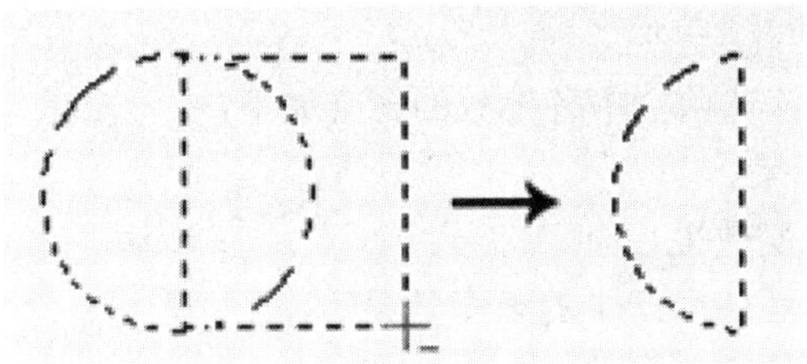

图 2-2-6　新旧选区相减关系

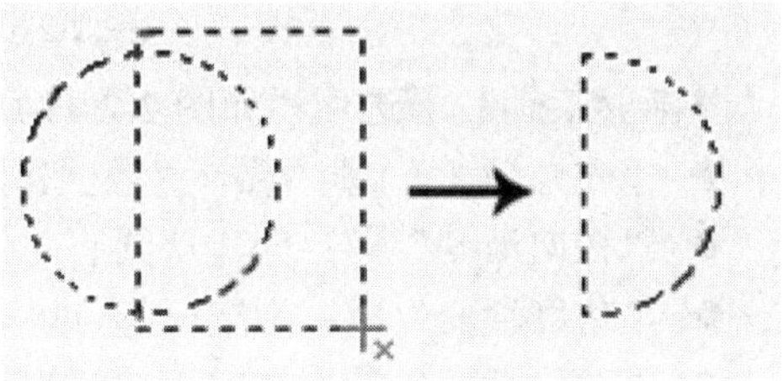

图 2-2-7　新旧选区交叉关系

3．缩放与旋转选区

选定选区后，选择菜单【选择】/【变换选区】命令，选区周围会出现八个关键点。把鼠标放在关键点附近，当光标变为双箭头形状时，可对选区进行缩放，如图 2-2-8 所示；当光标变为弯箭头形状时，可对选区进行旋转，如图 2-2-9 所示。

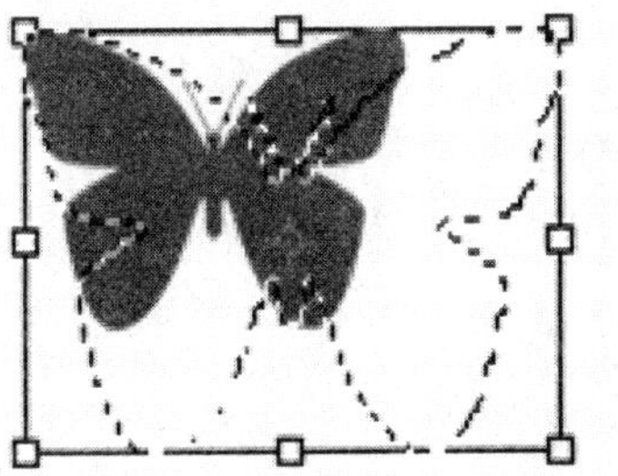

图 2-2-8　选区的缩放

图 2-2-9　选区的旋转

需要注意的是，菜单【选择】/【变换选区】命令与菜单【编辑】/【自由变换】命令是有区别的。前者只是针对选区本身的缩放，后者是针对选定区域内的图像进行缩放，而不是对选区本身的缩放。

当然，还可通过选择菜单【选择】/【修改】命令下的【平滑】、【扩展】和【收缩】以及菜单【选择】下的【扩大选取】、【选取相似】命令，对选区进行精确的范围调整，读者只要多加练习就可以熟悉对它们的操作。

2.2.2　渐变填充

【渐变工具】能够在选择区域内填充一种连续色调，形成多种颜色逐渐变化的效果。比如可从一种颜色过渡到另一种颜色(或透明色)，从前景色过渡到背景色等。渐变方式可从现有渐变填充库中选取或创建所需的新渐变。

选择工具箱【渐变工具】中的“线性渐变”选项，在图像或选区中从起点(按下鼠标)拖到终点(释放鼠标)，即可绘制出如图 2-2-10 所示的渐变填充。

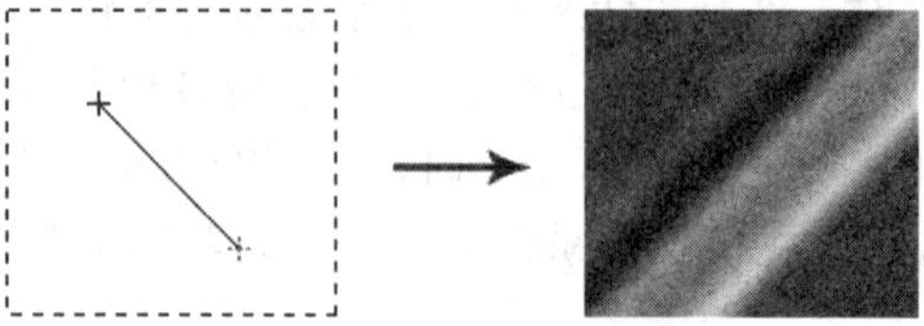

图 2-2-10　绘制渐变填充

【渐变工具】选项栏如图 2-2-11 所示。该选项栏中各参数的含义如下：

◆ “线性渐变”：沿一直线创建渐变效果。
◆ “径向渐变”：创建从圆心向外的渐变效果。
◆ “角度渐变”：围绕一起点以顺时针环绕而产生的渐变效果。
◆ “对称渐变”：在起点的两侧创建对称的渐变效果。
◆ “菱形渐变”：从起点向外创建似菱形图案的渐变效果。
◆ “不透明度”：用于控制渐变填充的不透明度。
◆ “反向”：产生反向渐变效果。
◆ “仿色”：在渐变中产生色彩抖动，使得色彩渐变柔和过渡。
◆ “透明区域”：用于控制渐变的透明度。如果未选该项，则渐变层中的透明处将以实色进行填充。

图 2-2-11　【渐变工具】选项栏

五种渐变效果如图 2-2-12 所示。

线性渐变　　径向渐变　　角度渐变　　对称渐变　　菱形渐变

图 2-2-12　五种渐变效果

那么，如何创建新的渐变呢？

在图 2-2-13 所示【渐变工具】选项栏左边的渐变条中单击鼠标，就会弹出如图 2-2-14 所示的【渐变编辑器】对话框。

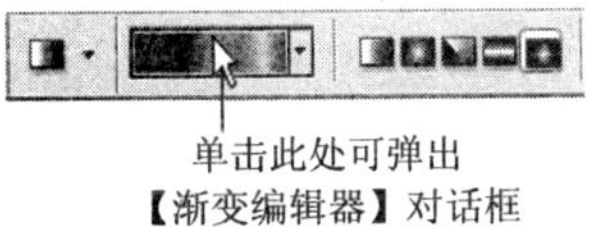

图 2-2-13　单击渐变条

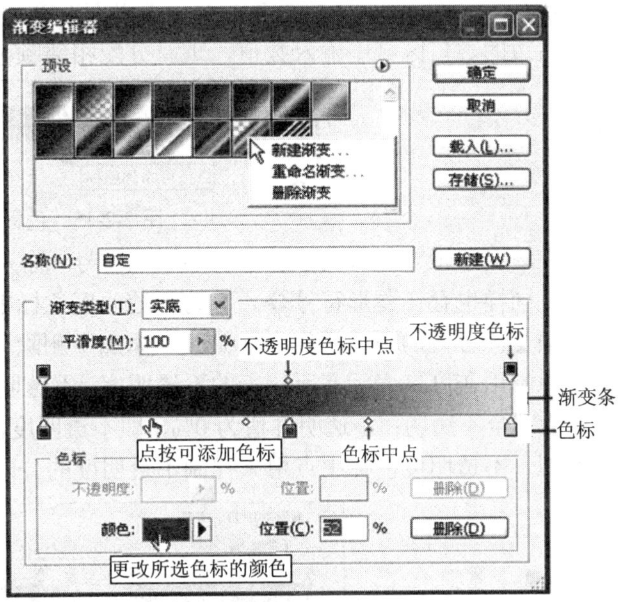

图 2-2-14　【渐变编辑器】对话框

【渐变编辑器】对话框的上半部分为预设好的渐变样式，选择任一渐变样式后单击鼠标右键都会弹出“新建渐变”、“重新命名渐变”和“删除渐变”三个选项。若选择“新建渐变”，则会将当前所设置的渐变作为新创建的样式加入预设样式中；若选择“重新命名渐变”，则可重新命名当前所选的样式；若选择“删除渐变”，则删除当前所选的样式。

【渐变编辑器】对话框的中间部分为创建渐变的主要区域，主要由颜色渐变条和色标组成，图 2-2-14 中像小铅笔一样的图标就是色标。比如图 2-2-14 中的渐变是直接选择预设面板中的“蓝、红、黄”渐变，渐变条下方就会有蓝、红、黄三个色标。关于色标，要掌握以下操作：

① 修改色标颜色：比如想把图 2-2-14 中的“蓝、红、黄”渐变改为“绿、红、黄”渐变，那么就要先选中渐变条中的蓝色色标，然后单击对话框左下方的“颜色”选项旁边的色块区域，在弹出的【拾色器】中选择绿色。更快捷的方法是双击蓝色色标，在弹出的【拾色器】对话框中直接修改颜色。

② 添加色标：只要将鼠标放在渐变条下方附近，光标变为形状时，单击鼠标就会添加一个色标，然后再修改颜色即可。

③ 删除色标：只要将鼠标放在要删除的色标上向下或向上拖离渐变条，色标即被删除。或者选择色标后，单击对话框右下角的【删除】按钮。

④ 移动色标位置：把鼠标放在要移动的色标上左右拖动即可改变位置。也可选择色标后，直接在对话框下方的“位置”选项旁边的数值区域中，输入此色标在渐变条中所占位置的百分比值来确定色标位置。

如果选择某色标后，色标与色标之间就会出现一个菱形小符号，这个小符号称为色标中点，它在两色标间的位置决定了两色标颜色之间的分配比例。比如在图 2-2-15 所示的渐变中，最左边是蓝色色标，中间是红色色标。虽然色标中点远离蓝色色标，靠近红色色标，但蓝色的比例却大于红色的比例。可以左右拖动色标中点，或直接在对话框下方的“位置”右边的数值区域中输入数值，重新分配相邻颜色的分配比例。

图 2-2-15　色标

在渐变条上方也有类似色标的小铅笔符号，称为不透明度色标。选择不透明度色标后，其两侧同样也存在菱形符号◇，称为不透明度色标中点，如图 2-2-16 所示。不透明度色标控制渐变色各处的不透明度，其修改、添加、删除和移动的操作方法与色标一样。但不透明度色标用灰度来表示其所代表的不透明度。不透明度值为 100%，即不透明度色标为黑色时，为完全不透明；不透明度值为 0%，即不透明度色标为白色时，为完全透明。同色标中点类似，不透明度色标中点用来控制不透明度的分配比例。

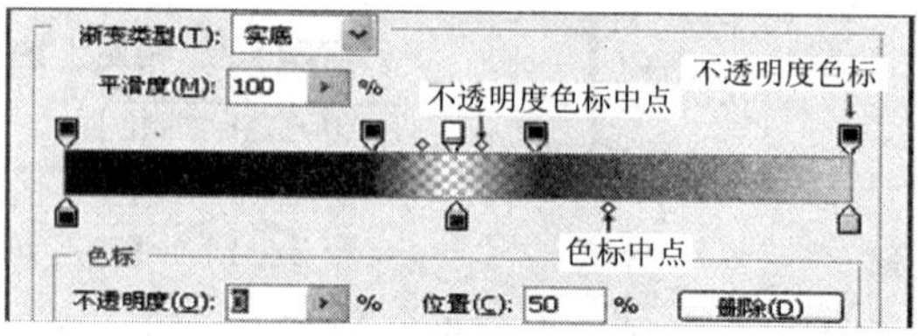

图 2-2-16　不透明度色标

2.2.3　制作“光盘”

本案例“光盘”效果图如图 2-2-17 所示，其主要是通过借助标尺和辅助线在指定的圆心位置创建正圆选区，并进行渐变填充来完成的。本案例涉及了尚未学习的图层及图层样式等知识点，但只要根据详细的步骤一步一步仔细操作，虽有难度也会顺利完成。

具体操作步骤如下：

(1) 在 Photoshop CS3 中新建一个大小为 400 px × 400 px、分辨率为 150 dpi、RGB 模式、背景为白色的文件，将文件命名为“光盘”。按【F7】键调出【图层】调板，单击【图层】调板下方的【新建图层】按钮新建图层 1。将前景色值设置为#dc80d4(淡紫颜色)并填充图层 1，将该图层作为底色衬托，再新建图层 2 待用，如图 2-2-18 所示。

图 2-2-17　光盘效果图

图 2-2-18　新建文件和图层

(2) 绘制光盘主体。

① 如图 2-2-19 所示，按【Ctrl+R】键显示标尺，从标尺中拖出两条辅助线，垂直交叉于画布中心。选择工具箱中的【椭圆选框工具】，按住【Shift+Alt】键，以辅助线交叉点为中心绘制一个正圆选区。

② 选择工具箱中的【渐变工具】，在选项栏单击“颜色渐变条”打开【渐变编辑器】，如图 2-2-20 所示，在渐变条下方单击鼠标，均匀添加 9 个色标，RGB 颜色值依次设置为(150，202，206)、(215，212，191)、(136，159，132)、(64，88，64)、(114，115，106)、(184，123，131)、(112，129，145)、(205，205，205)、(150，202，206)。

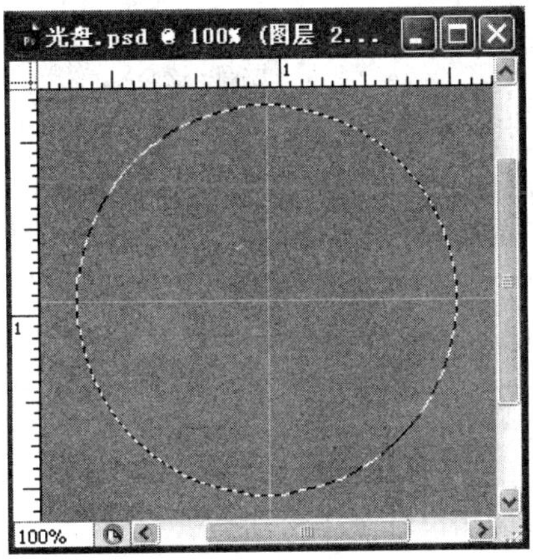

图 2-2-19　画出正圆选区

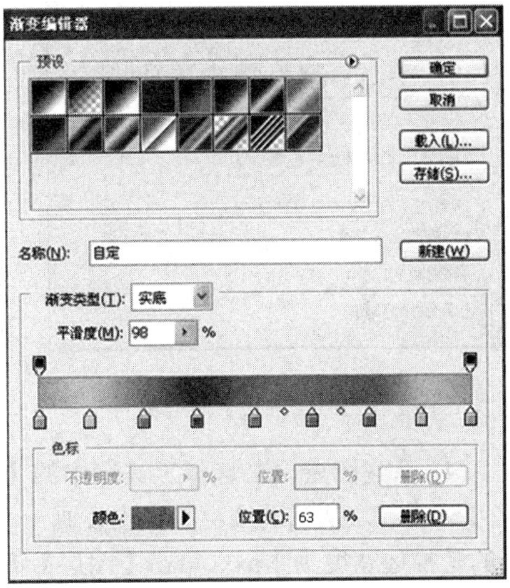

图 2-2-20　【渐变编辑器】对话框

③ 选中图层 2，选择【渐变工具】选项栏中的“角度渐变”选项，从辅助线交叉点出发对选区进行填充，如图 2-2-21 所示。选择工具箱中的【椭圆选框工具】，按住【Shift+Alt】键，从辅助线交叉点出发画出一个小的正圆选区，按【Delete】键将选区内容删除并保留选区，如图 2-2-22 所示。

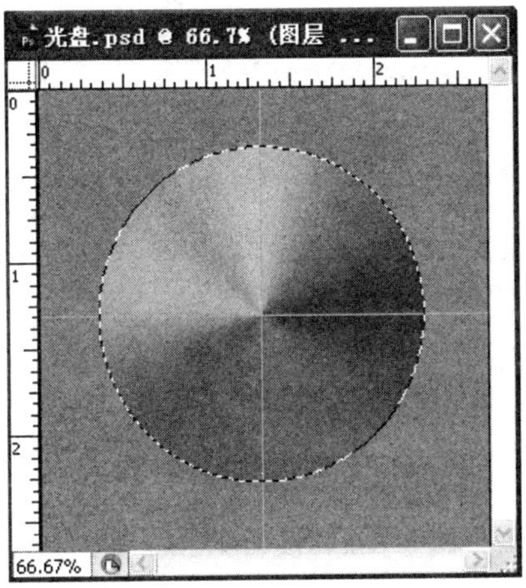

图 2-2-21　对选区径向填充

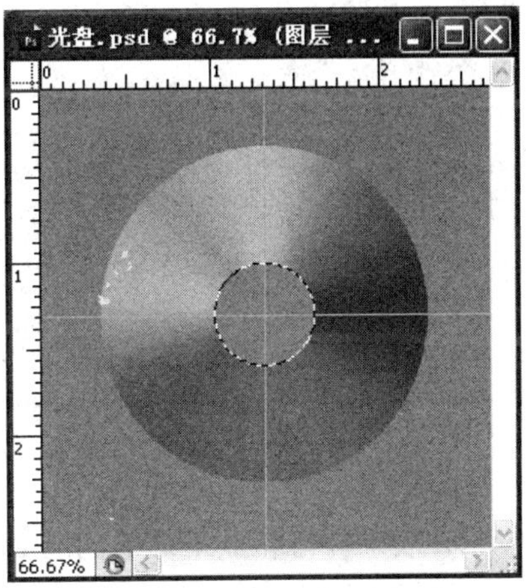

图 2-2-22　删除中间部分

(3) 绘制光盘中心线。新建图层 3，选择菜单【编辑】/【描边】命令对选区进行描边，【描边】对话框设置如图 2-2-23 所示。按【Ctrl+T】键，对选区进行自由变换，将白色圆圈细线稍微缩小些，如图 2-2-24 所示，然后回车确认，按【Ctrl+D】键取消选区。将图层 3 的【不透明度】值改为 65%，以使效果逼真些。

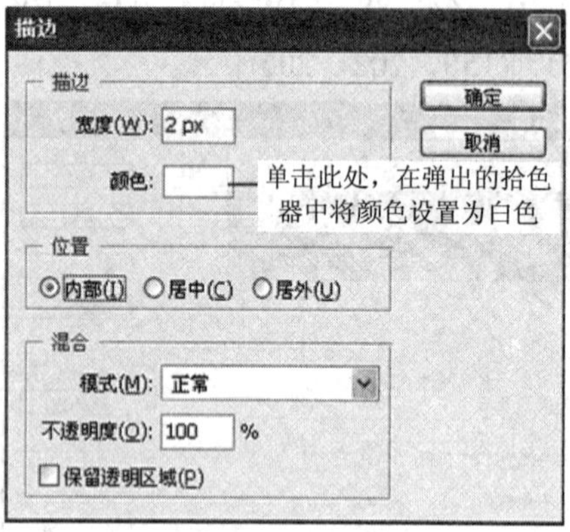

图 2-2-23　【描边】对话框

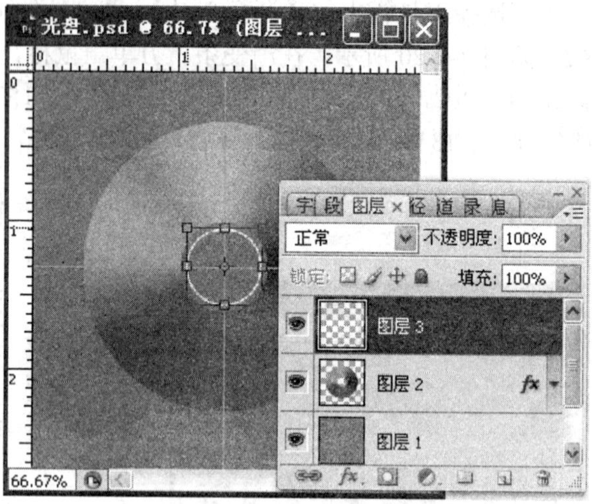

图 2-2-24　缩小光盘中心线

(4) 新建图层 4，选择工具箱中的【椭圆选框工具】，按住【Shift+Alt】键，如图 2-2-25 所示，从辅助线交叉点出发画一个更小的正圆选区。同样，执行【描边】命令，不同的是描边宽度为 1 px。单击【图层】调板下方的【添加图层样式】按钮，为图层 4 添加【投影】样式，设置如图 2-2-26 所示。

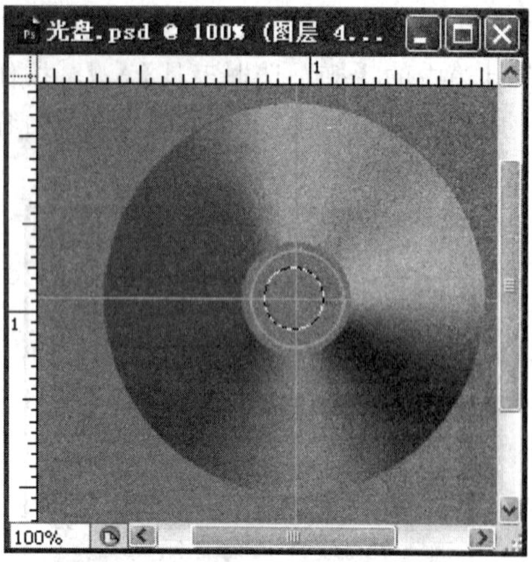

图 2-2-25　画出小正圆选区

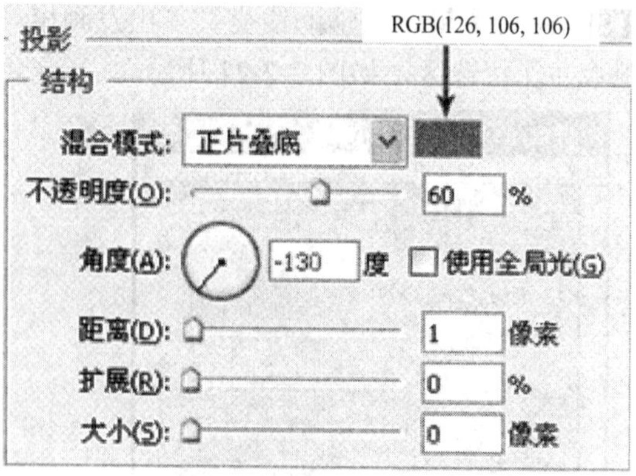

图 2-2-26　【投影】对话框

(5) 选中含有光盘主体的图层 2，对其添加“斜面和浮雕”样式，设置如图 2-2-27 所示。至此，整个作品完成。

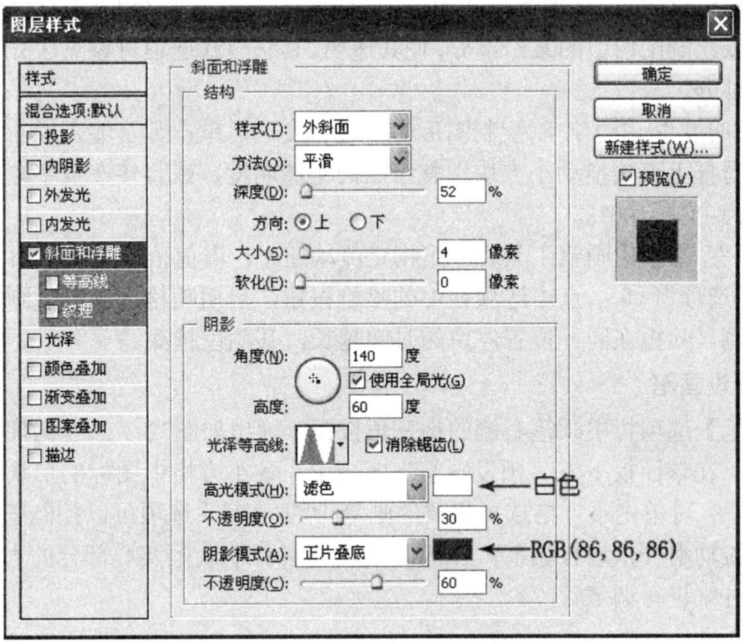

图 2-2-27　设置“斜面和浮雕”样式

2.3　案例——彩色人生

在学习“彩色人生”案例前，先介绍画笔工具、橡皮擦工具和羽化命令等相关知识。

2.3.1　画笔(铅笔)工具

在绘画过程中，经常会用到画笔和铅笔，二者均使用前景色绘画。画笔工具常用来创建毛笔风格的绘画，而铅笔的绘画工作原理与实际中的铅笔相似，常用来创建模拟铅笔风格的绘画，其画出的曲线是硬的、有棱角的。由于二者的使用方法基本相同，下面以画笔为例进行详细介绍。

1.【画笔工具】选项栏

选择工具箱中的【画笔工具】后，其选项栏如图 2-3-1 所示。

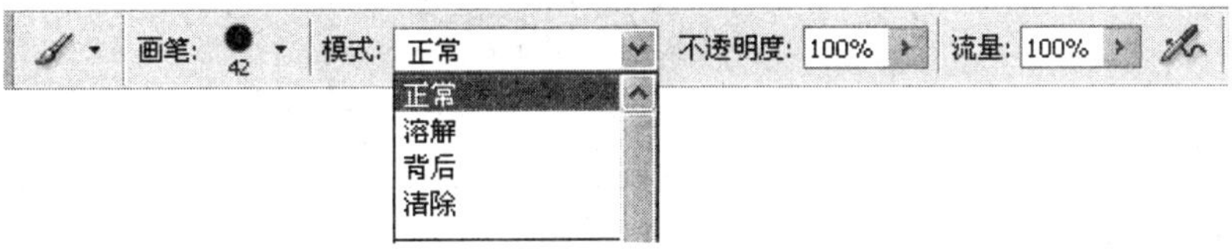

图 2-3-1　【画笔工具】选项栏

【画笔工具】选项栏中各参数的含义如下：

◆ “模式”：与图层混合模式相同，但其中“背后”和“清除”模式是图层混合模式中所没有的。“背后”模式是画笔只在图层中图像以外的透明部分绘画。“清除”模式是指应用画笔编辑或绘制图层中的某一部分，使其透明。其它模式选项可参见 3.3.1 小节中的“图层混合模式”部分。

◆ “不透明度”：用于控制绘制图形的不透明度。可单击数字输入栏右侧的小三角按钮，在弹出的滑杆上直接拖动小方块调整绘画的不透明度，或直接在数字输入栏中输入数字，取值范围为 1%～100%。

◆ “流量”：在使用画笔工具时，可指定流动速率，取值范围为 1%～100%。

◆ “喷枪选项”：点击选项栏中的喷枪按钮，启用喷枪选项后，画笔以模拟传统的喷枪手法绘画。喷枪在同一位置停留的时间越长，其颜色越深。

2．使用预设画笔

单击【画笔】选项栏中画笔右侧的小三角按钮，弹出如图 2-3-2 左侧部分所示的【画笔调整】面板。在该面板下方“预设画笔”区域中，各小方格中图标的形状和大小就是画笔的形状和大小，可单击小方格选择想要的画笔。“主直径”选项可以控制画笔的大小，通过输入数字或拉动滑杆来进行调节；“硬度”选项可以控制画笔实心部分的大小，通过输入数字或拉动滑杆来进行调节。

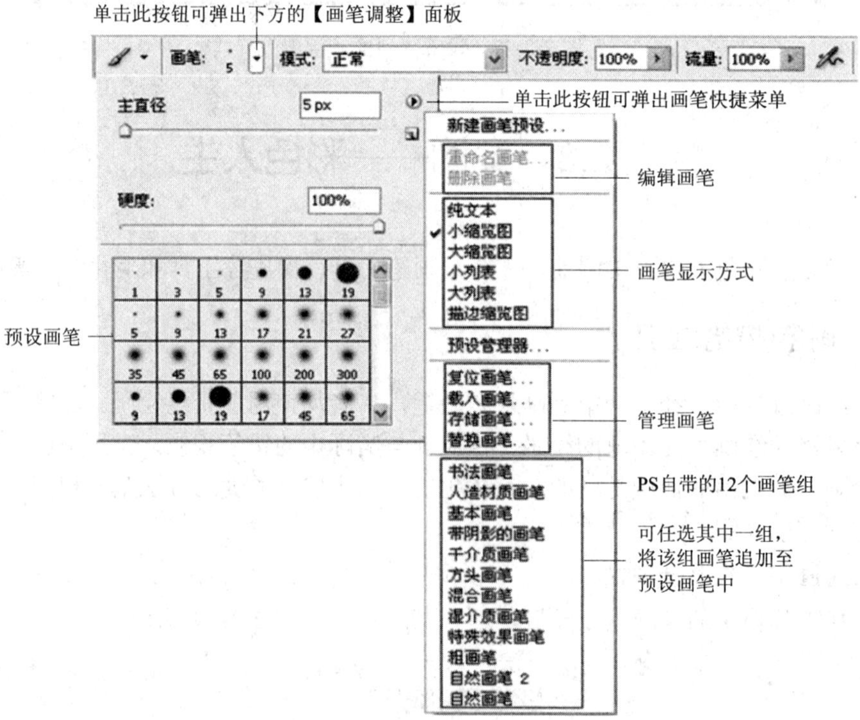

图 2-3-2 【画笔调整】面板

3．画笔快捷菜单

◆ “新建画笔预设”：新建的画笔存储到预设画笔中。

◆ “重命名画笔”：若要对所选择的画笔或修改后的画笔重新命名，可在画笔快捷菜单(如图 2-3-2 右侧部分所示)中选择“重命名画笔”选项，对该画笔重新命名。

◆ “删除画笔”：若要删除画笔，可在“预设画笔”区域中选择该画笔，在图 2-3-2 右侧部分所示的画笔快捷菜单中选择“删除画笔”选项。或直接在所选的画笔上单击鼠标右键，在弹出的快捷菜单中选择“删除画笔”选项。

◆ “复位画笔”：用默认画笔取代当前画笔，回到预设状态。

◆ “载入画笔”：将已存储的画笔或 Photoshop 自带的画笔组调入到预设画笔中。在画笔快捷菜单中共有 12 组 Photoshop 自带的画笔组供用户选用。

◆ “存储画笔”：将当前画笔组存储成文件，格式为*.ABR。

◆ “替换画笔”：载入新的画笔组，替换当前画笔组。

4．创建新画笔

使用【画笔】调板可以创建新的画笔。选择菜单【窗口】/【画笔】命令，或直接按【F5】键，显示如图 2-3-3 所示的【画笔】调板。在该调板中，可以通过搭配不同的参数来调制出具有特殊风格的画笔。比如，通过调整“间距”的数值来控制画笔的距离；通过调整“角度”的数值来改变圆形画笔长轴与水平线的偏角；通过调整“圆度”的数值来控制长短轴的比例，100%为正圆，0%为直线。以上选项的参数均可通过输入数字和拖动滑块来进行调节。

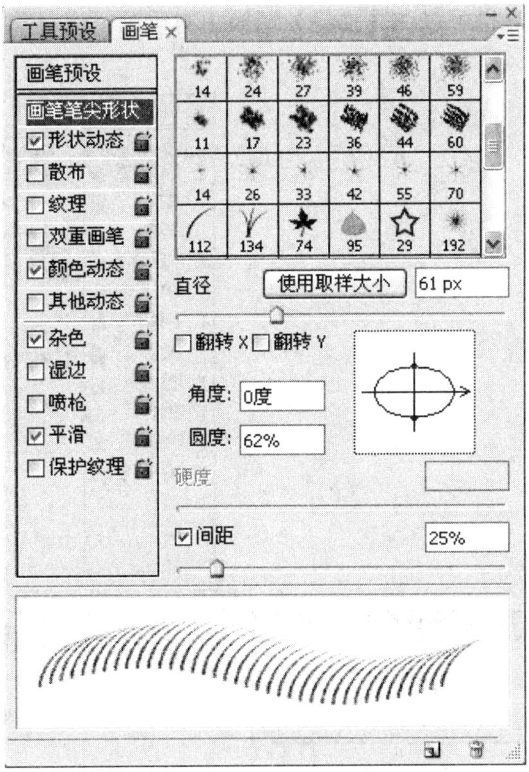

图 2-3-3 【画笔】调板

设置了画笔参数后，可单击如图 2-3-2 所示的【画笔调整】面板右上方的图标或在画笔快捷菜单中选择“新建画笔预设”选项，然后在弹出的如图 2-3-4 所示的【画笔名称】对话框中为新建的画笔取名并存储到预设库中。

图 2-3-4　【画笔名称】对话框

5. 自定义画笔

除了可以使用系统预设的画笔以及调整参数创建新画笔外，还可以根据图像的局部形状进行自定义画笔。如果使用图像定义画笔，得到的将是相应图像的黑白画笔。创建自定义画笔的操作步骤如下：

首先，用【选取工具】在图像中选取要定义为画笔形状的区域。比如，用繁体小篆“简”字作为画笔形状，那么就要求事先添加繁体小篆字库，用【横排文字工具】T将文字输入，再用【矩形选框工具】将文字选取，然后选择菜单【编辑】/【定义画笔预设】命令，弹出如图 2-3-5 所示的【画笔名称】对话框，为新自定义的画笔取名。

选择工具箱中的【画笔工具】，打开【画笔】调板，就会发现新定义的画笔出现在【画笔】调板中。同样，也可以在【画笔】调板中对该画笔进行参数设置，如图 2-3-6 所示，调制出自己所需的风格。

图 2-3-5　【画笔名称】对话框

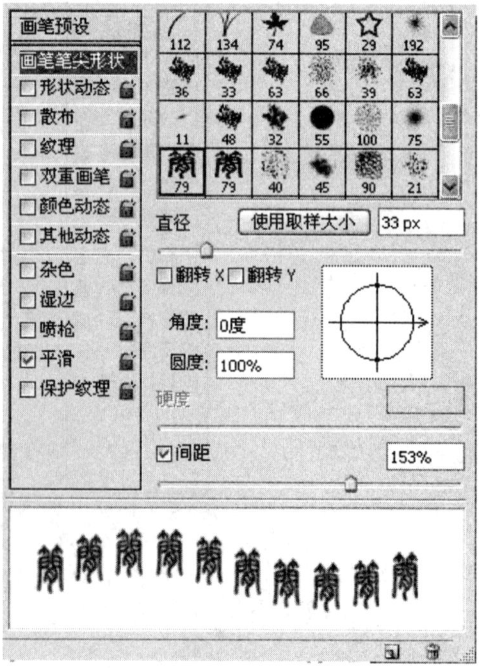

图 2-3-6　自定义的画笔出现在【画笔】调板中

2.3.2　橡皮擦、背景橡皮擦、魔术橡皮擦

就像我们在现实生活中用橡皮擦除纸张上的字迹一样，橡皮擦工具可以擦除图像中不需要的部分，从而对图像进行编辑。

1. 橡皮擦工具

当使用【橡皮擦工具】在普通图层上擦除时，鼠标涂抹过的部分会变为透明；当使用橡皮擦在背景或透明像素被锁定的图层中擦除时，鼠标涂抹过的部分会变为背景色。【橡皮擦工具】选项栏如图 2-3-7 所示，其中“不透明度”和“流量”选项可参见 2.3.1 小节的【画笔工具】选项栏。

图 2-3-7　【橡皮擦工具】选项栏

【橡皮擦工具】选项栏中各参数的含义如下：

◆ “画笔直径”：控制橡皮擦画笔的大小。

◆ “模式”：决定橡皮擦画笔的类型，有画笔、铅笔和块三种类型可供选择。

◆ “抹到历史记录”：如果勾选该选项，那么应用【橡皮擦工具】进行擦除时，可将图像擦回至【历史记录】调板中选定的图像状态，其作用类似于【历史记录画笔工具】。

2. 背景橡皮擦工具

【背景橡皮擦工具】在图层上将像素擦除为透明，并忽略图层的透明设置。背景橡皮擦的擦除是通过指定不同的取样和“容差”选项，控制透明度的范围和边界的锐化程度。【背景橡皮擦工具】选项栏如图 2-3-8 所示。

图 2-3-8　【背景橡皮擦工具】选项栏

【背景橡皮擦工具】选项栏中各参数的含义如下：

◆ “限制”：设置擦除模式，共有三种模式：连续，擦除出现在画笔下任何位置的取样颜色，并使擦除区域变为透明；临近，擦除包括取样颜色且与之相互连接的区域；查找边缘，擦除包括取样颜色且与之相互连接的区域，能更好地保留形状边缘的锐化程度。

◆ “容差”：设置擦除区域的颜色与取样颜色的接近程度。该值越大，所擦除区域的范围就越广。

◆ “保护前景色”：选择该项，保护前景色不被擦除。

◆ “颜色取样方式”：设置颜色取样方式，共有三种方式：连续取样，即连续不断地取样，鼠标拖过的像素颜色就成为背景色，随着鼠标在图像中的不断拖动，所取样作为背景的颜色也会不断改变；一次取样，即将鼠标每次在图像上按下时的像素颜色作为取样颜色(即背景色)，其后鼠标拖动时，背景色不再改变；背景颜色取样，即将当前背景色作为取样颜色，只擦除包含当前背景颜色的区域。三种颜色取样方式应配合使用。

3. 魔术橡皮擦工具

使用【魔术橡皮擦工具】只需单击鼠标即可将同一图层上颜色相近的像素擦除。在背景层或锁定透明像素的普通层上擦除像素的颜色为背景色，在普通层上擦除像素的颜色为透明。【魔术橡皮擦工具】选项栏如图 2-3-9 所示。

图 2-3-9　【魔术橡皮擦工具】选项栏

2.3.3　羽化选区

通过【羽化】命令可对选区进行虚化。选择菜单【选择】/【修改】/【羽化】命令(或按【Ctrl+Alt+D】键)，弹出如图 2-3-10 所示的【羽化选区】对话框，直接在对话框中输入数值即可。羽化值越大，虚化的区域也就越大。

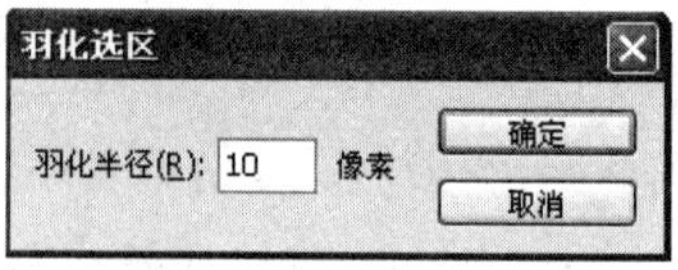

图 2-3-10　【羽化选区】对话框

下面来对比未羽化和羽化选区填充颜色后的效果。图 2-3-11 是对未羽化选区填色的效果，图 2-3-12 是对羽化选区羽化 10 个像素后再填色的效果。可以看出，羽化选区填色后边缘出现虚化效果。

通过羽化命令来虚化选区的边缘，可使边缘变得柔和，因此在制作合成效果时，常用来使图像与图像之间得到较柔和的过渡，如图 2-3-13 所示。

图 2-3-11　未羽化选区填色效果

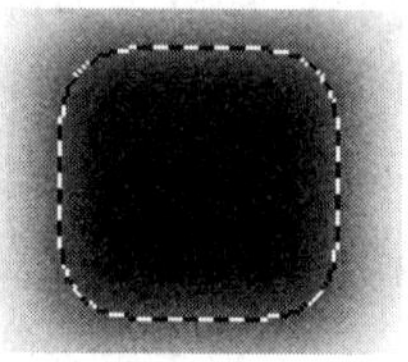

图 2-3-12　羽化选区填色效果

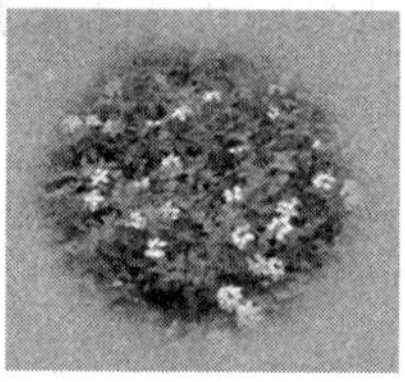

图 2-3-13　羽化柔和图像间的过渡

2.3.4　制作“彩色人生”

本案例“彩色人生”效果图如图 2-3-14 所示，其主要是应用不同颜色的画笔以及对羽化选区进行填色来完成的。

具体操作步骤如下：

(1) 在 Photoshop CS3 中新建 16 cm×8 cm、分辨率为 72 dpi、RGB 模式、背景为白色的文件，并将文件命名为“彩色人生”。按下【F7】键，打开【图层】调板。用鼠标左键单击【图层】调板下方【新建图层】按钮，新建图层 1，如图 2-3-15 所示。

图 2-3-14　“彩色人生”效果图

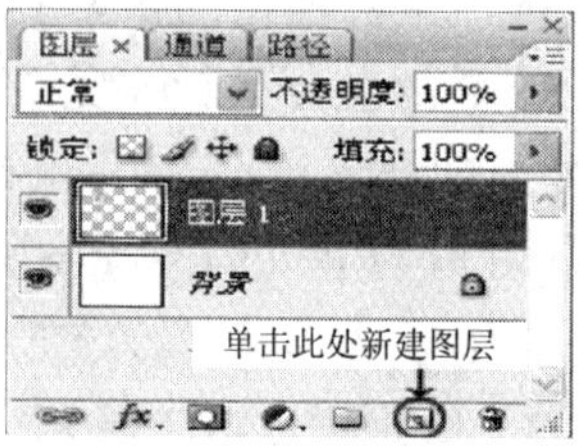

图 2-3-15　新建图层

(2) 制作彩条效果。选择工具箱中的【画笔工具】，在如图 2-3-16 所示的【画笔调整】面板中选择“粗边圆形钢笔”预设画笔(如无此画笔，可单击面板右上角的三角按钮，在弹出的快捷菜单中选择“复位画笔”选项即可)。分别将前景色设置为蓝色(#00aee)、深红色(#ec008C)、黄色(#fff200)，在画布靠近右边一点的位置，将画笔由左上角向右下角快速拖动，拖出的效果如图 2-3-17 所示。

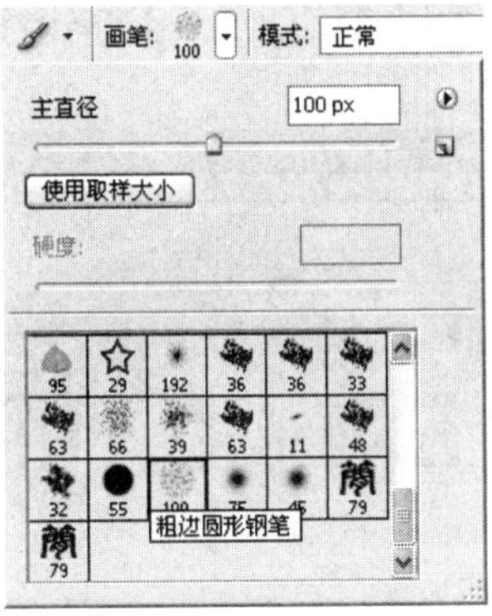

图 2-3-16　【画笔调整】面板

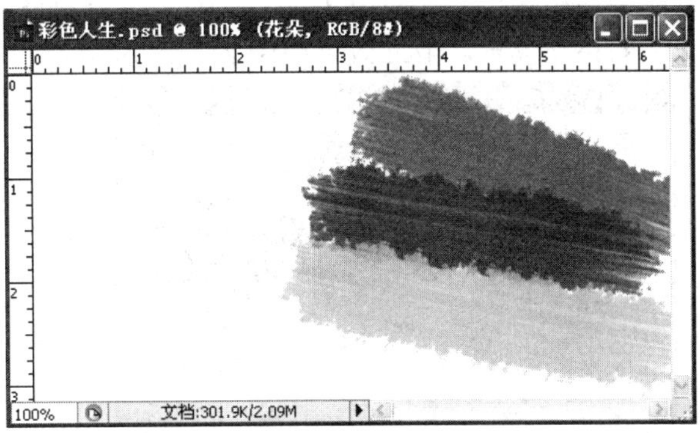

图 2-3-17　新建图层，选择画笔，绘制彩条

(3) 加入衬景。打开“花瓣.jpg”素材，选择工具箱中的【移动工具】，将该图片拖入“彩色人生”文件中，如图 2-3-18 所示。将该图层的不透明度设置为 50%，如图 2-3-19 所示。

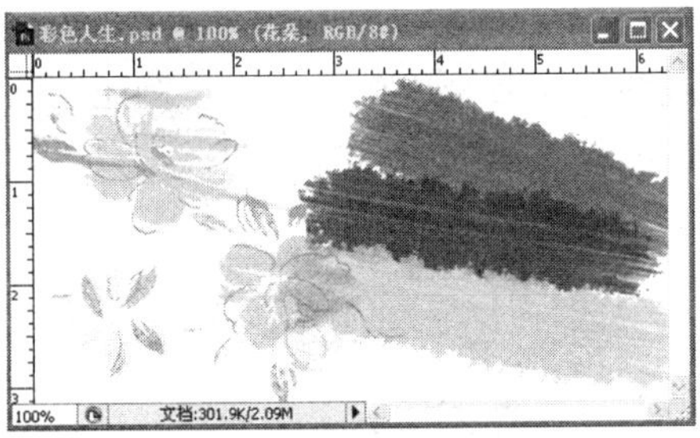

图 2-3-18　拖入“花瓣”素材

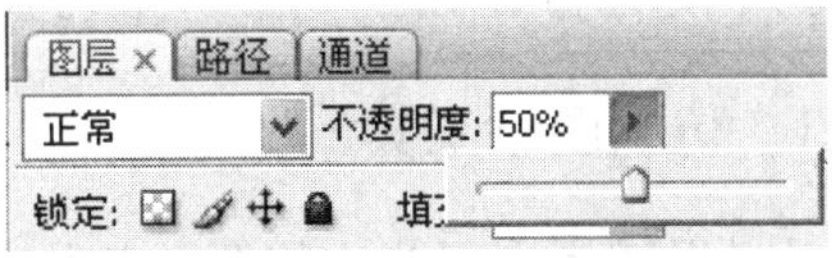

图 2-3-19　修改“花瓣”图层不透明度

(4) 羽化效果。将前景色设置为粉紫色(#c32884)。选择工具箱中的【椭圆选框工具】，拖动鼠标画出如图 2-3-20 所示大小的椭圆选区，并将选区填充为粉紫色。保留选区，选择菜单【选择】/【修改】/【羽化】命令，设置羽化值为 15 px，对羽化过的选区再次填充粉紫色，效果如图 2-3-21 所示。

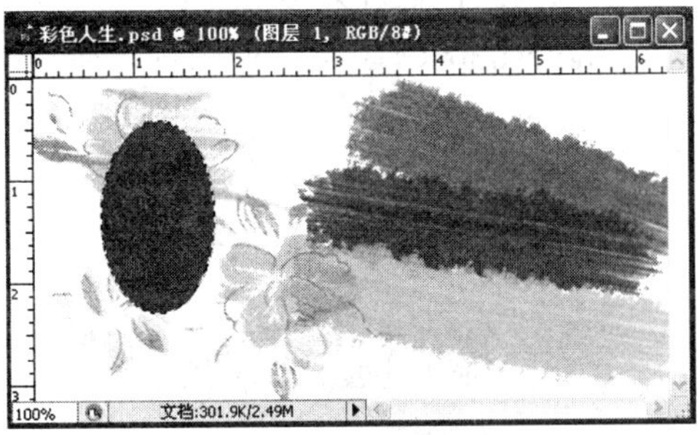

图 2-3-20　绘制椭圆选区填色

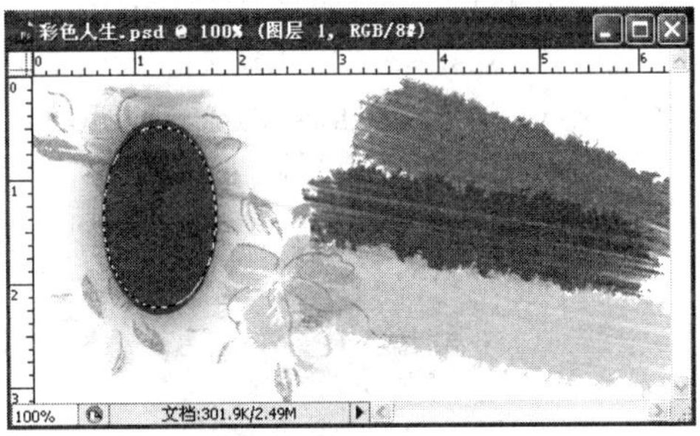

图 2-3-21　羽化选区填色

(5) 选择菜单【编辑】/【自由变换】命令，将鼠标放在变形顶点处，当鼠标形状变为双弯箭头时，拖动鼠标对该图形旋转。旋转至合适角度后，回车确认，如图 2-3-22 所示。

(6) 将前景色设置为白色，选择【横排文字工具】T，选择“华文行楷”字体，输入

“彩”字。用【移动工具】拖动该字至紫色椭圆上方。同样，分别输入“彩”字右下角的“色人生”和“CAI SE REN SHENG”字样，字体自选，但要求三行文字各占一个图层，以便调整相互位置。应用【自由变换】命令调整文字大小，再用【移动工具】调整三行文字的相互位置，最终效果如图 2-3-23 所示。

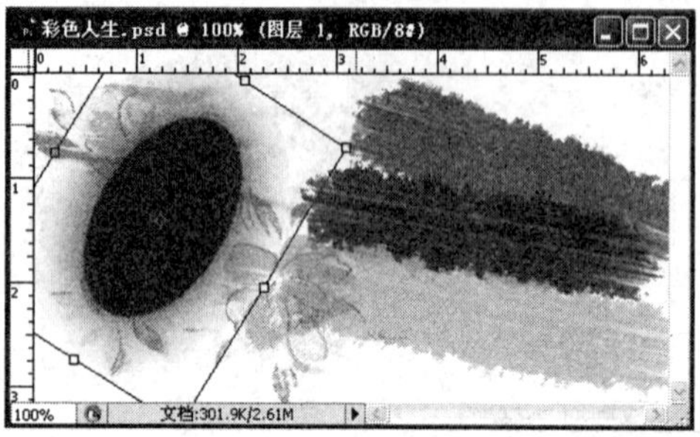

图 2-3-22　旋转椭圆

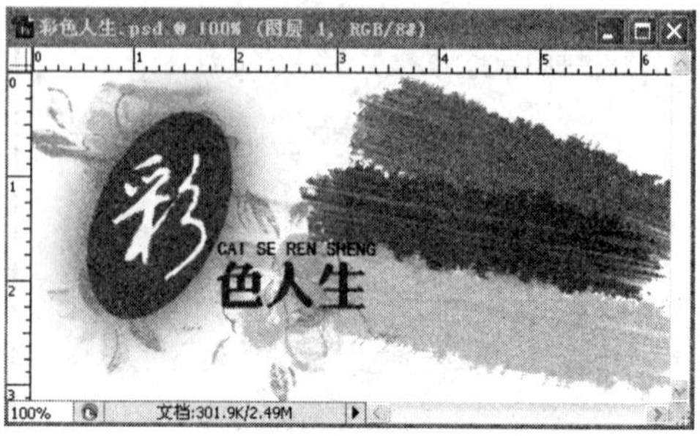

图 2-3-23　输入文字

2.4　案例——去除照片中的多余背景

在“去除照片中的多余背景”案例中需要用到图章工具，因此首先介绍图章工具的相关知识。图章工具包括仿制图章和图案图章，二者的基本功能都是复制图像，只是复制的方式不同，通常仿制图章的应用相对较多些。

2.4.1　仿制图章工具

仿制图章就是以指定的像素点为复制采样点，将该采样点周围的图像复制到指定的地方。仿制图章经常被用来修补图像中破损的地方以及合成图像。【仿制图章工具】选项栏如图 2-4-1 所示。

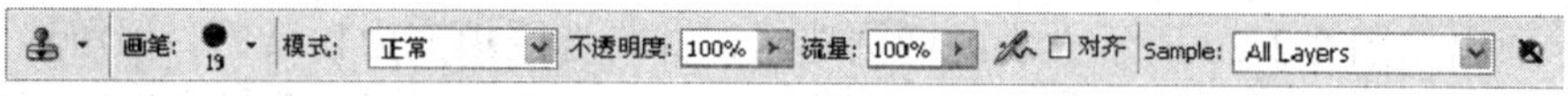

图 2-4-1　【仿制图章工具】选项栏

下面通过“三只眼的小鸭”练习来学习如何使用仿制图章，操作步骤如下：

(1) 比较图 2-4-2 和图 2-4-3。“小鸭.tif”图片是 Photoshop CS3 自带的图片，通常在“C:\ProgramFiles\Adobe\AdobePhotoshopCS3\样本”目录下。

图 2-4-2　原图

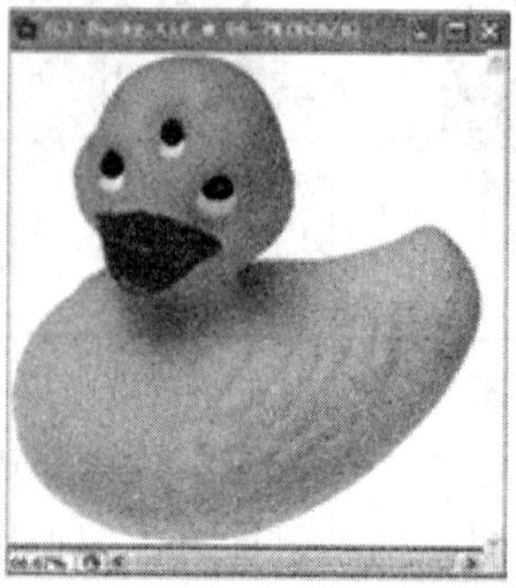

图 2-4-3　应用仿制图章的效果图

(2) 选择工具箱中的【仿制图章工具】，将画笔设置为“柔边 45 px”，如图 2-4-4 所示。

图 2-4-4　【仿制图章工具】选项栏

(3) 以小鸭左眼为复制区域，如图 2-4-5 所示，将鼠标放在小鸭左眼作为图章的采样点，同时按住【Alt】键，此时光标变为“⊕”形状。

(4) 松开【Alt】键，将光标放在小鸭的额头上，确定要复制的位置，按住鼠标并不断拖动，如图 2-4-6 所示，小鸭的第三只眼便被复制出来了。

在拖动鼠标的过程中，如图 2-4-6 所示，在小鸭左眼处原来确定为图章的位置旁边出现“＋”形状。这个“＋”形状会从刚才确定的采样点开始，与鼠标同步移动，那么小鸭的第三只眼就会以采样点为依据复制出来。

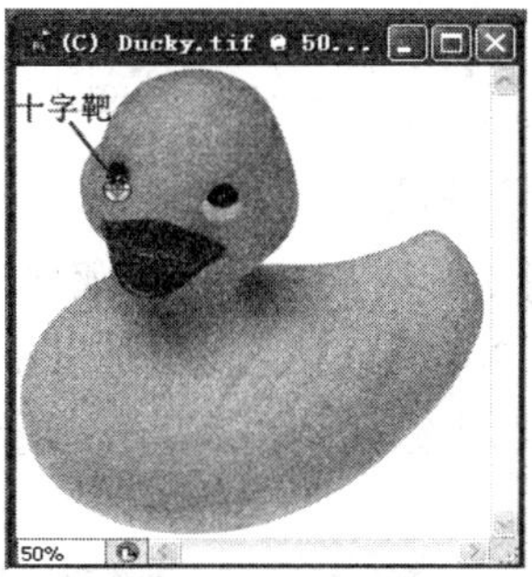

图 2-4-5　确定采样点

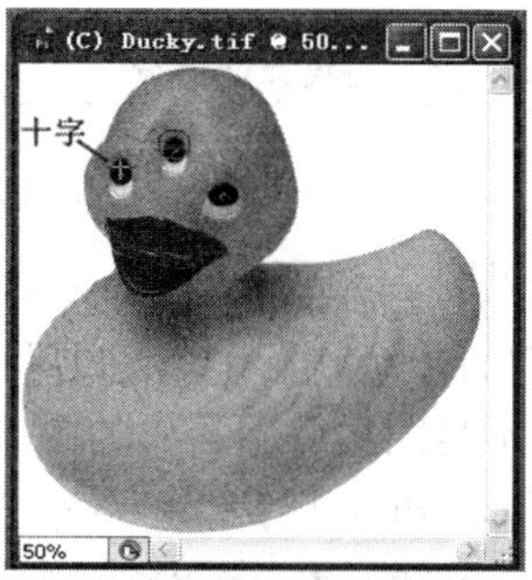

图 2-4-6　绘制“第三只眼”

需要注意的是，在拖动鼠标留意新复制出来的图像的同时，更应当留意“＋”形状所移动的范围，因为“＋”形状所移动的范围决定了被复制图像的范围。

另外，在使用仿制图章时，先要设置画笔，如图 2-4-7 所示，实际上仿制图章也是画笔的另一种变相的表现形式。图章画笔的设置也有技巧，画笔的不同软硬度将影响绘制区域的边缘。当将画笔的硬度值设置得较大时，图章的边缘非常清晰；当将画笔的硬度值设置得较小时，也就是画笔较软时，图章的边缘非常模糊，边缘模糊的图章可以使复制出来的区域边缘与原图像比较好地融合，而不会显得太生硬。

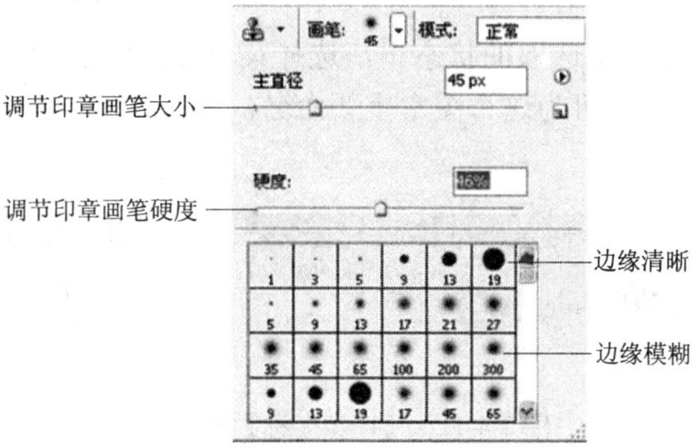

图 2-4-7　设置印章画笔

怎样来确定印章画笔的软硬呢？通常的规律是：在图像中边界不太分明的情况下，宜用较软的画笔，这样可获得较好的融合效果。如果图像中具有色彩分明的边界，较软的画笔就会造成模糊或半透明的效果，此时宜用较硬的画笔。大家可通过选定不同硬度的画笔，在实践中慢慢体会。

2.4.2　图案图章工具

图案图章是以预先定义的图案为对象进行复制。因此，当选定了一个图案之后，在图像中按下鼠标并拖动就可以将所选图案绘制到图层中。如果图案尺寸小于所绘制的区域，则图案在绘制区域中重复出现。

与仿制图章不同的是，图案图章无需采样，而是从图案库中选择图案或者选择自己已创建好的图案作为画笔，因此画笔的设定已不再像仿制图章中要求得那么严格，使用相对简单些。【图案图章工具】选项栏如图 2-4-8 所示。

图 2-4-8　【图案图章工具】选项栏

下面以图 2-4-9 所示的效果为例，学习如何使用图案图章，操作步骤如下：

(1) 打开 Photoshop CS3 自带的“小鸭.tif” (见图 2-4-2)。因为我们是以小鸭的右眼作为图案，而不是图案库中自带的图案，所以要先自定义图案。如图 2-4-10 所示，选择工具箱中的【矩形选框工具】，将小鸭右眼选取。

图 2-4-9　效果图

图 2-4-10　选取小鸭右眼

(2) 在保证小鸭右眼处于选取的状态下，选择菜单【编辑】/【定义图案】命令，出现如图 2-4-11 所示的对话框，可为这个图案重新命名，单击【确定】按钮。此时，自定义的图案已保存在图案库中。

图 2-4-11　【图案名称】对话框

(3) 选择工具箱中的【图案图章工具】。在【图案图章工具】选项栏中，画笔的设置如图 2-4-12 左侧部分所示。单击【图案图章工具】选项栏右边的倒三角▼小按钮，出现如图 2-4-12 右侧部分所示的图案列表，单击先前已定义好的图案。

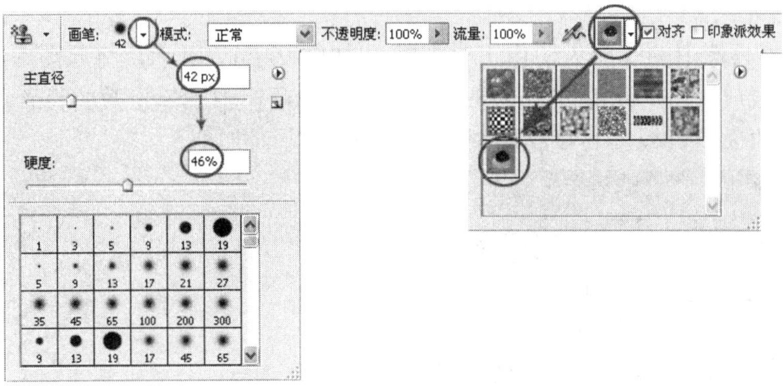

图 2-4-12　设置画笔并选择自定义的图案

(4) 因为只想在小鸭以外的白色区域复制图案，故选择工具箱中的【魔棒工具】，在图像的白色区域中单击，如图 2-4-13 所示，即可将白色区域选定。在所选定的区域中拖动鼠标，图案就会随着鼠标的拖动而逐渐地呈现，效果如图 2-4-14 所示。

图 2-4-13　选定应用图章的选区

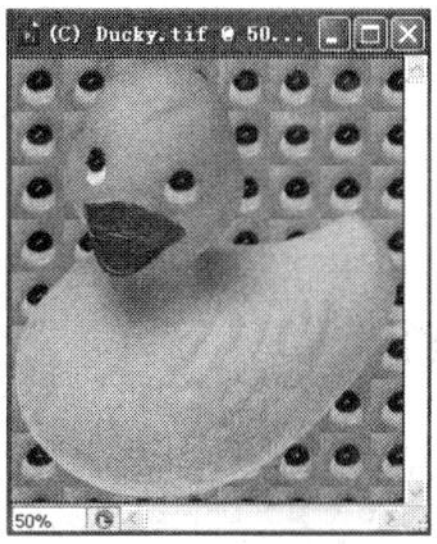

图 2-4-14　拖动鼠标填充图案

2.4.3　去除照片中的多余背景

首先对比图 2-4-15 和图 2-4-16 两张彩图，图 2-4-15 中虚线所圈选的部分为多余的背景人物，经过仿制图章工具修整后，这些多余的背景人物被去除，如图 2-4-16 所示。这是修整图像的常用方法。

图 2-4-15　原图像

图 2-4-16　修整后的图像

具体操作步骤如下：

(1) 打开素材“多余背景.jpg”，如图 2-4-15 所示，其中虚线所圈选的部分即为要去除的多余背景人物。

(2) 选择工具箱中的【放大图像工具】，如图 2-4-17 所示，将原图虚线所圈选的多余背景人物区域放大。选择【仿制图章工具】，选项栏中画笔参数的设置如图 2-4-18 所示。画笔直径的大小可根据要复制的图像大小来确定。

图 2-4-17　放大多余背景人物区域

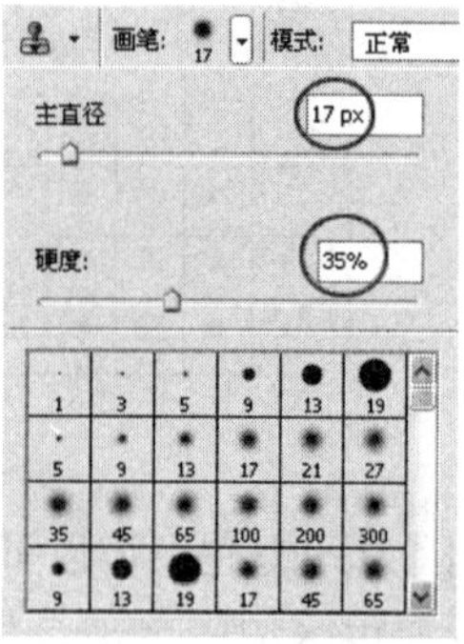

图 2-4-18　设置画笔

(3) 如图 2-4-19 所示，先将树干左下方“复制区”内的人像部分去除。将光标放在图 2-4-19 左下角所示的小树丛位置，确定为“采样点”位置，同时按住【Alt】键取样。松开【Alt】键，按住鼠标并在“复制区”内拖动。如果复制过程中出现多余部分，可回到采样点附近重新采样，再进行复制。最后的效果如图 2-4-20 所示。

图 2-4-19　确定采样点

图 2-4-20　复制采样点

(4) 同理，如图 2-4-21 所示，将正圆圈起来的区域作为采样点，再用图章对相应的用不规则多边形圈起来的区域进行复制涂抹。图 2-4-21 中并没有将所有的采样点列出，请读者自行采样并最终将多余的人物背景完全去除，效果如图 2-4-22 所示。

图 2-4-21　确定各采样点

图 2-4-22　去除多余人物的效果

使用仿制图章工具进行复制涂抹时，一定要耐心细致，甚至要不断地采样复制，有时还需更改画笔的大小和硬度，并留意图像的颜色、明暗、质感的变化，才能达到逼真的效果。

2.5　案例——路边小树、贴图圆柱体

在学习“路边小树、贴图圆柱体”案例前，先介绍图像的自由变换和变形等基本操作。

2.5.1　图像的自由变换

Photoshop CS3 中经常需对图像选区、独立图层和链接图层进行自由变换，如放大、缩小、旋转、斜切和扭曲等。打开一幅图像，选择图像或对图像进行区域选定后，选择菜单【编辑】/【自由变换】命令(或按【Ctrl+T】键)，就会在图像或选区边框上出现 8 个小方块的控制点，如图 2-5-1 所示。

图 2-5-1　【自由变换】命令所产生的控制点

当鼠标放在选择框上 8 个控制点中的任意一点上时，鼠标就会变为双向箭头样式的指针，此时拖动鼠标可将图像或选定区域图像自由变形；当鼠标位于框外时，鼠标则变成旋转样式的指针，拖动鼠标可旋转图像或选定区域图像；当鼠标位于框内时，可将选择框及框内内容拖动到任意位置。

2.5.2　图像的变形

从 Photoshop CS3 开始，在【编辑】/【变换】菜单中新增了一个被称为“变形”的变换类型命令。选择该命令后，其选项栏如图 2-5-2 所示，可将图像或选择区域变形为多种预设形状，或者使用自定义选项来进行变形。所有变形状态都直接显示在文档窗口中，大大方便了操作者。【变形】命令中的预设形状选项与【文字工具】中的预设形状选项几乎一一对应：扇形、下弧、上弧、拱形、凸起、贝壳、花冠、旗帜、波浪、鱼形、增加、鱼眼、膨胀、挤压和扭转。

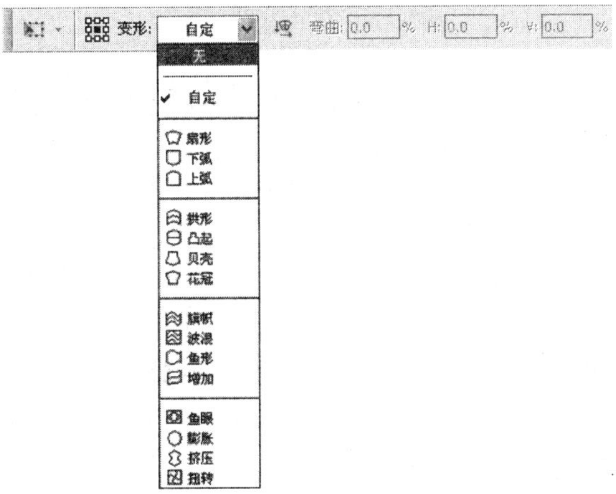

图 2-5-2　【变形】命令选项栏及预设选项

下面以旗帜变形为例，来具体说明【变形】命令的使用方法。打开素材“红旗.psd”，选中含有该图片的图层，选择菜单【编辑】/【变换】/【变形】命令，图片上会出现如图 2-5-3 所示的网格线和控制点。当直接选用【变形】命令中的预设形状“旗帜”，并将弯曲数量调整为–25° 时，图片将产生如图 2-5-4 所示的变形效果。若选定某一控制点后，控制点上就会出现如图 2-5-5 所示的控制手柄。在该状态下，对图像的变形十分自由和直观，直接拖动控制点、控制手柄、网格线或网格线内的小块图像，就可产生自定义的变形效果。若回车确认变形转换，则网格线和控制点即消失。

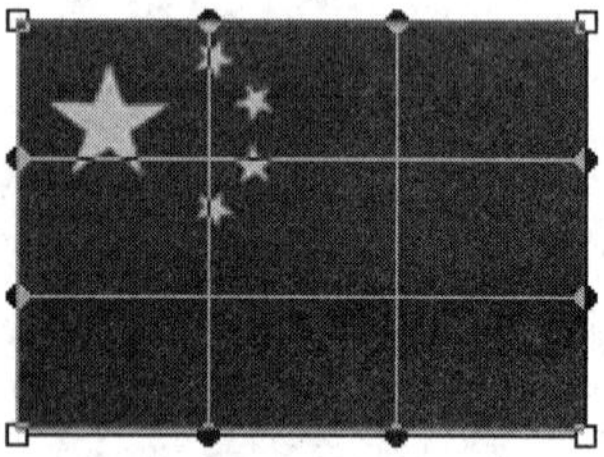

图 2-5-3　【变形】的控制点

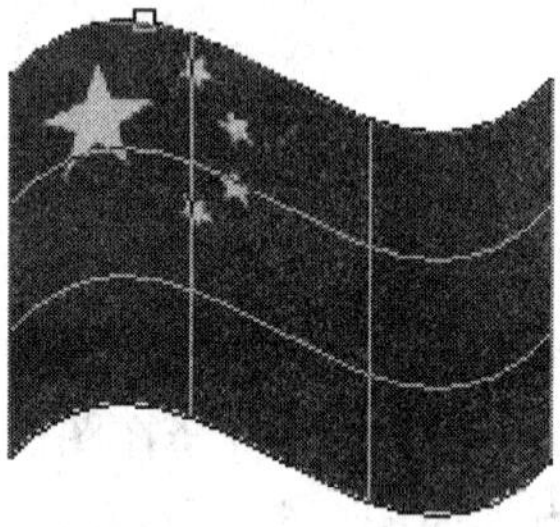

图 2-5-4　预设变形“旗帜”选项效果图

图 2-5-5　自定义的变形效果

2.5.3　制作“路边小树”

本案例“路边小树”效果图如图 2-5-6 所示，其主要是通过应用【变换】命令、多功能复制键命令【Ctrl+Alt+Shift+T】来完成的。

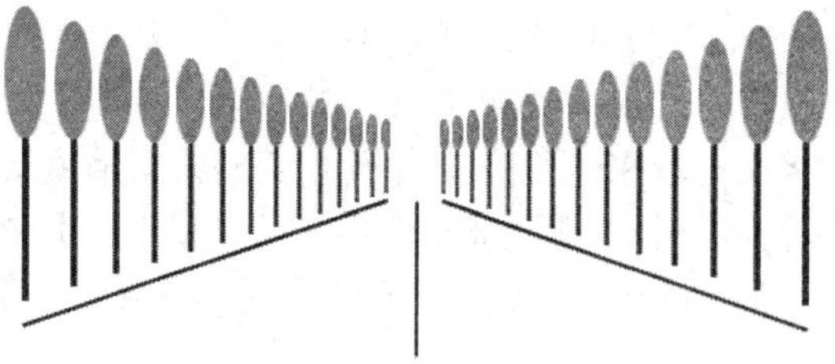

图 2-5-6　路边小树

具体操作步骤如下：

(1) 在 Photoshop CS3 中新建一个大小为 500px × 250px、分辨率为 72 dpi、RGB 模式、背景为白色的文件，并将文件命名为“路边小树”。

(2) 绘制树叶。打开【图层】调板，单击【图层】调板下方的【新建图层】按钮，新建一个图层，命名为“树叶”。选择【椭圆选框工具】，选区属性栏参数设置如图 2-5-7 所示，画出一个宽为 25 px、高为 80 px 的固定大小的椭圆，将前景色设置为绿色，填充圆选区。

(3) 绘制树干。打开【图层】调板，单击【图层】调板下方的【新建图层】按钮，新建一个图层，命名为“树干”。选择【矩形选框工具】，选区属性栏参数设置如图 2-5-8 所示，画出一个宽为 4 px、高为 100 px 的固定大小的矩形，将前景色设置为黑色，填充矩形选区。按【Ctrl+D】键，取消选区。

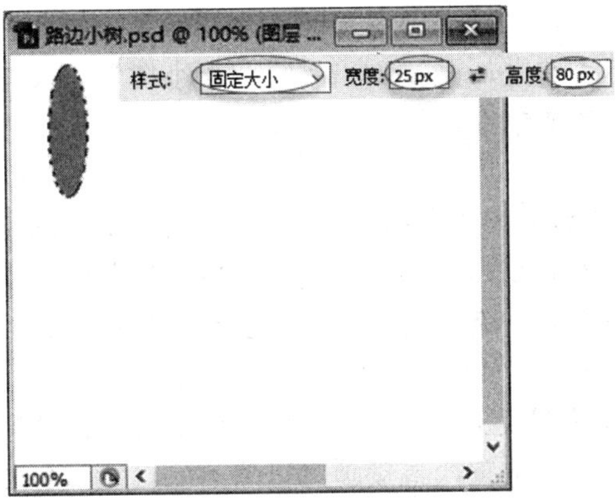

图 2-5-7　绘制树叶

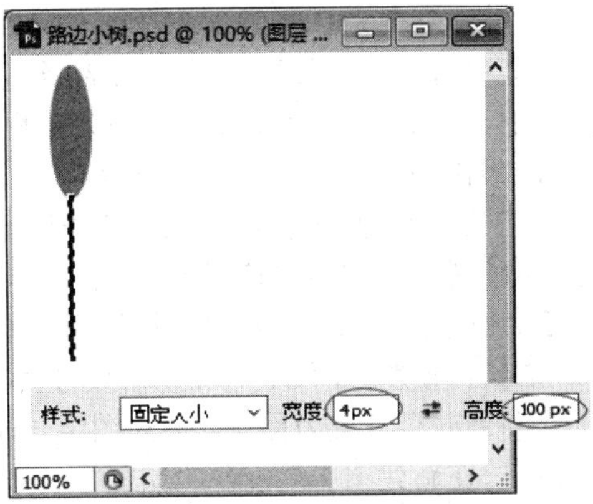

图 2-5-8　绘制树干

(4) 复制多个小树。

① 按住【Ctrl】键的同时，分别单击“树叶”、“树干”图层，可同时选定多个图层。按【Ctrl+E】键，合并这两个图层，如图 2-5-9 所示。将合并的图层重新命名为“树”。

② 选择【魔棒工具】，按住【Shift】键，分别单击“树干”和“树叶”，将“树干”和“树叶”同时选取，并将“小树”尽量移靠在画布最左边。按【Ctrl+T】键，使“小树”处于缩放状态，缩放参数设置如图 2-5-10 所示。“小树”原 XY 方向位置的数值，会因每位操作者所摆放的位置而稍有差异。

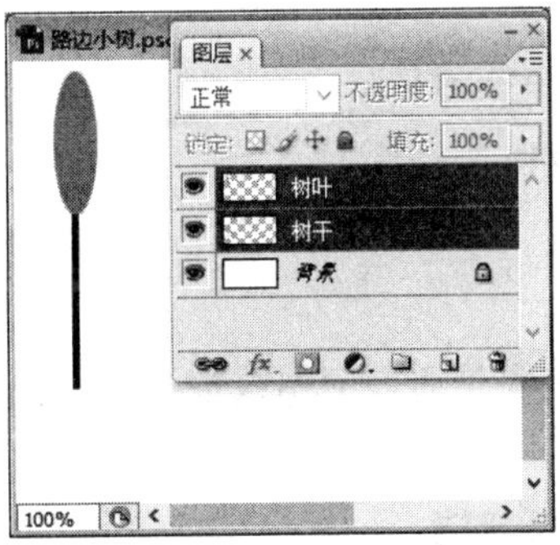

图 2-5-9　选定拟合并的图层

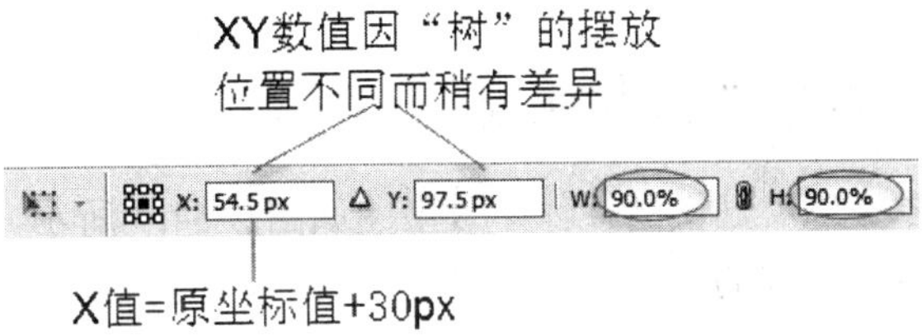

图 2-5-10　“小树”缩放参数

③ 将“小树”沿 X 方向向右移动 30px，再将宽高均缩小至 90%。设定好参数后，回车确认，并保留选区，如图 2-5-11 所示。再连续按【Ctrl+Alt+Shift+T】多功能复制键命令 13 次左右，就会出现如图 2-5-12 所示的多个有规律不断缩小的“小树”。

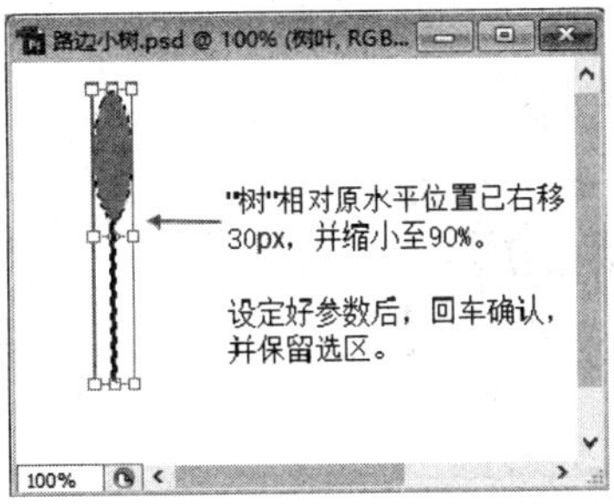

图 2-5-11　“小树”缩放状态

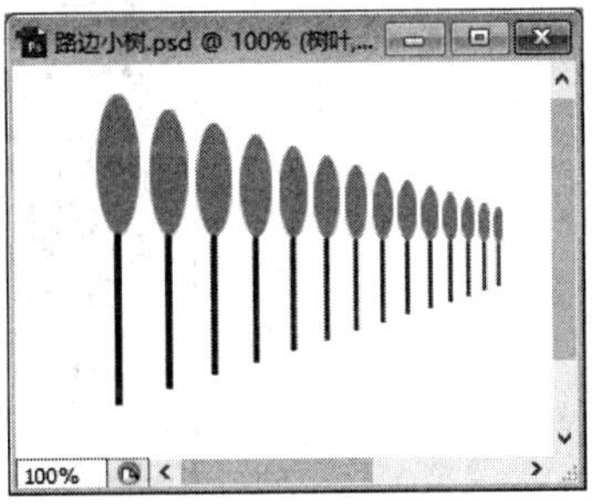

图 2-5-12　复制出的多个“小树”

这里要注意的是，之所以在复制多个“小树”之前，保留选区，是要保证被复制出的多个小树都在同一个图层里。如在复制前取消了选区，则复制出的每个“小树”都会在各自独立的一个图层里，因此需要再将复制出的多个副本合并。

(5) 绘制右边多个小树和下方直线。

① 将第(4)步中左侧多个“小树”图层重新命名为“左树”，再将该图层拖至【图层】调板下方的【新建图层】按钮，生成图层副本并重命名为“右树”。选择【编辑】/【变换】/【水平翻转】命令，将“右树”图层水平翻转。选择【移动工具】，将右边的“小树”向右移，使左右两边“小树”的位置水平对称，如图 2-5-13 所示。

② 将前景色设置为黑色，新建图层。选择【直线工具】，在属性栏中将其粗细值设置为 2 px。在新建图层中，参照如图 2-5-13 所示的位置，直接画出三条黑色直线。至此，本作品全部完成。

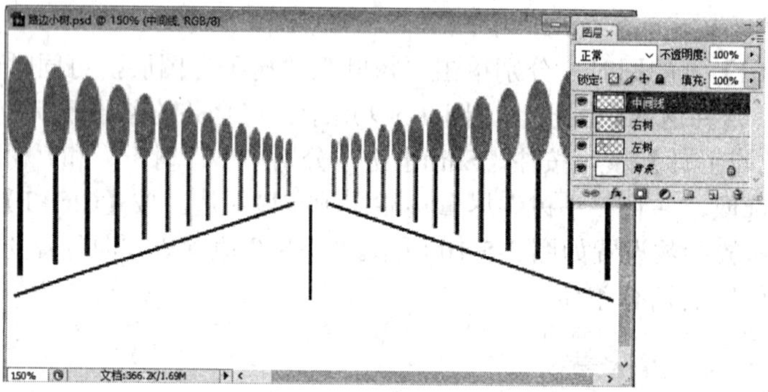

图 2-5-13　路边对称的小树及直线

2.5.4　制作“贴图圆柱体”

本案例“贴图圆柱体”效果图如图 2-5-14 所示，其主要是通过应用线性渐变填充、变形命令来完成的。

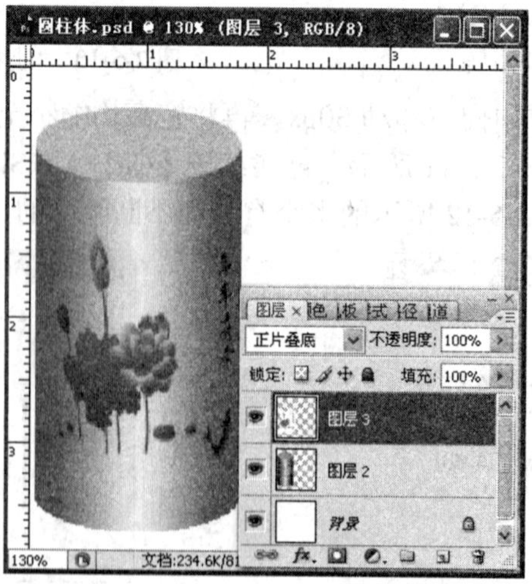

图 2-5-14　贴图圆柱体效果图

具体操作步骤如下：

(1) 在 Photoshop CS3 中新建一个大小为 10 cm×10 cm、分辨率为 72 dpi、RGB 模式、背景为白色的文件，并将文件命名为“圆柱体”。

(2) 绘制圆柱主体。打开【图层】调板，单击【图层】调板下方的【新建图层】按钮，新建图层 1。选择【矩形选择工具】，在图层 1 中画一个矩形选区，如图 2-5-15 所示。选择工具箱中的【线性渐变工具】，调整色标，将渐变条设置成由黑到白再到黑的渐变，然后在选区中由左至右水平拖出一个由黑到白再到黑的渐变填充，取消选区，如图 2-5-16 所示。

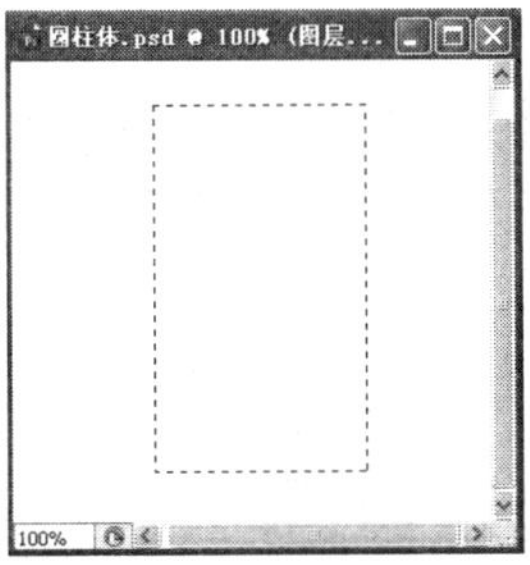

图 2-5-15　绘制矩形选区

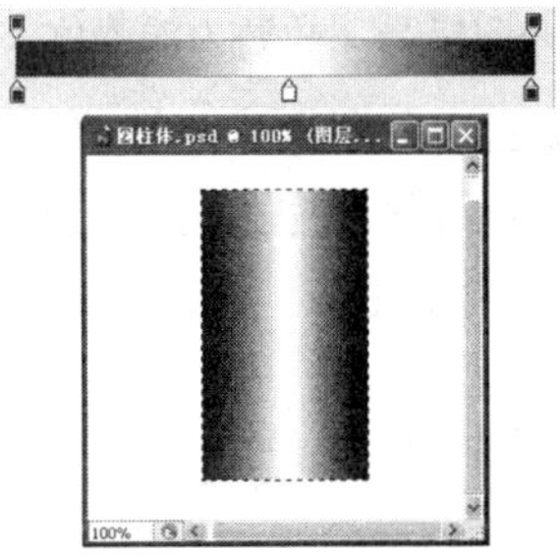

图 2-5-16　线性填充

(3) 绘制圆柱顶端和底端。新建图层 2，选择工具箱中的【椭圆选框工具】，画一个水平方向的直径与矩形宽度相同的椭圆选区，将该选区填充为浅灰色，并保留该选区，如图 2-5-17 所示。在【椭圆选框工具】状态下，用鼠标将选区移至圆柱的下方，选区位置如图 2-5-18 所示。在保留选区的状态下，按住【Ctrl+Alt】键，向下拖动选区到矩形渐变的最底端，如图 2-5-19 所示。用此快捷方法可将图 2-5-18 中的选区部分复制并移至圆柱最底端。

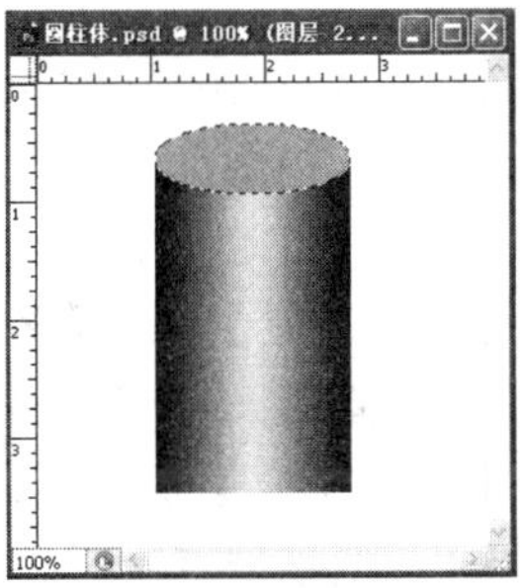

图 2-5-17　绘制椭圆选区填色

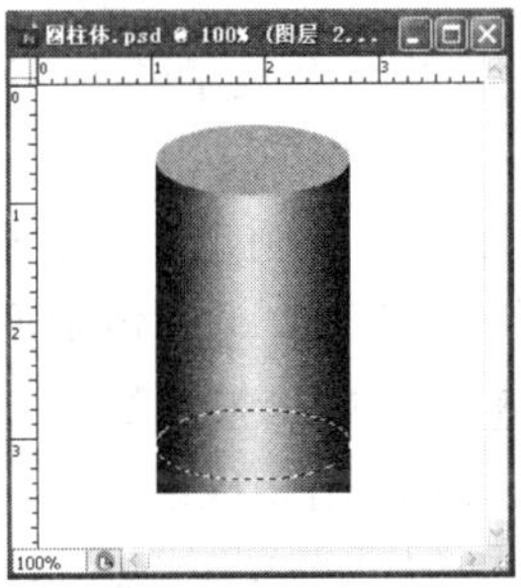

图 2-5-18　按住【Ctrl + Alt】键并拖动选区

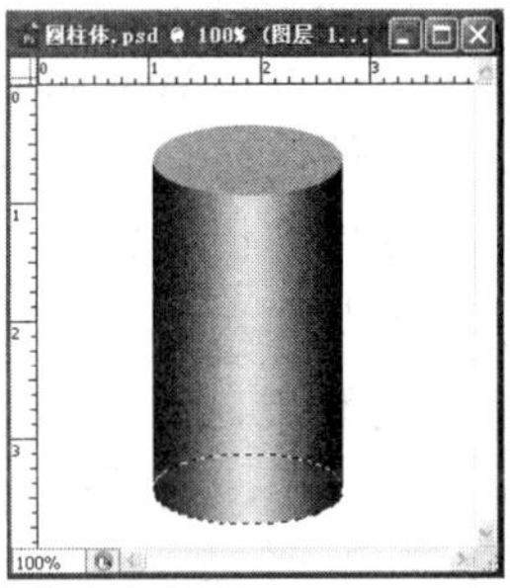

图 2-5-19　复制选区

(4) 按住【Ctrl】键单击图层 1 和图层 2，将这两个图层选中。按【Ctrl+E】键将选中的图层合并。若要将来贴图时效果明显，可将合并图层的不透明度设置为 50%。为了操作时能较方便地区分图像色彩，暂将背景图层填充为浅蓝色，如图 2-5-20 所示。

(5) 处理圆柱体上的贴图。打开“年年有余.jpg”素材，选择工具箱中的【移动工具】，将“年年有余”图像拖到“圆柱体”文件中，选择菜单【编辑】/【变换】/【变形】命令，使该图片处于自由变形状态，如图 2-5-21 所示。用鼠标拖动网格线、控制点和控制手柄，使图像变形弯曲以适应圆柱体。确定变形状态后，回车确认。最后的变形效果如图 2-5-22 所示。

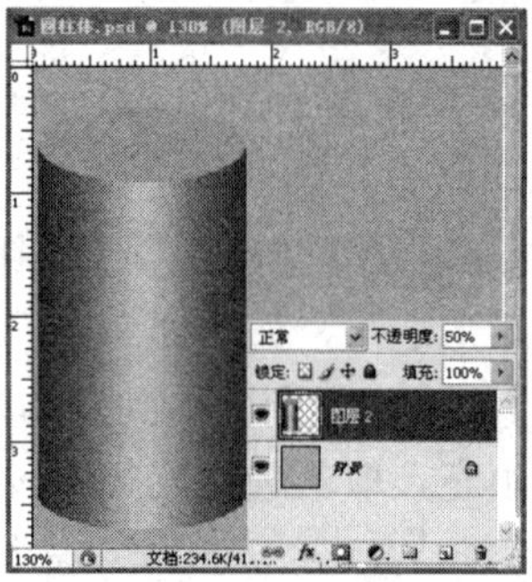

图 2-5-20　合并图层,背景色暂为浅蓝色

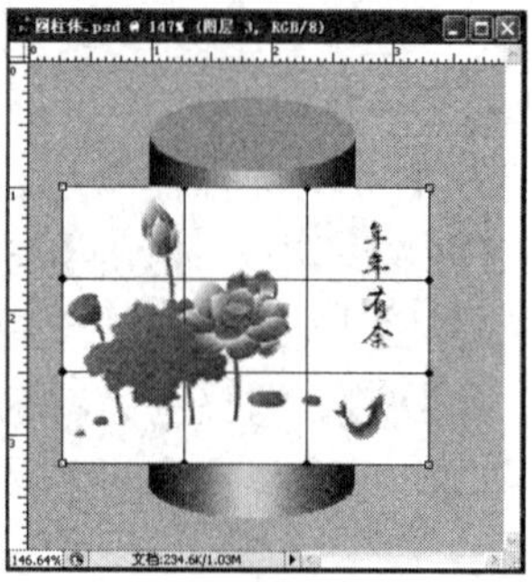

图 2-5-21　应用自由变形命令

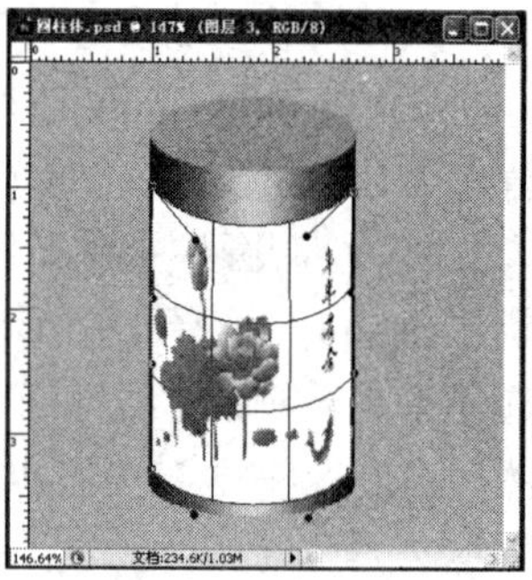

图 2-5-22　变形效果

(6) 在【图层】调板中，选择变形图像所在图层，将该图层的“图层模式”设置为“正片叠底”，以达到图片完全与圆柱体融合在一起的效果。然后，将“背景”层填充为白色。至此，本案例制作完成。

2.6　案例——手绘快乐家园

网上一度非常流行韩式风格的手绘作品，其格调清新，深受人们喜爱。实际上，只要掌握了 Photoshop 中的自定义形状工具就可以很容易地画出此类作品，比如本节中的“手绘快乐家园”案例。在学习本案例前，先介绍图形的形状工具与文字工具的基本操作。

2.6.1　形状工具

Photoshop CS3 虽然是以图像处理为主的绘图软件，但也可通过形状工具和路径工具绘制矢量图形。Photoshop CS3 提供了 249 个矢量图形，可使用形状工具直接绘制，使绘图过程大大简化，以提高绘图效率。

使用形状工具可在图像中绘制直线、圆角矩形、椭圆、多边形和创建自定形状库。形状工具共有六个，分别为【矩形工具】、【圆角矩形工具】、【椭圆工具】、【多边形工具】、【直线工具】和【自定形状工具】。其使用方法比较简单，只要选择所需的工具后，在画布上拖动鼠标就可画出相应的图形。图 2-6-1 为【形状工具】选项栏。

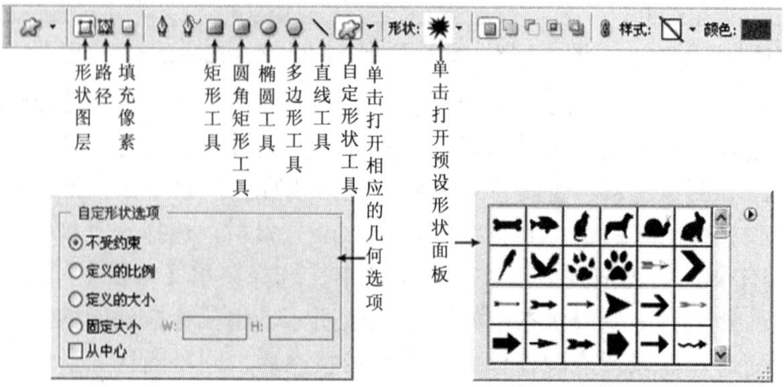

图 2-6-1　【形状工具】选项栏

不论选择形状工具中的哪一个，我们都必须在图 2-6-1 所示的选项栏左边的“形状图层”、“路径”和“填充像素”三个选项中加以选择。“形状图层”选项是指画出的图形是由填充图层和矢量形状蒙版共同构成的，并且选择此项后，在选项栏的后边会出现“样式”选项，单击旁边的倒三角▾小按钮可打开【预设样式】面板供用户使用；“路径”选项是指画出的图形只是单纯的路径形状，并没有颜色填充图层；“填充像素”选项是指画出的图形只有颜色填充图层，而没有矢量形状蒙版。如果选择了“形状图层”或“路径”选项，选项栏中均会出现区域关系运算按钮、、、，其使用方法与选区的区域运算相似。

下面简要说明【自定形状工具】的使用方法。选择【自定形状工具】后，单击“形状”选项右边的倒三角▾小按钮，就会弹出如图 2-6-1 右下方所示的【预设形状】面板，单击所需的形状即可。如果该面板没有加载所需形状，可单击【预设形状】面板右上角的按钮，在弹出的快捷菜单中选择“All(全部)”或其它形状组选项，如“Animals(动物)”等。选择所需选项后，会出现如图 2-6-2 所示的对话框，如点击【确定】按钮，则所选择的这组形状替换当前的形状；如点击【追加】按钮，则所选择的这组形状添加到【预设形状】面板中。替换或追加形状后，可重新打开【预设形状】面板，从中选择自己所需的形状。

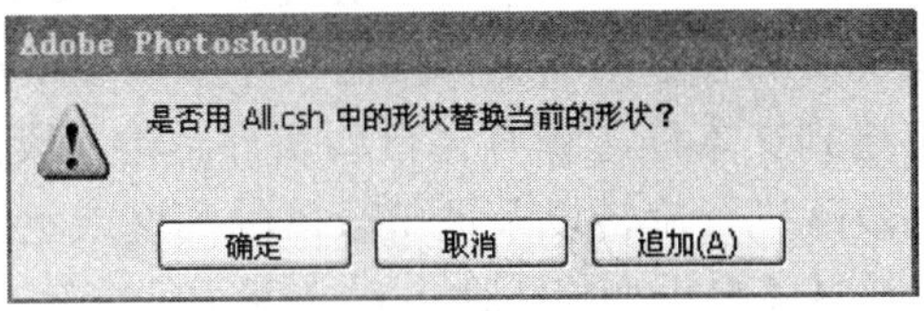

图 2-6-2　“替换”当前形状或“追加”所选择的形状组的询问对话框

2.6.2　文字工具

文字工具共有四个，分别为【横排文字工具】T、【直排文字工具】↓T、【横排文字蒙版工具】、【直排文字蒙版工具】。【横排文字工具】T 和【直排文字工具】↓T 用来创建点文字、段落文字，【横排文字蒙版工具】和【直排文字蒙版工具】用来创建与文字形状相同的选区，并不产生文字本身，而且不能进行修改和排版。

1. 创建点文本和段落文本

点文本主要用于创建单行文字，具有不换行的特征，若换行则需按回车键强行换行。段落文本主要用于大量文本的输入，在大多数排版中都是以段落文本形式排版的。

可先通过图 2-6-3 所示的【横(竖)排文字工具】选项栏对文字基本属性，如字体、字体形式(粗体、斜体等)、大小、颜色等进行设定，再进行文字输入。

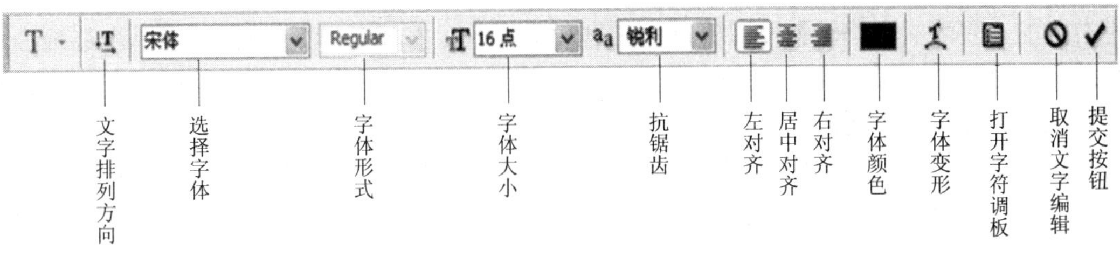

图 2-6-3　【横(竖)排文字工具】选项栏

点文本的创建过程为：选择工具箱中的【横(竖)排文字工具】，在画布上单击，光标变为闪烁的输入状态后即可进入文字输入状态。在输入文字过程中，可按回车键换行，如图 2-6-4 所示。文字以独立图层的形式存放，输入文字后将会自动创建一个文字图层，文字图层名称默认为文字的内容，如图 2-6-5 所示。修改文字图层名称与修改普通图层名称的方法一样。

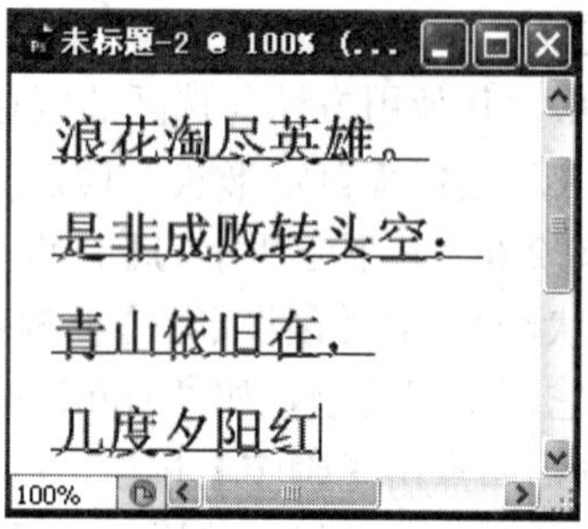

图 2-6-4　文字输入状态

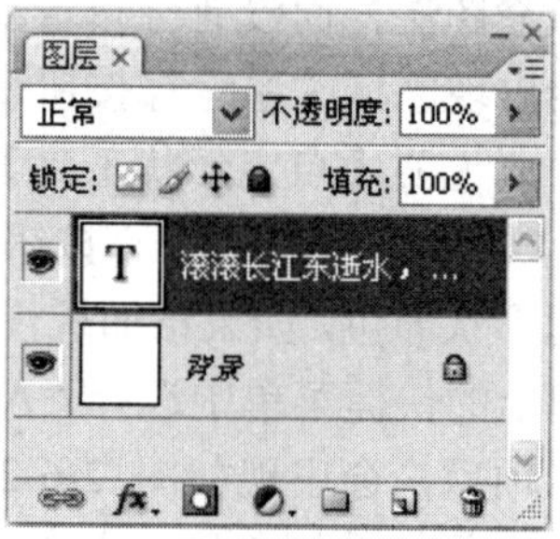

图 2-6-5　输入文字后的图层

段落文本的创建过程为：选择工具箱中的【横(竖)排文字工具】，同先前使用【矩形选框工具】的方法一样，直接在画布中拖动鼠标拖出一个如图 2-6-6 所示的文本框，然后在框中输入文字。段落文字遇到文本框边缘时会自动换行。输入段落文字后，可通过拖动或旋转文本框上的控制点对段落进行旋转以及调整段落的高度或宽度，如图 2-6-7 所示。若创建文字图层后，还可以通过【自由变换】命令对文字进行旋转、缩放和倾斜等变形操作，如图 2-6-8 所示。

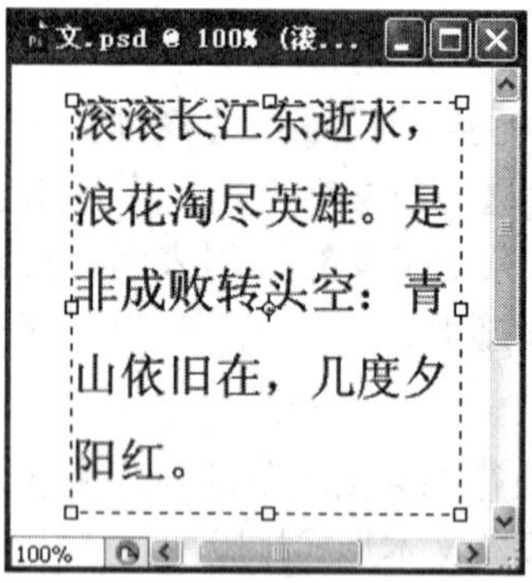

图 2-6-6　文本框状态

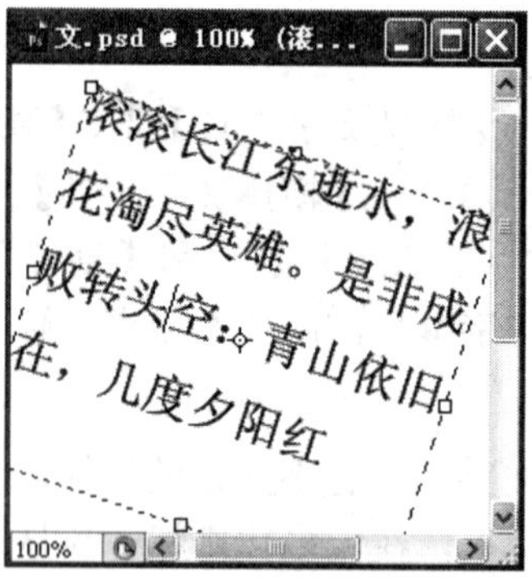

图 2-6-7　调整文本框

图 2-6-8　变形文本框

无论是创建点文本还是段落文本，只要是在输入文字过程中，按【Esc】键或单击选项栏右边的【取消文字编辑】按钮均可取消输入状态；按【Ctrl+Enter】键或单击选项栏右边的【提交】按钮均可结束输入状态。文字图层具有和普通图层一样的性质，如可设置图层混合模式、不透明度等，还可以使用图层样式。

点文本与段落文本之间可相互转换。选择菜单【图层】/【文字】/【转换为点文本】命令或【图层】/【文字】/【转换为段落文本】命令，就可将二者相互转换。需注意的是，二者转换的前提是确保退出文字编辑状态，或选项栏中未出现【提交】按钮或【取消文字编辑】按钮。

2. 编辑文字

创建好的文字可使用【文字工具】选项栏、【字符】调板和【段落】调板进行修改，其编辑方法与通常的文字编辑软件(如 Word 文字编辑软件)大致相同。首先，选择【横(竖)排文字工具】在已输入的文字中拖动鼠标选中要修改的文字，然后通过【文字工具】选项栏对文字的基本属性进行修改。还可以单击选项栏右边的【字符】调板按钮，打开如图 2-6-9 所示的【字符】调板，通过该调板可对文字设定的选项有：字体、字形、大小、颜色、行间距、横(竖)向缩放以及上标、下标和下划线等。

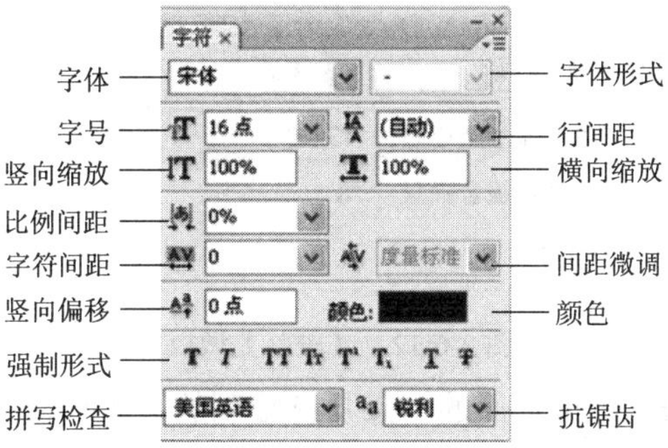

图 2-6-9　【字符】调板

如果单击【文字工具】选项栏右边的【字体变形】按钮，就会弹出如图 2-6-10 所示的【变形文字】对话框，通过对“样式”选项及其它选项参数进行设置，可将文字进行特殊变形。在“样式”选项中有扇形、拱形、凸形、贝壳、旗帜、鱼形、波浪、增加、花冠、鱼眼、膨胀、挤压和扭转等多种样式供用户选择。图 2-6-11 是选择“花冠”样式后的文字效果。

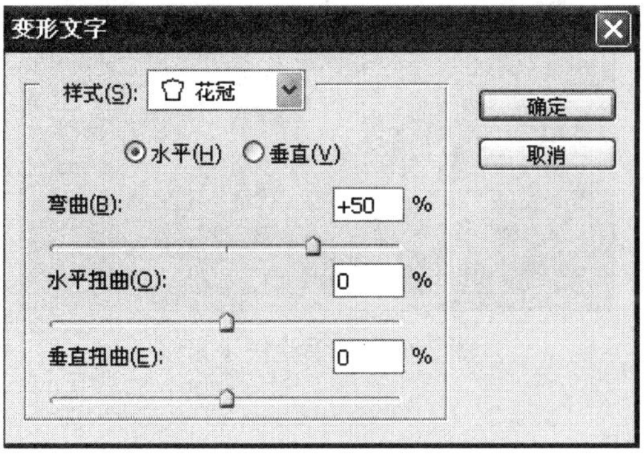

图 2-6-10　【变形文字】对话框

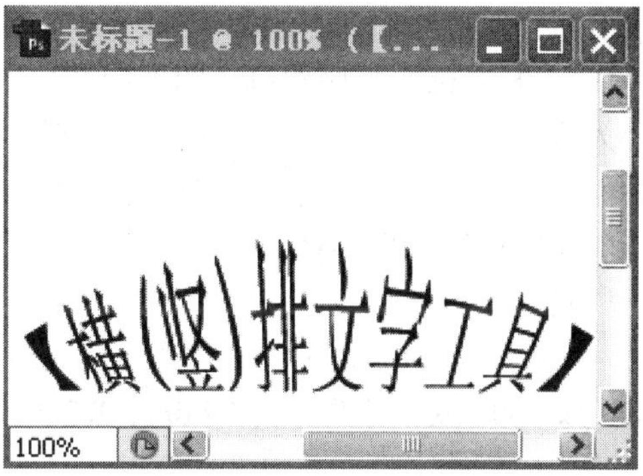

图 2-6-11　“花冠”样式的文字效果

对于段落文字，还可以通过【段落】调板做更细致的调整。选择菜单【窗口】/【段落】命令，打开如图 2-6-12 所示的【段落】调板。在该调板中，除了包含【横(竖)排文字工具】选项栏中的 3 种对齐方式(居左对齐、居中对齐、居右对齐)外，还有 4 种新的对齐方式：末行居左对齐、末行居中对齐、末行居右对齐和全部对齐。还可以像在文字编辑软件 Word 中一样，对段落文字进行左缩进、右缩进、首行缩进，以及段落前添加空行(即段前距)和段落后添加空行(即段后距)等属性的设置。

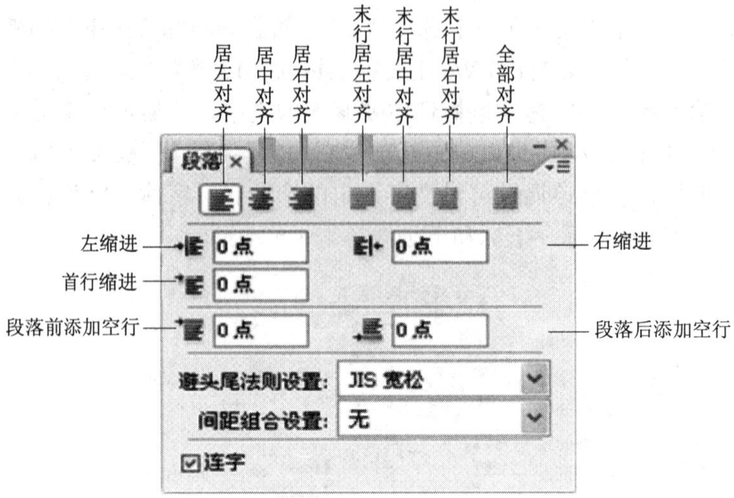

图 2-6-12　【段落】调板

由于中文对于行首和行尾可使用的标点是有限制的，俗称避头尾，而在输入文字过程中又很难遵照这些规定，因此可以在【段落】调板中的“避头尾法则设置”选项中选择“JIS 宽松”(或“JIS 严格”)选项，使已输入的文字遵照避头尾法则。

2.6.3　制作“手绘快乐家园”

下面主要通过应用自定形状工具以及羽化、渐变填充和变换命令绘制如图 2-6-13 所示的具有韩国风格的手绘图像。该案例绘画步骤较多，需耐心、仔细操作。可打开该案例样本“快乐家园.jpg”参照绘画。图像中黄色的小路因为应用到了尚未讲到的路径工具，在绘制的过程中会有一定的难度，可将该部分暂时略画，待学完路径知识后再补画。

图 2-6-13　手绘快乐家园

具体操作步骤如下：

(1) 在 Photoshop CS3 中新建一个大小为 800 px×600 px、分辨率为 72 dpi、RGB 模式、背景为白色的文件，并将文件命名为“快乐家园”。

(2) 绘制天空背景。打开【图层】调板，新建图层 1，在图层名称处双击，使图层名称变为可修改状态，再将图层 1 命名为“天空”。将前景色设置为蓝色(#2a89cc)，选择工具箱中的【线性渐变工具】，调整色标，将渐变条设置成由蓝到白的渐变，按住【Shift】键，在“天空”图层中从上至下垂直拖出一个由蓝到白的渐变填充，如图 2-6-14 所示。

(3) 绘制云彩。

① 选择工具箱中的【自定形状工具】，在其选项栏中选择“填充像素”选项，在“形状”选项中选择“Cloud 1”图形，如图 2-6-15 所示。若选项中没有该图形，可单击预

设形状面板右上角的小三角按钮，在弹出的快捷菜单中选择“All(全部)”选项，将所有图形都加载到【预设形状】面板中。

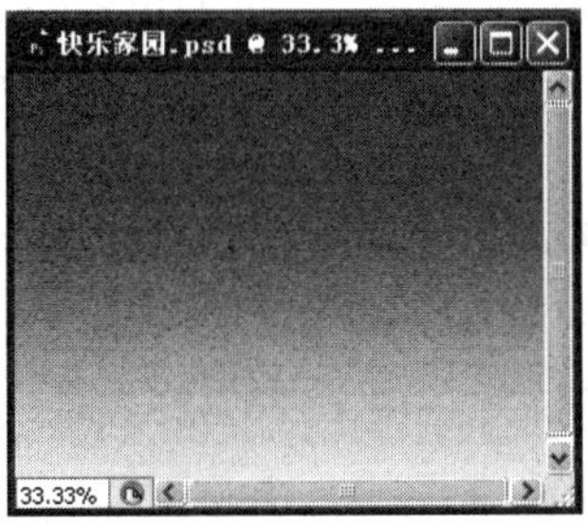

图 2-6-14　渐变填充

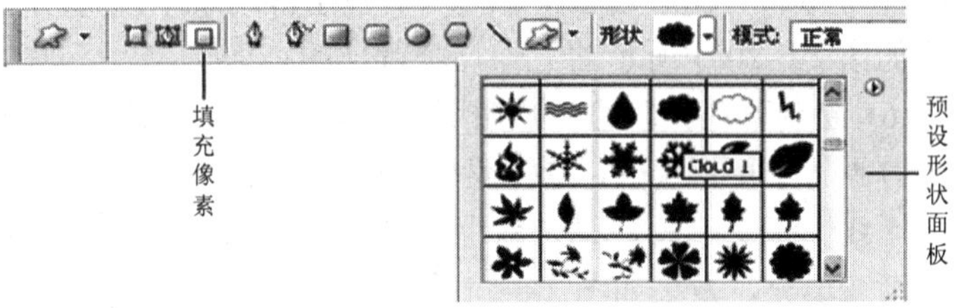

图 2-6-15　选择“云彩”图形

② 新建一个图层并重新命名为“云彩”，将前景色设置为白色。在“云彩”图层中，用刚才选择的“Cloud 1”图形在图像上拖动画出如图 2-6-16 所示的白色图形。为了使云彩的效果柔和些，按住【Shift】键，用【魔棒工具】逐一将该图层中的白色图形选取，选择菜单【选择】/【修改】/【羽化】命令，将羽化值设置为 15 px，连续两次对羽化选区填充白色，效果如图 2-6-17 所示。

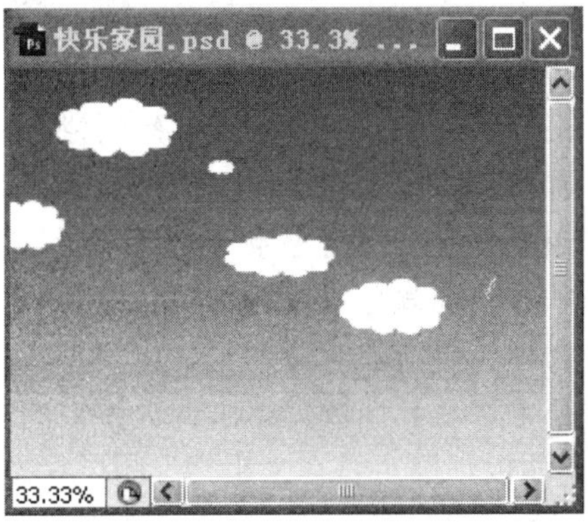

图 2-6-16　绘制“云彩”

图 2-6-17　羽化“云彩”

(4) 绘制群山。新建一个图层并重新命名为“山”，将前景色设置为浅绿色(#aef741)，背景色设置为深绿色(#36c80d)。选择【椭圆选框工具】，在该图层中画一椭圆选区，选择【线性渐变工具】，打开渐变编辑器，在预设好的【渐变样式】面板中选择第一个预设渐变“从前景色到背景色”，从椭圆选区左上角拖动鼠标至右下角。用同样的方法再画出三个“山”，用【移动工具】调整好各“山”的位置后，按住【Ctrl】键单击这四个有“山”的图层，将这四个图层选定，再按【Ctrl+E】键将它们合并，合并后图层重命名为“山”，效果如图 2-6-18 所示。

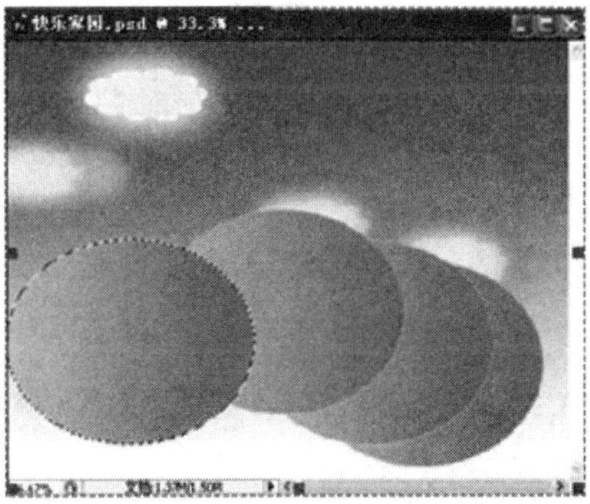

图 2-6-18　绘制“群山”

(5) 绘制小房子。新建一个图层并重新命名为“房屋”。选择工具箱中的【多边形套索工具】，画出房子外墙形状的选区并填充白色，如图 2-6-19 所示。用同样的方法画出如平行四边形形状的房顶选区并填充橙色。选择【自定形状工具】，在其选项栏中选择“填充像素”选项，在“形状”选项中选择“Envelop 2”信封图形，画出一个橙色的小窗户。再选择“Tile 5”图形，画出一个黑色的小门。整个房子就画好了。若有兴致，还可再画出如图 2-6-20 中所示的另外一个蓝顶的小房子。

(6) 绘制草地。新建一个图层并重新命名为“草地”。选择【矩形选框工具】，在图像下方画一个矩形选区，选择菜单【选择】/【修改】/【羽化】命令，将羽化值设置为 3 px。选择【线性渐变工具】，对羽化选区进行由浅绿色(#9ff13b)到深绿色(#26c207)的垂直方向的渐变填充，效果如图 2-6-21 所示。

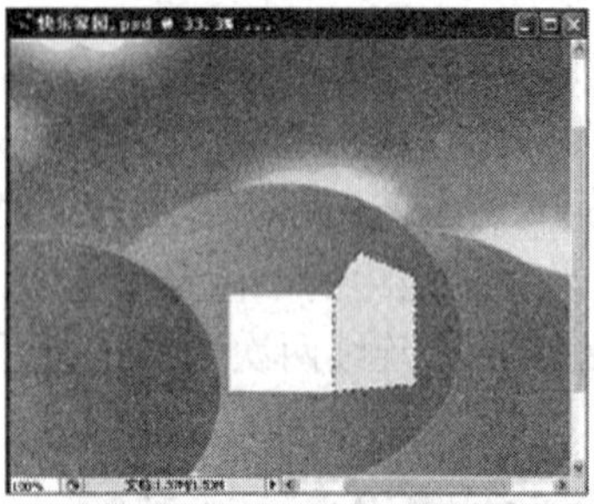

图 2-6-19　绘制第一座房子

图 2-6-20　绘制第二座房子

图 2-6-21　绘制“草地”

(7) 绘制小路。小路的路线需用路径工具中的【钢笔工具】画出小路的形状并描边后，再变形即可。选择工具箱中的【钢笔工具】，先画出多段直线相连的路径，画完最后一点后，按【Esc】键结束这条不闭合的路径；再选择【转换点工具】拖动路径上的锚点，将多段直线相连的路径修改为如图 2-6-22 所示的形状。将前景色设置为浅黄色(#fbeb87)，选择【画笔工具】并将画笔设置为硬边、30 px 大小。再新建一个图层，将其重新命名为“路”并选中该图层，为路径描边做好准备。打开【路径】调板，单击调板下方的【用画笔描边路径】按钮，为该路径描边。打开【图层】调板，确定是在“小路”图层状态下，按【Ctrl+T】键使描边的小路处于变形状态。按【Ctrl】键的同时，用鼠标拖动变形控制点，将小路变形至如图 2-6-23 所示的形状，回车确认。

图 2-6-22　绘制“小路”路径

图 2-6-23　“小路”变形

(8) 绘制松树。新建一个图层并重新命名为“树”，将前景色设置为白色。选择【自定形状工具】，在其选项栏中选择“填充像素”选项，在“形状”选项中选择“Tree”图形，画出如图 2-6-24 所示的一棵白色松树，并用【魔棒工具】将该图层中白色图形选取。将前景色设置为绿色(#2bb501)，背景色设置为深棕色(#40260e)，选择【线性渐变工具】，打开渐变编辑器，在预设好的【渐变样式】面板中选择“从前景色到背景色”选项，从选区上方拖动鼠标至下方，填充效果如图 2-6-25 所示。

图 2-6-24　绘制白色“松树”

图 2-6-25　绘制由绿色至棕色渐变的“松树”

(9) 绘制多棵松树。按照第(8)步画好一棵松树后，取消选区。按住【Ctrl+Alt】键并拖动这棵松树到图层的其它位置，便将“树”这个图层复制出多个复本。分别选择复本图层，按【Ctrl+T】键，逐一调整复制出的树的位置和大小。按住【Ctrl】键，单击所有含有“树”图像的复本图层，将这几个图层同时选定，再按【Ctrl+E】键将选定的各图层合并，如图 2-6-26 所示。

图 2-6-26　绘制多棵“松树”

(10) 绘制人物和花草等。新建一个图层，与最初画云彩的方法相似，选择【自定形状工具】，在选项栏中选择“填充像素”选项，在“形状”选项中分别选择人物、自行车、花草、小鸟、蝴蝶和太阳图形进行绘画。绘画时，要注意画出各种图形颜色的变化，图层顺序和效果图如图 2-6-27 所示。

图 2-6-27　效果图和图层顺序

(11) 输入文字。将前景色设置为白色，选择工具箱中的【横排文字工具】T，在选项栏中选择“华文行楷”字体，大小为 72 点，变形文字的样式为“扇形”。输入“快乐家园”四个字后，用【移动工具】调整字体的位置。至此，本案例制作完成。

2.7　案例——洗衣粉宣传海报

在学习“洗衣粉宣传海报”案例前，先介绍图案的定义与填充、选区描边、文字栅格化等基本操作。

2.7.1　图案的定义与填充

当需要将一个成形的图案或图像的某一部分按照一定的顺序有规则地排列时，就要用到图案填充。下面以图 2-7-1 所示的效果为例，介绍图案的定义、管理与填充。

图 2-7-1　图案填充效果

在进行图案填充前，要先自定义图案。自定义图案的操作已在 2.4.2 小节中涉及，因此，本节着重介绍如何管理图案和填充图案。

1. 图案的定义

打开已绘制好的图案或图像，这里选用的素材为“港徽.jpg”。选择工具箱中的【矩形选框工具】将“港徽”图案选取，如图 2-7-2 所示。在选取状态下，选择菜单【编辑】/【定义图案】命令，出现如图 2-7-3 所示的对话框，将这个图案命名为“港徽”，单击【确定】按钮，则自定义的图案保存在图案库中。

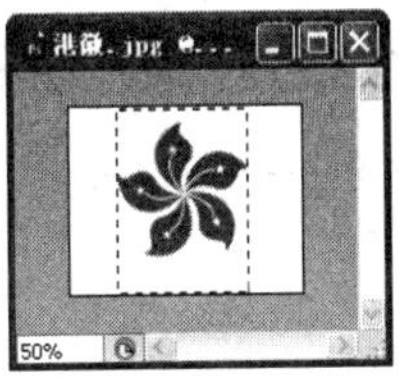

图 2-7-2　确定图案选区范围

图 2-7-3　【图案名称】对话框

2. 图案的选用和管理

选择菜单【编辑】/【填充】命令，打开【填充】对话框，如图 2-7-4 所示。在“使用”选项中选择“图案”，然后单击“自定图案”选项图案旁边的小三角按钮弹出图案库，从中选择先前定义的“港徽”图案。

在图案库中，前两行是 Photoshop CS3 自带的图案供用户选择，如果在选中的图案上单击右键，则在弹出的快捷菜单中选择“删除图案”项可将图案删除，或选择“重命名图案”项为图案重命名。如果单击【图案库】面板右上角的按钮，则可像管理画笔那样管理 Photoshop CS3 中自带的图案组。

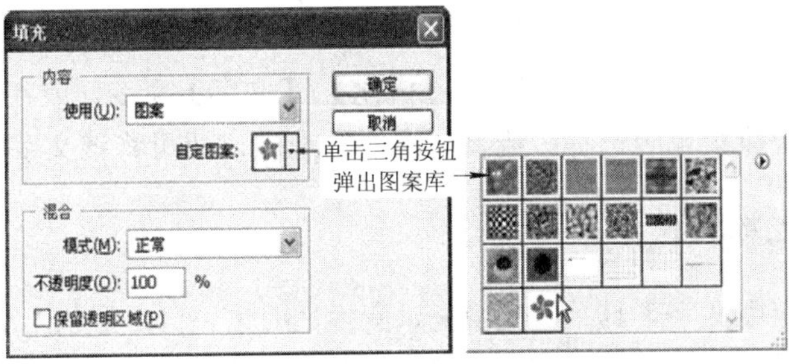

图 2-7-4　【填充】对话框和图案库

3. 图案的填充

选择菜单【编辑】/【填充】命令，在【填充】对话框中选择所需的图案，单击【确定】按钮，则创建的新图案就会填满相应的区域或图层，如图 2-7-5 所示。

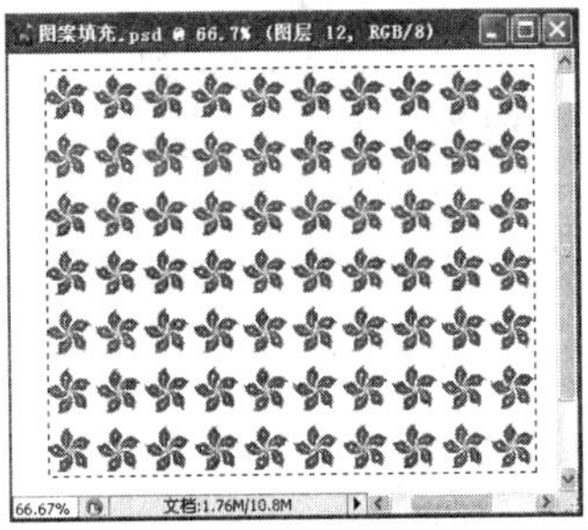

图 2-7-5　用自定义图案填充选区

2.7.2　选区描边

使用描边命令可在选区周围产生颜色边框。选择菜单【编辑】/【描边】命令，弹出如图 2-7-6 所示的【描边】对话框，在该对话框中可设置描边的宽度、颜色、位置、不透明度和混合模式。图 2-7-7 是对选区进行 2 px、红色、描边位置居于选区外边缘的描边效果。

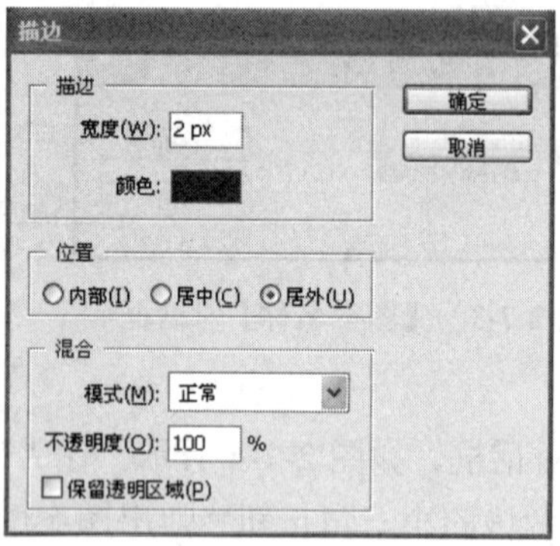

图 2-7-6　【描边】对话框

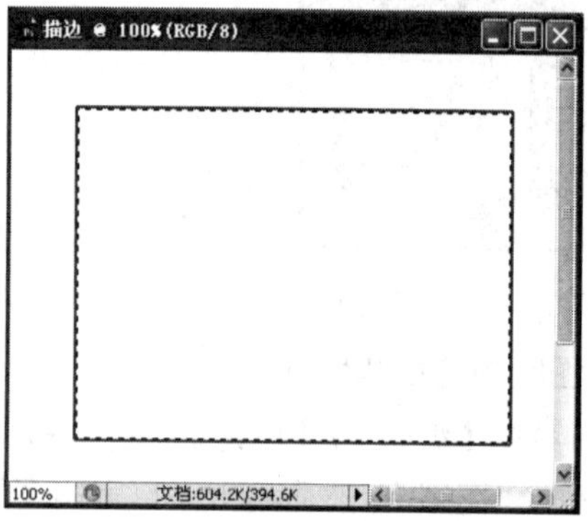

图 2-7-7　对选区描边

2.7.3　文字栅格化

对文字图层应用滤镜和工具箱中的绘画工具，以及应用自由变换命令中的扭曲和透视命令前，必须对文字进行栅格化，通过栅格化将文字图层转换为普通图层。栅格化后的文字转换为图像，无法再当作文字进行编辑。

选中文字图层，选择菜单【图层】/【栅格化】/【文字】命令，或在文字图层上单击鼠标右键，在弹出的快捷菜单中选择“栅格化文字”选项，即可将该文字图层栅格化。

2.7.4　制作“洗衣粉宣传海报”

下面主要通过应用文字工具、渐变填充、变换、羽化、自定形状工具等绘制如图 2-7-8 所示的宣传海报。虽然用到的工具和方法都比较简单，但同样可绘制出色彩明快、主题突出的宣传海报。本案例操作步骤较多，需耐心、仔细绘制。可打开该案例样本“蝶恋花洗衣粉海报.jpg”进行参照绘画。

图 2-7-8　蝶恋花洗衣粉海报

具体操作步骤如下：

(1) 在 Photoshop CS3 中新建一个大小为 900 px × 600 px、分辨率为 150 dpi、RGB 模式、背景为白色的文件，并将文件命名为“蝶恋花洗衣粉海报”。

(2) 绘制蓝色渐变背景。按【F7】键，打开【图层】调板，单击调板下方的【新建图层】按钮，新建图层 1，在图层名称处双击，使图层名称变为可修改状态，将图层 1 命名为“蓝色渐变”。选择工具箱中的【线性渐变工具】，打开渐变编辑器，调整色标，将渐变条设置成由深蓝(#1a1567)到浅蓝(#3a52e6)再到深蓝的渐变，如图 2-7-9 所示。然后在“蓝色渐变”图层中由左至右水平拖出一个由深蓝到浅蓝再到深蓝的渐变填充，如图 2-7-10 所示。

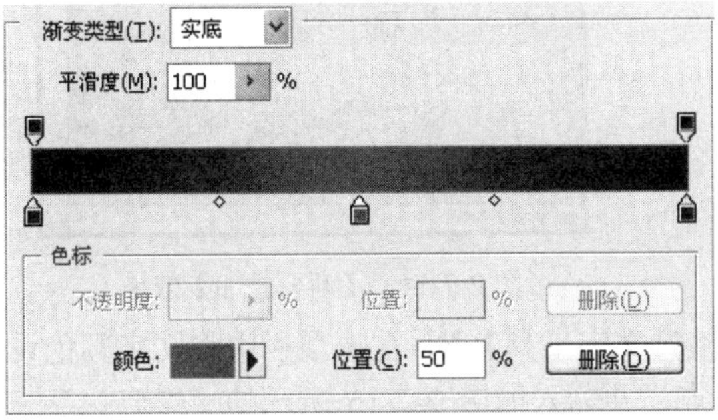

图 2-7-9　编辑渐变条

图 2-7-10　线性填充

(3) 绘制彩条背景。

① 为了方便绘制彩条背景，在【图层】调板上单击“蓝色渐变”图层的【图层可视性】按钮，将该图层暂时关闭。新建一个图层，并命名为“彩条背景”。选择工具箱中的【矩形选框工具】，在选项栏中将“样式”设置为“固定大小”，“宽度”和“高度”均设置为“40 px”，然后用鼠标在画布上单击，出现一个宽、高均为 40 px 的固定大小的选区，将前景色设置为橙色(#f88d02)，填充该选区。保持选区状态，用小键盘上的【→】箭头向右微移该选区，如图 2-7-11 所示，将前景色设置为黄色(#f5e709)并填充选区，按【Ctrl+D】键取消选区。

② 选择【矩形选框工具】，在选项栏中将“样式”设置为“正常”，将橙色块和黄色块选中，选择菜单【编辑】/【定义图案】命令，将图形定义到图案库中。用【矩形选框工具】画出如图 2-7-12 所示的位置和大小的选区，选择菜单【编辑】/【填充】命令，在【填充】对话框中选择刚定义的图案，单击【确定】按钮。

图 2-7-11　自定义图案

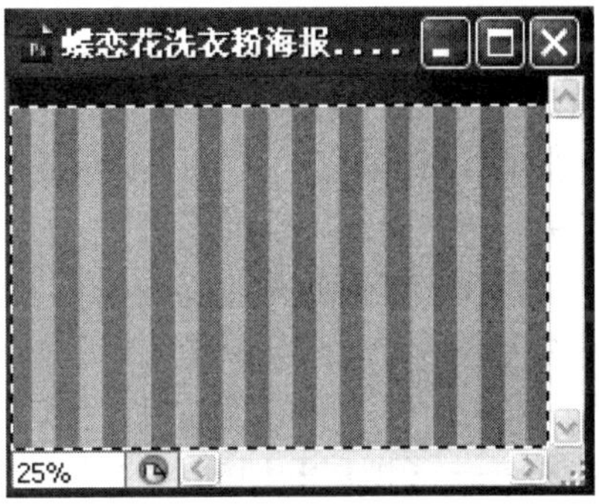

图 2-7-12　填充自定义图案

③ 为了使彩条画面不那么单调，可为彩条背景图层添加【渐变叠加】样式效果。单击【图层】调板上的【添加图层样式】按钮，在快捷菜单中选择“渐变叠加”选项。在弹

出的对话框中，对不透明度、渐变条、角度及缩放的参数进行如图 2-7-13 所示的设置，添加样式后的效果如图 2-7-14 所示。

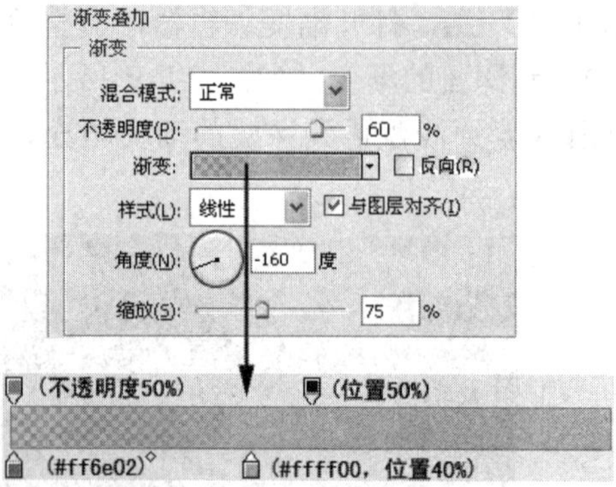

图 2-7-13　【渐变叠加】对话框

图 2-7-14　【渐变叠加】效果

(4) 绘制主体文字。选择工具箱中的【横排文字工具】T，在选项栏中将文字颜色设置为蓝色(#0c1c9b)，字体为黑体，大小为 90 点，并输入如图 2-7-15 所示的“蝶恋花”三个字，按【Ctrl + Enter】键结束文字输入。由于文字笔画的粗度不够，需通过【描边】命令将其加粗。在该文字图层上单击鼠标右键，选择快捷菜单中的“栅格化文字”选项将文字栅格化，再选择菜单【编辑】/【描边】命令两次，每次描边参数设置如图 2-7-16 所示。按【Ctrl + T】键，使文字处于变换状态，按【Ctrl】键调整文字变形关键点，将文字调整至如图 2-7-17 所示的形状。

图 2-7-15　输入文字

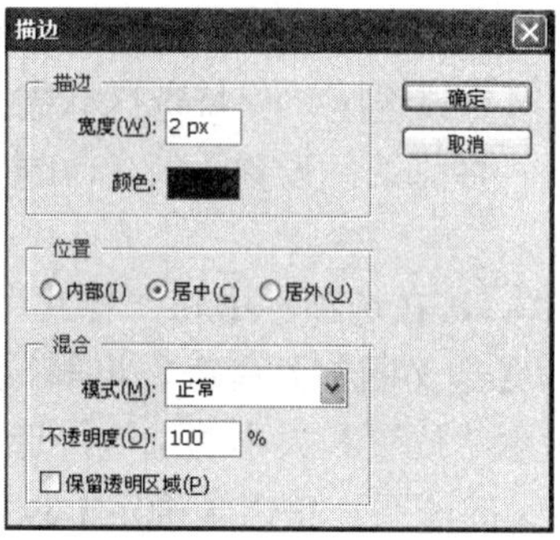

图 2-7-16　【描边】对话框

图 2-7-17　文字变形

(5) 绘制主体文字的衬托效果。

① 将“蝶恋花”文字层拖至【图层】调板下方的【新建】按钮处，将其复制。为了方便下一步操作，暂将该图层关闭。在复制出的“蝶恋花副本”图层上，用【魔棒工具】将蓝色文字区域选取，将前景色设置为白色并填充选区，效果如图 2-7-18 所示。在保留选区的状态下，选择菜单【编辑】/【描边】命令，将宽度设置为 6 px，颜色设置为白色，位置设置为居外，将笔画描粗，描边效果如图 2-7-19 所示。

② 单击【图层】调板上的【添加图层样式】按钮 fx，选择快捷菜单中的【投影】样式，在弹出的对话框中，对不透明度、角度、距离、扩展和大小的参数进行如图 2-7-20 所示的设置，再将“蝶恋花”图层的【可视性图标】按钮打开，添加投影后的效果如图 2-7-21 所示。

图 2-7-18　复制文字图层重新填色

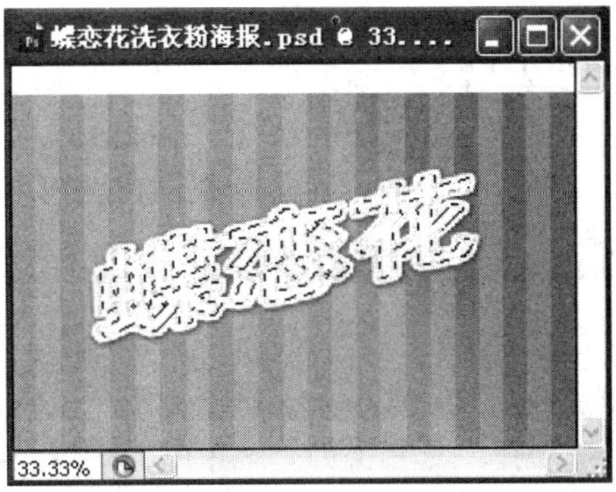

图 2-7-19　选区描边

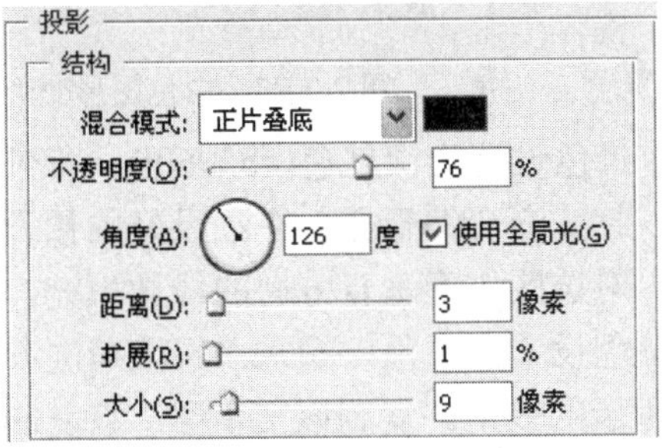

图 2-7-20　【投影】对话框

图 2-7-21　白色文字图层添加投影后的效果

③ 复制“蝶恋花”文字层，将复制出的复本重新命名为“蝶恋花描边”。选择菜单【编辑】/【描边】命令，将宽度设置为 2 px，颜色设置为白色，位置设置为居外，描边后将该图层稍稍向左上方移动，效果如图 2-7-22 所示。最后三个关于主体文字的图层顺序和描边后的效果如图 2-7-23 所示。

图 2-7-22　复制蓝色文字图层并描边

图 2-7-23　描边效果及图层顺序关系

(6) 绘制红条渐变和文字。

① 选择工具箱中的【圆角矩形工具】，选中选项栏左边的“填充像素”选项，将半径设置为 20 px，如图 2-7-24 所示。

图 2-7-24　【圆角矩形工具】选项栏

② 新建一个图层并重新命名为“红条渐变”，用刚才所选择的【圆角矩形工具】在如图 2-7-25 所示的位置画出一个白色的圆角矩形，然后选择【矩形工具】画出如图 2-7-26 所示的白色小矩形，将圆角矩形的左下角和右上角覆盖，使这两个圆角变成直角。按【Ctrl+T】键，再将这个白色图形变形至如图 2-7-27 所示的效果。

图 2-7-25　绘制圆角矩形

图 2-7-26　绘制白色小矩形覆盖圆角

图 2-7-27　白色图形变形效果

③ 用【魔棒工具】将白色区域选取，将前景色设置为深红色(#b5060f)，背景色设置为纯红色(#ff0000)，选择【线性渐变工具】，打开渐变编辑器，在预设好的预设【渐变样式】面板中选中“从前景色到背景色”选项，对选区进行垂直方向的线性填充，如图 2-7-28 所示。选择【横排文字工具】T，将文字颜色设置为白色，输入“超浓缩洗衣粉”字样，按【Ctrl+T】键将文字变换至如图 2-7-29 所示的效果。复制该文字层，将复制后的文字图层移至白色文字图层下，再将文字颜色修改为黑色，然后用小键盘上的【↓】箭头和【→】箭头将黑色文字层向右下方向移动少许，如图 2-7-30 所示。

图 2-7-28　线性填充

图 2-7-29　输入文字

图 2-7-30　复制并移动文字图层

(7) 绘制产品标志及广告语。

① 将前景色设置为水粉色，选择工具箱中的【椭圆选框工具】，按住【Shift】键，如图 2-7-31 所示，画一个正圆选区并填充水粉色。选择菜单【编辑】/【描边】命令，将宽度设置为 3 px，颜色设置为白色，位置设置为居外，为正圆边缘描出一条白边。新建一个图层并重新命名为“蝴蝶花”，将前景色设置为白色，选择【自定形状工具】，打开【预设形状】面板，选择“蝴蝶”图案和“Ornament5”图案，将鼠标在图像上拖动画出相应的形状，并为其添加投影样式，参数为默认值。

② 选择【横排文字工具】T，文字颜色设置为蓝色，输入“白衣亮白彩衣鲜艳”字样，如图 2-7-31 所示。选择菜单【编辑】/【描边】命令，将宽度设置为 2 px，颜色设置为白色，位置设置为居外，为文字描边。同样，输入“Butterfly Flower”字样，字体自选，为文字进行宽度为 1 px、橙色、位置居外的描边，如图 2-7-32 所示。

图 2-7-31　绘制正圆

图 2-7-32　输入文字并描边

(8) 绘制红、绿、蓝小球。

① 新建一个图层并命名为“红球”，选择工具箱中的【椭圆选框工具】，按住【Shift】键，画一个正圆选区。选择【径向渐变工具】，打开渐变编辑器，调整色标，将渐变条设置成由白色到红色的渐变，如图 2-7-33 所示，对选区径向填充。选择工具箱中的【加深工具】在红球右下边缘涂抹，将红色加深。同理，如图 2-7-34 所示，分别画出蓝、绿两个小球。

② 选择【横排文字工具】T，将文字颜色设置为白色，在红球位置输入“高效”字样，并将文字栅格化。选择菜单【编辑】/【描边】命令，将宽度设置为 1 px，颜色设置为蓝色，位置设置为居外，为文字边缘描边。按【Ctrl+T】键，将文字变换至如图 2-7-35 所示的效果，再为其添加投影样式，参数设置如图 2-7-36 所示。用同样的方法绘制“无磷”、“超浓缩”等特效文字。

图 2-7-33　绘制红色小球

图 2-7-34　绘制其它颜色小球

图 2-7-35　输入文字描边并变形

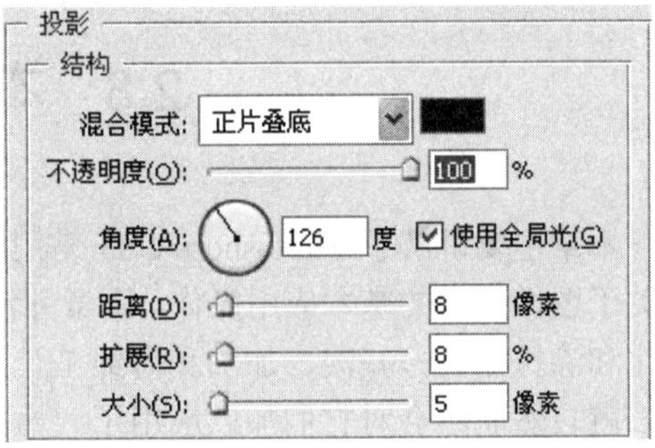

图 2-7-36　为文字添加投影样式

(9) 绘制白色光束。作品到此已基本结束，但仍感到缺乏点睛之笔，现在我们在主体文字下加一道白色光束。用【矩形选框工具】画出位置和大小如图 2-7-37 所示的选区，两次选择菜单【选区】/【修改】/【羽化】命令，将羽化值均设置为 20 px，如图 2-7-38 所示，用白色填充该选区。按【Ctrl+－】键将图像缩小，再按【Ctrl+T】键，如图 2-7-39 所示，将白色光束拉长并旋转，按回车确认。至此，本案例制作完成。

图 2-7-37　确定并羽化矩形选区

图 2-7-38　用白色填充选区

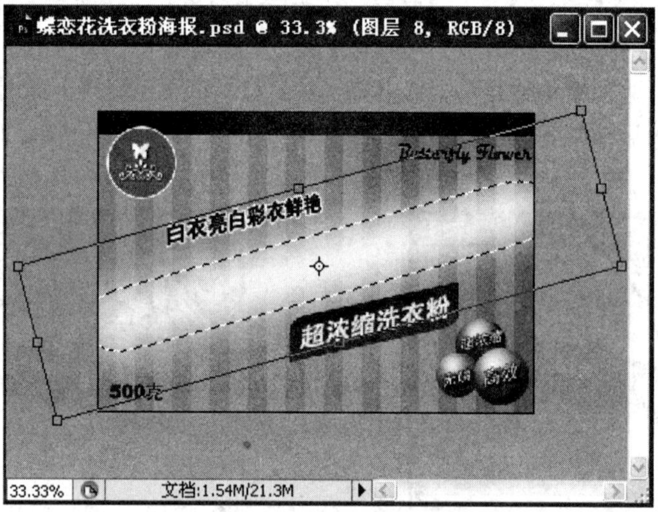

图 2-7-39　白色光束变形

2.8　本 章 小 结

本章主要讲解了 Photoshop CS3 常用绘画工具和修饰工具的主要功能及使用方法，以及关于图像处理的基本应用操作。本章并没有对工具箱中的全部工具加以介绍，比如模糊、锐化和涂抹工具，减淡、加深和海绵工具，由于它们应用简单，只要学会了常用绘画工具后，就自然而然会对它们加以应用了。由于本章涉及较多的工具及基本操作知识点，因此在学习过程中，要多加练习并保持一定的注意力才能熟练掌握各知识点。

2.9 上 机 练 习

1. 图像变换练习

打开 Photoshop CS3 中自带的“花.psd”文件。按【F7】键打开【图层】调板，选择名称为“标题”的图层。选择菜单【编辑】/【自由变换】命令(或按【Ctrl+T】键)，使“标题”图层中的文字图像处于自由变换状态，图像四周会出现八个小方块的控制点。这时，在按住【Ctrl】键的状态下，注意观察用鼠标拖动选择框上的控制点以及文字图像的变化。若按住的分别是【Alt】键、【Shift】键、【Ctrl+Alt】键、【Shift+Ctrl】键、【Shift+Alt】键以及【Ctrl+Alt+Shift】键，文字图像是如何变化的？在使用哪种功能键状态下，分别与【编辑】/【变换】命令中的缩放、斜切、旋转、扭曲和透视命令相对应？

2. 制作漫画——我爱我家

下面制作如图 2-9-1 所示的漫画——我爱我家，其主要是应用画笔、橡皮擦工具和椭圆选框工具来完成的。可打开“我爱我家.jpg”文件参照绘画。因操作比较简单，故只做简略提示。

图 2-9-1　漫画——我爱我家

操作步骤提示：

(1) 文件的大小设为 800 px×600 px，其它为默认值。按【F7】键，打开【图层】调板。单击调板下方的【新建图层】按钮，新建六个图层，第一个图层用来绘制图像左边的第一个橙色房子，第二个图层用来绘制图像左边的第二个蓝色房子。依此类推，再分别新建图层画出黄色的太阳、红色粗红条的太阳光芒、绿色弧线及绿色弧线下方的圆点。将它们分别在各自的图层绘制是为了便于调整它们之间的相互位置。

(2) 绘制房子时，将画笔大小设置约为 20 px，然后直接用画笔小心勾勒房顶，多画出的地方需用橡皮擦进行修整。房顶下方的直线框也用笔画画出。画线时按住【Shift】键，就可画出水平或纵向的直线。

(3) 绿色弧线是用【椭圆选框工具】确定椭圆选区大小后，填充绿色颜色，再向下微移选区，然后填充白色即可。太阳的绘制方法与此类似。

(4) “我爱我家”四个字分别单独输入，即一个文字占一个图层，以便于调整它们之间的相互位置。至此，该练习制作完成。

3．制作广告——枫树广场

下面制作如图 2-9-2 所示的“枫树广场”广告，其主要是用画笔、椭圆选框工具和自定形状工具进行绘制的。可打开“枫树广场.jpg”文件参照绘画。因操作比较简单，故只做简略提示。

图 2-9-2　广告——枫树广场

操作步骤提示：

(1) 文件的大小设为 800 px×600 px，其它值为默认。按【F7】键，打开【图层】调板。单击调板下方的【新建图层】按钮，新建多个图层，每行文字和图像分别在各自的图层绘制，以便于调整它们之间的相互位置。

(2) 绘制右边的竖向彩条。可事先拖动出参考线以确定各彩条的相对位置，再创建选区并填充颜色。

(3) 绘制枫叶标志。选择【自定形状工具】，在其选项栏中选择“填充像素”选项，打开【预设形状】面板，选择名称为“叶子 5”的图案，在图像上拖动鼠标画出相应的形状即可。若无该形状，可单击【预设形状】面板右上角的小三角按钮，在弹出的快捷菜单中选择“All(全部)”选项，将所有图形都加载到【预设形状】面板后再进行选择即可。

(4) 输入文字：按照图 2-9-2 所示输入文字，再进行大小、颜色和字体的调整。至此，该练习制作完成。

4．画笔练习——绘制彩色水草

下面制作如图 2-9-3 所示的彩色水草，其主要是通过对画笔参数进行指定的设置来实现的。

图 2-9-3　彩色水草

操作步骤提示：

(1) 打开素材“Fish.jpg”，并新建一个图层，用来绘制水草。

(2) 将前景色设置为绿色（#00ff00），背景色设置为橙红色（#fc7304）。

(3) 选择【工具箱】中的【画笔工具】，选择硬边 9 px 大小的画笔，按【F5】键，打开【画笔】调板，参数设置如图 2-9-4～图 2-9-6 所示。

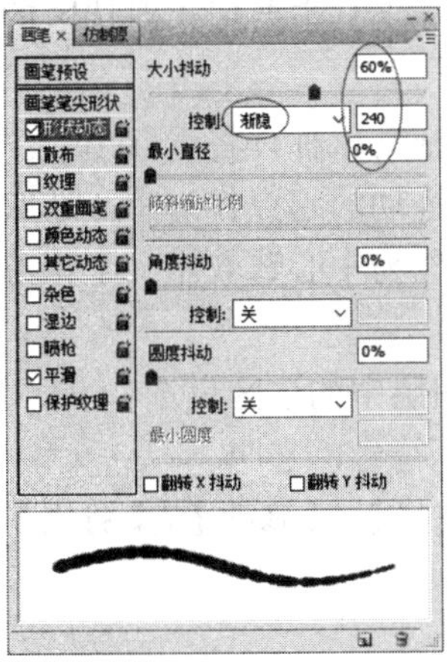

图 2-9-4 【形状动态】参数设置

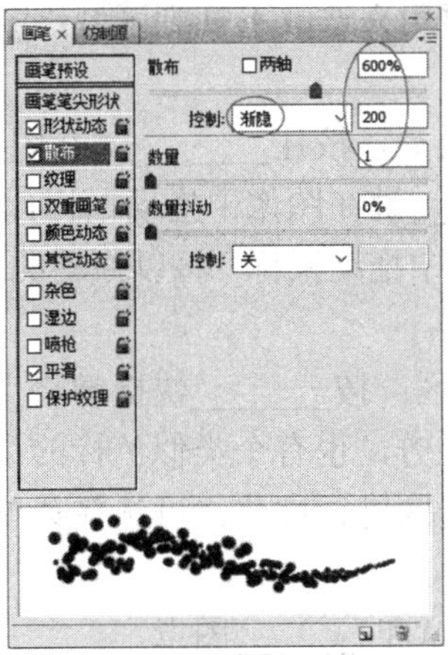

图 2-9-5 【散布】参数设置

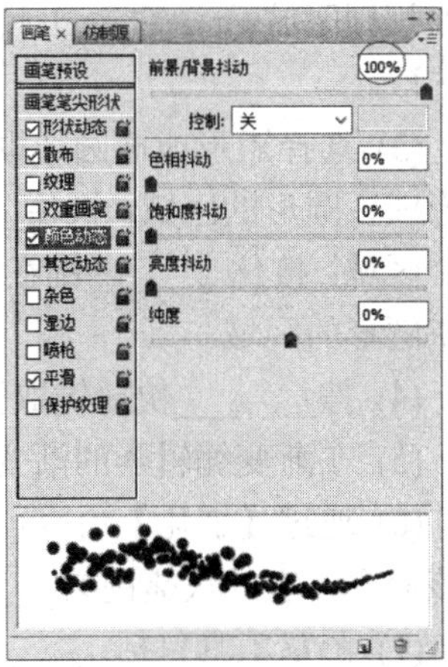

图 2-9-6 【颜色动态】参数设置

(4) 在新建图层中，用设置好的画笔，按住鼠标左键，由底部往上拖动，进行水草的绘制。

5. 画笔练习——发丝飘扬

下面制作如图 2-9-7 所示的飘扬发丝，由于 Photoshop 中自带画笔无法完成发丝效果，因此需要通过自定义画笔来实现该效果。

操作步骤提示：

(1) 打开素材“Girl.jpg”，将背景图层复制一份。

(2) 新建一个 10 px × 10 px 大小的文件，新建一个图层。选择【画笔工具】中的【铅笔工具】，将大小设置为 1 px，在新建图层中单击，随机画 5 或 6 个点即可。选择【编辑】/【定义画笔预设】，将其定义到画笔库中。

(3) 选择【涂抹工具】，选择新定义的笔刷，将其属性中的“强度”设置为 90%左右，大小约为 13 px，并用【吸管工具】将前景色设置为头发中颜色最深的颜色。选择“背景副本”图层，运用【涂抹工具】，对头发进行由右至左、由内向外的涂抹。

涂抹时，注意是先重后轻的单向涂抹，这样才能形成飘起的发丝效果。

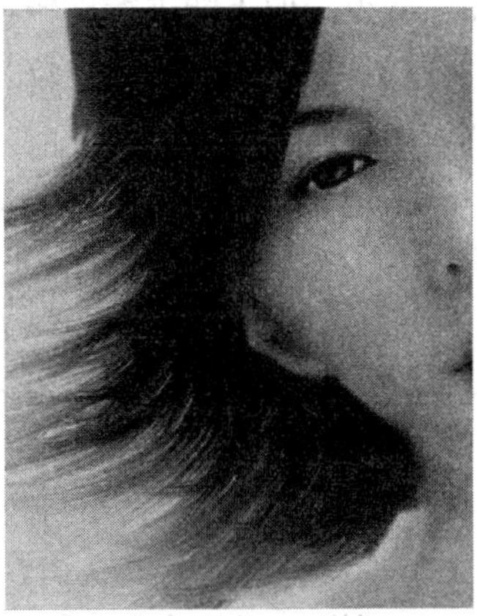

图 2-9-7　发丝飘扬

2.10　思考练习

1. 填空题

(1) 按住_______快捷键或________快捷键可直接填充前景色；按住________快捷键或______快捷键可直接填充背景色。

(2) 选区工具包括矩形选框工具、套索工具、魔棒工具。其中，_______工具主要用来选取规则区域；_______工具主要用来选取不规则区域；_______工具主要用来对选区的智能选取。

(3) 选择矩形或椭圆选框工具后，按住_______键在图像中拖动鼠标，将选取出一个正方形或正圆形的区域；按住_______键在图像中拖动鼠标，将以拖动的起点作为中心选取出一个区域；按住_______键在图像中拖动鼠标，将以拖动的起点作为中心选取出一个正方形或正圆形的区域。

(4) 按_______快捷键取消选区；按_______快捷键将当前图层中的选区反选。

(5) 在渐变编辑器的渐变条上方，也有个类似色标的小铅笔符号，它叫_______。

(6) 通过【羽化】命令可对选区进行虚化。可选择菜单【选择】/【修改】/【羽化】执行该命令，它的快捷键为_______。

(7) 图章工具包括_______图章和_______图章。

(8) 图像自由变换的快捷键为_______。

(9) 在 Photoshop CS3 中，无论是创建点文本还是段落文本，只要是在输入文字过程中，按下_______键或单击选项栏右边的【取消文字编辑】按钮⊘均可取消输入状态。

2．判断题

(1) 将画布尺寸增大后，画布上的图像也会随之增大。 (　)

(2) 创建选区后，可对选区的范围进行各种操作，比如选区位置的移动，选区范围的增加、减少，但不能进行旋转和缩放。 (　)

(3) 若要对选区准确定位，可使用小键盘上的【←】、【→】、【↑】、【↓】箭头移动选区。 (　)

(4) 通过羽化命令来虚化选区的边缘，可使边缘变得柔和。因此，在制作合成效果时，常通过羽化来使图像与图像之间得到较柔和的过渡。 (　)

(5) 按【Ctrl+E】键可使图像处于自由变换状态。 (　)

(6) 在 Photoshop CS3 中，点文本与段落文本之间不可相互转换。 (　)

3．简答题

(1) 简述改变图像大小与改变画布大小之间的区别。

(2) 谈谈你对选区的认识。

(3) 请说出菜单【选择】/【变换选区】命令与菜单【编辑】/【自由变换】命令的区别。

(4) 简述【仿制图章】工具的使用方法。

(5) 简述【形状图层】工具选项栏中的“形状图层”、“路径”和“填充像素”三个选项的含义。

(6) 简述图案的定义与填充的操作步骤。

第 3 章

图层与图层样式的应用

本章导读

任何一个复杂的图像都是由若干个图层组合而成的，处理任何图像都离不开图层的操作。实际上，在第 2 章中已多次接触到图层，本章开始正式介绍与图层相关的操作知识。

本章主要介绍图层的概念、图层调板的使用，图层的创建、选择、复制、删除、排列、锁定、显示与隐藏，图层的链接、合并及图层组的创建等基本操作；同时介绍图层样式的设置与管理及图层混合模式的应用。以上知识点都是关于图层操作所必须掌握的，通过本章的学习会为读者掌握处理图像的基本能力打下坚实的基础。

在学习图层样式和混合模式时，可参考随书光盘“第 3 章/3.2”和“第 3 章/3.3”目录下的各样式应用效果图、混合模式效果的彩图，由于彩图效果直观，这对样式和混合模式的学习有很大的帮助。建议在学习过程中，利用本书所提供的素材对各图层样式和混合模式进行相应的实际操作。在实际操作中，各图层样式和混合模式对话框的参数及选项可自行设置，最好对各参数和选项都分别加以尝试，以便加深对样式和混合模式的理解和应用。

学习要点

※ 图层的概念及图层调板的使用。
※ 图层的创建、选择、复制和删除。
※ 图层的排列、锁定、显示与隐藏。
※ 图层的链接、合并及图层组。
※ 图层样式的设置与管理。
※ 图层混合模式的应用。

3.1　案例——三色箭头 LOGO

在学习“三色箭头 LOGO”案例前，先介绍图层的概念，图层调板的使用，图层创建、选择、复制、删除、排列、锁定、显示与隐藏，以及图层的链接、合并和图层组的创建等基本操作。

3.1.1　认识图层

图层就好像一张张叠在一起的“透明胶片”，把不同的图像放在不同的“透明胶片”上，当我们想对某一图像操作时，只要在该图像所在的“透明胶片”上操作即可。因为每个图层都是相对独立的，不会因为对某一图层的操作而误操作了其它图层的对象，并且可随意调整图层之间的顺序。图层除了具备上述灵活性外，还可通过图层蒙版、图层混合模式、图层不透明度及图层样式等应用，制作出大量的特殊效果。因此，图层也是学习 Photoshop CS3 所必须理解的最基本的概念。

3.1.2　图层调板的使用

在 Photoshop CS3 中，对图层的操作大多数都在【图层】调板中完成。通过【图层】调板，可查看图层、编辑图层、链接图层、重新排列图层、合并图层、创建新图层、复制图层、删除图层等。选择菜单【窗口】/【图层】命令或直接按【F7】快捷键，可打开如图 3-1-1 所示的【图层】调板。

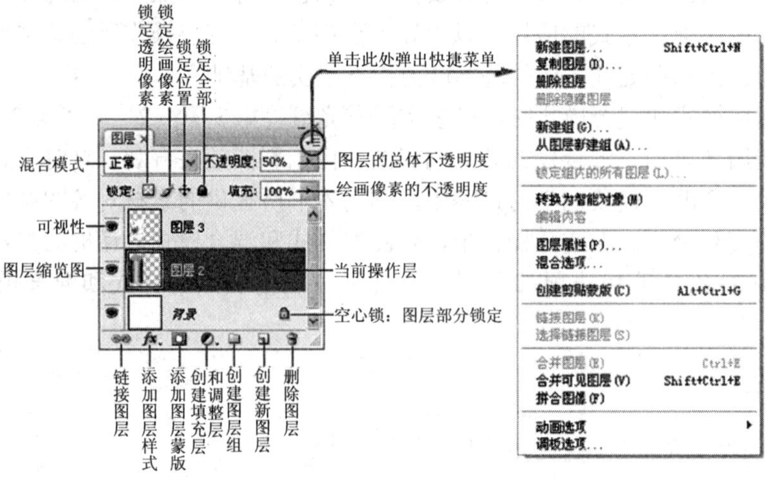

图 3-1-1　【图层】调板

3.1.3　图层的创建、选择、复制和删除

1. 图层的创建

创建图层有多种方法，下面介绍几种常用的方法。

方法 1：单击【图层】调板下方的【新建图层】按钮，即可在当前图层上方创建一个新图层，自动命名为“图层 1”、“图层 2”等，这是最简单的方法。

方法 2：按住【Ctrl】键单击【图层】调板中的【新建图层】按钮，创建出的图层与“方法 1”一样，只是新图层在当前图层的下方。

方法 3：选择菜单【图层】/【新建】/【图层】命令或按【Shift+Ctrl + N】键，弹出如图 3-1-2 所示的【新建图层】对话框，在该对话框中为新图层命名以及设置颜色、混合模式、不透明度等，单击【确定】按钮就会产生新图层。

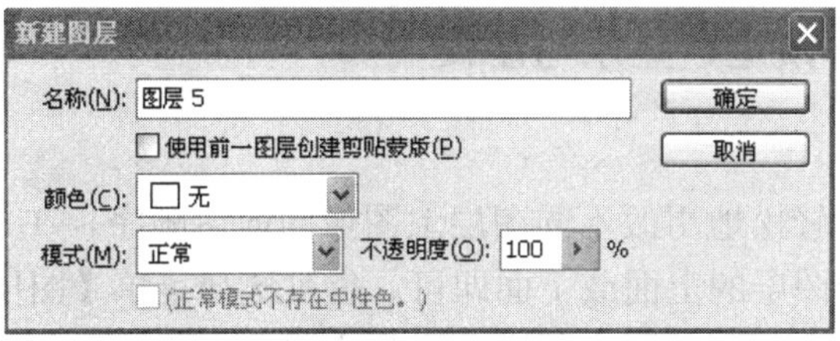

图 3-1-2　【新建图层】对话框

创建新的图层后，如要为图层重新命名，可在图层名称处双击使名称变为修改状态后，直接在名称处输入新的名称即可。

2. 图层的选择

在【图层】调板上单击所要操作的图层，就可将该图层选中为当前操作图层。若在选中工具箱中的【移动工具】的状态下，按住【Ctrl】键，在图像窗口中，在要操作的图像对象上单击，即可选中含有该图像对象的图层。当图层被选中后，则以高亮的蓝色条来表示，如图 3-1-3 所示。

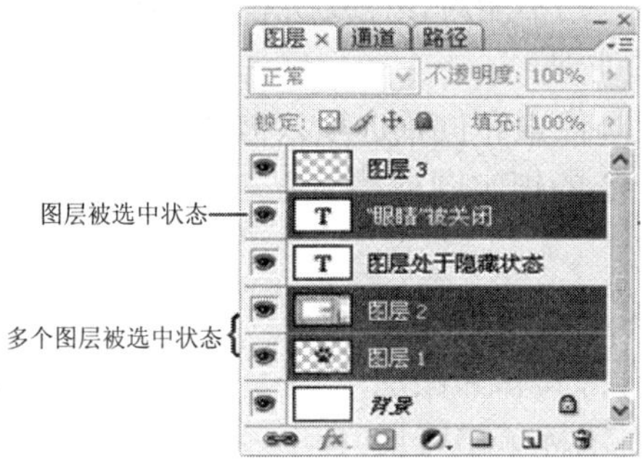

图 3-1-3　图层被选中状态

若要同时选择多个图层，可按住【Ctrl】键在【图层】调板中直接单击所需的各个图层，无论被选中的图层是否连续，它们都会被同时选中。如果要选择的多个图层是连续的，可按住【Shift】键单击要选择的最后一个图层，则从当前图层开始一直到最后单击的那个图层之间的所有图层都会被选中。在选择了多个图层的状态下，若在任意图层上单击即可取消所有选中图层状态；若要单独取消其中某一图层的选中状态，则按住【Ctrl】键在【图层】调板中单击该图层，即可取消对该图层的选择。这种选择图层的快捷方法与在 Windows 系统的资源管理器中选择文件的快捷方法相似。

3. 图层的复制和删除

用鼠标将要复制的图层拖到【图层】调板下方的【新建图层】按钮上，或选择菜单【图层】/【复制图层】命令，或在该图层上单击鼠标右键选择快捷菜单中的“复制图层”选项，这三种方法都可以复制图层。

用鼠标将要删除的图层拖到【图层】调板下方的【删除图层】按钮上，或选择菜单【图层】/【删除图层】命令，或在该图层上单击鼠标右键选择快捷菜单中的“删除图层”选项，这三种方法都可以删除图层。

3.1.4　图层的排列、锁定、显示与隐藏

1. 图层的排列

通过排列图层可以轻松地更改不同图层上图像的前后顺序。在【图层】调板上，用鼠标直接拖动图层到对应图层的上面或下面即可。也可选择菜单【图层】/【排列】命令，对图层进行前移一层、后移一层、置为顶层、置为底层和反向等操作。

快捷方式：① 按住【Ctrl+]】键，可将当前图层向上移动一层；② 按住【Ctrl+［】键，可将当前图层向下移动一层；③ 按住【Shift + Ctrl +]】键，可将当前图层置为顶层；④ 按住【Shift + Ctrl + ［】键，可将当前图层置为底层。

2. 图层的锁定

关于图层锁定有四个选项：锁定透明像素、锁定绘画像素、锁定位置和锁定全部，可参见图 3-1-1。

按下【图层】调板上方的【锁定透明像素】按钮后，图层的透明区域受到保护，不会被编辑；按下【锁定绘画像素】按钮后，则不能对该图层应用绘画类工具进行编辑；按下【锁定位置】按钮后，则不能对该图层进行位置编辑；按下【锁定全部】按钮后，则不能对图层进行任何编辑处理。

当图层的透明像素、绘画像素和位置选项只被锁定一个或两个选项时，【图层】调板中该图层名称的右侧会出现空心的锁定图标，当三个选项全部被锁定后，此锁为实心锁。

3. 图层的显示与隐藏

在编辑一个包含多个图层的图像时，常需要只查看某一图层，而将其相邻图层或多个图层隐藏，此时，用鼠标单击【图层】调板左边的眼睛标志，即可显示或隐藏某个图层，如图 3-1-4 所示。若按住【Alt】键单击某图层的眼睛标志，将会隐藏除此图层之外的所有图层，再次按住【Alt】键单击该图层即可恢复其它图层的显示。

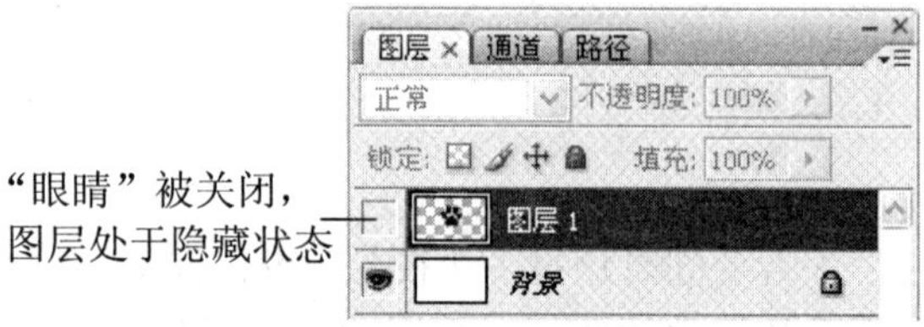

图 3-1-4　图层被隐藏的状态

3.1.5　图层的链接、合并及图层组的创建

1. 图层的链接

当需要对多个图层同时进行操作时，就需要把它们链接起来。要将多个图层建立固定链接，首先要选中需链接的多个图层，以建立起图层间的临时链接关系。

选择了多个图层后，单击【图层】调板上的【链接图层】按钮，则多个图层即被固定链接。若选择已链接的某一图层，单击【图层】调板下方的按钮，即可取消该图层与其它图层的固定链接关系；若再次同时选中已被链接的多个图层，然后单击【图层】调板下方的按钮，便可取消多个图层的固定链接关系。

在 Photoshop CS3 版本中，结合【Ctrl】或【Shift】键同时选择多个图层，便可将多个

图层临时链接。通过临时链接可同时对多个图层进行操作，实际上已等同于以前低版本时的图层链接功能。从实际操作来看，如需要建立较固定的图层链接，使用图层组更合理、更方便，因此该图层固定链接功能已变得不再常用。

2. 图层的合并

在同时选择了多个图层的状态下，按下【Ctrl+E】键可将所有选择的图层合并为一层，无需再像早期版本那样要将多个图层建立链接关系后才能合并。若按下【Shift + Ctrl + E】键，则将目前所有处在显示状态的图层合并，但隐藏状态的图层不会被合并。上述操作也可通过选择菜单【图层】/【合并图层】(或【合并可见图层】)命令来完成。

3. 图层组的创建

在平面设计过程中，一个文件中往往会包含大量的图层，【图层】调板会因此拉得很长，查找图层很不方便。如果将有一定关联的图层组成一个小组，这个小组在需要操作时就展开，不需要操作时就折叠起来，并且无论这个小组中有多少个图层，折叠后在【图层】调板上只占用相当于一个图层的位置，这是非常方便的。Photoshop CS3 提供了这个功能，就是图层组。

我们可先编辑好各图层后再建组，也可先建组后再编辑各图层。图 3-1-5 为关于图层组操作的图解。

先建组的方法是：选择菜单【图层】/【新建】/【组】命令，或直接单击【图层】调板下方的【创建图层组】按钮，也可通过【图层】调板右上角的按钮选择“新建组”，在【图层】调板上创建一个图层组。此时图层组的标志为，要想在这个图层组中加入新图层，直接将图层拖入该图层组中即可。单击标志，当该标志变为展开形状时，图层组内的各图层被展开显示。

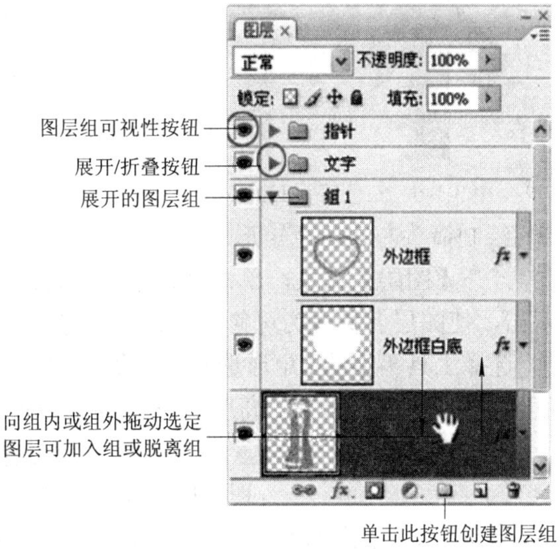

图 3-1-5　图层组

后建组的方法是：选择多个绘制好的图层，然后选择菜单【图层】/【图层编组】命令(或按【Ctrl + G】键)，也可以单击【图层】调板右上角的按钮后选择“从图层新建组”，或直接将它们拖至【图层】调板下方的【创建图层组】按钮，这三种方法均可将所选择的多个图层建组。

如果要将组中的某图层移出该组，可选择图层后直接从组中拖出。图层组的复制、移动、删除、变换及名称的修改与单个图层的操作方法相似。

3.1.6　制作“三色箭头 LOGO”

本案例“三色箭头 LOGO”效果图如图 3-1-6 所示，其主要是通过创建、删除、合并图层，调整图层顺序，以及利用标尺、参考线的辅助绘图来完成的。通过本案例可加深对图层层次感的认识。

具体操作步骤如下：

(1) 在 Photoshop 中新建一个大小为 800 px × 600 px、分辨率为 150 dpi、RGB 模式、背景为白色的文件，并将文件命名为“三色箭头 LOGO”。

(2) 设定标尺和辅助线。按【Ctrl+R】键，打开标尺，标尺显示单位应为像素。若标尺显示单位是厘米，可在标尺上单击鼠标右键，在弹出的单位菜单中选择像素即可。选择工具箱中的【移动工具】，在纵向标尺上按住鼠标左键，由左向右拖动鼠标至水平 400px 位置松手，拖出一条纵向参考线。同理，在纵向 100px 位置设定一条水平参考线，如图 3-1-7 所示。

图 3-1-6 三色箭头 LOGO

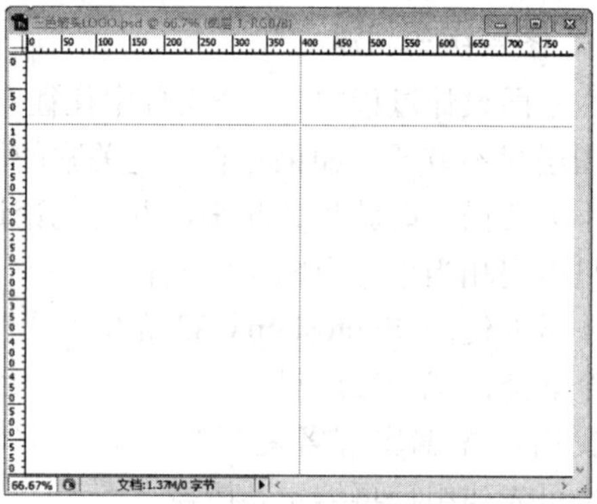

图 3-1-7 设定标尺和辅助线

(3) 绘制箭头左边蓝色矩形。

① 打开【图层】调板，单击调板下方的【新建图层】按钮，新建图层 1，在图层名称处双击，使图层名称变为可修改状态，并重新命名为“蓝箭头”。

② 选择工具箱中的【矩形选框工具】，将其属性栏中的“样式”设置为“固定大小”，“宽度”设置为“230px”，“高度”设置为“80px”，如图 3-1-8 所示。

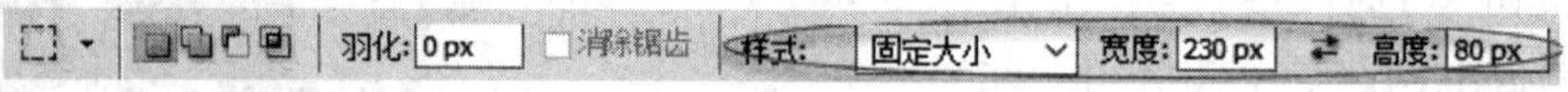

图 3-1-8 设定指定大小的矩形选框

③ 选择“蓝箭头”图层，在画布上单击，出现指定大小的矩形选区。单击工具箱中的【前景色】色块，打开拾色器，将前景色设置为蓝色，RGB 颜色值为(0，130，255)。按【Alt+Backspace】键，将矩形选区填为蓝色，绘出蓝色矩形，如图 3-1-9 所示。

④ 按【Ctrl+T】键，在变换状态下，将旋转中心移至参考线交叉点，并将旋转角度设定为 135 度，如图 3-1-10 所示。然后，回车确认变换。

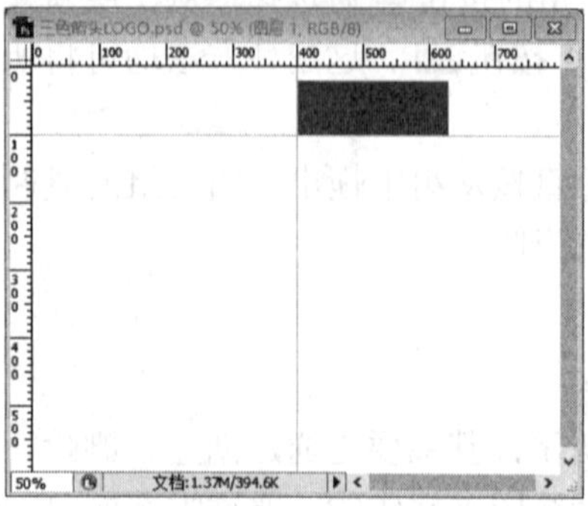

图 3-1-9 矩形选区填色

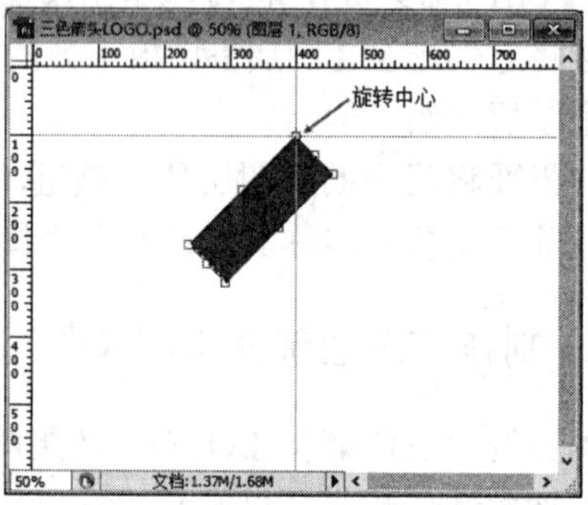

图 3-1-10 旋转蓝色矩形

(4) 绘制箭头右边蓝色矩形。将旋转后的蓝色矩形图层复制一份。在复制出的图层中，按【Ctrl+T】键，将旋转中心移至参考线交叉点，选择【编辑】/【变换】/【水平翻转】命令，使复制的蓝色矩形水平翻转，如图 3-1-11 所示。然后，回车确认变换。

(5) 绘制箭头垂直方向的蓝色矩形。同步骤(2)，选择工具箱中的【移动工具】，在水平 360px 位置设定一条纵向参考线，在纵向 185px 的位置设定一条水平参考线。新建一个图层，以这两条新参考线的交叉点为左顶点，选择工具箱中的【矩形选框工具】，在新图层中绘出高度为 230px、宽度为 80px 的矩形选区并填充蓝色。然后，按【Ctrl+D】键，取消选区，如图 3-1-12 所示。

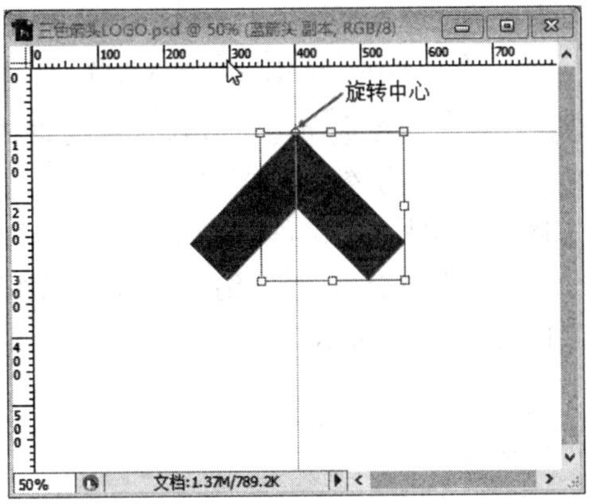

图 3-1-11 绘制右边对称的蓝色矩形

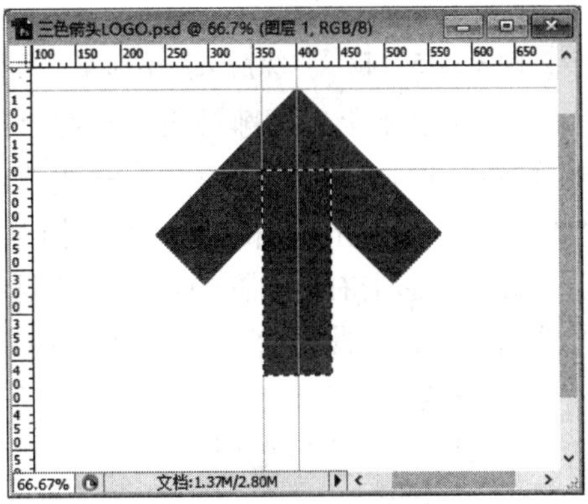

图 3-1-12 绘制垂直方向的蓝色矩形

(6) 合成蓝箭头。按住【Ctrl】键，单击图层调板上的三个图层，将其分别选中，按【Ctrl+E】键合并为一个图层。

(7) 形成三色箭头。将"蓝箭头"图层复制两份，调整三个箭头的位置，如图 3-1-13 所示，并命名为"绿箭头"和"黄箭头"。单击"绿箭头"图层的"锁定不透明像素"，将前景色设置为绿色，RGB 颜色值为(125，255，0)，按【Alt+Backspace】键，填充绿色至"绿箭头"图层。同理，将"黄箭头"图层填充 RGB 颜色值为(255，175，0)的黄色，如图 3-1-14 所示。

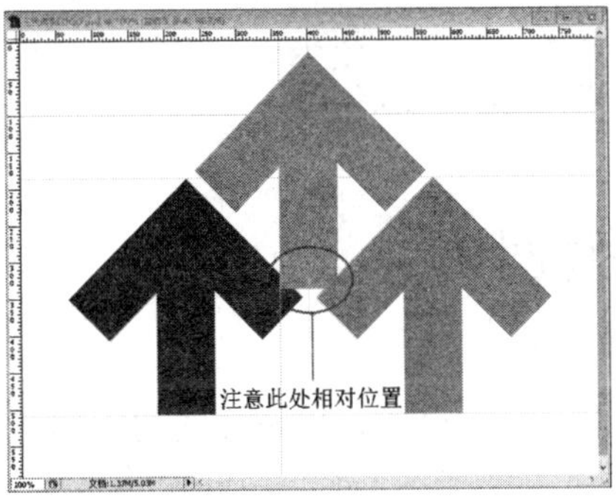

图 3-1-13 调整三个箭头的位置

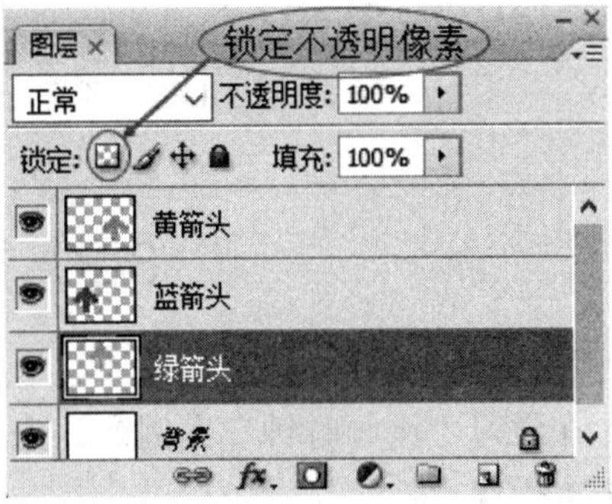

图 3-1-14 更换另外两个箭头的颜色

(8) 修整绿箭头尾部。从图 3-1-15 所示的"绿箭头"尾部第 1 点位置至第 2 点位置开始画多边形选区，按【Delete】键，删除其尾部的左下角。同理，再删除其尾部的右下角，如图 3-1-16 所示。

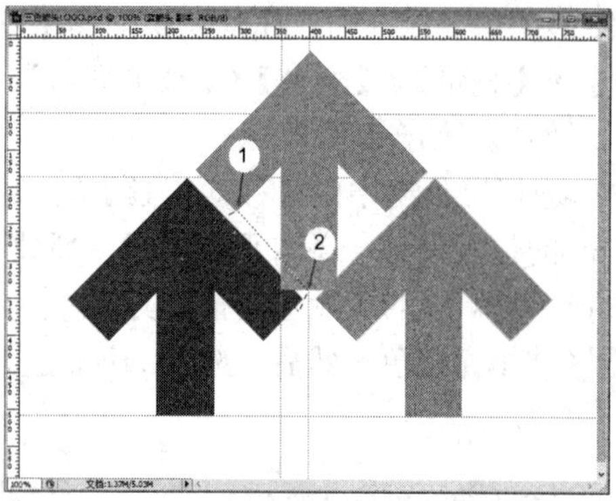

图 3-1-15　删除“绿箭头”尾部左下角

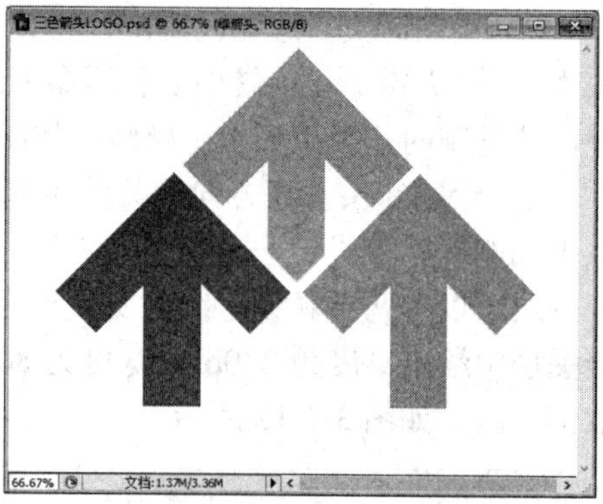

图 3-1-16　“绿箭头”尾部形状

(9) 添加斜面和浮雕效果。选择“绿箭头”图层，单击调板最下方的【添加图层样式】*fx.* 按钮，选择“斜面和浮雕”样式选项，各项参数设置及图层效果如图 3-1-17 所示。在“绿箭头”图层上单击右键，在快捷菜单中选择【拷贝图层样式】，再分别在“蓝(或黄)箭头”图层上单击右键，在快捷菜单中选择【粘贴图层样式】。这样，三个箭头都设置成相同的样式参数。至此，整个作品全部完成，如图 3-1-17 右侧部分所示。

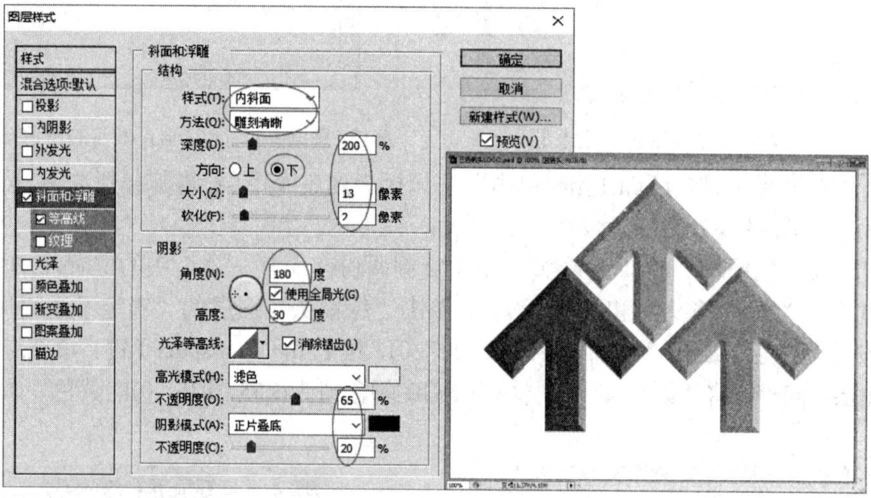

图 3-1-17　各箭头图层“斜面和浮雕”参数设置及效果

3.2　案例——画时钟

在学习“漫画时钟”案例前，先介绍图层样式的含义、分类，以及样式的添加和设置等基本操作。

图层样式是 Photoshop CS3 最实用的功能之一，它不但能通过自行设置产生很多生动的图像效果，比如阴影、发光、斜面和浮雕等，它还提供了许多预设好的样式供用户使用。更重要的是，对图层样式所做的任何修改都会实时显示在图像窗口和【图层样式】对话框的预览窗口中，其可视性强，使用起来非常方便。

3.2.1 图层样式的设置

图层样式共有 10 种：投影、内阴影、外发光、内发光、斜面和浮雕、光泽、颜色叠加、渐变叠加、图案叠加、描边等。

图层样式的使用方法为：选中要添加应用图层样式的图层，选择如图 3-2-1 所示的菜单【图层】/【图层样式】命令；或单击【图层】调板下方(如图 3-2-2 所示)的【图层样式】按钮 fx，在弹出的菜单中选中所需的样式，选择某一样式后就会弹出【图层样式】对话框，完成参数设置后单击【确定】按钮即可。若双击要添加样式的图层，也可打开【图层样式】对话框。

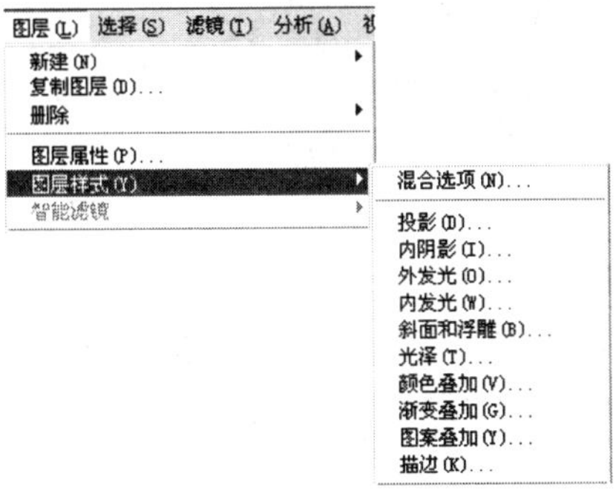

图 3-2-1 选择【图层】/【图层样式】菜单命令

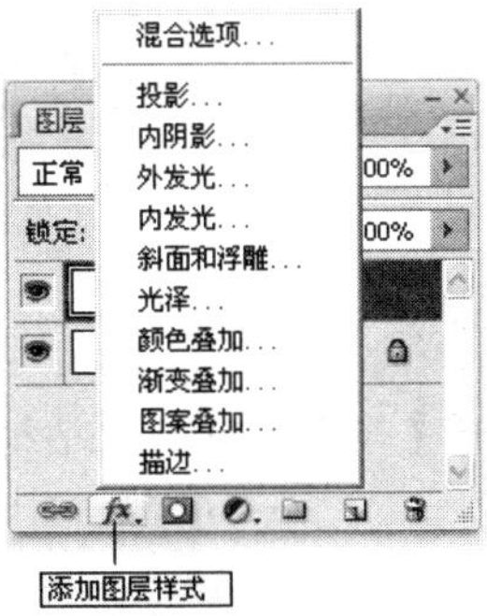

图 3-2-2 添加【图层样式】的快捷菜单

添加图层样式效果后【图层】调板的使用方法如图 3-2-3 所示。

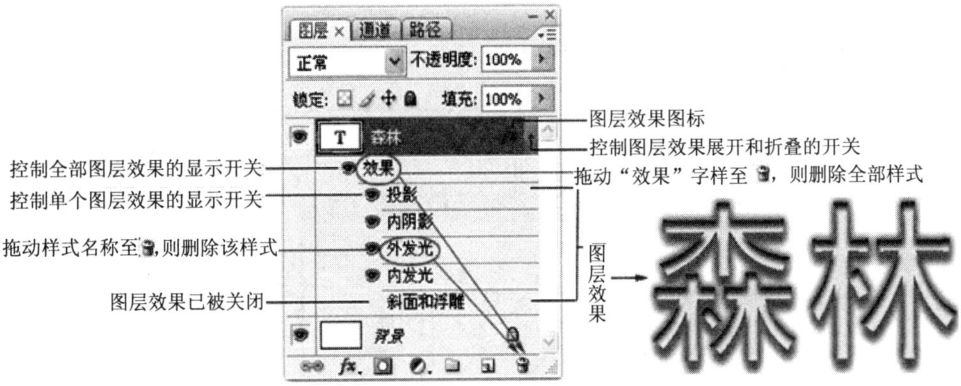

图 3-2-3 添加图层样式效果后【图层】调板的使用方法

首先，以【投影】样式为例来详细介绍图层样式的具体应用方法。因各样式对话框中都有些基本相同的参数选项，如混合模式、不透明度、角度、距离、大小以及等高线等，因此在介绍其它样式时如有相同选项就不再进行重复介绍，只介绍不同于【投影】样式的参数设置。学习图层样式的最好方法就是将各选项参数分别试一试，看看到底能产生怎样的效果。

本节关于 10 个样式举例的文件大小均为 600 px×400 px、分辨率为 300 dpi、RGB 模式、背景为白色，输入的文字颜色为蓝色，字体为黑体，大小为 36 点。请大家在学习下面内容的同时，按照各样式对话框中所给的参数做相应的练习，其中添加样式的颜色可自行设定。

光盘中也提供了相应的样式效果图，供用户参考。

1. 投影样式

【投影】样式用于在图层内容的后面添加阴影，从而增加图像的立体感，如图 3-2-4 所示。

图 3-2-4　【投影】样式效果

打开【投影】样式对话框，对话框中各参数的含义及使用方法如图 3-2-5 所示。

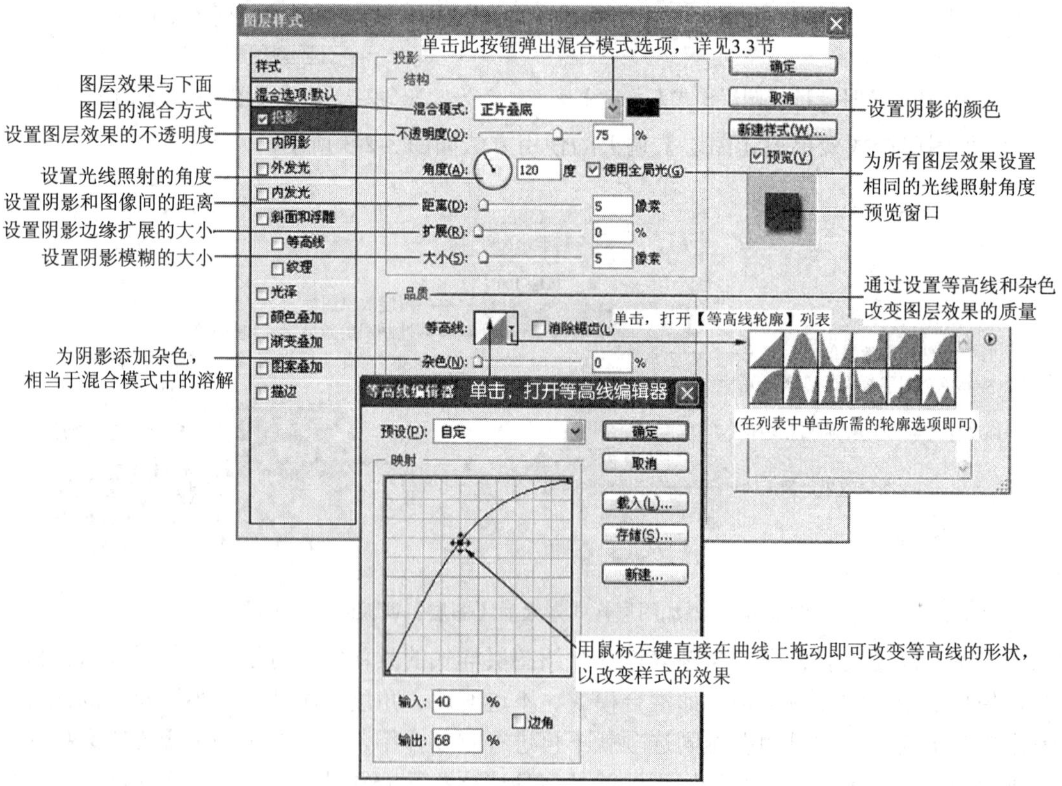

图 3-2-5　【投影】样式对话框中各参数的含义及使用方法图解

2. 内阴影样式

【内阴影】样式用于从图层内容的内边缘添加阴影效果，使图像产生凹陷感。【内阴影】样式对话框及效果如图 3-2-6 所示。请仔细比较【内阴影】与【投影】效果的不同之处。

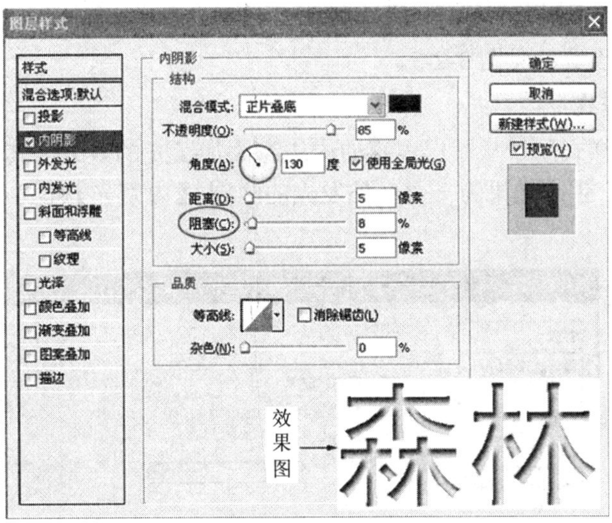

图 3-2-6　【内阴影】样式对话框及效果

在【内阴影】样式对话框中，与【投影】样式不同的选项就是“结构”参数设置中的“阻塞”选项，它是指在形成模糊效果之前收缩【内阴影】或【内发光】的边界。

3. 外发光样式

【外发光】样式用于从图层内容的外边缘添加发光效果。【外发光】样式对话框及效果如图 3-2-7 所示。

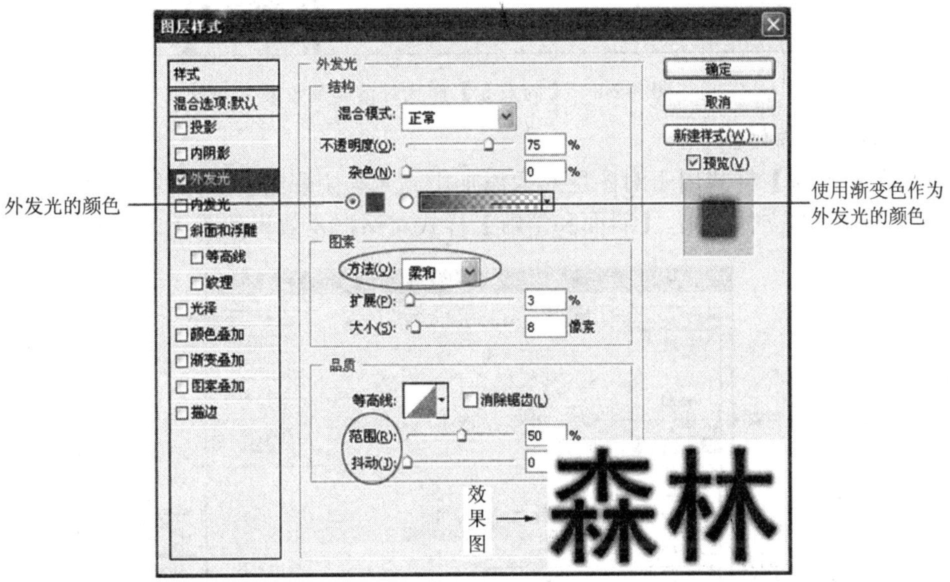

图 3-2-7　【外发光】样式对话框及效果

【外发光】样式对话框中部分选项的含义如下：

◆ “方法”：该选项又包括“柔和”和“精确”两个选项。当选择“柔和”选项时，生成阴影的边缘比较清晰；当选择“精确”选项时，生成阴影的边缘比较模糊。

◆ “范围”：该选项决定等高线所使用的范围。

◆ “抖动”：使用渐变色作为发光色时，该选项用来控制对渐变色添加杂色的程度。

其它参数的设置参见图 3-2-5。

4．内发光样式

【内发光】样式用于从图层内容的内边缘添加发光的效果，其参数设置与【外发光】样式相同，只是产生的效果为一内一外发光的区别。【内发光】样式对话框及效果如图 3-2-8 所示。

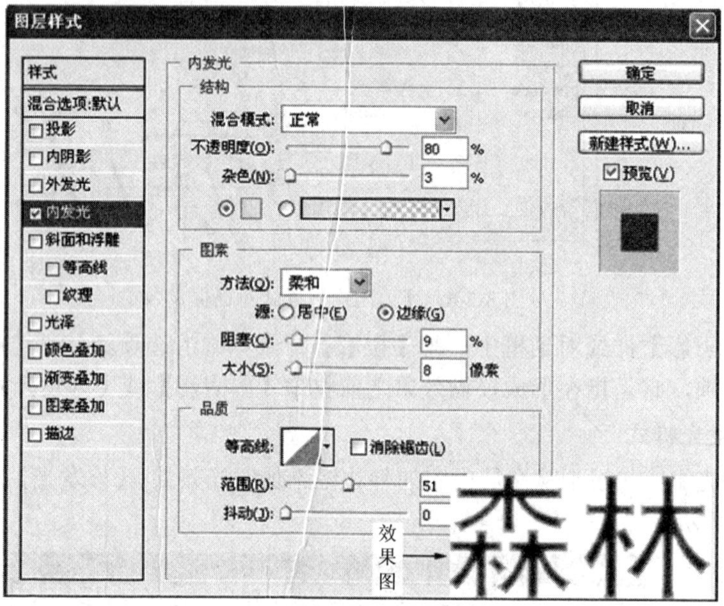

图 3-2-8　【内发光】样式对话框及效果

5．斜面和浮雕样式

【斜面和浮雕】样式用于对图层对象添加由高光与阴影组合起来的各种效果，使图层对象具有凸凹感的立体效果。【斜面和浮雕】样式对话框及效果如图 3-2-9 所示。

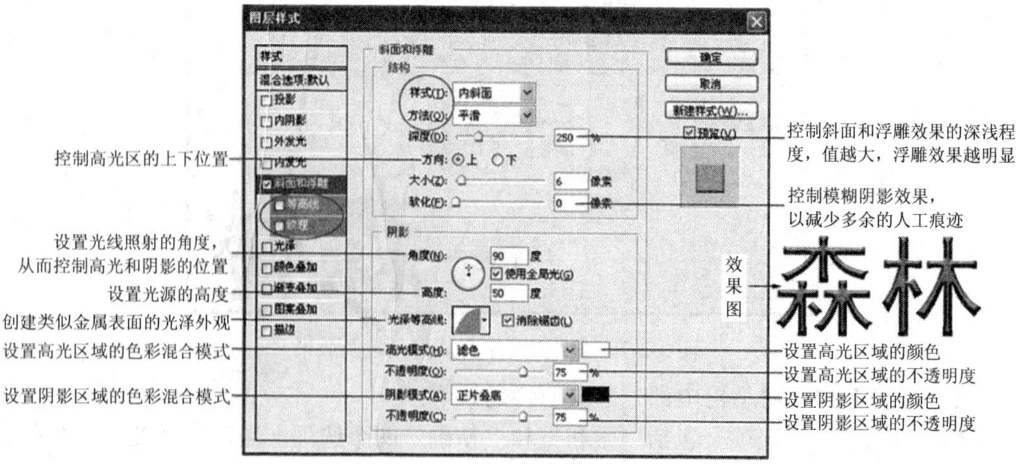

图 3-2-9　【斜面和浮雕】样式对话框及效果

【斜面和浮雕】样式对话框中部分选项的含义如下：

◆“样式”：该选项又包括“内斜面”、“外斜面”、“浮雕效果”、“枕状浮雕”和“描边浮雕”五个选项。“内斜面”用于在图层内容的内边缘上创建斜面；“外斜面”用于在图层内容的外边缘上创建斜面；“浮雕效果”用于创建图层内容相对于下层图层呈浮雕状的效果；“枕状浮雕”用于创建将图层内容的边缘压入下层图层中的效果；“描边浮雕”用于创建仅限于在图层描边效果的边界创建浮雕的效果。

◆ “方法”：该选项是指斜面和浮雕的产生方法，它又包括“平滑”、“雕刻清晰”和“雕刻柔和”三个选项。“平滑”可模糊边缘，适用于所有类型的斜面效果，但不能保留较大斜面的边缘细节；“雕刻清晰”可保留清晰的雕刻边缘，适用于有清晰边缘的图像；“雕刻柔和”效果介于前两者之间，主要用于较大范围的对象边缘。

【斜面和浮雕】样式中还有两个独立的选项：“等高线”和“纹理”。“等高线”的含义和使用方法与【投影】样式中“等高线”的类似，其含义与使用方法参见图 3-2-5。“纹理”选项对话框及效果如图 3-2-10 所示。

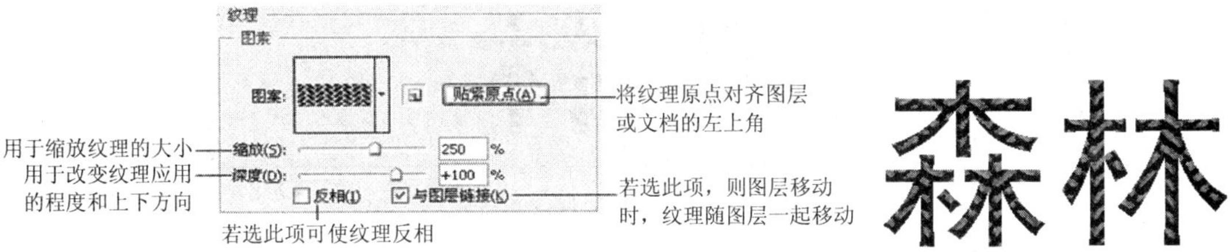

图 3-2-10　【斜面和浮雕】样式中“纹理”选项对话框及效果

6. 光泽样式

【光泽】样式主要用于创建光滑的磨光或金属效果。【光泽】样式对话框及效果如图 3-2-11 所示。该对话框中的各参数与前面样式中的参数设置类似，此处不再赘述。

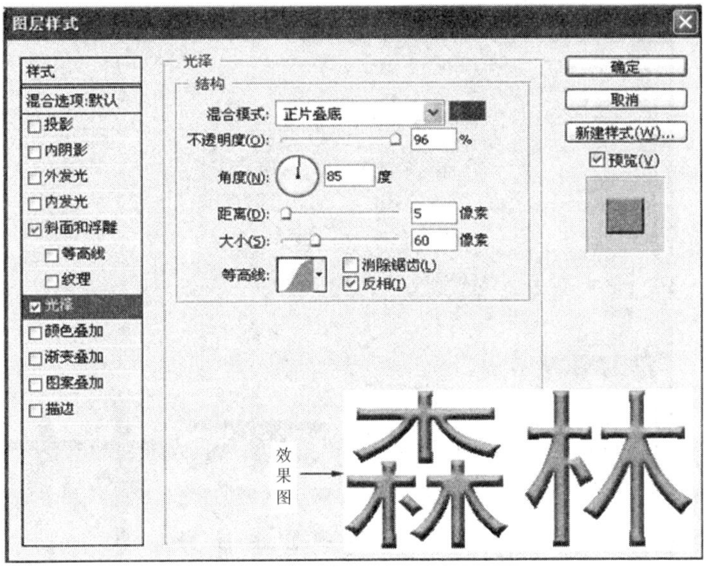

图 3-2-11　【光泽】样式对话框及效果

7. 颜色叠加样式

【颜色叠加】样式是非常简单的图层样式，只是对图层内容叠加某种颜色，因此也只有两个控制选项，即控制填充色的混合模式和不透明度。【颜色叠加】样式对话框及效果如图 3-2-12 所示。

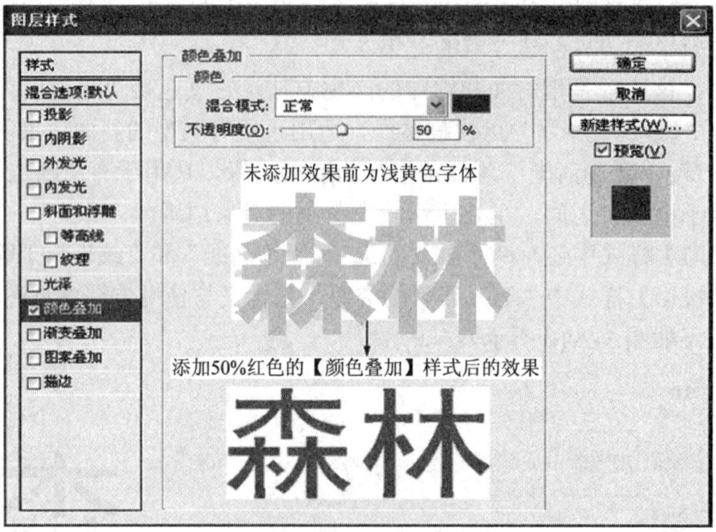

图 3-2-12　【颜色叠加】样式对话框及效果

8. 渐变叠加样式

【渐变叠加】样式可为图层内容添加渐变效果。【渐变叠加】样式对话框及效果如图 3-2-13 所示。该对话框中的渐变设置与工具箱中的“渐变工具”的设置一样，使用的也是同一个渐变库，图中的效果就是选用渐变库中的“彩虹”渐变对文字进行叠加的效果。使用【渐变叠加】样式对图层进行渐变添加和调整比直接使用【渐变工具】要容易得多。

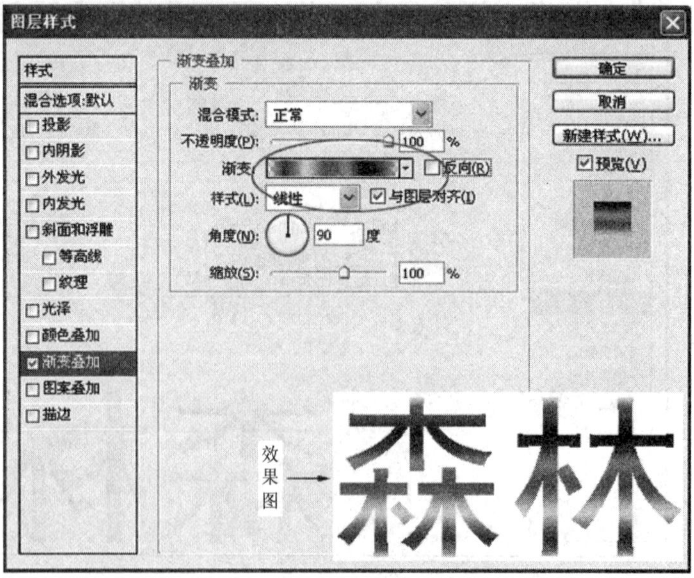

图 3-2-13　【渐变叠加】样式对话框及效果

9. 图案叠加样式

【图案叠加】样式可为图层内容添加图案填充效果。【图案叠加】样式对话框及效果如图 3-2-14 所示。该对话框中的图案参数设置与【斜面与浮雕】样式中“纹理”的参数设置相似，实际上它们与使用【油漆桶工具】填充图案一样，用的都是同一个图案库。

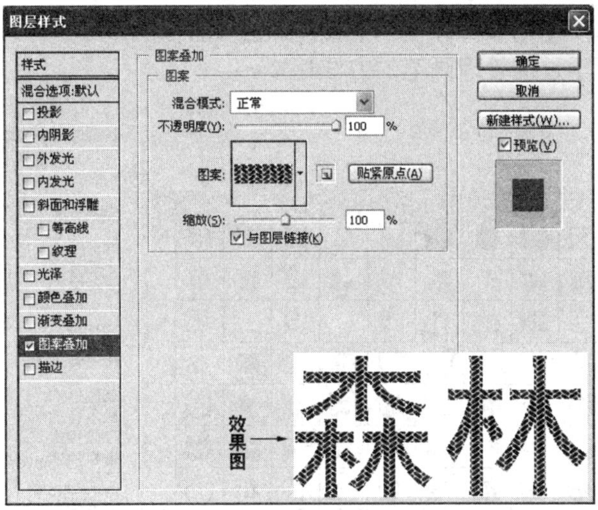

图 3-2-14　【图案叠加】样式对话框及效果

10. 描边样式

【描边】样式可为图层内容添加描边效果。【描边】样式对话框及效果如图 3-2-15 所示。该对话框中的图案参数设置与使用【编辑】菜单中的【描边】命令一样，但增加了“填充类型”选项。除了可用单色对图层内容描边外，还可以使用渐变和图案对图层内容描边，图 3-2-15 中所示效果就是应用了“渐变”选项中的“色谱”渐变对文字进行描边后的效果(该例字体颜色为浅黄色)。

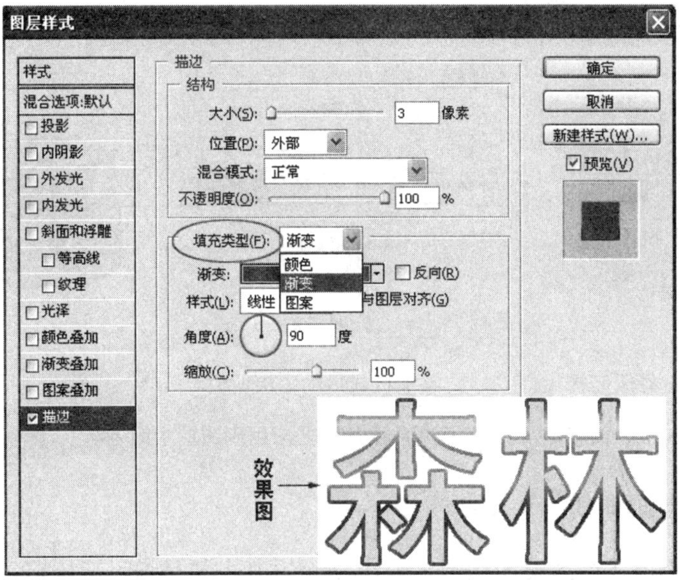

图 3-2-15　【描边】样式对话框及效果

3.2.2　图层样式的管理

图层样式除了可以自行设定样式外，Photoshop CS3 中还提供了预设好的样式库供用户直接选用。选择菜单【窗口】/【样式】命令，弹出如图 3-2-16 所示的【图层样式】调板，可在图层样式管理菜单中的样式分类列表中选择并添加已预设好的图层样式组。图层样式的管理方法与先前所学过的管理画笔的方法相似。

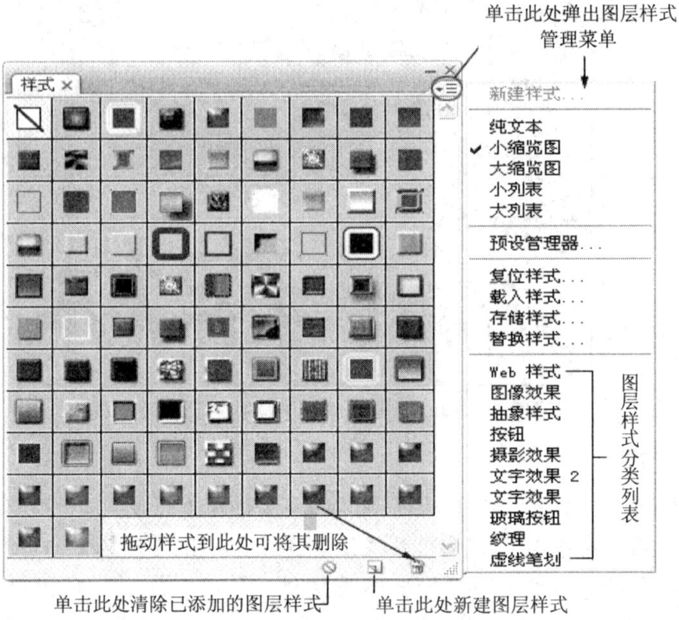

图 3-2-16　【图层样式】调板

将样式库中的样式应用到图层中的方法见图 3-2-17。

在图层样式库中选择所需样式　　添加样式后的图层调板　　添加样式后的文字效果

图 3-2-17　将样式库中的样式应用到图层中的方法

3.2.3　制作“漫画时钟”

本案例“漫画时钟”效果图如图 3-2-18 所示，其主要是通过应用自定形状工具、变形命令、文字工具、图层组以及添加各种样式效果来完成的。

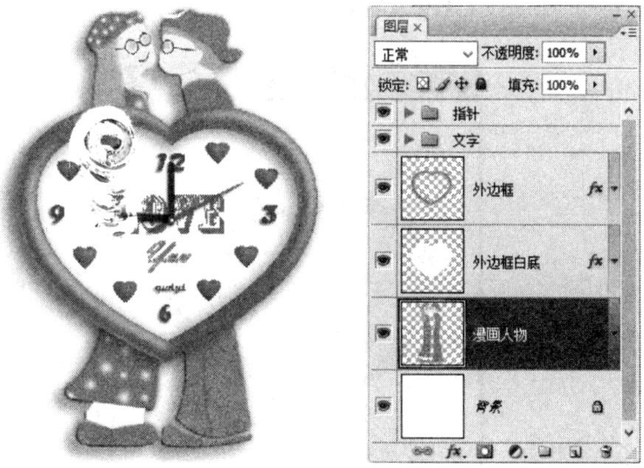

图 3-2-18　效果图和图层的排列顺序

具体操作步骤如下：

(1) 在 Photoshop CS3 中新建一个大小为 600 px×600 px、分辨率为 150 dpi、RGB 模式、背景为白色的文件，并将文件命名为“漫画时钟”。先看图 3-2-18 所示的效果图和图层的排列顺序，对作品有个感观的认识。

(2) 制作前的准备工作。打开【图层】调板，单击调板下方的【新建图层】按钮，新建图层 1 并命名为“外边框”。将前景色设置为浅粉色(#f66cb2)，选择工具箱中的【自定形状工具】，选择“心形”形状图案，其选项栏的设置如图 3-2-19 所示。

图 3-2-19　【自定形状工具】选项栏的设置

(3) 绘制时钟外边框。如图 3-2-20 所示，在“外边框”图层画出一个浅粉色心形。将该层复制出一个复本，用魔棒选取复本图层中的心形区域，填充其它颜色。按【Ctrl+T】键将其自由变换，按住【Ctrl+Shift】键并拖动任意顶角关键点将其缩小。若缩小之后，对变换的形状不满意，可在变换状态下再按住【Ctrl】键，用鼠标左键拖动上方的左右关键点，将其变形至如图 3-2-21 所示的形状，并保留选区。选择“外边框”图层，按【Delete】键将浅粉色的心形挖空，如图 3-2-22 所示，然后删除图层复本。

图 3-2-20　绘出心形图案

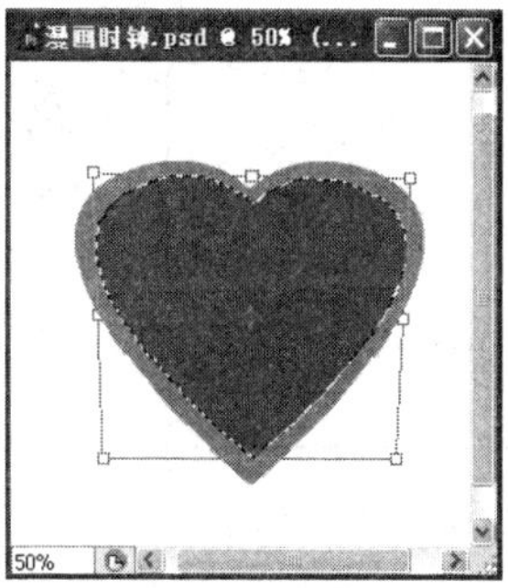

图 3-2-21　制作心形图案复本

图 3-2-22　绘出空心形图案

(4) 时钟外边框变形。由于先前画出的形状还不够饱满，选择菜单【编辑】/【变换】/

【变形】命令，将其变形至如图 3-2-23 所示的形状。

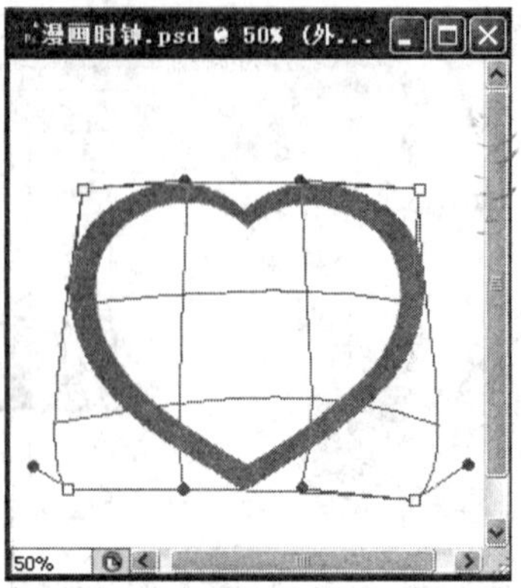

图 3-2-23　变形空心形图案

(5) 为时钟外边框添加投影和内阴影效果，“投影”样式参数的设置如图 3-2-24 所示，“内阴影”样式参数的设置如图 3-2-25 所示。图中没有涉及的参数均为系统默认值。

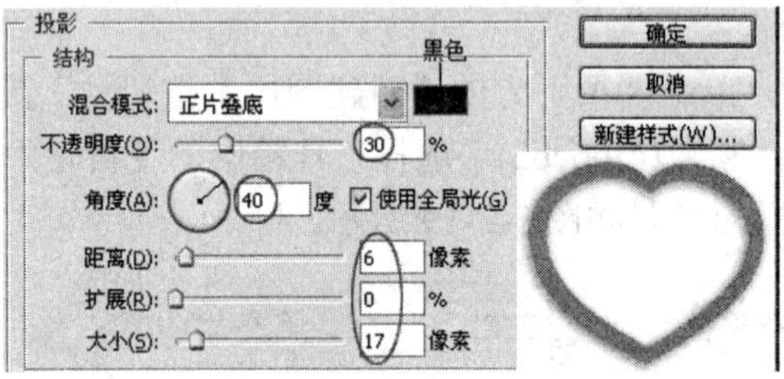

图 3-2-24　为时钟外边框添加“投影”样式

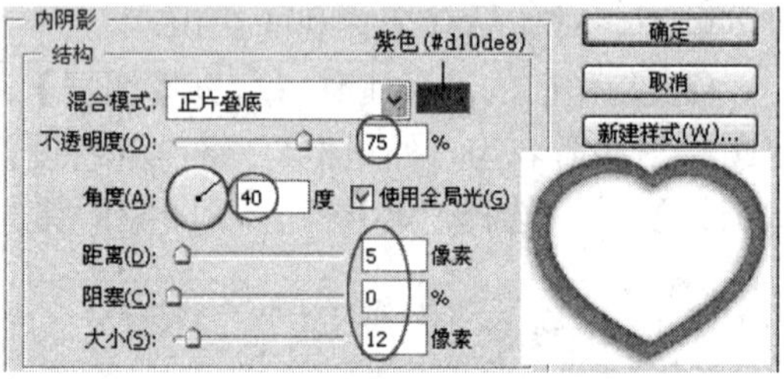

图 3-2-25　为时钟外边框添加“内阴影”样式

(6) 为时钟外边框添加斜面和浮雕效果，“斜面和浮雕”样式参数的设置如图 3-2-26 所示。

(7) 为时钟外边框添加光泽效果，“光泽”样式参数的设置如图 3-2-27 所示。

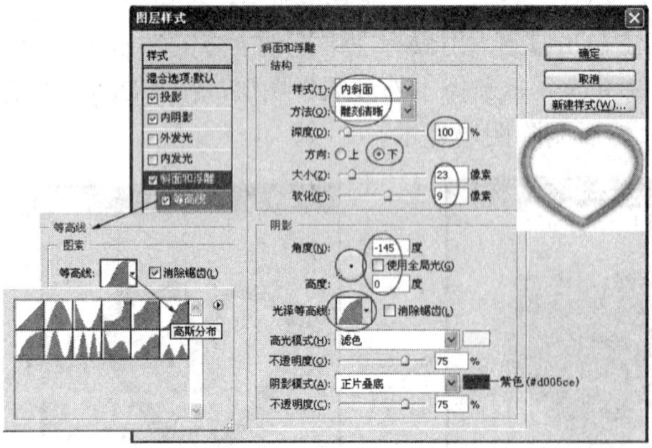

图 3-2-26　为时钟外边框添加“斜面和浮雕”样式

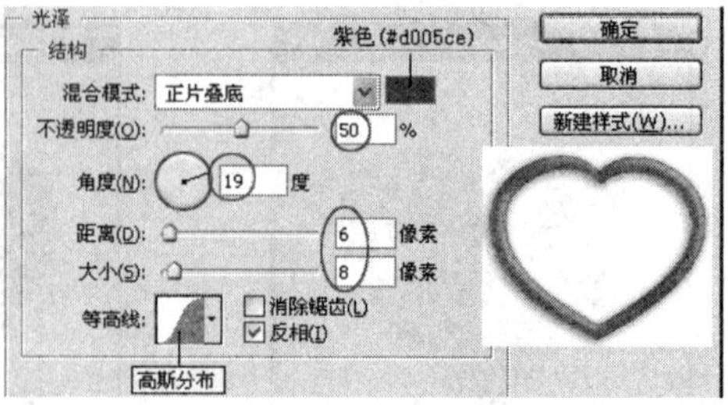

图 3-2-27　为时钟外边框添加“光泽”样式

(8) 绘制时钟八颗心形刻度图案。将前景色设置为浅粉色(#f66cb2)，选择【自定形状工具】，选择“心形”图案，其选项栏设置与第(2)步相同。新建一个图层并重命名为“八颗小心形”，在如图 3-2-28 所示的位置画出八颗心形形状作为时钟刻度。选中“外边框”图层，右击图层右边的小三角按钮，在弹出的快捷菜单中选择“拷贝图层样式”选项。再选中“八颗小心形”图层，同样弹出其快捷菜单并选择“粘贴图层样式”选项，这样“八颗小心形”图层就拥有和“外边框”图层相同的样式，因该层无需“投影”样式，直接拖动“投影”样式名称至🗑将其删除。

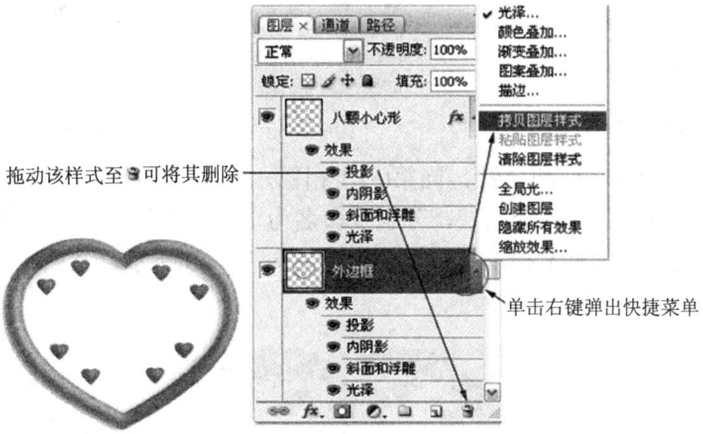

图 3-2-28　时钟八颗心形刻度图案并添加图层效果

(9) 绘制时钟数字刻度。单击【图层】调板下方的【创建新组】按钮，新建一个图层组并命名为“文字”，单击图层组前的小三角按钮，将图层组展开，如图 3-2-29 所示。这样，每次输入文字所产生的图层都在“文字”图层组中，便于管理。选择工具箱中的【横排文字工具】**T**，在如图 3-2-29 所示的位置输入“3、6、9、12”字样，字体为字库中的“Magneto”(若字库中无相应的字体，可用其它字体替代)，大小为 17 点，并为各文字图层添加如图 3-2-30 所示的“投影”样式。

图 3-2-29　数字刻度位置及图层组管理

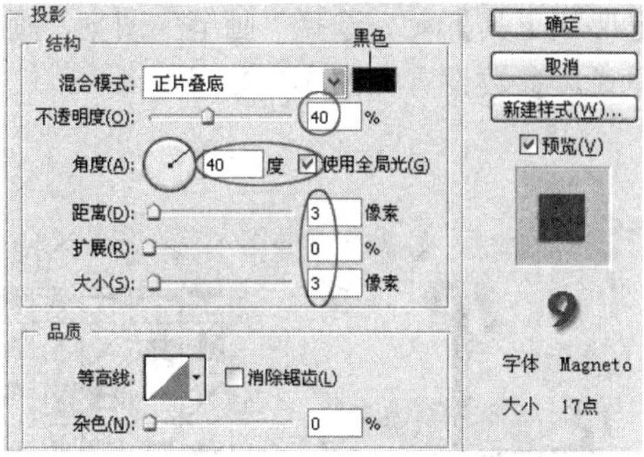

图 3-2-30　为数字刻度添加“投影”样式

(10) 绘制时钟文字。选择工具箱中的【横排文字工具】**T**，在如图 3-2-31 所示的位置输入“LOVE”字样，字体为字库中的“Rosewood Std”，大小为 32.5 点，不加任何图层效果。再输入“You”字样，字体为字库中的“Vladimir Script”，大小为 20 点，并为该图层添加如图 3-2-32 所示的“内发光”和“描边”样式(若字库中无相应的字体，可用其它字体替代)。

图 3-2-31　文字的位置

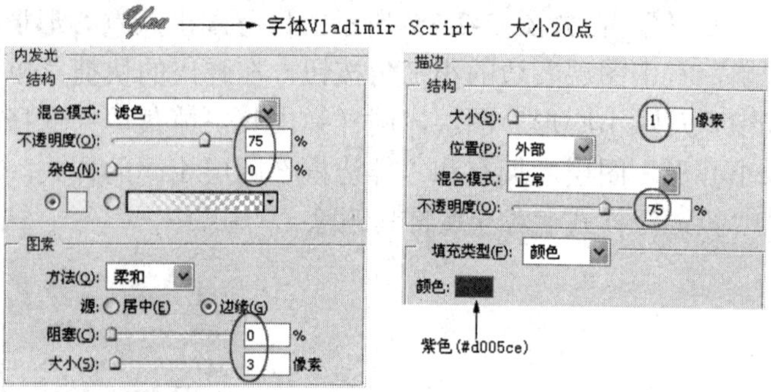

图 3-2-32　为文字添加“内发光”和“描边”样式

(11) 绘制时钟的时针和分针。同第(9)步相似，先新建一个图层组并命名为“指针”，将其展开。在该组中新建两个图层，分别重命名为“时针”和“分针”。将前景色设置为黑色，选择【圆角矩形工具】，其选项栏设置如图 3-2-33 所示，在两图层中分别绘制如图 3-2-33 所示的时针和分针。

图 3-2-33　绘制时钟的时针和分针

(12) 绘制时钟的秒针。选中“指针”图层，将前景色设置为浅粉色(#f66cb2)。选择【自定形状工具】，选择“画笔”图案，画出如图 3-2-34 所示的秒针。为该图层添加“投影”样式，参数设置如图 3-2-35 所示。

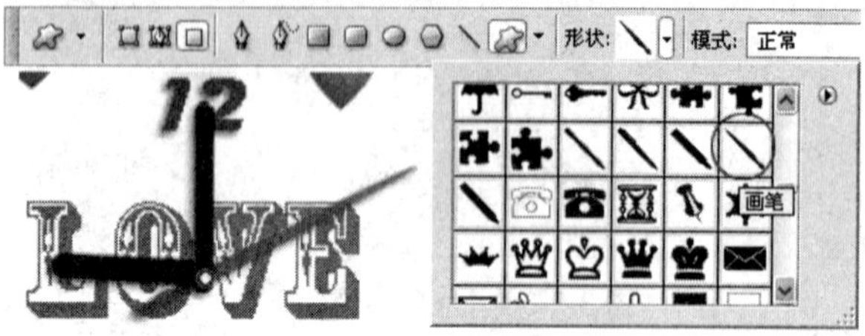

图 3-2-34　绘制时钟的秒针

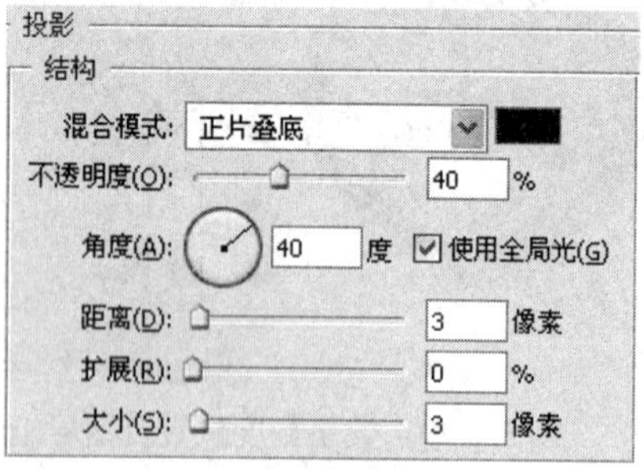

图 3-2-35　添加“投影”样式

(13) 绘制时钟的指针圆心。在“指针”图层组中，新建一个图层并命名为“指针圆心”。将前景色设置为白色，选择【椭圆选框工具】，按住【Shift】键，在“指针圆心”图层按如图 3-2-36 所示的位置画出一个小正圆选区，填充白色。为该图层添加“外发光”样式，参数设置如图 3-2-37 所示。

图 3-2-36 绘制时钟的指针圆心选区

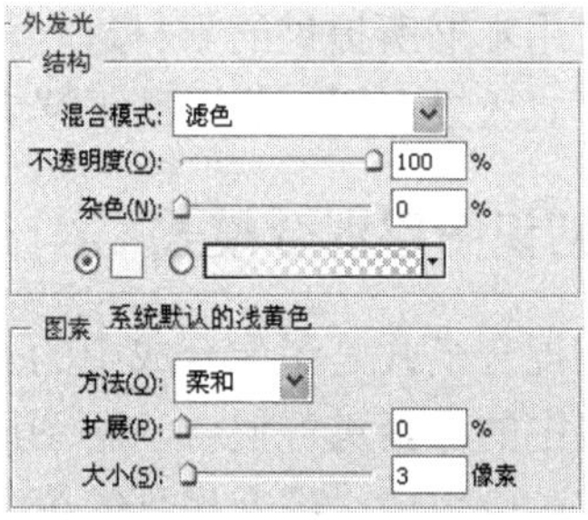

图 3-2-37 为“指针圆心”图层添加“外发光”样式

(14) 添加漫画人物。打开“漫画人物.jpg”素材，将其直接拖入到文档窗口，并将该图层重命名为“漫画”，再将其位置调至“背景”图层上方。按【Ctrl+T】键将其自由变换，按【Shift+Alt】键成比例缩小该图像至合适的大小，如图 3-2-38 所示。为该图层添加“投影”与“斜面和浮雕”样式，参数设置如图 3-2-39 所示。

图 3-2-38 添加漫画人物

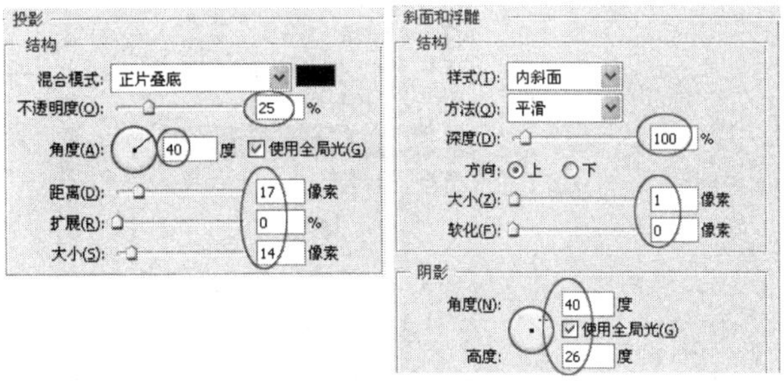

图 3-2-39 为“漫画”图层添加“投影”与“斜面和浮雕”样式

(15) 添加外边框白底。从图 3-2-38 中可以看出，时钟与人物是透明重叠的，现在我们需要将二者隔开。在人物图层上方新建一个图层并重新命名为“外边框白底”，将前景色设置为白色。选中“外边框”图层，选择【魔棒工具】，在时钟边框外单击，选中非时钟边框区域，如图 3-2-40 所示。按住【Ctrl+Shift+I】键将选区反选，选中“外边框白底”图层，填充白色，并添加“投影”效果，如图 3-2-41 所示。至此，整个作品全部完成。

图 3-2-40 选中非时钟边框区域

图 3-2-41 “外边框白底”图层效果

3.3 案例——黑白照片上色与照片色调调整

在学习“黑白照片上色与照片色调调整”案例前，先介绍图层混合模式的含义、分类以及混合模式的设置等基本操作。由于图层混合模式是比较难理解的部分，建议在学习的过程中应用本书所提供的素材进行相应混合模式的实际操作，或者直接浏览本书所提供的各混合模式效果彩图，这有助于读者对混合模式的理解。

3.3.1　初识图层混合模式

图层混合模式是图像合成中的重要功能，混合模式将决定当前图层中的像素如何与其下面图层中的像素进行混合。两图层通过混合模式混合后，可以创造出很多特殊的图像效果。在实际应用中，经常用到的模式有正片叠底、柔光、叠加、颜色等。例如对于过亮的图像经常会采取正片叠底混合模式来压暗图像，对于过暗的图像会采取滤色混合模式来加亮图像，而对于反差不好的图像则经常使用叠加类混合模式来加以改善。

打开【图层】调板，单击【设置图层混合模式】按钮，弹出如图 3-3-1 所示的图层混合模式选项列表。

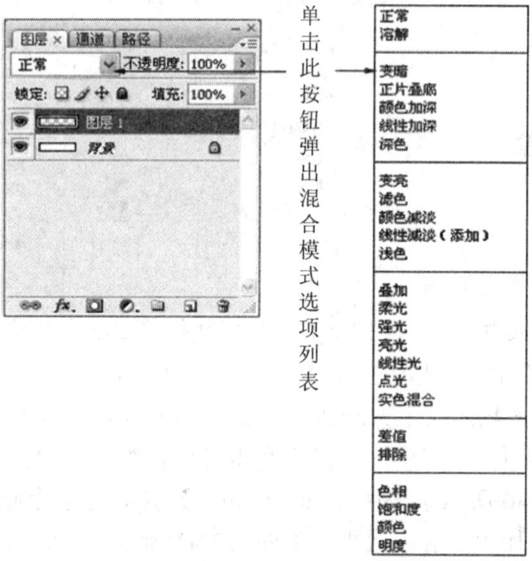

图 3-3-1　图层混合模式选项列表

在图层混合模式选项列表中，混合模式由横线被分成六个组，共有 25 种不同效果的混合选项。在介绍各混合模式的作用之前，先了解关于混合模式的三个基本概念：基色、混合色、结果色。

基色是图像中的原稿颜色。在图层混合模式中，通常指位于当前图层的下一图层的颜色。

混合色是通过绘画或编辑工具应用的颜色。在图层混合模式中，混合色通常指当前图层的颜色。

结果色是混合后得到的颜色。在图层混合模式中，结果色通常指应用某一混合模式后当前图层与下一图层叠在一起所得的颜色。

结果色是基色和混合色的颜色值通过计算公式得出的，比如应用【变暗】模式，则结果色的计算公式为：取最小值(基色，混合色) = 结果色；再比如应用【线性加深】模式，则结果色的计算公式为：(基色 + 混合色) −255 = 结果色；等等。结果色必须通过各颜色值的比较和计算才能得出。

下面以图 3-3-2 所示的图像为例，对图层混合模式的作用加以说明。

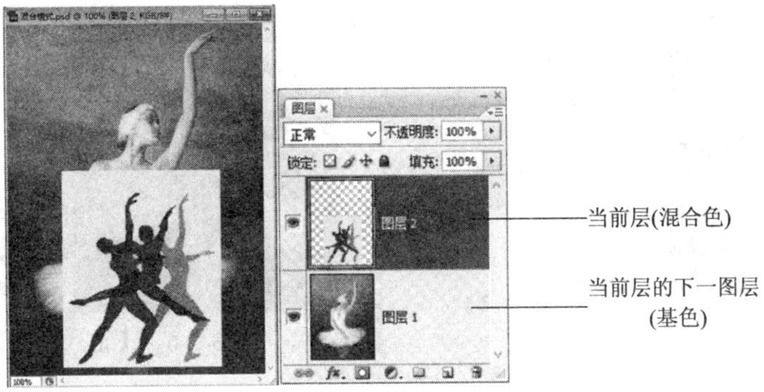

图 3-3-2　待混合的图层 1 和图层 2(当前图层)

1. 基本模式组

1) 正常模式

【正常】模式是 Photoshop CS3 的默认模式，在该模式下所编辑或绘制的像素都是直接成为结果色。此前在学习 Photoshop CS3 的过程中，所用的图层混合模式就是一直处于图 3-3-3 所示的正常模式状态下的。

2) 溶解模式

在【溶解】模式下，根据当前图层的任何像素位置的不透明度，将结果色由基色或混合色的像素随机替换，替换程度取决于该像素的不透明度，如图 3-3-4 所示。

图 3-3-3　【正常】模式

图 3-3-4　【溶解】模式

2. 变暗模式组

变暗模式组中的模式只能使下一层的图像变暗，每种模式都有各自的特点。

1) 变暗模式

在【变暗】模式下，查看每个通道中的颜色信息，选择基色或混合色中较暗的颜色作为结果色，比混合色亮的像素被替换，比混合色暗的像素保持不变，如图 3-3-5 所示。

2) 正片叠底模式

在【正片叠底】模式下，查看每个通道中的颜色信息，将基色与混合色的像素值相乘再除以 255 后，得到的就是结果色，结果色总是较暗的颜色，如图 3-3-6 所示。【正片叠底】模式是变暗模式组最常用的模式，经常用该模式抠出白色背景中的头发等。

图 3-3-5　【变暗】模式

图 3-3-6　【正片叠底】模式

3) 颜色加深模式

在【颜色加深】模式下，查看每个通道中的颜色信息，通过增加对比度使基色变暗以反映混合色，与白色混合则不发生变化，如图 3-3-7 所示。

4) 线性加深模式

在【线性加深】模式下，查看每个通道中的颜色信息，通过减小亮度使基色变暗以反映混合色，与白色混合则不发生变化，如图 3-3-8 所示。

图 3-3-7　【颜色加深】模式

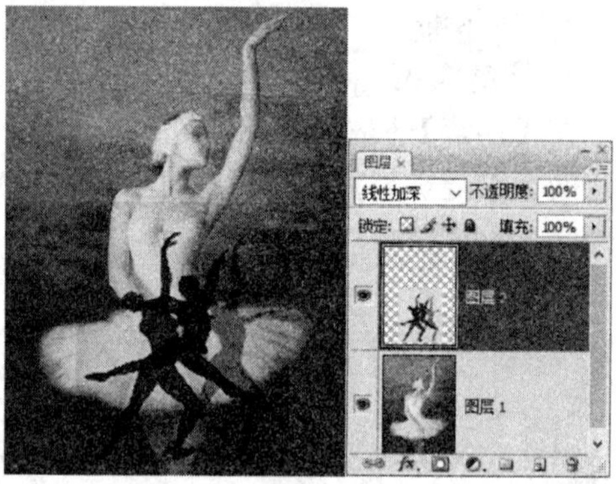

图 3-3-8　【线性加深】模式

5) 深色模式

在【深色】模式下，比较混合色和基色的所有通道值的总和并显示值较小的颜色，如图 3-3-9 所示。

图 3-3-9　【深色】模式

3．变亮模式组

对于变暗模式组中的每一种模式，都有一个与其完全相反的模式，那就是变亮模式组。这一组模式总的来说，都只能使下一层的图像变亮，每种模式都有各自的特点。

1) 变亮模式

【变亮】模式是【变暗】的反模式。在【变亮】模式下，查看每个通道中的颜色信息，选择基色或混合色中较亮的颜色作为结果色，比混合色暗的像素被替换，比混合色亮的像素保持不变，如图 3-3-10 所示。

2) 滤色模式

【滤色】模式是【正片叠底】的反模式。在【滤色】模式下，查看每个通道中的颜色信息，并将基色的反相与混合色的反相像素值相乘，除以 255 后再反相，得到的就是结果色，结果色总是较亮的颜色，如图 3-3-11 所示。用黑色过滤颜色保持不变，用白色过滤将产生白色，类似于多个摄影幻灯片交互投影的效果。

图 3-3-10　【变亮】模式

图 3-3-11　【滤色】模式

3) 颜色减淡模式

【颜色减淡】模式是【颜色加深】的反模式。在【颜色减淡】模式下，查看每个通道中的颜色信息，并通过减小对比度使基色变亮以反映混合色，与黑色混合则不发生变化，如图 3-3-12 所示。

4) 线性减淡模式

【线性减淡】模式是【线性加深】的反模式。在【线性减淡】模式下，查看每个通道中的颜色信息，并通过增加亮度使基色变亮以反映混合色，与黑色混合则不发生变化，如图 3-3-13 所示。

图 3-3-12　【颜色减淡】模式

图 3-3-13　【线性减淡】模式

5) 浅色模式

在【浅色】模式下，比较混合色和基色的所有通道值的总和并显示值较大的颜色，如图 3-3-14 所示。

图 3-3-14　【浅色】模式

4．叠加模式组

叠加模式组是一组增大颜色反差和图像对比度的模式，主要综合了变暗和变亮混合模式组中所用过的方法。这些模式实际上是通过加亮一个区域的同时又使另一个区域变暗，从而增加下一图层图像的对比度。

1) 叠加模式

【叠加】模式是【正片叠底】和【滤色】模式的综合运用。在【叠加】模式下，在基色较暗的区域是【正片叠底】模式的混合，在基色较亮的区域是【滤色】模式的混合，基色中最亮的部分和阴影部分被一定程度地保存下来，如图 3-3-15 所示。当要给下一层的图像添加颜色，而同时又想保持其高光和阴影时，【叠加】模式就很有用。

2) 柔光模式

在【柔光】模式下，使颜色变暗或变亮，具体取决于混合色。如果当前的混合色比 50%灰色亮，则图像变亮；如果当前的混合色比 50%灰色暗，则图像变暗。于是，高亮度的区域将更亮，暗调区域的将更暗，产生类似于柔和光线照射在图像上的效果，如图 3-3-16 所示。【柔光】模式产生的效果通常比应用【叠加】模式或【强光】模式所产生的效果更精细。

图 3-3-15　【叠加】模式

图 3-3-16　【柔光】模式

3) 强光模式

在【强光】模式下，对颜色进行正片叠底和过滤，具体取决于混合色。此效果与耀眼的聚光灯照在图像上相似，如图 3-3-17 所示。如果混合色比 50%灰色亮，则图像变亮，就像过滤后的效果，这对于向图像中添加高光非常有用。如果混合色比 50%灰色暗，则图像变暗，就像正片叠底后的效果，这对于向图像中添加阴影非常有用。

4) 亮光模式

【亮光】模式是【颜色减淡】和【颜色加深】模式的综合。在【亮光】模式下，通过增加或减小对比度来加深或减淡颜色，具体取决于混合色。如果混合色比 50%灰色亮，则通过减小对比度使图像变亮。如果混合色比 50%灰色暗，则通过增加对比度使图像变暗，如图 3-3-18 所示。当图像需要一种明亮的快感时可应用该模式，只需创建图层副本，将副本混合模式设置为【亮光】模式即可。

图 3-3-17　【强光】模式

图 3-3-18　【亮光】模式

5) 线性光模式

【线性光】模式是【线性减淡】和【线性加深】模式的综合。在【线性光】模式下，通过减小或增加亮度来加深或减淡颜色，具体取决于混合色。如果混合色比 50%灰色亮，则通过增加亮度使图像变亮。如果混合色比 50%灰色暗，则通过减小亮度使图像变暗，应用该样式会产生更高的对比度效果，如图 3-3-19 所示。

6) 点光模式

【点光】模式是【变亮】和【变暗】模式的综合。在【点光】模式下，根据混合色替换颜色。如果混合色比 50%灰色亮，则替换比混合色暗的像素，而不改变比混合色亮的像素。如果混合色比 50%灰色暗，则替换比混合色亮的像素，而比混合色暗的像素保持不变，如图 3-3-20 所示。这对于向图像中添加特效非常有用。

图 3-3-19　【线性光】模式

图 3-3-20　【点光】模式

7) 实色混合模式

在【实色混合】模式下，取消了中间色的效果，混合的结果只包含纯色，如图 3-3-21 所示。

图 3-3-21　【实色混合】模式

5. 差值模式组

1) 差值模式

在【差值】模式下，查看每个通道中的颜色信息，并从基色中减去混合色，或从混合色中减去基色，具体取决于哪一个颜色的亮度值更大。与白色混合将反转基色值，与黑色混合则不产生变化，如图 3-3-22 所示。

2) 排除模式

在【排除】模式下，创建一种与【差值】模式相似但对比度更低的效果。与白色混合将反转基色值，与黑色混合则不发生变化，如图 3-3-23 所示。

图 3-3-22　【差值】模式

图 3-3-23　【排除】模式

6. 着色模式组

着色模式组中的模式可以通过混合色的色相、饱和度和亮度作为基色的色相、饱和度和亮度来影响基色。

1) 色相模式

在【色相】模式下，用基色的明亮度和饱和度以及混合色的色相创建结果色，如图 3-3-24 所示。

2) 饱和度模式

在【饱和度】模式下，用基色的明亮度和色相以及混合色的饱和度创建结果色，如图 3-3-25 所示。

图 3-3-24　【色相】模式

图 3-3-25　【饱和度】模式

3) 颜色模式

在【颜色】模式下，用基色的明亮度以及混合色的色相和饱和度创建结果色，如图 3-3-26 所示，这样可以保留图像中的灰阶，并且对于给单色图像上色和给彩色图像着色都非常有用。

4) 明度模式

在【明度】模式下，用基色的色相和饱和度以及混合色的明亮度创建结果色，如图 3-3-27 所示。此模式可创建与【颜色】模式相反的效果。

图 3-3-26　【颜色】模式

图 3-3-27　【明度】模式

3.3.2　黑白照片上色

本案例效果图如图 3-2-28 所示，其主要通过应用图层混合模式中的【颜色】模式为照片上色来完成。这也是在不破坏原图像的情况下为图像上色的一种常用方法。

具体操作步骤如下：

(1) 打开文件名为“黑白照片上色.jpg”的素材，如图 3-3-29 所示，现在通过应用图层混合模式中的【颜色】模式为照片上色。先将文件中的“背景”图层拖到【图层】调板下方的【创建新图层】按钮，复制出一个名为“背景副本”的图层。

图 3-3-28　上色效果图

图 3-3-29　打开照片并复制“背景”图层

(2) 为脸部上色。单击【图层】调板下方的【创建新图层】按钮，创建“图层 1”，并将该图层混合模式设置为【颜色】。将前景色设置为淡黄色(#f5e2b6)作为脸部颜色，选择工具箱中的【画笔工具】，笔画大小自定，但要求硬度为 100%。用画笔在脸部涂抹，在涂抹脸部边缘时需改为用较小的硬边画笔仔细涂抹，效果如图 3-3-30 所示。

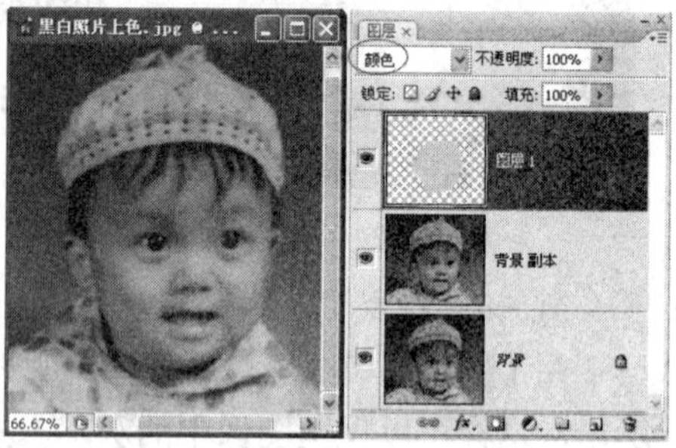

图 3-3-30　为脸部上色

(3) 为衣服和嘴巴上色。单击【图层】调板下方的【创建新图层】按钮，分别创建名为“衣服”和“嘴”图层，同样将这两个图层混合模式设置为【颜色】。将前景色设置为粉色(#e496e0)，选择工具箱中的【画笔工具】，选定“衣服”图层，用画笔在衣服部分涂抹，为小朋友的衣服上色；同理，在“嘴”图层用淡红色(#fea2a9)为小朋友的嘴巴上色。上色效果如图 3-3-31 所示。

(4) 虽然已上色完毕，但照片整体效果较暗，此时应用【颜色】模式改善照片效果。在“背景副本”图层上方新建一个图层，用明黄色(#f1f40c)填充图层，将图层混合模式改为【颜色】，如图 3-3-32 左侧部分所示。最终效果图如图 3-3-32 右侧部分所示。

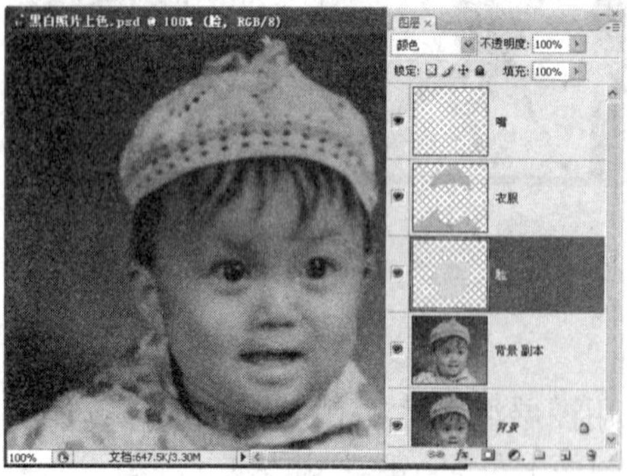

图 3-3-31　为衣服和嘴巴上色

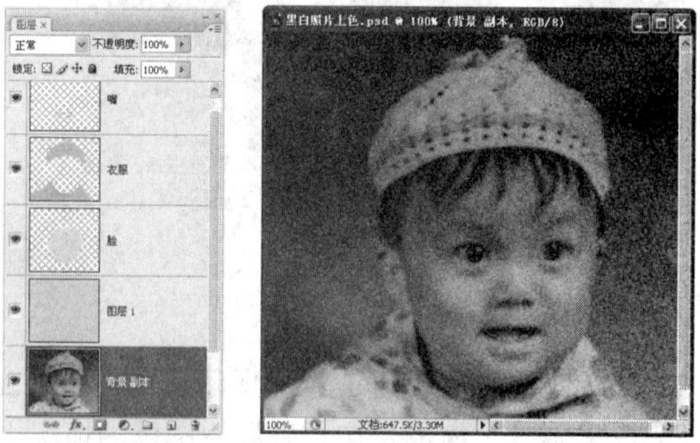

图 3-3-32　添加图层和最终效果图

3.3.3　照片色调调整

首先对比图 3-3-33 和图 3-3-34 两张彩图。图 3-3-33 所示的照片的色调比较灰，人物不突出。经过图层混合模式调整后，得到了人物较鲜亮的如图 3-3-34 所示的照片。

图 3-3-33　照片色调调整前

图 3-3-34　照片色调调整后

具体操作步骤如下：

(1) 打开文件名为“照片色调调整.jpg”的素材，如图 3-3-33 所示。将文件中的“背景”图层拖到【图层】调板下方的【创建新图层】按钮，复制一名为“背景副本”的图层。将该图层的混合模式设置为【线性光】，不透明度设置为 66%。此时，照片变得色彩鲜明，效果如图 3-3-35 所示。

图 3-3-35　添加图层复本，混合模式设置为【线性光】

(2) 虽然人物的色彩变得鲜亮，但新郎的衣服色彩没有了层次，此时，将文件中的“背景”图层拖到【图层】调板下方的【创建新图层】按钮，复制出一个名为“背景副本 2”的图层。将该图层混合模式设置为【滤色】，不透明度设置为 50%，将照片的亮度稍微调高些，最终效果如图 3-3-36 所示。

图 3-3-36　最终效果图

3.4 本 章 小 结

本章主要讲解了关于图层的创建、选择、复制、删除、排列、锁定、显示与隐藏，图层的链接、合并及图层组的创建等基本操作，详细讲解了图层样式的设置与管理及图层混合模式的应用。通过为图层添加各种样式，可使图像获得更加真实或富有创意的效果；通过图层混合模式的应用，可调整改善图像显示效果或使图像获得特殊效果。

3.5 上 机 练 习

1. 制作“水晶自画像”

下面对如图 3-5-1 所示的“自画像”素材进行图层混合模式调整和添加图层样式处理，最终得到如图 3-5-2 所示的具有水晶质感的图像。

图 3-5-1　普通素描自画像

图 3-5-2　处理后的效果

操作步骤提示：

(1) 新建一个大小为 600 px × 800 px、分辨率为 72 dpi、RGB 模式、背景为白色的文件，并将文件命名为“水晶自画像”。在“背景”图层上双击将该图层解锁，将前景色设置为浅蓝色(#a6eaff)并填充该图层，再将图层的不透明度设置为 50%。

(2) 打开素材“自画像.jpg”文件，将其直接拖入先前新建的文件中。由于“自画像”图像较大，按【Ctrl + T】键使图像处于变换状态下，将“自画像”图像的宽和高均设置为 90%，回车确认。为了使“背景”图层的浅蓝色与“自画像”相互融合，将“自画像”图层的混合模式设置为“深色”。

(3) 选择工具箱中的【魔棒工具】，在“自画像”图层的周边空白处单击，保留选区。新建一个图层并命名为“边框”，填充白色。选择菜单【窗口】/【样式】命令，打开【样式】调板，选择“Web 样式”组中的“带投影的蓝色凝胶”样式，为“边框”图层添加该效果。如【样式】调板中无此样式，可单击【样式】调板右上角的小三角按钮，将“Web样式”组追加到调板中。

(4) 为了让颜色更协调，将边框因添加“带投影的蓝色凝胶”样式而产生的【内阴影】样式对话框打开，将对话框中“混合模式”的颜色改为天蓝色(#35cadc)，混合模式为正片叠底，其它选项的设置如下：不透明度为 65%、距离为 15 px、阻塞为 25%、大小为 29 px。至此，该练习完成。

2. 制作“慧眼”

本练习完全是通过图层的排列和应用图层样式来完成的，没有借助任何图像。效果如图 3-5-3 所示。由于该图像制作过程复杂，因而提供了较为详细的步骤。

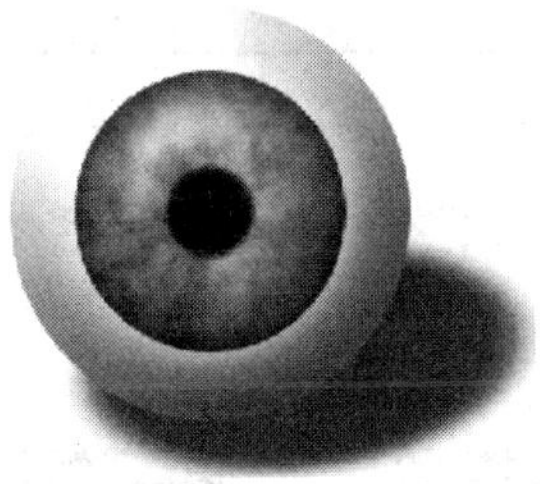

图 3-5-3　“慧眼”效果图

在制作过程中需留意：在为“眼珠”图层添加渐变叠加效果的步骤中，要注意对话框中“渐变”选项的设置。在“渐变编辑器”中，除了将“渐变类型”设置为“杂色”，“粗糙度”设置为 60%外，还需要不断单击【渐变编辑器】对话框中右下角的【随机化】按钮使“渐变条”产生颜色变化，直至产生由浅蓝色到蓝色的“渐变条”。第(3)步的③分离“眼球体”图层效果是新知识点，请在操作时仔细体会。

操作步骤提示：

(1) 在 Photoshop CS3 中新建一个大小为 600 px×400 px、分辨率为 150 dpi、RGB 模式、背景为白色的文件，并将文件命名为“慧眼”。

(2) 绘制眼珠。

① 新建图层 1，将图层命名为“眼珠”。选择【椭圆选框工具】◯，按住【Shift】键，在“眼珠”图层画出一正圆选区，填充白色，如图 3-5-4 所示。

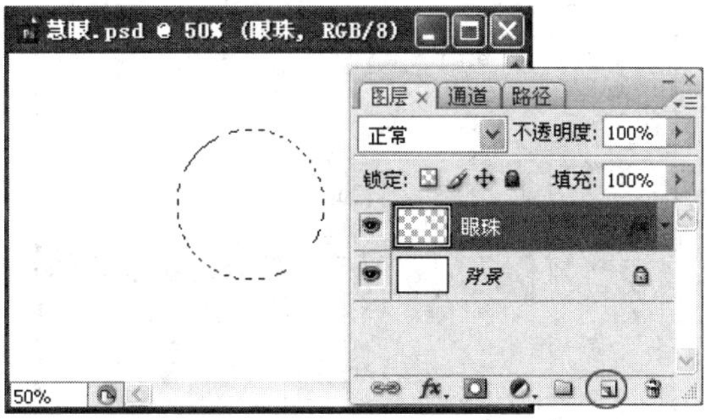

图 3-5-4　新建图层，画出正圆选区并填充白色

② 为“眼珠”图层添加内阴影效果，其参数设置及添加的图层效果如图 3-5-5 所示。

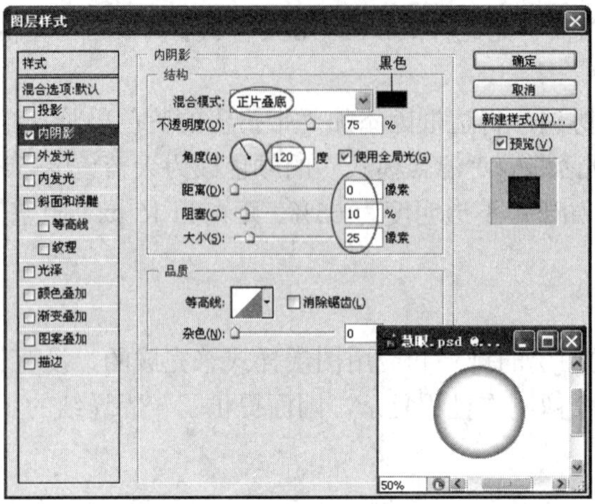

图 3-5-5　“内阴影”参数设置及效果

③ 为“眼珠”图层添加内发光效果，其参数设置及添加的图层效果如图 3-5-6 所示。

④ 为“眼珠”图层添加斜面和浮雕效果，其参数设置及添加的图层效果如图 3-5-7 所示。

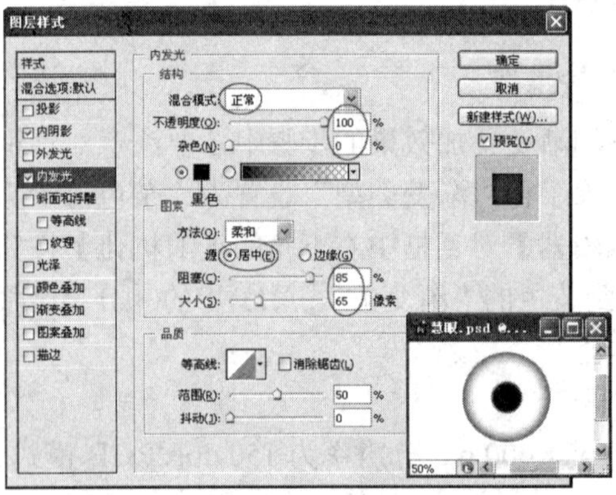

图 3-5-6　“内发光”参数设置及效果

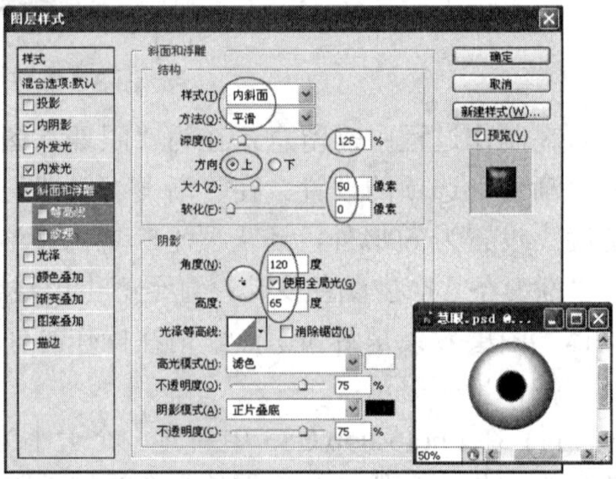

图 3-5-7　“斜面和浮雕”参数设置及效果

⑤ 为“眼珠”图层添加光泽效果，其参数设置及添加的图层效果如图 3-5-8 所示。

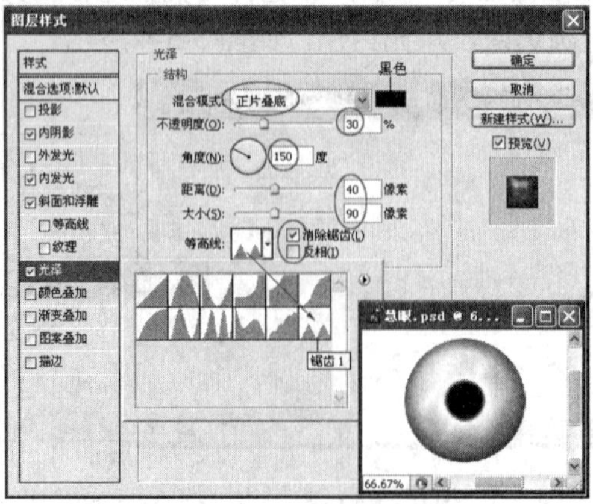

图 3-5-8　“光泽”参数设置及效果

⑥ 为“眼珠”图层添加渐变叠加效果，其参数设置及添加的图层效果如图 3-5-9 所示。

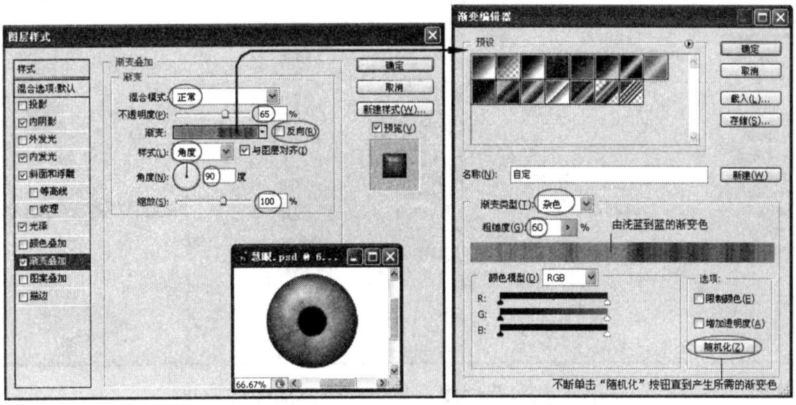

图 3-5-9　“渐变叠加”参数设置及效果

⑦ 为“眼珠”图层添加图案叠加效果，其参数设置及添加的图层效果如图 3-5-10 所示。到此，眼珠部分就画好了。

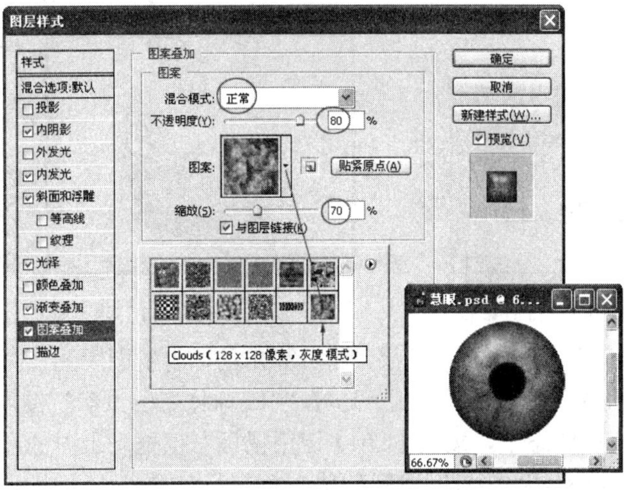

图 3-5-10　“图案叠加”参数设置及效果

(3) 绘制眼球体部分。为了衬托眼珠部分，从该步骤起绘制一眼球体作为眼珠的背景。

① 新建一个图层并重新命名为“眼球体”，选择工具箱中的【椭圆选框工具】◯，按住【Alt】键，在“眼球体”图层中以“眼珠”的中心为中心画出一个正圆选区，如图 3-5-11 所示。

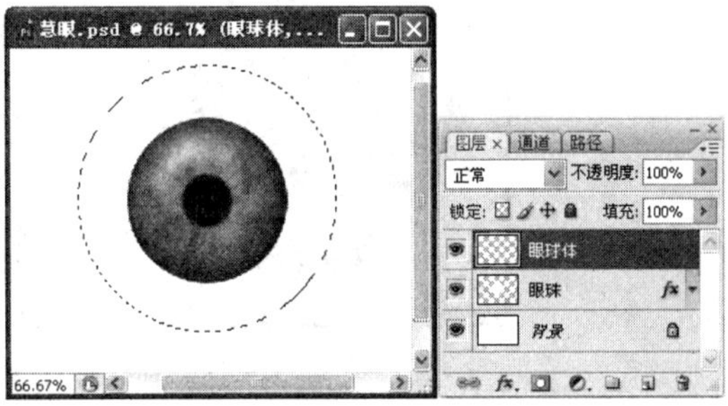

图 3-5-11　新建“眼球体”图层，画出正圆选区

② 为“眼球体”添加图层效果。先将刚画出的正圆选区填充白色，再为“眼球体”部分添加“投影”和“斜面和浮雕”效果，其参数设置及添加的图层效果如图 3-5-12 所示。

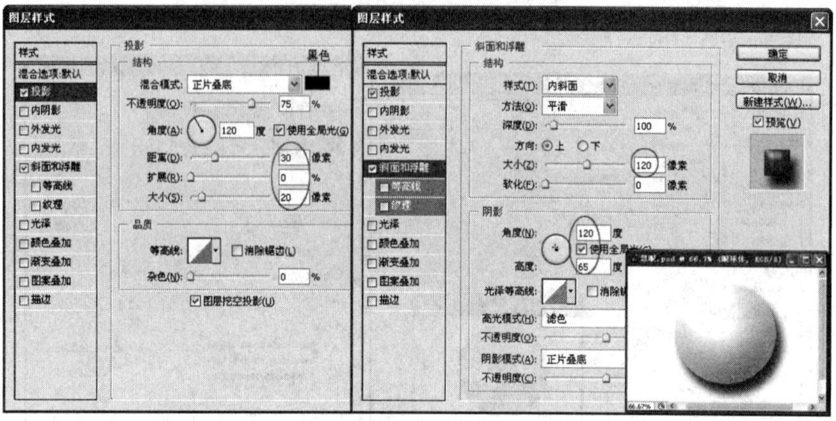

图 3-5-12　为“眼球体”部分添加图层效果

③ 分离“眼球体”图层效果。选择菜单【图层】/【图层样式】/【创建图层】命令，若弹出如图 3-5-13 所示的对话框，则单击【确定】按钮即可。通过此命令将带有图层效果的“眼球体”图层分离为如图 3-5-14 所示的四个图层。

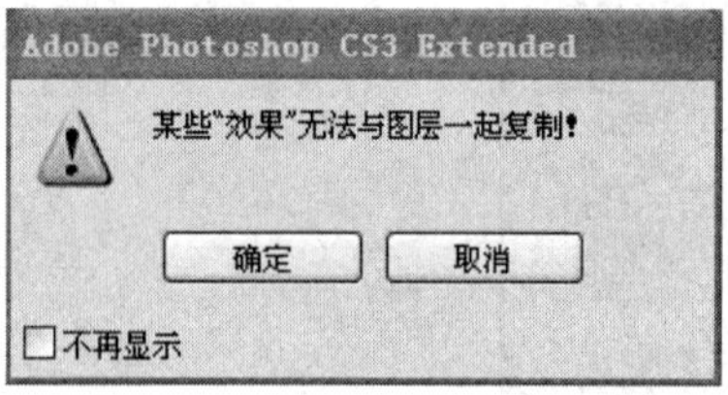

图 3-5-13　分离图层前的警告对话框

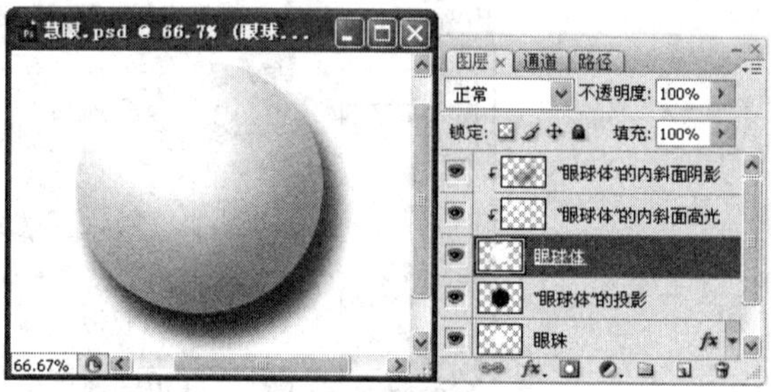

图 3-5-14　分离眼球体图层效果

④ 强化“眼球体”图层的投影效果。将分离出的“内斜面阴影”图层直接拖至调板下方【新建图层】按钮，将该图层复制。选择“‘眼球体’的投影”图层，按【Ctrl+T】键将其自由变换。在变换状态下，按住【Ctrl】键用鼠标左键拖动上方的左右关键点，将其变形至如图 3-5-15 所示的形状。到此，“眼球体”部分已完成。

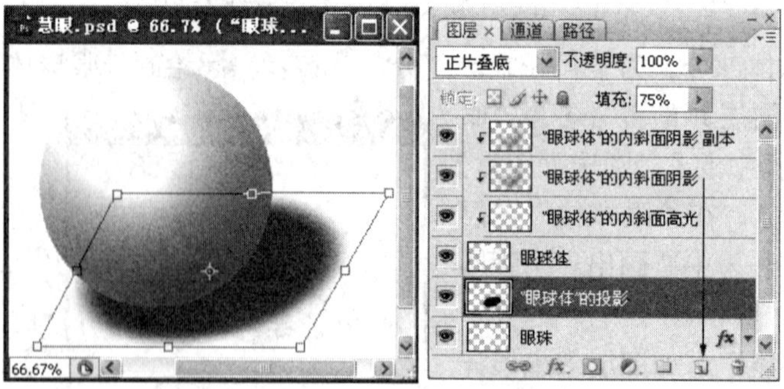

图 3-5-15　强化眼球体图层的投影效果

(4) 最后的合成。将“眼珠”图层直接拖动到最上一图层，这时会发现“眼珠”在“眼球体”上方看起来有些暗淡，因此再给“眼珠”图层添加外发光效果。“外发光”样式各项参数的设置及添加的图层效果如图 3-5-16 所示。至此，该练习完成。

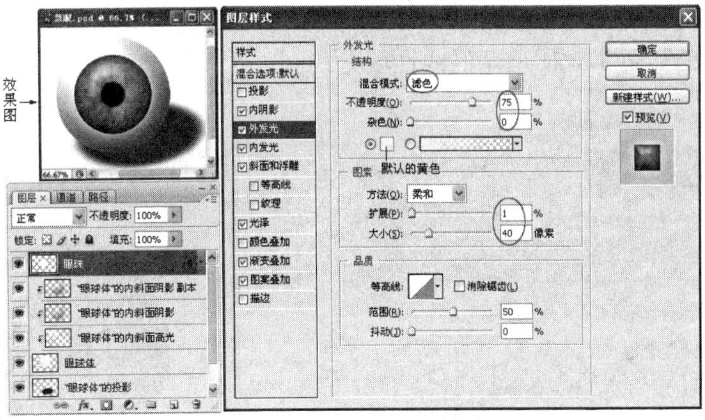

图 3-5-16　“眼珠”与“眼球体”的合成

3. 绘制“多色水晶按钮”

下面进行如图 3-5-17 所示的“多色水晶按钮”的绘制。本练习主要应用渐变填充、盖印图层、调整图层不透明度和添加图层样式，得到了具有水晶质感的按钮。

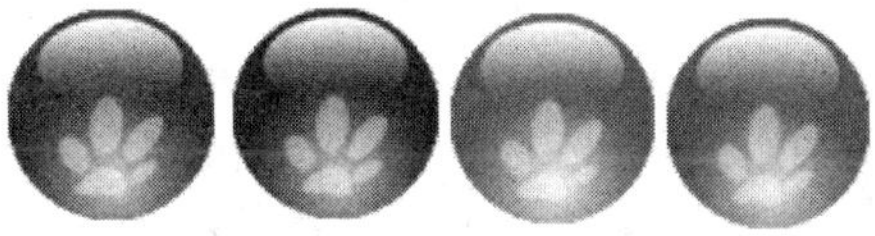

图 3-5-17　多色水晶按钮

操作步骤提示：

(1) 新建一个大小为 300 px ×150 px、分辨率为 300 dpi、RGB 模式、背景为白色的文件，并将文件命名为“多色水晶按钮”。

(2) 绘制按钮带有高光的底层。

① 新建图层 1，选择工具箱中的【椭圆选框工具】，将其属性栏中的“样式”设置为“固定大小”，“宽度”设置为“90px”，高度设置为“90 px”。在画布上单击，出现指定大小的圆形选区。选择工具箱中的【渐变工具】，单击【渐变工具】选项栏中的“颜色渐变条”，弹出【渐变编辑器】对话框，选择“预设”选项中的“从前景色到背景色”，并对色标进行如图 3-5-18 所示的具体参数设置。

② 在【渐变工具】选项栏中选择“径向填充”选项，并在新建图层 1 中的正圆选区中进行如图 3-5-19 所示的由下向上填充浅红(#ffcccc)到深红(#971120)的径向渐变。

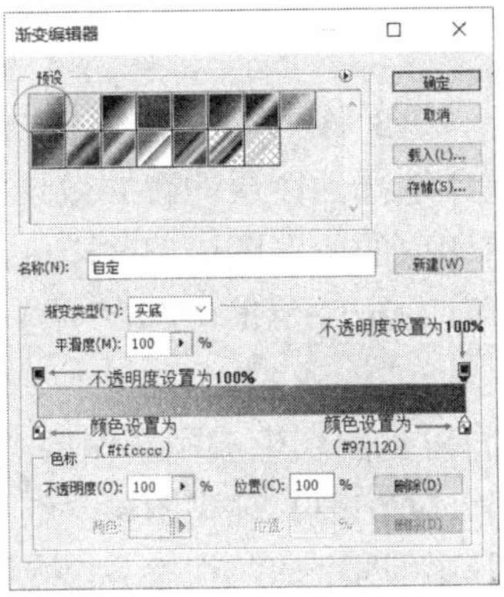

图 3-5-18　按钮底层【渐变编辑器】的设置

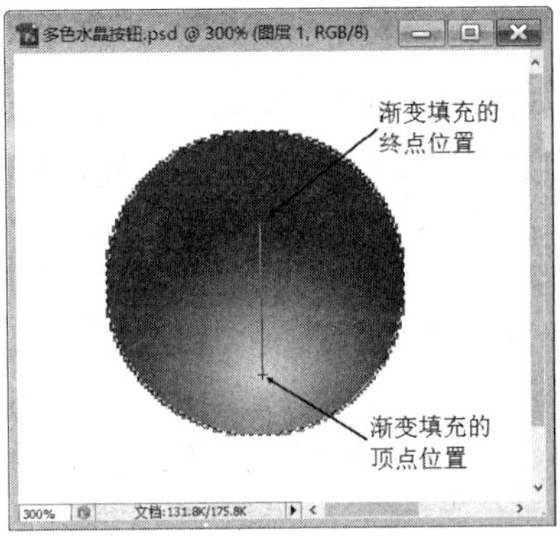

图 3-5-19　按钮底层的径向渐变填充

(3) 绘制按钮上方位置的高光。同第(2)步，在新建图层 2 绘制出宽度为 64px、高度为

40px 的椭圆。对【渐变工具】按如图 3-5-20 所示的参数进行设置，然后对椭圆进行由上到下、由白到透明的如图 3-5-21 所示的线性填充。

图 3-5-20　按钮高光部分【渐变编辑器】的设置

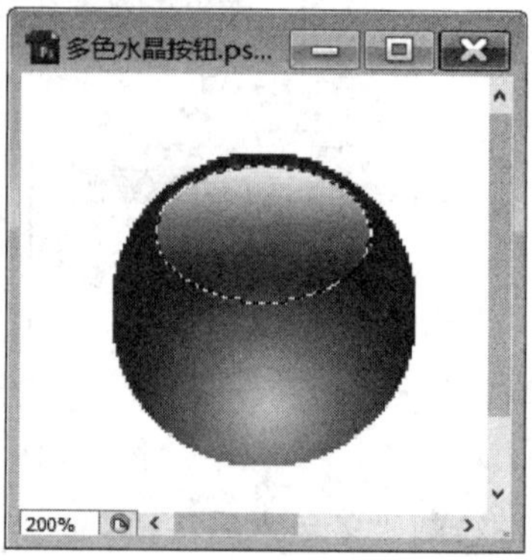

图 3-5-21　高光部分的线性渐变填充

(4) 绘制按钮花纹。新建图层 3，选择工具箱中的【自定形状工具】，在该属性栏中选择“填充像素”属性和“爪印(猫)”图案，绘制在图层 3 中。按【Ctrl+T】键，使图案处于变形状态。在按住【Ctrl】键的同时，拖动“爪印”图案的四个角点进行变形调整，如图 3-5-22 所示。调整好形状后，回车确认。如图 3-5-23 所示，将该图层的不透明度调整为 50%，以使花纹与按钮融合得更真实。

图 3-5-22　按钮花纹部分的设置

图 3-5-23　调整花纹图层不透明度

(5) 生成多色按钮。

① 如图 3-5-24 所示，新建一个图层组，将图层 1、2、3 移至同一组里，方便管理。接下来对该图层组盖印。【盖印图层】就是把所有可见或所选择的图层的合并效果，生成到一个新图层里。【盖印图层】命令的好处在于，保留了盖印前的所有图层，这样日后还可针对个别图层进行编辑修改。盖印所有可见图层的快捷键为【Ctrl + Alt + Shift + E】，盖印所选图层的快捷键为【Ctrl + Alt + E】。

② 新建一个图层，按【Ctrl + Alt + Shift + E】键，将可见图层生成到新图层“红”中，如图 3-5-24 所示，将新生成的红色按钮缩小至 75%。按【Ctrl+J】键将图层“红”复制 3 次，分别命名为“蓝”、“黄”、“绿”，用【移动工具】将四个球体摆整齐。按【Ctrl+U】键，调出【色相/饱和度】命令，分别将按钮调成蓝(色相值为-128)、黄(色相值为+49)、绿(色相值为+128)3 种颜色，再为每个玻璃按钮添加投影。至此，整个作品绘制完成。

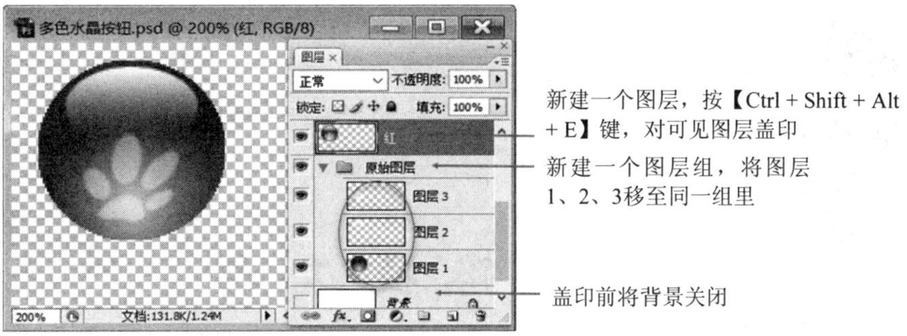

图 3-5-24　盖印图层，合成新按钮

3.6　思考练习

1．填空题

(1) 可选择菜单【窗口】/【图层】命令或直接按_______快捷键，打开【图层】调板。

(2) 若想同时选择多个图层，可按住_______键在【图层】调板中直接单击所需的各个图层，无论被选中的图层是否连续，它们都会被同时选中。如果要选择的多个图层是连续的，可按住_______键单击要选择的最后一个图层，则从当前图层开始直到最后单击的那个图层之间的所有图层都会被选中。

(3) 关于调整图层顺序的快捷方式有：按住【Ctrl+]】键，可将当前图层向_______移动一层；按住【Ctrl+［】键，可将当前图层向_______移动一层；按住【Shift + Ctrl +]】键，可将当前图层置为_______；按住【Shift + Ctrl +［】键，可将当前图层置为_______。

(4) 选择工具箱中的【移动工具】，同时按住_______键在要操作的图像对象上单击，即可选中含有该图像对象的图层。

(5) 图层样式共有 10 种：_______、内阴影、外发光、内发光、_______、光泽、颜色叠加、渐变叠加、图案叠加、_______等。

(6) _______样式用于对图层对象添加由高光与阴影组合起来的各种效果，使图层对象具有凸凹感的立体效果。

2．判断题

(1) 建立新的图层后，如要为图层重新命名，可单击图层名称变为修改状态后，直接在名称处输入新的名称即可。（　）

(2) 通过排列图层，可以轻松地更改不同图层上图像的前后顺序。（　）

(3) 若按住【Alt】键点击某图层的眼睛标志，将会隐藏除此图层之外的所有图层。（　）

(4) 若按下【Shift + Ctrl +E】键，则把目前所有处于显示状态的图层合并，同时隐藏状态的图层也会被合并。（　）

3．简答题

(1) 简述创建图层常用的三种方法。

(2) 简述图层复制和删除的方法。

(3) 简述同时选择多个连续或不连续图层的快捷方法。

第 4 章　路 径 工 具

本章导读

当需要创建不规则的选区、流畅的线型或复杂的图像轮廓时，就要用到路径工具，它是以矢量方式来精确绘制图形的重要工具。因此，路径常在手绘图像、特殊图像的选取、变形艺术字的制作以及绘制各种标志中得以广泛应用。

本章主要介绍路径的概念，路径工具组的使用方法，如何创建、保存、复制与删除路径，矢量形状路径的创建，路径与选区的转换，路径的填充与描边以及如何按照路径排列文字等操作。通过本章的学习，可使读者掌握路径的基本操作，但如果想得心应手地使用路径工具，必须多加练习以掌握其使用方法和规律。

学习要点

※ 钢笔工具、转换点工具及路径选择工具的使用方法。
※ 锚点的添加与删除及路径的创建、保存、复制与删除。
※ 路径与选区的转换及路径的填充与描边。
※ 矢量形状路径的创建方法。
※ 文字按照路径排列的方法。

4.1　案例——小飞人 LOGO

在学习“小飞人 LOGO”案例前，先介绍路径的概念及组成，钢笔工具组和路径选择工具组的使用方法，直线路径和曲线路径的创建与修改等基本操作。

4.1.1　路径的概念

路径可以是点、直线或曲线，但通常情况下是由多个锚点组成的直线段或曲线段的矢量线条。需要指出的是，路径虽然是由多个锚点组成的直线段或曲线段的矢量线条，但它并不是图像中真实的像素，它只是在绘图时的视觉依据，仅具有指示性。图 4-1-1 所示为构成路径基本元素的说明图。

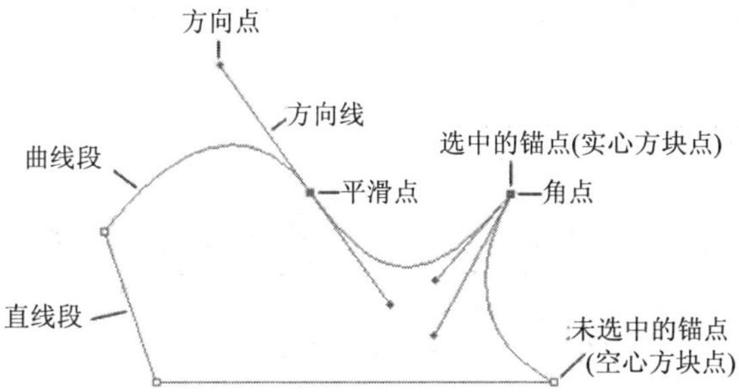

图 4-1-1　构成路径的基本元素

1. 锚点

锚点标记着路径中每条线段的端点，就是路径上的那些小方块点。若小方块点是实心的，则该锚点处于选中状态；若小方块点是空心的，则该锚点处于非选中状态。可通过移动锚点和修改锚点的方向线和方向点来调整路径形状。

2. 方向线和方向点

在路径的曲线段上，每个被选中的锚点上都会显示出一条或两条方向线，各方向线都以方向点结束，如图 4-1-1 所示。方向线和方向点的位置决定曲线段的大小和形状。

3. 平滑点和角点

锚点又分为平滑点和角点。如图 4-1-1 所示，平滑点两侧的方向线在一条直线上，而角点两侧的方向线不在一条直线上。由直线段组成的路径上的锚点无方向线，但也属于角点。

4. 路径的分类

路径可以是封闭区域(称为闭合路径)，也可以是一条首尾不相连的线段(称为开放路径)。路径中的线段可以是直线段也可以是曲线段，或是二者兼而有之。

5. 创建路径的工具组

用来创建、编辑和选择路径的工具在工具箱中有两组：【钢笔工具】组和【路径选择工具】组，如图 4-1-2 和图 4-1-3 所示。

图 4-1-2　【钢笔工具】组

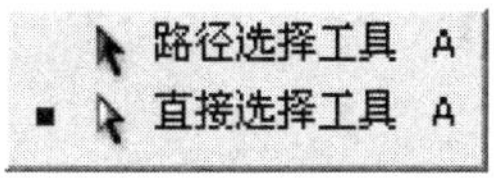

图 4-1-3　【路径选择工具】组

4.1.2　钢笔及自由钢笔工具

1. 钢笔工具

用【钢笔工具】可以创建直线和平滑流畅的曲线。当选择【钢笔工具】后，其选项栏如图 4-1-4 所示，此时需将绘图方式改为【路径】选项按钮，如图 4-1-4 所示左侧部分正圆所圈选的按钮选项。

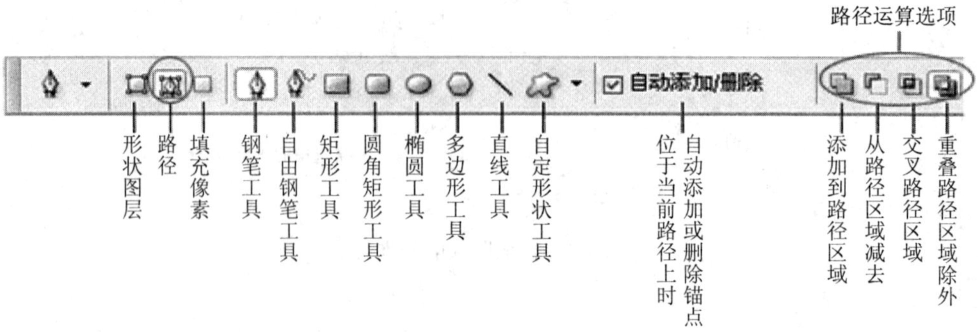

图 4-1-4 【钢笔工具】选项栏

如果选择了【自动添加/删除】选项，钢笔工具在点按线段创建路径时，同时具有增加锚点和删除锚点的功能。即若在路径上单击，可在单击处增加一个锚点；若在路径上单击已有锚点，可将被单击的锚点删除。

图 4-1-4 所示右侧部分椭圆所圈选的选项为路径运算选项，其运算的含义与选区运算的含义相似。

1) 创建直线路径的具体操作步骤

(1) 创建直线路径。单击工具箱中的【钢笔工具】，在选项栏的左边选择【路径】选项按钮。在绘制起点处单击鼠标创建直线路径的起点，即第一个锚点。移动鼠标至另一位置处单击，确定第二个锚点，那么第一个锚点和第二个锚点之间就会创建一条直线路径。再移动鼠标至另一位置处单击，确定第三个锚点。以此类推，即可创建多段直线路径，如图 4-1-5 所示。

(2) 完成直线路径。若创建的是开放路径，则在确定最后的锚点后，按【Esc】键或按住【Ctrl】键并在路径外单击，即可结束开放路径的创建，如图 4-1-6 所示。若创建的是闭合路径，则最后需将光标定位在第一个锚点上，如图 4-1-7 所示，当光标右下方出现一个小圆圈标志时，单击鼠标即可完成路径的闭合，如图 4-1-8 所示。

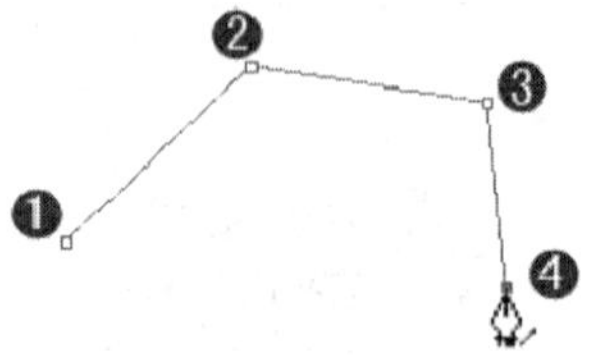

图 4-1-5 单击确定锚点

图 4-1-6 创建开放路径

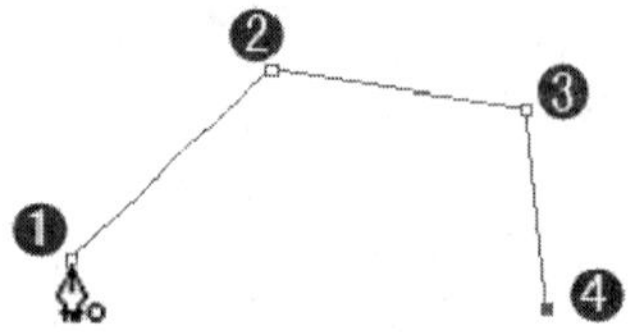

图 4-1-7 确定闭合锚点

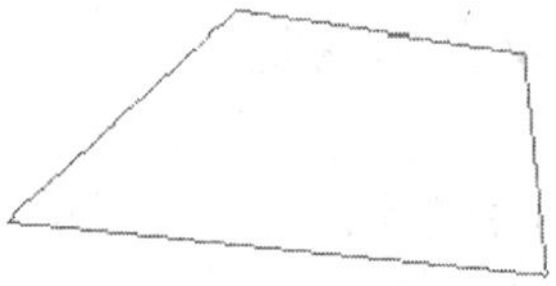

图 4-1-8 直线闭合路径

快捷方式： 按住【Shift】键创建锚点，可创建水平、垂直或45° 方向的直线路径。

2) 创建曲线路径的具体操作步骤

(1) 创建曲线路径。单击工具箱中的【钢笔工具】，在选项栏的左边选择【路径】选项按钮。在绘制起点处单击鼠标创建曲线路径的起点，即第一个锚点。需要注意的是，单击确定起点后不要松开鼠标，而是继续按住鼠标左键直接拖动锚点，以确定第一个锚点的方向线和方向点，如图 4-1-9 所示。移动鼠标至另一位置处单击，确定第二个锚点，同样单击确定锚点后不要松开鼠标，而是按住鼠标左键继续拖动光标，确定第二个锚点的方向线和方向点，那么第一个锚点和第二个锚点之间就会创建一条曲线路径，如图 4-1-10 所示。以此类推，即可创建多段曲线路径。如果确定锚点后，不继续拖动光标，而是直接再单击产生下一个锚点，那么这两个锚点间产生的将是直线路径。

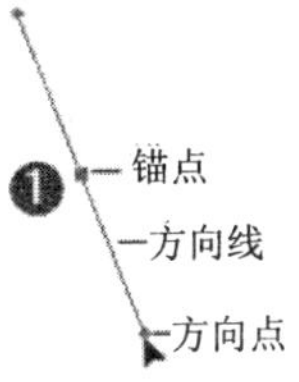

图 4-1-9 单击确定锚点并拖动锚点

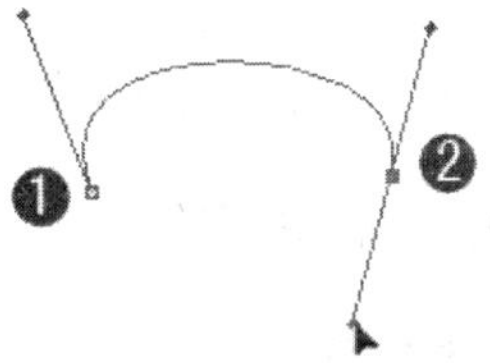

图 4-1-10 创建曲线路径

(2) 完成曲线路径。若创建的是开放路径，则在确定最后一个锚点后，按【Esc】键或按住【Ctrl】键并在路径外单击，即可结束开放路径的创建。若创建的是闭合路径，则最后需将光标定位在第一个锚点上，如图 4-1-11 所示，当光标右下方出现一个小圆圈标志时，单击鼠标即可完成路径的闭合，如图 4-1-12 所示。

图 4-1-11 确定闭合锚点

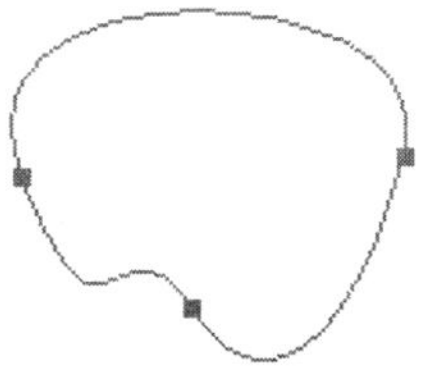

图 4-1-12 曲线闭合路径

2. 自由钢笔工具

【自由钢笔工具】将以一种自由手绘的方式在图像中创建路径，如同使用【画笔工具】进行绘制一样。当在图像中创建出第一个锚点后，就可以任意拖动鼠标来创建形状极不规则的路径了。当我们释放鼠标时，路径的创建过程也就完成了，如图 4-1-13 所示。如果需要创建闭合路径，同创建直线或曲线闭合路径一样，最后找到第一个锚点位置并出现时，单击即可创建闭合路径，如图 4-1-14 所示。

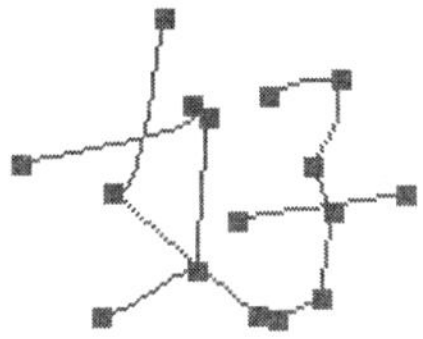

图 4-1-13 用【自由钢笔工具】绘制路径

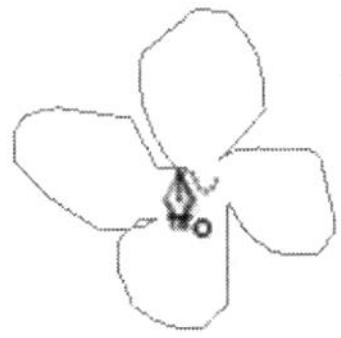

图 4-1-14 用【自由钢笔工具】绘制闭合路径

选择【自由钢笔工具】后，其选项栏如图 4-1-15 所示，它与【钢笔工具】选项栏相似，其中【磁性的】选项是指绘制路径时将在路径上自动附着磁性锚点。若选择该选项后，在绘制路径时，光标将变为形状，其使用方法与【磁性套索工具】类似，如图 4-1-16 所示。

图 4-1-15　【自由钢笔工具】选项栏

图 4-1-16　磁性自由钢笔工具

4.1.3　锚点的添加与删除

1. 添加锚点工具

【添加锚点工具】用于在已创建好的路径上添加新锚点。选择【添加锚点工具】后，将光标放在路径上时，光标显示为形状，如图 4-1-17 所示。在路径上单击添加锚点后，光标会自动变为【直接选择工具】形状，锚点上也会自动出现方向线和方向点，如图 4-1-18 所示。若移动该锚点，则会把直线变成曲线，如图 4-1-19 所示。我们还可以移动方向线和方向点，继续调整该段路径。

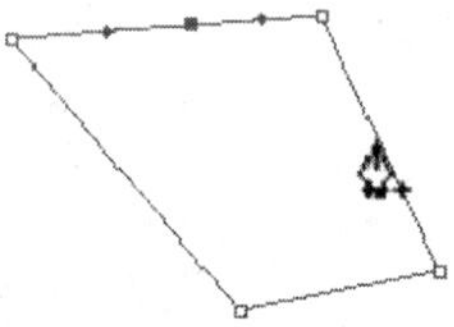

图 4-1-17　添加锚点前

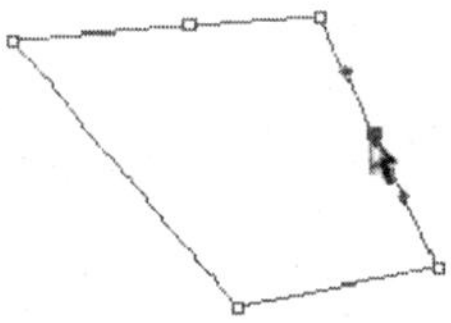

图 4-1-18　添加锚点后

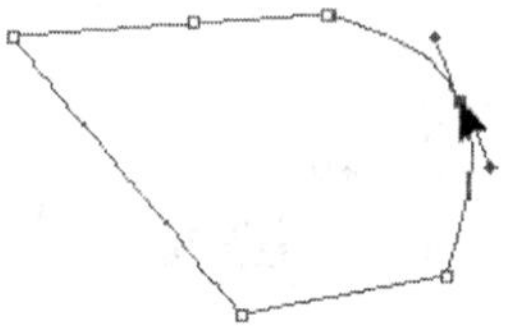

图 4-1-19　移动锚点，改变路径形状

2. 删除锚点工具

【删除锚点工具】用于在已创建好的路径上删除锚点。选择【删除锚点工具】后，将光标放在锚点上时，光标显示为形状，如图 4-1-20 所示。在路径上单击所选定的锚点后，该锚点被删除，路径变为图 4-1-21 所示的形状。

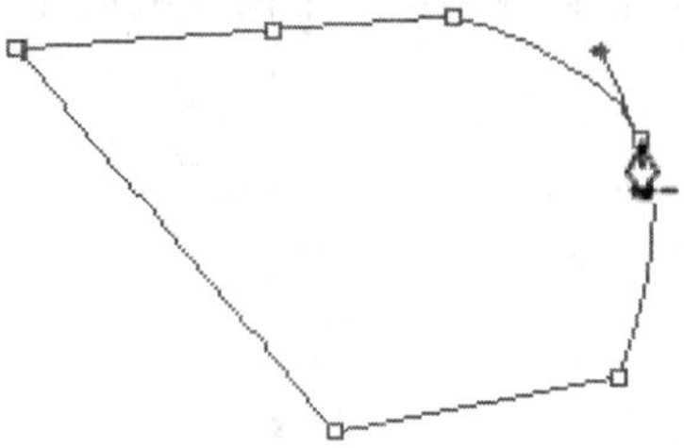

图 4-1-20　删除锚点前

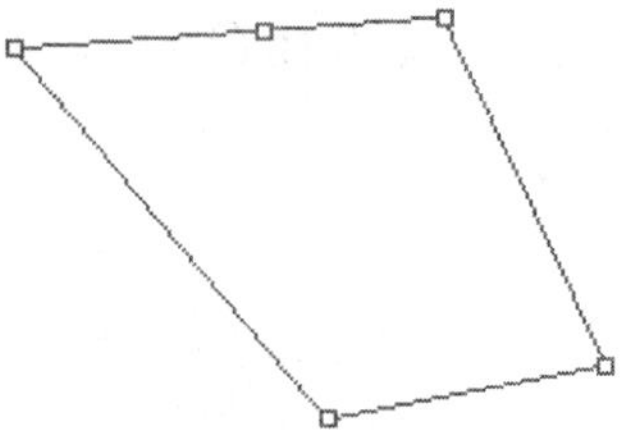

图 4-2-21　删除锚点后

4.1.4 转换点工具

利用【转换点工具】单击或拖动锚点，可将锚点转换成角点或平滑点，拖动锚点上的方向线或方向点可以改变曲线的弧度。

下面以一个将楔形路径转换为心形路径的例子来说明转换点工具的用法，操作步骤如下：

(1) 选择工具箱中的【钢笔工具】，创建一个楔形路径，如图 4-1-22 所示。

(2) 选择工具箱中的【转换点工具】，然后拖动路径左上角的锚点，按图 4-1-23 所示的方向拖动锚点，角点变为平滑点，直线变为曲线。用同样的方法处理路径右上角的角点，如图 4-1-24 所示。

图 4-1-22 创建楔形路径

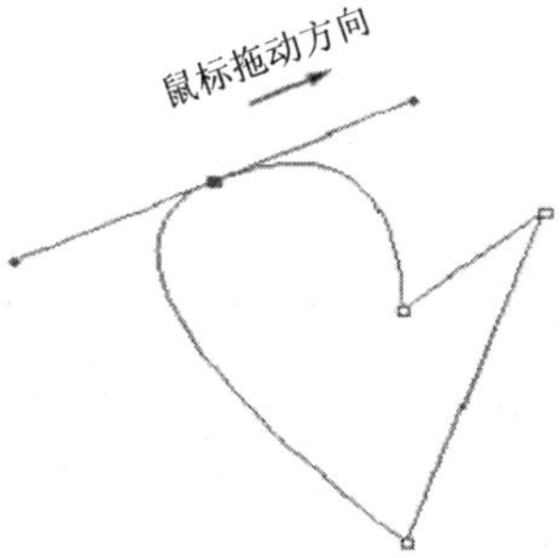

图 4-1-23 使用【转换点工具】

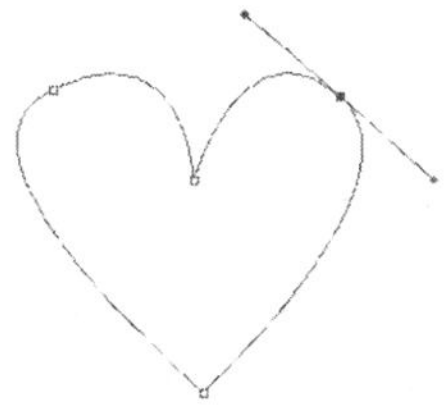

图 4-1-24 角点变为平滑点

如果通过【转换点工具】将角点变为平滑点，松开鼠标后，可拖动方向点继续调整路径的形状，如图 4-1-25 所示。如果想将平滑点变回为角点，直接在该锚点上单击即可，如图 4-1-26 所示。

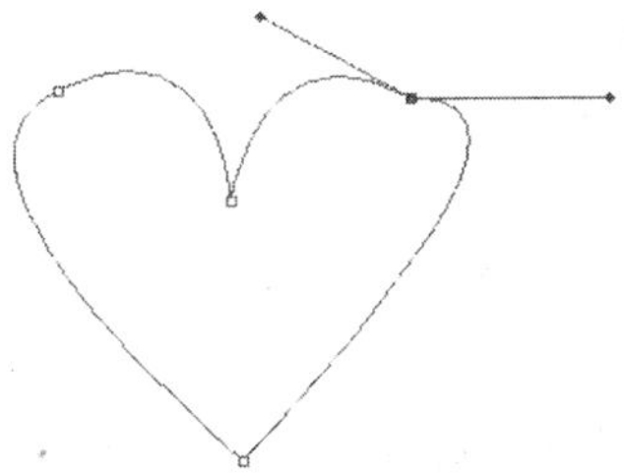

图 4-1-25 拖动方向点调整路径

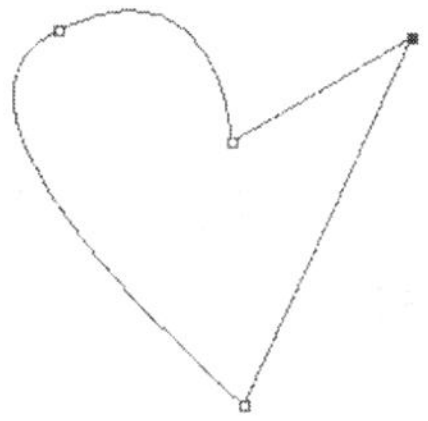

图 4-1-26 平滑点变回角点

快捷方式：按住【Alt】键，当钢笔工具移到锚点处时，钢笔工具可暂时转换为转换点工具。

4.1.5 路径选择工具

通过路径选择工具可以选择路径并进行编辑操作。路径选择工具组包括【路径选择工具】和【直接选择工具】两种。

1. 路径选择工具

【路径选择工具】选取的是整个路径。选择【路径选择工具】后，在路径的某一位置上单击，即可选中整个路径，如图 4-1-27 所示。若再拖动鼠标，便可移动整个路径的位置。在路径被选取的状态下，也可用键盘上的【↑】、【↓】、【←】、【→】箭头对路径的位置进行微调。

当路径处于被选取的状态时，【编辑】菜单中原来的【自由变换】命令变为【自由变换路径】命令，【变换】命令变为【变换路径】命令，如图 4-1-28 所示。可通过这些命令对路径进行变换编辑，编辑的方法与对图像对象进行变换编辑的方法一样。

图 4-1-27　选中整个路径

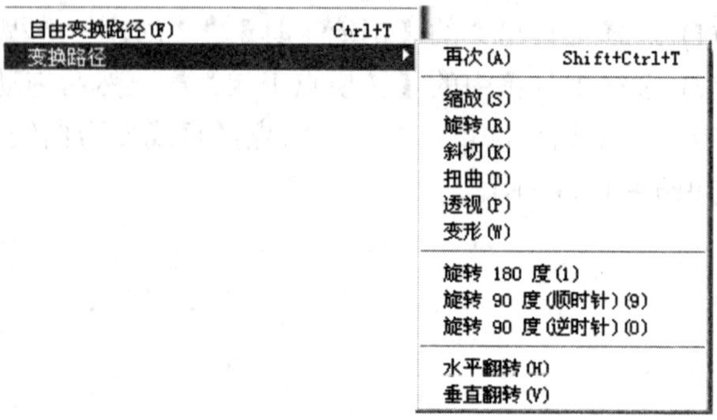

图 4-1-28　【自由变换路径】和【变换路径】命令被激活

当路径处于被选取的状态时，单击鼠标右键则弹出如图 4-1-29 所示的快捷菜单，我们可以根据需要，或是按照路径形状创建矢量蒙版，或是删除该路径，再或是按该路径形状建立选区等选项操作。

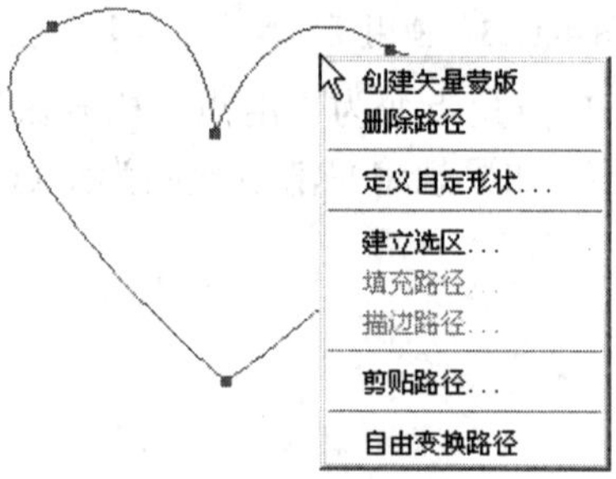

图 4-1-29　路径被选取时单击鼠标右键弹出的快捷菜单

2. 直接选择工具

【直接选择工具】选取的是路径上的单个锚点。选择【直接选择工具】后，如图 4-1-30 所示，在路径左上角的锚点上单击，即可选中该锚点，锚点变为实心小方块。若向下拖动选中的锚点，则可将路径调整至图 4-1-31 所示的形状。

若在选取锚点的过程中按住【Shift】键，单击多个锚点，便可选取多个锚点。

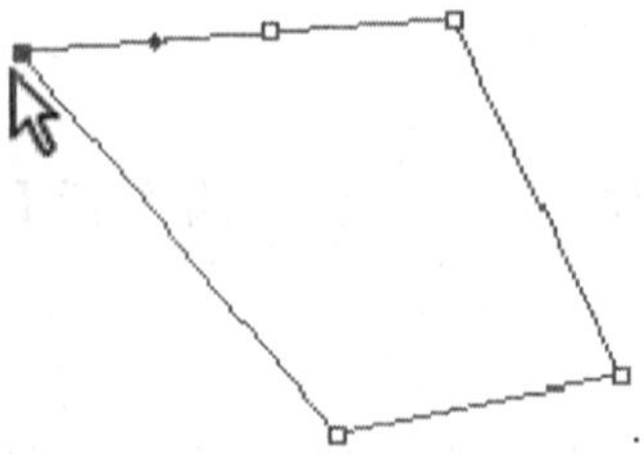

图 4-1-30　选择单个锚点

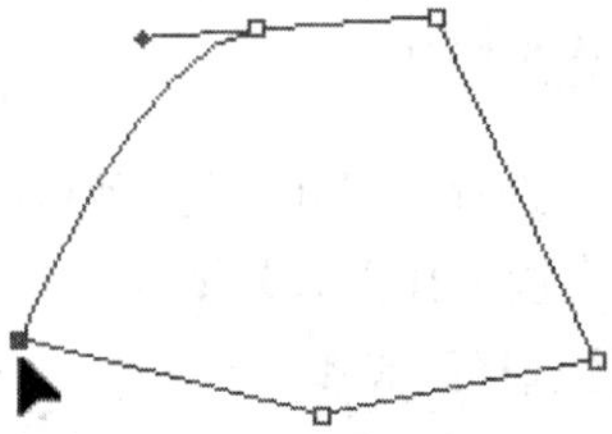

图 4-1-31　拖动选中锚点，调整路径形状

快捷方式：按住【Ctrl】键，可将钢笔工具组中的任何一工具转换成直接选择工具；按住【Ctrl】键，可将直接选择工具转换成路径选择工具，或将路径选择工具转换成直接选择工具。

到此，关于路径工具的使用就介绍完了。下面总结各路径工具的使用要点：

(1) 绘制路径的常用工具为【钢笔工具】以及【自由钢笔工具】。

(2) 在绘制路径时，若光标为形状，则表示将建立新路径；若光标为形状，则表示正在路径绘制过程中；若光标为形状，则表示将闭合路径。

(3) 若要结束路径的绘制，直接按【Esc】键或按住【Ctrl】键的同时在路径外单击即可。

(4) 在一个开放路径的起始锚点或结束锚点上单击后，可继续绘制该路径，或可将其与另外的开放路径相连接。

(5) 编辑路径的常用工具为【转换点工具】和【直接选择工具】，另外可通过菜单中的【变换】及【自由变换】命令对路径进行变形。【转换点工具】用来修改锚点方向线，可对直线路径或曲线路径进行相互转换。若在使用中按住【Ctrl】键，可将转换点工具转换成直接选择工具，以便于继续对路径上的其它锚点进行选择和编辑。

4.1.6　制作“小飞人 LOGO”

本案例“小飞人 LOGO”效果图如图 4-1-32 所示，其主要是通过钢笔工具的“形状图层”属性，应用钢笔工具中的【转换点工具】将一个简单的三角矢量形状改成左边的“小飞人”身体的形状，再添加圆点作为“小飞人”的头部。左边的“小飞人”完成后，将其复制一份并水平翻转，LOGO 完成。通过本案例，读者可学会应用钢笔工具进行矢量形状绘图的方法。

图 4-1-32　“小飞人 LOGO”效果图

具体操作步骤如下：

(1) 在 Photoshop CS3 中新建一个大小为 400 px × 400 px、分辨率为 300 dpi、RGB 模式、背景为白色的文件，并将文件命名为“小飞人”。

(2) 打开【图层】调板，单击调板下方的【新建图层】按钮，新建一个名为“LOGO”的图层，并填充为浅蓝色（#00a0e9）。按【Ctrl+R】键，打开标尺。若标尺显示的单位是厘米，可直接在标尺上单击右键，在弹出的快捷菜单中选择“像素”，如图 4-1-33 所示。

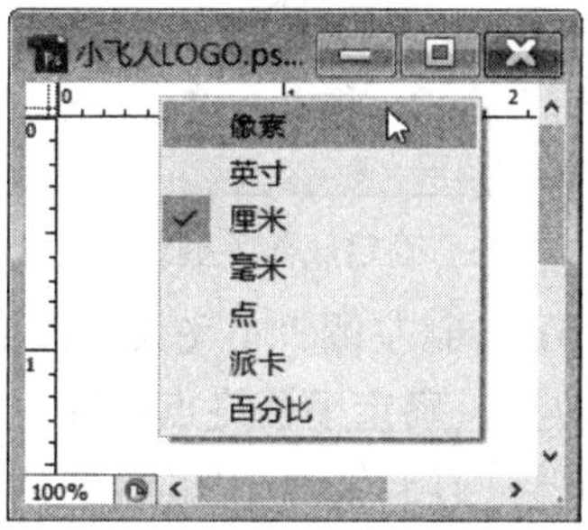

图 4-1-33　标尺单位设定为“像素”

(3) 绘制指定位置的三角矢量图形。

① 选择【移动工具】，在横向或纵向标尺上按住鼠标左键，向图内拖动出如图 4-1-34 所示的指定位置的横、纵向参考线，参考线的交叉位置即为三角矢量图形的顶点位置。

② 选择工具箱中的【钢笔工具】，在选项栏中选定“形状图层”属性，如图 4-1-35

所示。在参考线的交叉位置单击，将三点连接，形成如图 4-1-34 所示的封闭矢量三角形。

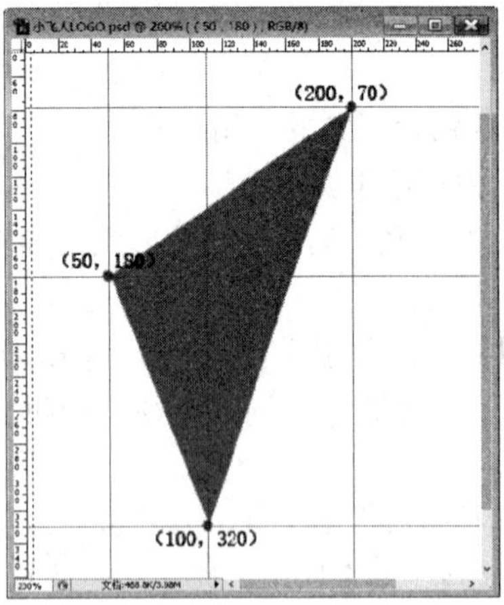

图 4-1-34　确定参考线，绘制矢量三角形

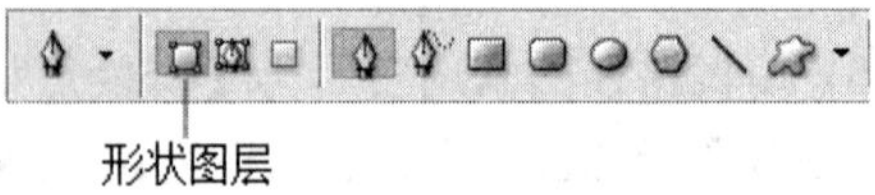

图 4-1-35 【钢笔工具】选项栏中“形状图层”属性的设定

(4) 绘制左侧“小飞人”底部。

① 如图 4-1-36 所示，选择【钢笔工具】组中的【转换点工具】，按住【Ctrl】键，变成选择锚点状态，单击“小飞人”底部锚点，选中此锚点。松开【Ctrl】键，取消选择锚点状态，恢复【转换点工具】状态。再按住【Shift】键，按住鼠标左键，向左拖动鼠标，则该锚点的手柄沿水平方向向两边打开。

② 分别拖动左、右手柄终点位置到手柄的指定终点位置，底部形状的调整如图 4-1-37 所示。

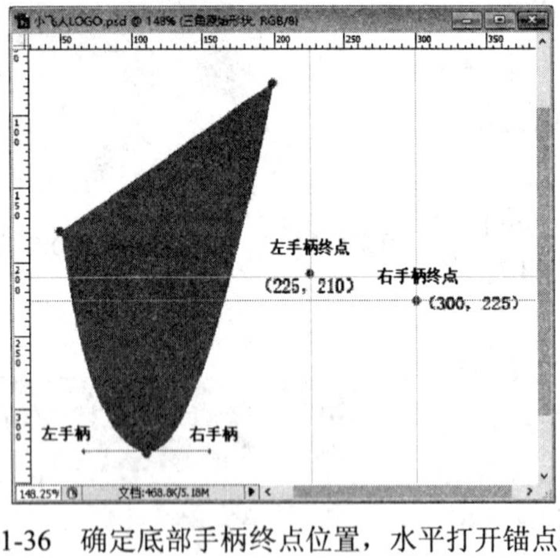

图 4-1-36　确定底部手柄终点位置，水平打开锚点手柄

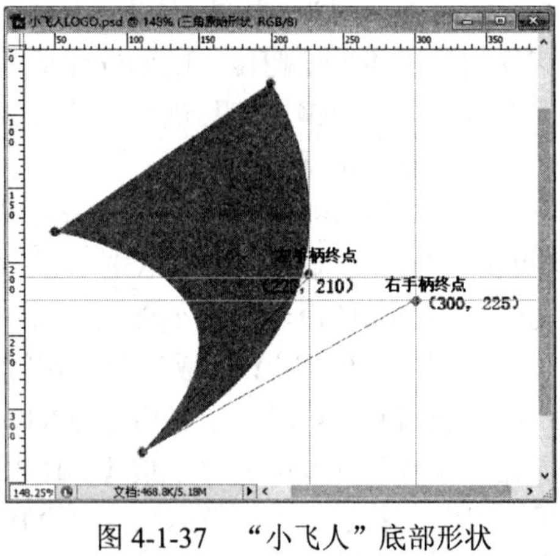

图 4-1-37　“小飞人”底部形状

(5) 绘制左侧“小飞人”顶部。此步与第(4)步基本相似，也是先按如图 4-1-38 所示的坐标位置，确定手柄终点位置。唯一不同的是，该锚点的手柄是沿水平反方向打开的。也就是说，在打开锚点手柄时，要向右拖动鼠标，而不是向左。最后底部形状的调整如图 4-1-39 所示。

(6) 绘制左侧“小飞人”头部。头部是一个半径为 25 px 的正圆。按如图 4-1-40 所示的坐标位置，确定正圆中心位置。选择【矢量形状工具】组中的【椭圆工具】，将其“固定大小”的宽和高都设置为 50px，并选中“从中心”出发属性，如图 4-1-41 所示。

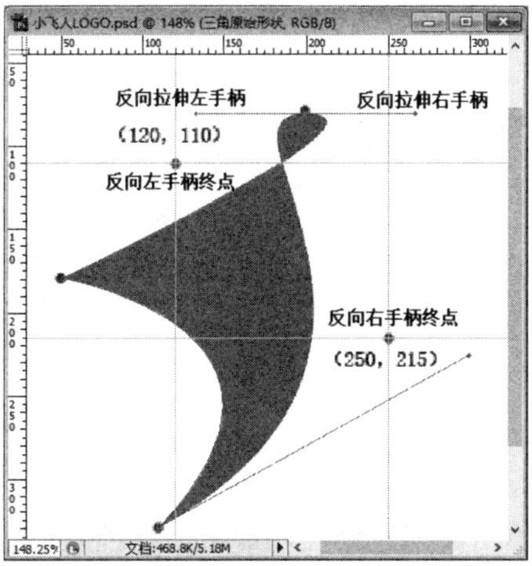

图 4-1-38 确定顶部手柄终点位置，水平反向打开锚点

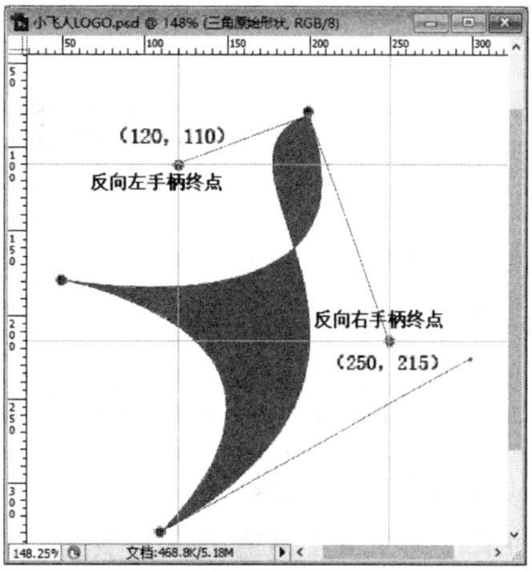

图 4-1-39 “小飞人”顶部形状

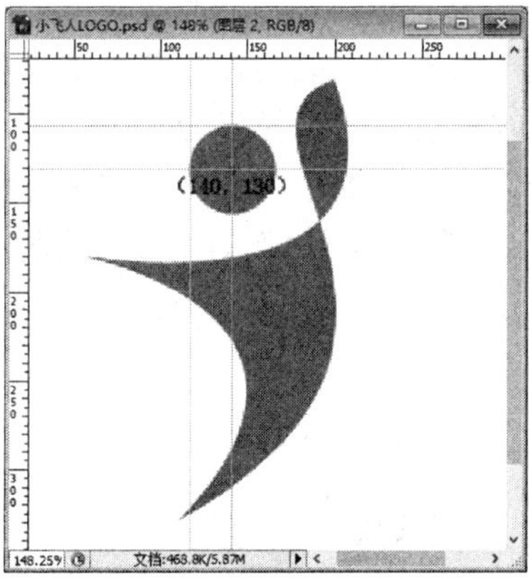

图 4-1-40 确定头部中心位置

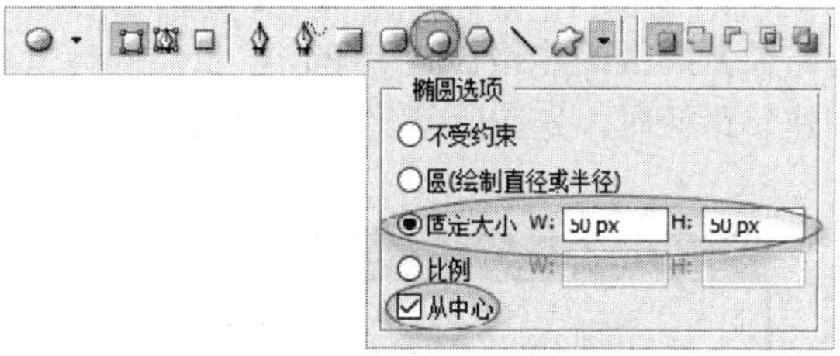

图 4-1-41 头部正圆的参数设置

(7) 绘制右侧“小飞人”。右侧“小飞人”是将左侧“小飞人”复制后，再水平翻转得到的。先将左侧“小飞人”的头部和身体两部分所在的图层合并，再将其复制一份，图层重命名为“右侧小飞人”。选择【编辑】/【变换】/【水平翻转】命令，将右侧“小飞人”水平翻转。选择【移动工具】，将其移动至如图 4-1-42 所示的参考点位置。至此，本案例制作完成。

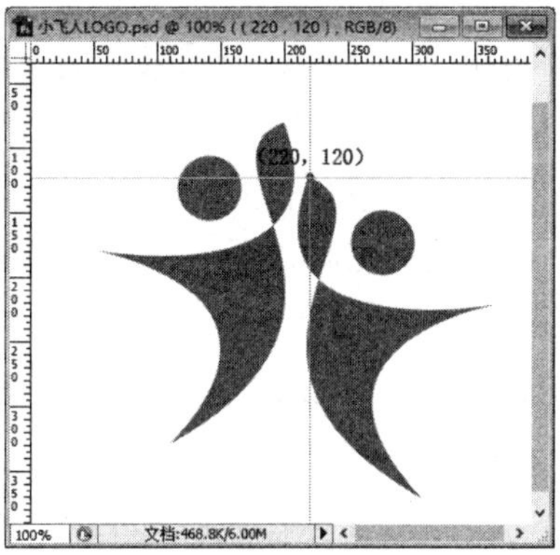

图 4-1-42 复制、翻转、移动右侧“小飞人”

4.2　案例——梅花朵朵开

在学习“梅花朵朵开”案例前，先介绍路径的创建、保存、复制与删除，矢量形状路径的创建，路径与选区的转换等基本操作。

4.2.1　路径的创建、保存、复制与删除

1. 路径的创建与保存

如果直接使用【钢笔工具】在图像窗口上单击来创建路径，那么用这种方法创建的路径会在【路径】调板中以名称为“工作路径”加以显示，如图 4-2-1 所示。在“工作路径”中可以创建多个子路径。实际上“工作路径”是一个路径组，但它是临时路径(组)，当在【路径】调板的非路径区中单击时，就会将显示在图像窗口中的路径隐藏。如果再用【钢笔工具】在图像窗口上单击来创建路径，那么先前所绘制的路径就会永久消失。因此想要将先前所绘制的路径保存起来，可将“工作路径”拖到调板下方的【创建新路径】的按钮上，将“工作路径”转换为可永久保存的默认名称为“路径 1”的路径。此时，若在【路径】调板的非路径区中单击，虽然同样会将显示在图像窗口中的路径隐藏，但当再次创建新路径时，先前所创建的路径仍然存在。

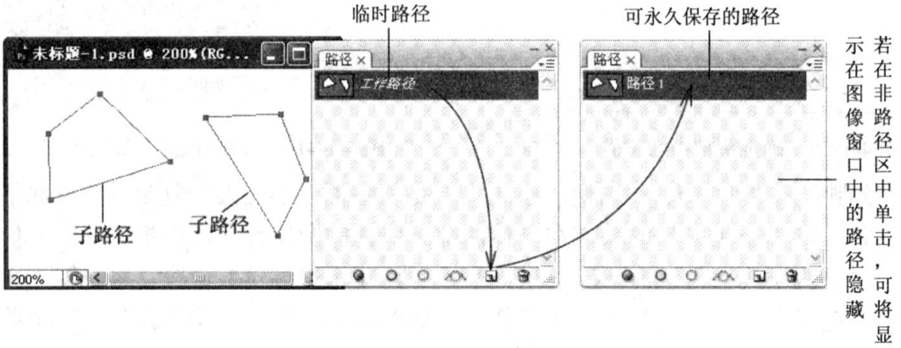

图 4-2-1　路径的创建与保存

当然，也可打开【路径】调板，直接单击调板下方的【创建新路径】按钮，直接创建“路径 1”、“路径 2”等路径组。可在先建好的路径组中用【钢笔工具】创建路径，用这种方法创建的路径就会被永久保存，然后再进行路径的创建。

如果在路径名称上双击，可使路径名称处于反白显示状态，此时可为路径重新命名。

2. 路径的复制与删除

如果需要将整组的路径复制或删除，比如欲将图 4-2-2 所示的这组路径复制或删除，方法有两种：

(1) 打开【路径】调板，在该路径组名称处单击鼠标右键，在弹出的快捷菜单中选择“复制路径”或“删除路径”选项。

(2) 若复制路径组，则直接将该路径名称拖至【路径】调板下方的【创建新路径】按钮，复制出该路径组副本；若删除路径组，则直接将该路径名称拖至【删除路径】按钮，则该路径组即被删除。

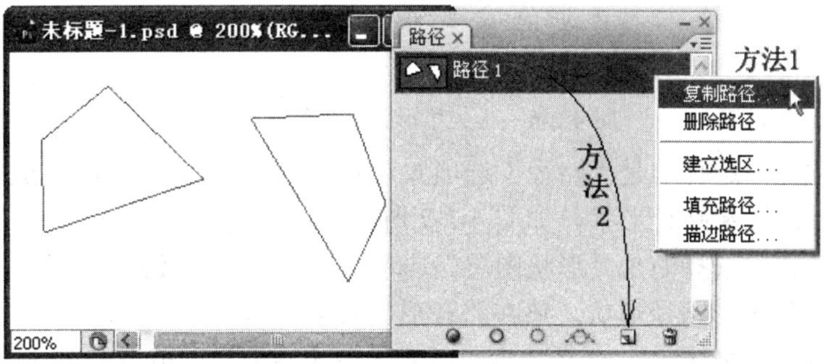

图 4-2-2　路径的复制或删除

若复制或删除的是某一组路径中的其中一个子路径，则方法与路径组的复制或删除有所不同。下面以复制或删除图 4-2-3 中左边的子路径为例说明操作方法。首先通过【路径选择工具】选取欲复制或删除的子路径。如果欲选择多个子路径，则选择一条子路径后，按住【Shift】键再用【路径选择工具】单击选择其它欲选择的子路径即可。应用【路径选择工具】选择要复制的路径后，按【Ctrl + C】键将其复制，再按【Ctrl + V】键将其粘贴，这时复制出的子路径与原路径位置是重叠的，需使用【路径选择工具】将其错开，如图 4-2-4 所示；或在【路径选择工具】状态下，按住【Alt】键对已选择好的路径进行拖动，每拖动一次就会复制出一个或一组相同的路径。

如果欲将复制的子路径放置在其他路径组中，可先选择欲放置的路径组，再粘贴即可；若是删除子路径，则选择要删除的路径再按【Delete】键将其删除即可，如图 4-2-5 所示。

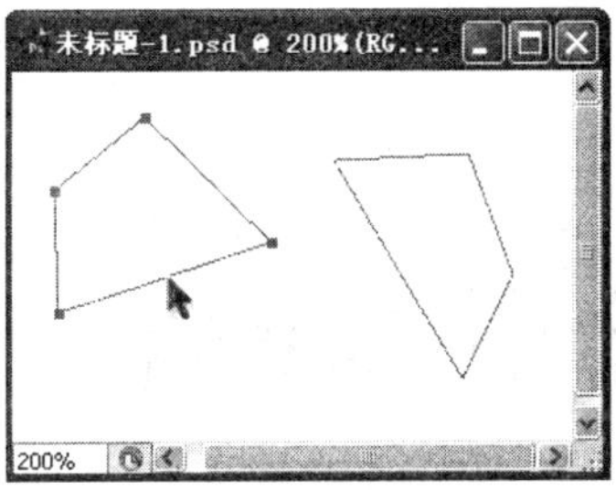

图 4-2-3　选取子路径

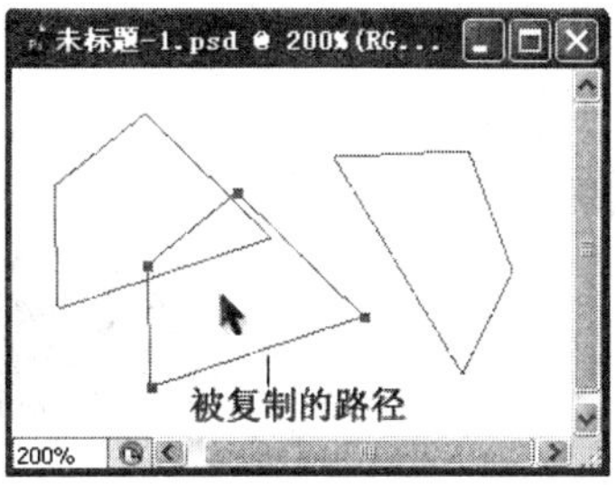

图 4-2-4　复制子路径

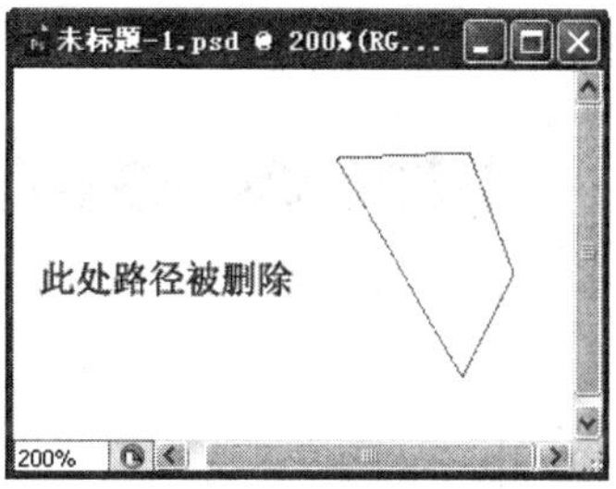

图 4-2-5　删除子路径

4.2.2　矢量形状工具的使用

在学习本小节之前，请先温习一下本书中 2.6.1 小节“形状工具”的内容，这有助于本小节内容的学习。在 2.6.1 小节中详细介绍了形状工具的使用方法，本节矢量形状工具的使用方法与其大同小异。

下面以选择【矢量形状工具】中的【矩形工具】为例说明其使用方法，其选项栏及其说明如图 4-2-6 所示。

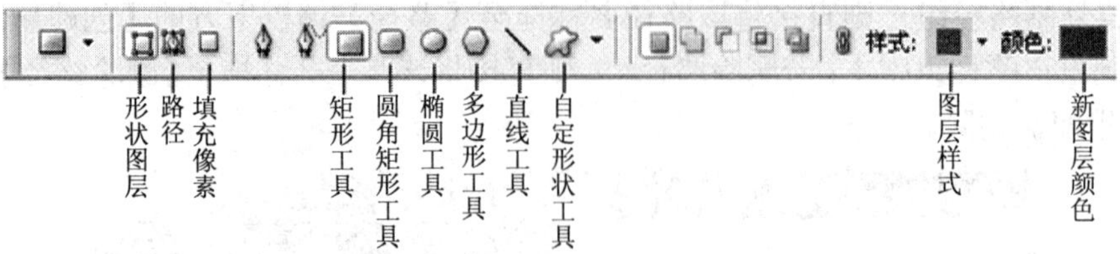

图 4-2-6　【矢量形状工具】选项栏

如果在选项栏中选择的是“路径”选项，那么使用【矩形工具】在图像窗口中所画出的只是单纯的矩形路径形状，如图 4-2-7 所示。

如果在选项栏中选择的是“形状图层”选项，那么使用【矩形工具】在图像窗口中所画出的不只是矩形路径形状，还在路径形状区域内填充了颜色，颜色由选项栏中所设置的“新图层颜色”来决定，如图 4-2-6 所示。在【路径】调板中会自动产生名称为“形状 1 矢量蒙版”的临时路径，如图 4-2-8 所示，同时在【图层】调板中会自动产生带有矢量蒙版的图层。

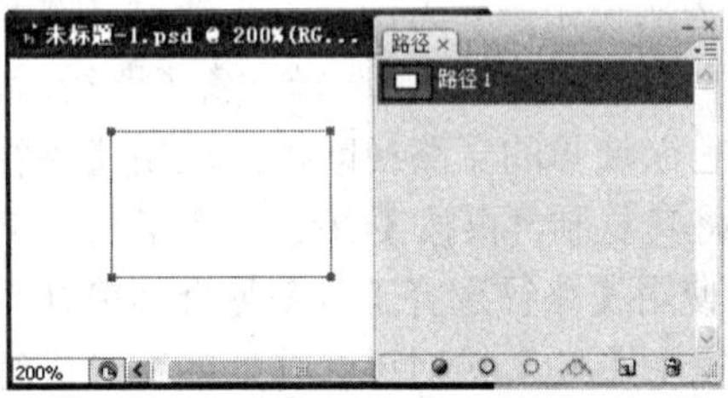

图 4-2-7　使用矩形工具创建形状路径

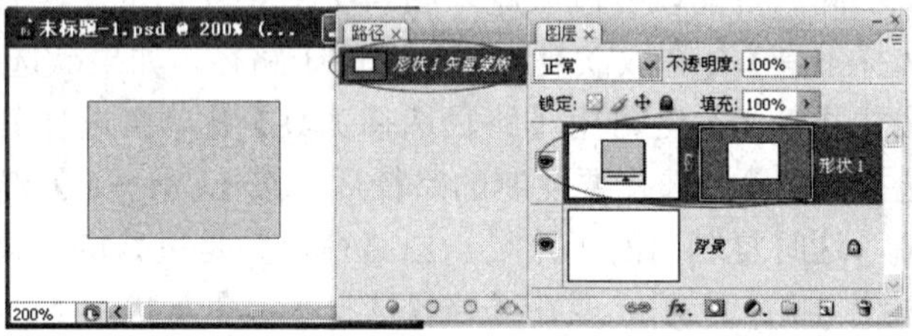

图 4-2-8　使用【矩形工具】创建矢量形状图层

可以像修改单纯路径那样来修改矢量形状路径。若矢量形状路径被调整，则矢量形状路径区域内的颜色填充形状也会随之做相同的改变，如图 4-2-9 所示。还可以在【矢量形状工具】选项栏的“样式”选项中选择图层样式，为矢量形状图层添加预设样式，如图 4-2-10 所示。

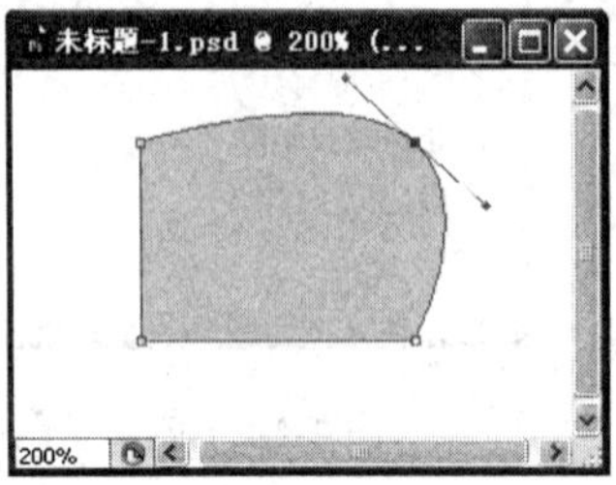

图 4-2-9　调整矢量形状路径

图 4-2-10　为矢量形状图层添加样式

4.2.3　路径与选区的转换

在 Photoshop CS3 中，选区与路径是可以相互转换的，且转换操作也比较简单。

在图像窗口创建好路径后，如图 4-2-11 所示，单击【路径】调板下方的【将路径作为选区载入】按钮，即将当前路径转换为选区，如图 4-2-12 所示。如果【路径】调板中有多个路径组，在转换前应先选中需要将路径转换成选区的路径组。如果要转换为选区的只是子路径，则用【路径选择工具】选择所需子路径再进行转换即可。

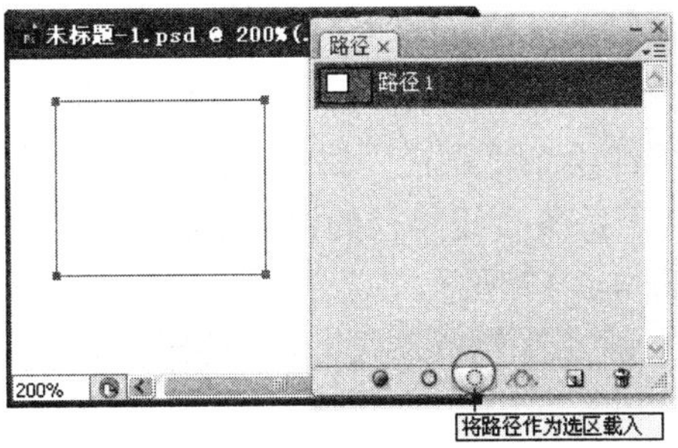

图 4-2-11 路径转换为选区前

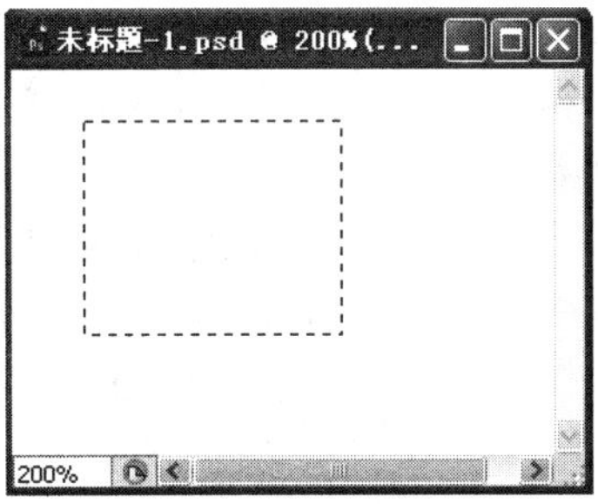

图 4-2-12 路径转换为选区后

将选区转换为路径的方法是，首先在图像窗口中利用选区工具或菜单命令创建选区范围，如图 4-2-13 所示。然后，单击【路径】调板下方的【从选区生成工作路径】按钮，即可将当前选区转换为工作路径，如图 4-2-14 所示。

图 4-2-13 选区转换为路径前

图 4-2-14 选区转换为路径后

4.2.4 制作“梅花朵朵开”

本案例“梅花朵朵开”效果图如图 4-2-15 所示，其主要是通过应用路径工具绘制出梅花和梅花枝干后，再对路径进行填充颜色和描边来完成的。

图 4-2-15 “梅花朵朵开”效果图

具体操作步骤如下：

(1) 新建一个大小为 16 cm × 8 cm、分辨率为 72 dpi、RGB 模式、背景为白色的文件，并将文件命名为“梅花朵朵开.psd”。

(2) 画梅花枝干。

① 新建一个图层，将其命名为“梅枝”。打开【路径】调板，新建一个路径组，将其命名为“梅枝”。按【Ctrl + R】键显示标尺，将鼠标放在水平标尺上，按住鼠标左键向下

拖动，在图像高度约 3/5 处松开鼠标，这时会出现一条水平参考线。按照图 4-2-16 所示的位置和大小，选择工具箱中的【钢笔工具】，画出五条不封闭的直线路径。切记，选择【钢笔工具】后，在其相应的选项栏中选择只单纯绘制“路径”属性。

② 选择工具箱中的【转换点工具】，单击上面每条直线路径的锚点就会产生方向线，不断调整各锚点的方向线，最后各路径的形状如图 4-2-17 所示。

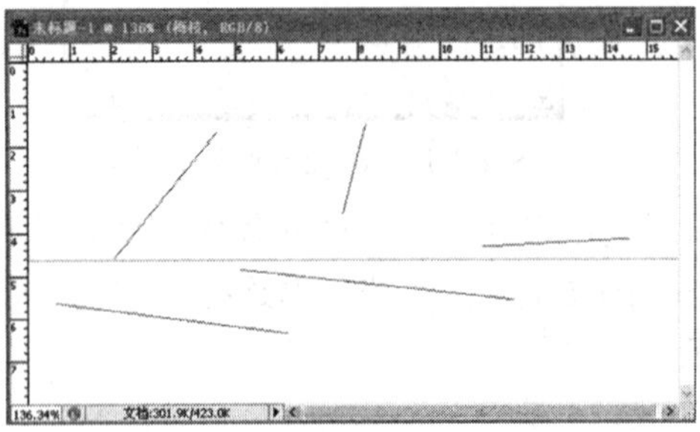

图 4-2-16　绘制五条不封闭的直线路径

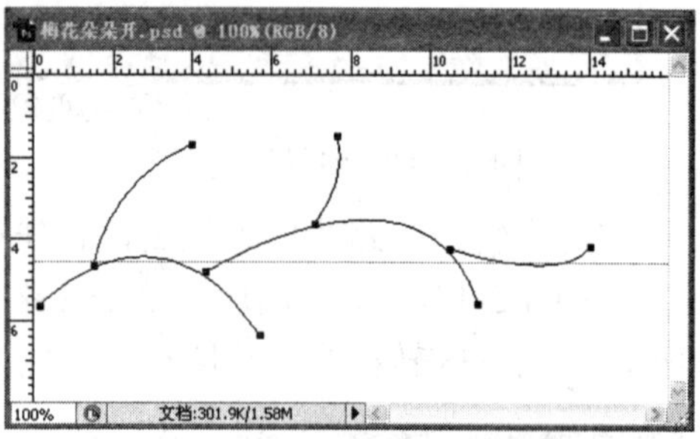

图 4-2-17　将直线路径转换为曲线路径

(3) 为梅花枝干描边。

① 将前景色设为黑色，选择工具箱中的【画笔工具】，画笔的参数设置如图 4-2-18 所示。打开【路径】调板，选择工具箱中的【路径选择工具】，从左上角向右下角拖动鼠标将路径全选。选择【路径】调板下方的第二个按钮【用画笔描边路径】，如图 4-2-19 所示，将所有路径描边。

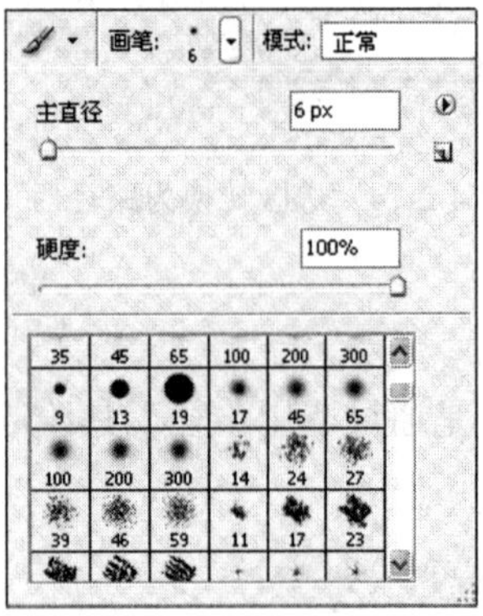

图 4-2-18　设置画笔

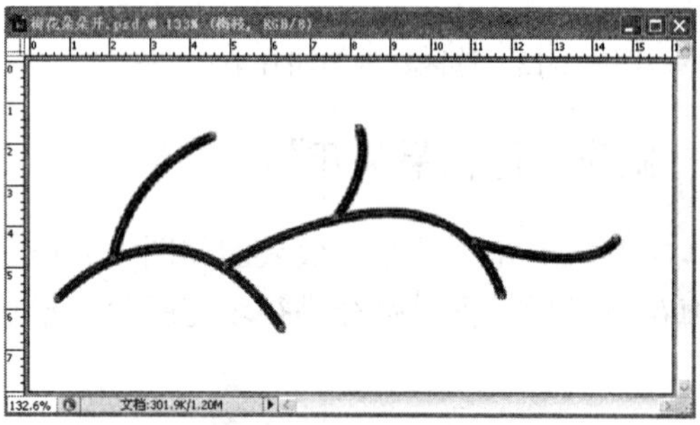

图 4-2-19　用画笔描边路径

② 如图 4-2-20 所示，用同样参数的画笔手工绘制出各枝干上的短小分枝。将前景色设置为深粉色(#f009c2)，选择工具箱中的【画笔工具】，将画笔设置为柔边 9 px 大小在画布上随意单击，如图 4-2-20 所示，画出一些粉色小圆点作为花蕾散落在枝干上。

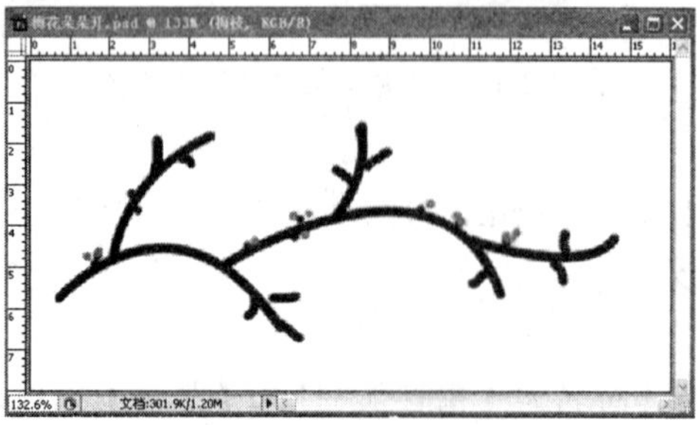

图 4-2-20　绘制散落在枝干上的花蕾

(4) 绘制单朵梅花。

① 首先打开【路径】调板，新建一个路径组，将其命名为“梅花”。选择工具箱中的【钢笔工具】，画出如图 4-2-21 所示的一封闭的五边形路径。然后选择【直接选择工具】移动五边形的各点位置，如图 4-2-22 所示。最后，选择【转换点工具】拖动五边形外端的五个锚点，将五边形转换成梅花形路径，如图 4-2-23 所示。

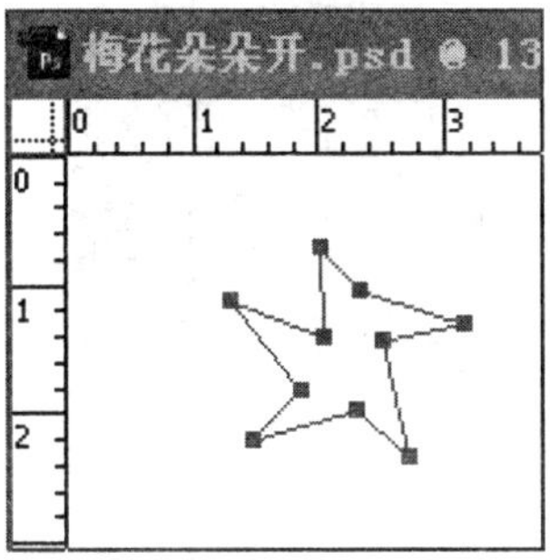

图 4-2-21　绘制路径

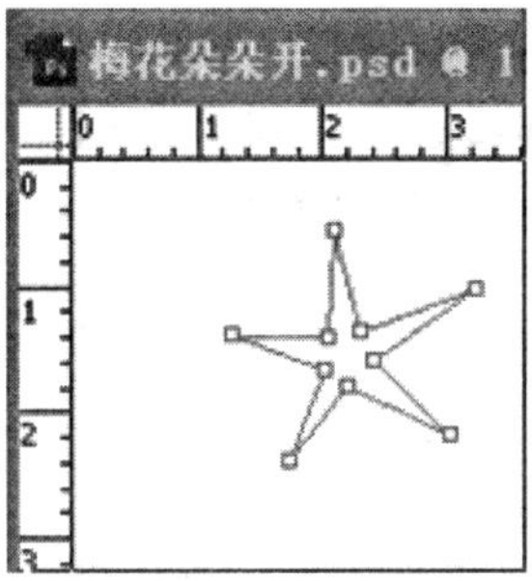

图 4-2-22　移动锚点

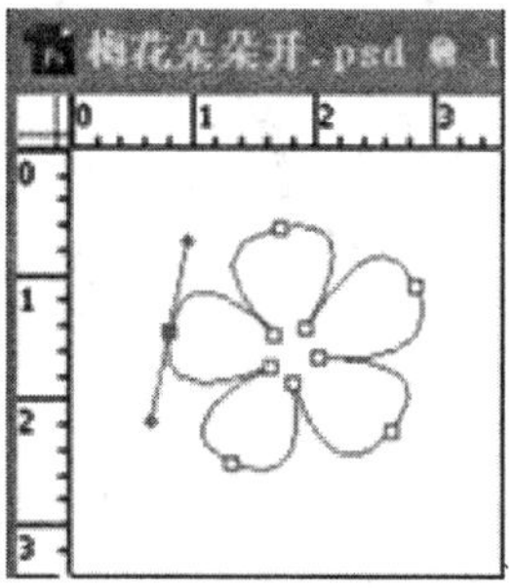

图 4-2-23　转换为梅花形路径

② 单击【路径】调板下方的第三个按钮【将路径作为选区载入】，如图 4-2-24 所示，将路径转换为选区。打开【图层】调板，再新建一个图层，将其命名为“梅花”。

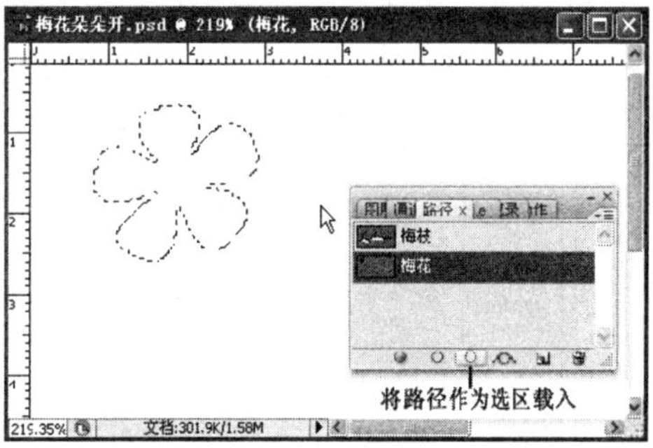

图 4-2-24　将路径转换为选区

③ 选择工具箱中的【渐变工具】，在如图 4-2-25 所示的选项栏中选择“径向渐变”属性。然后在选项栏中单击可编辑的颜色渐变区域，在弹出如图 4-2-26 所示的【渐变编辑器】对话框中，将颜色设置为由白色到粉色的渐变。对选区进行渐变填充后的效果如图 4-2-27 所示，如所画的单朵梅花过大，可按【Ctr+T】键后将梅花缩小至适当大小。最后用黄色的较细小的画笔在花朵的中心位置绘制出多条细线作为“花蕊”。

图 4-2-25　【渐变工具】选项栏

图 4-2-26　打开【渐变编辑器】对话框

图 4-2-27　径向渐变填充

(5) 复制多朵梅花。单朵梅花画好后，选择【移动工具】，按住【Ctrl + Alt + Shift】键的同时不断拖动梅花到枝干的相应位置。复制完毕后，可用【移动工具】对位置不满意的梅花进行调整，位置如图 4-2-28 所示。选定【图层】调板中最上方的梅花副本图层，向下拖动【图层】调板右边的滚动条，按住【Shift】键选定最初的单朵“梅花”图层，如图 4-2-29 所示，选定两图层间的所有图层，按【Ctrl+E】键将选定的图层合并。

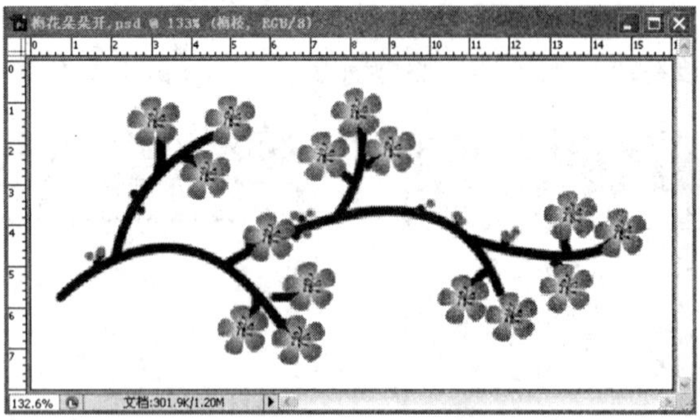

图 4-2-28　用快捷方式复制梅花

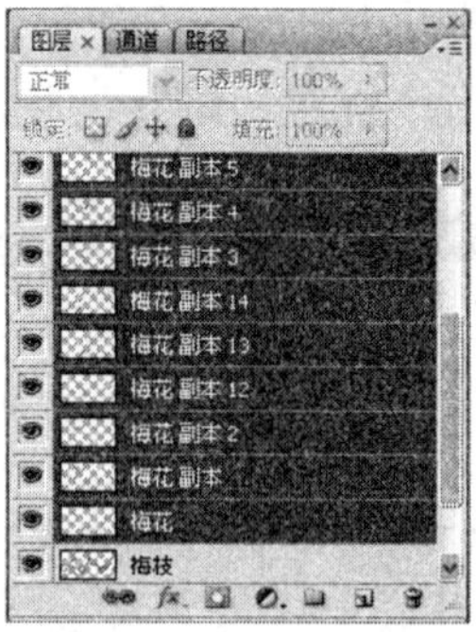

图 4-2-29　图层合并

(6) 为梅花、梅枝添加图层样式效果。选定梅花的最后合并图层，单击【图层】调板下方的【添加投影样式】按钮，按图 4-2-30 所示的“投影”选项参数和图 4-2-31 所示的“斜面和浮雕”选项参数为该图层添加效果，其中图 4-2-31 中“阴影模式”选项的颜色设置为深粉色(#f009c2)。选定“梅枝”图层并为其添加同样的样式。

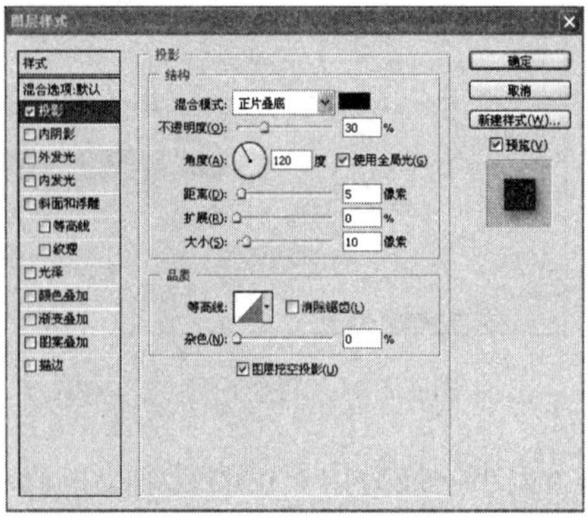

图 4-2-30　“投影”样式选项参数

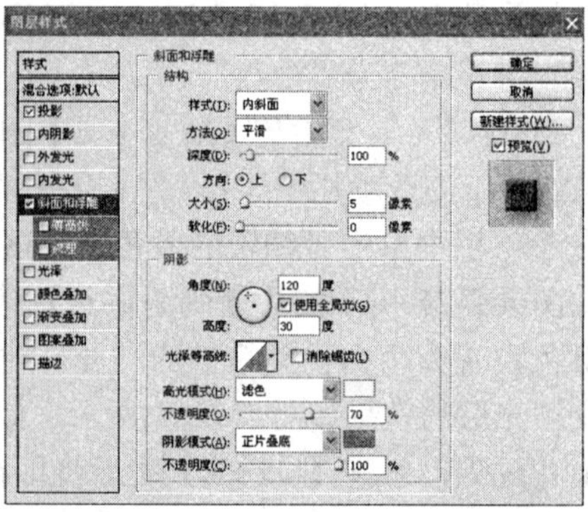

图 4-2-31　“斜面和浮雕”样式选项参数

(7) 绘制太阳。新建一个图层，选择【椭圆选框工具】◯，按住【Shift】键在图像窗口的右上角画一正圆选区，如图 4-2-32 所示，对该选区用渐变工具进行由粉色到白色的渐变填充。

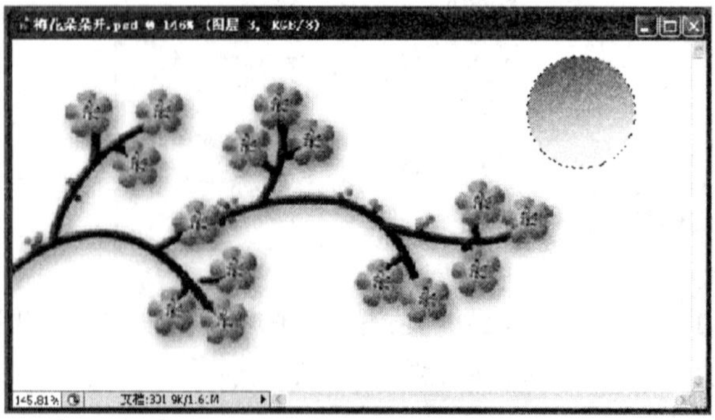

图 4-2-32　绘制半个太阳

(8) 选择工具箱中的【竖排文字工具】IT，输入“贺新年”字样，字体为隶书，大小可根据图像本身自行设定，如图 4-3-33 所示。然后，为文字添加如图 4-2-34 所示的“斜面和浮雕”效果。至此，该案例制作完成。

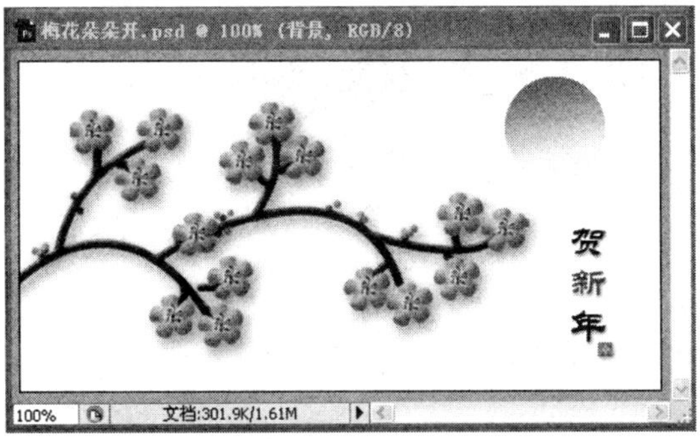

图 4-2-33　输入文字并添加效果

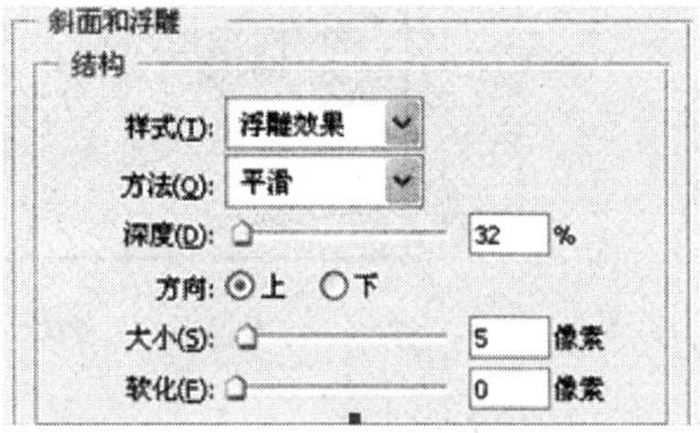

图 4-2-34　【斜面和浮雕】效果

4.3　案例——香港港徽

在学习“香港港徽”案例前，先介绍路径的填充与描边等基本操作。创建并编辑好路径后，通过对路径进行填充和描边，便会得到具有各种形状和图案的图形。

4.3.1　路径的填充

如果用前景色填充路径，则首先选择要填充颜色的路径或子路径，设置好前景色后，直接单击【路径】调板下方的第一个按钮【用前景色填充路径】即可，如图 4-3-1 所示。

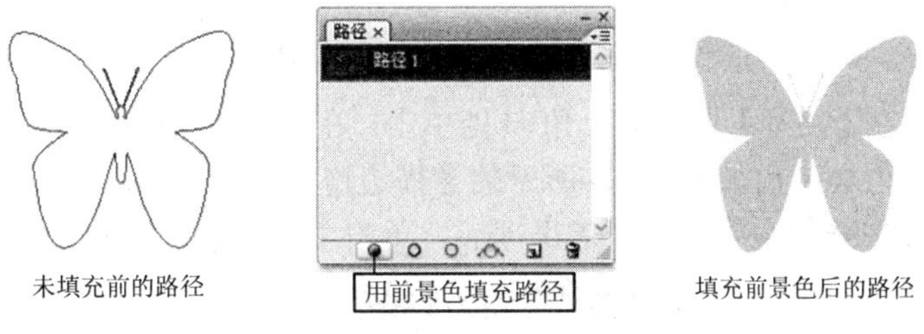

图 4-3-1　用前景色填充路径

如果用图案或背景色填充路径，那么就需要使用【填充路径】对话框。下面以蝴蝶形状路径填充图案为例，说明路径图案填充的操作方法。首先选择要填充的路径或子路径，然后在【路径】调板右上角按钮上单击，弹出如图 4-3-2 所示的快捷菜单，选择“填充路径”选项。

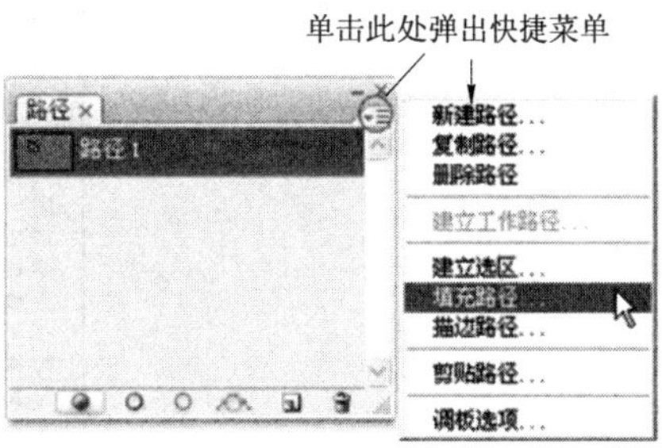

图 4-3-2　用前景色填充路径

选择“填充路径”选项后，会弹出如图 4-3-3 所示的【填充路径】对话框，在“使用”选项的下拉列表按钮处单击，在弹出的多项选择列表中选择“图案”选项，然后在“自定图案”中选择图案▩，单击【确定】按钮即可完成图案的填充。

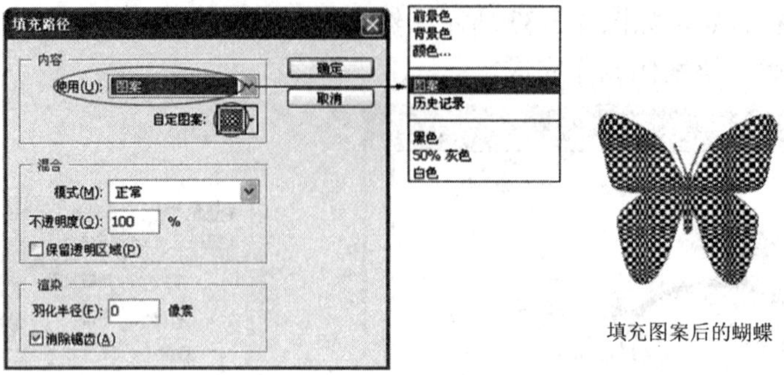

图 4-3-3　【填充路径】对话框

4.3.2　路径的描边

画笔、铅笔、橡皮擦、图章以及加深减淡等工具都可以用来描边路径。

如果用颜色为前景色的画笔(或铅笔、橡皮擦、加深减淡工具)来描边路径，则首先选择要填充颜色的路径或子路径，设置好前景色、画笔大小和画笔形状后，如图 4-3-4 所示，直接单击【路径】调板下方的第二个按钮【用画笔描边路径】◌即可。

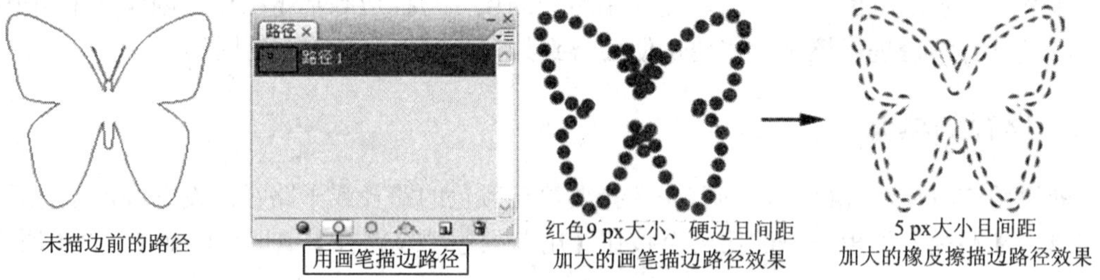

图 4-3-4　用画笔或橡皮擦描边路径

同样，也可以在【路径】调板右上角▾≡处单击，在弹出的快捷菜单中选择“描边路径”选项。选择该项后，会弹出如图 4-3-5 所示的【描边路径】对话框，在下拉列表按钮▾处单击，在弹出的多项选择列表中选择所需选项后，单击【确定】按钮即可完成路径的描边。

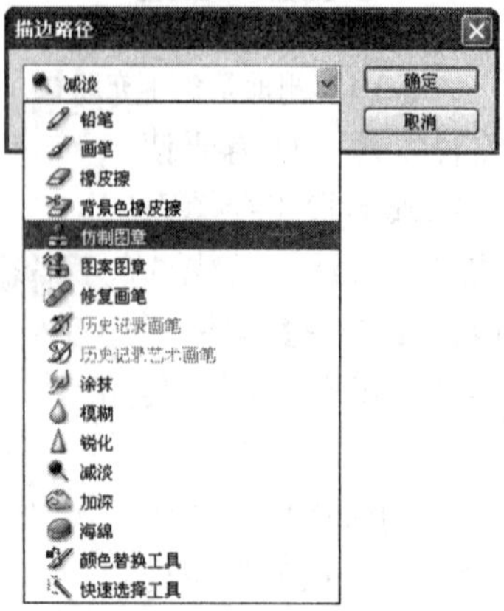

图 4-3-5　【描边路径】对话框

4.3.3　制作“香港港徽”

本案例“香港港徽”效果图如图 4-3-6 所示，其主要是通过应用路径工具绘制出港徽中的单个花瓣和花蕊路径后，再对路径进行填充颜色和描边来完成的。

图 4-3-6　“香港港徽”效果图

具体操作步骤如下：

(1) 在 Photoshop CS3 中新建一个大小为 600 px × 600 px、分辨率为 72 dpi、RGB 颜色模式、背景为白色的文件，并将文件命名为“香港港徽”。打开【图层】调板，单击【图层】调板中的【新建】按钮，新建一个名为“图层 1”的图层并选中。

(2) 打开【路径】调板，新建一个名为“路径 1”的路径组，如图 4-3-7 所示。

(3) 制作花瓣轮廓。选择工具箱中的【钢笔工具】，绘制出形状如图 4-3-8 所示的闭合路径，请留意各线段的位置及长短。

(4) 调整花瓣轮廓。选择工具箱中的【转换点工具】，拖动相应锚点进行调整，经调整后的各锚点的方向线及路径形状如图 4-3-9 所示。

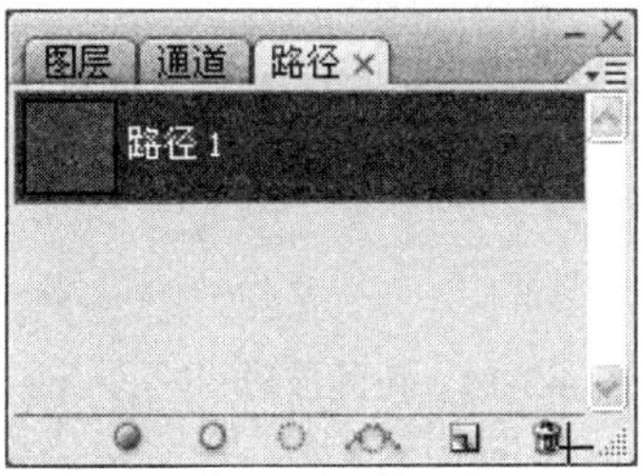

图 4-3-7　新建路径

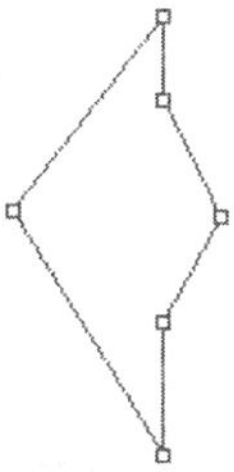

图 4-3-8　画出花瓣的闭合路径

图 4-3-9　调整花瓣的闭合路径

(5) 制作花蕊路径。选择工具箱中的【钢笔工具】，绘制如图 4-3-10 所示的一条只有两个锚点的不闭合直线路径。再选择【转换点工具】，拖动直线路径上方的锚点，拖动后锚点所生成的方向线及路径形状如图 4-3-11 所示。

图 4-3-10　画出单线花蕊路径

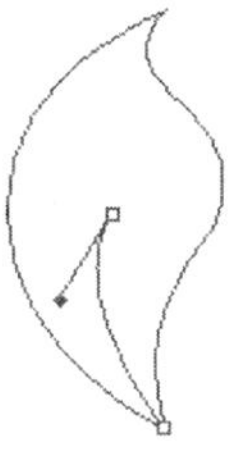

图 4-3-11　调整单线花蕊路径

(6) 为花瓣路径填充颜色。将前景色设置为深粉色(#f009c2)。打开【路径】调板，选择工具箱中的【路径选择工具】，选中“路径 1”中的花瓣轮廓路径，单击【路径】调板下方的第一个按钮【用前景色填充路径】，将花瓣轮廓填满深粉色，效果如图 4-3-12 所示。

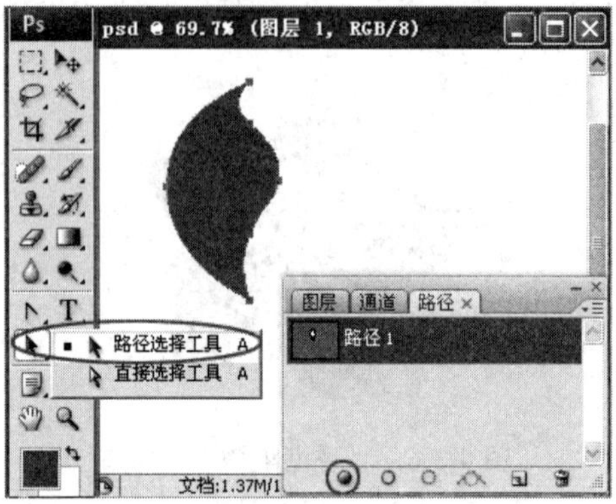

图 4-3-12　花瓣路径填充颜色

(7) 为花蕊路径描边。将前景色设置为白色，选择工具箱中的【画笔工具】，如图 4-3-13 所示，设置画笔的主直径为 5 px，硬度为 100%。用【路径选择工具】选中“路径 1”中的花蕊路径，单击【路径】调板下方的第二个按钮【用画笔描边路径】，画出如图 4-3-14 所示的白色花蕊。

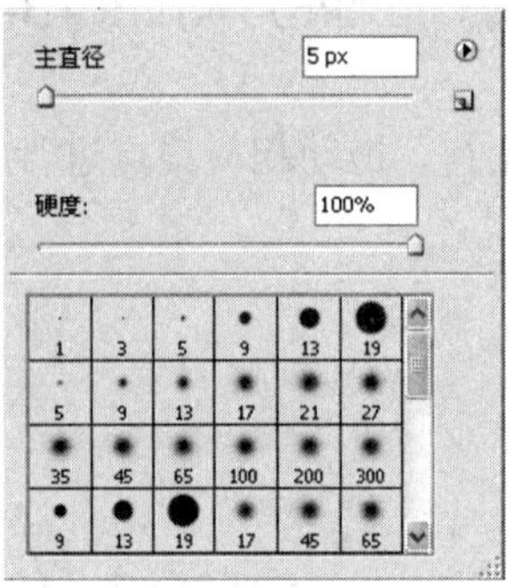

图 4-3-13　设置画笔的参数

图 4-3-14　花蕊描边

(8) 制作花蕊中的白色五角星。选择工具箱中的【自定形状工具】，在选项栏中选择“填充像素”属性。单击选项栏中“形状”字样右边的倒三角，弹出如图 4-3-15 所示的形状库，选择实心的五角星形状，在花蕊曲线上方画出一个白色五角星。这样，港徽中的单个花瓣就完全做好了。如果觉得单个花瓣过大或过小，则按【Ctrl + T】键后，将其放大或缩小至合适比例。

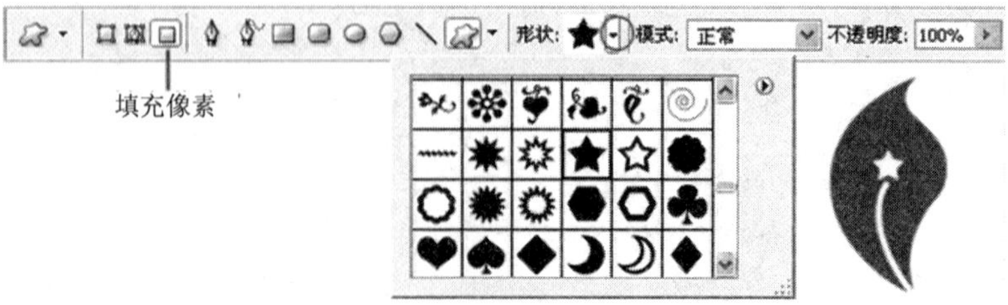

图 4-3-15　制作花蕊中的白色五角星

(9) 制作其它四个花瓣。

① 单个花瓣做好后，按【Ctrl+T】键，这次不是变换缩放花瓣的大小，而是通过单个花瓣复制出其它四个花瓣。在单个花瓣处于自由变换的状态下，将图 4-3-16 所示的花瓣中心位置拖至花瓣下方的顶角位置，如图 4-3-17 所示。

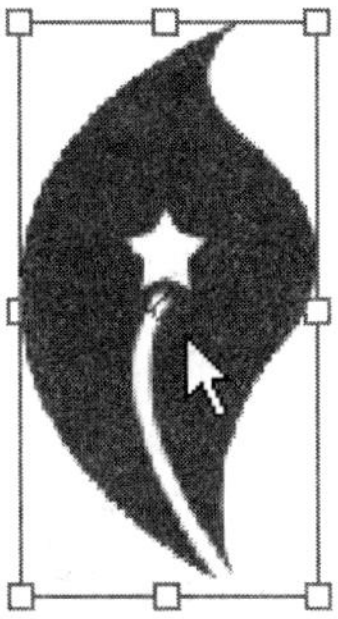

图 4-3-16 花瓣的变换中心位置

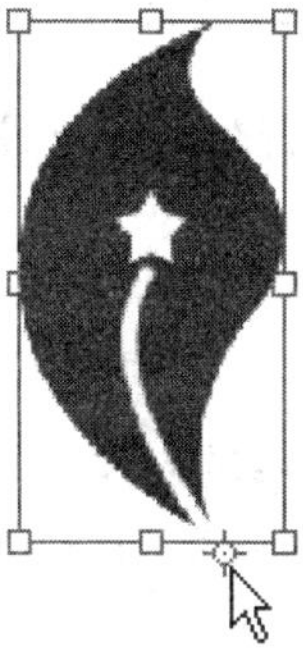

图 4-3-17 向下拖动花瓣变换中心

② 在单个花瓣仍处于自由变换的状态下，将【变换】命令选项栏中的旋转角度设置为 72°，如图 4-3-18 所示。

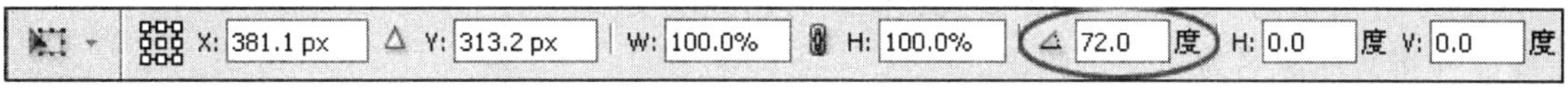

图 4-3-18 设置花瓣变换的旋转角度

③ 当花瓣的移动中心位置和旋转角度设置好后，回车确认。然后按住【Ctrl + Alt + Shift + T】键，如图 4-3-19 和图 4-3-20 所示，每按一次该组合键，就会每隔 72° 复制出一个花瓣。

(10) 按住【Ctrl】键，单击含有花瓣的这五个图层，再按【Ctrl+E】键将这五个图层合并。

(11) 选择【图层】调板下方的第二个按钮【添加图层样式】*fx*，在弹出如图 4-3-21 所示的下拉菜单中选择“投影”选项，不需更改任何参数设置。至此，本案例制作完成。

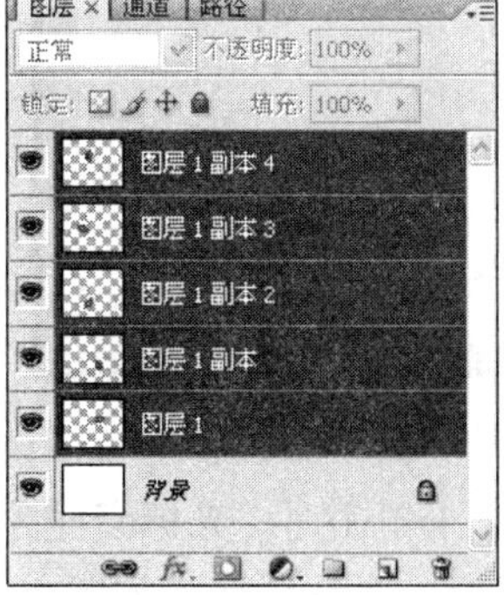

图 4-3-19 复制出多个花瓣图层

图 4-3-20 复制出多个花瓣的效果

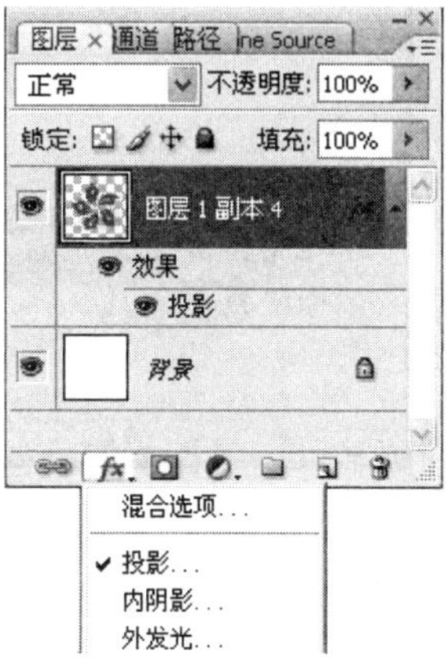

图 4-3-21 添加“投影”样式

4.4　案例——邮票

在学习“邮票”案例前，先介绍按照路径排列文字的基本操作。

4.4.1　按照路径排列文字

在 Photoshop CS3 中，路径的另一功能是可使文字按照路径方向排列，这使文字的排列方式不再单一，从而创建出各种样式丰富的文本效果。

1. 路径文字的创建

下面以路径文字创建如图4-4-1所示的庆祝香港回归祖国二十周年的“文字旗帜”为例说明路径文字的创建方法。

图 4-4-1　创建庆祝香港回归祖国二十周年的“文字旗帜”

具体操作步骤如下：

(1) 在 Photoshop CS3 中新建一个大小为 400 px × 400 px、分辨率为 72 dpi、RGB 模式、背景为白色的文件，并将文件命名为“文字旗帜”。

(2) 选择工具箱中的【钢笔工具】，在其选项栏中选择“路径”选项。打开【路径】调板，新建一个“路径 1”的路径。在图像窗口中绘制一条如图 4-4-2 所示的直线不闭合路径，将直线路径用【转换点工具】调整至如图 4-4-3 所示的形状。

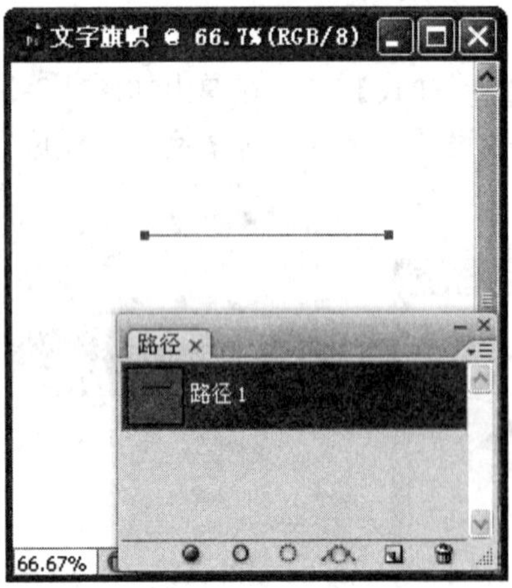

图 4-4-2　新建路径

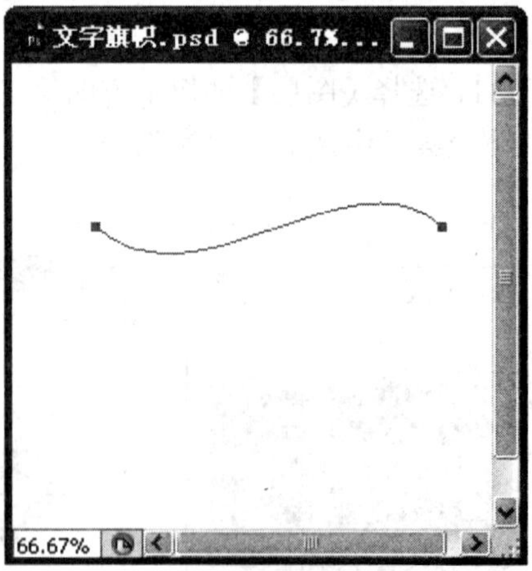

图 4-4-3　直线路径调整为曲线路径

(3) 选择工具箱中的【横排文字工具】T，将鼠标放在路径上未单击时，光标会变为如图 4-4-4 所示的待输入文字状态形状。在欲输入文字处单击鼠标，光标会变为如图 4-4-5 所示的插入路径文字状态的闪烁状态。

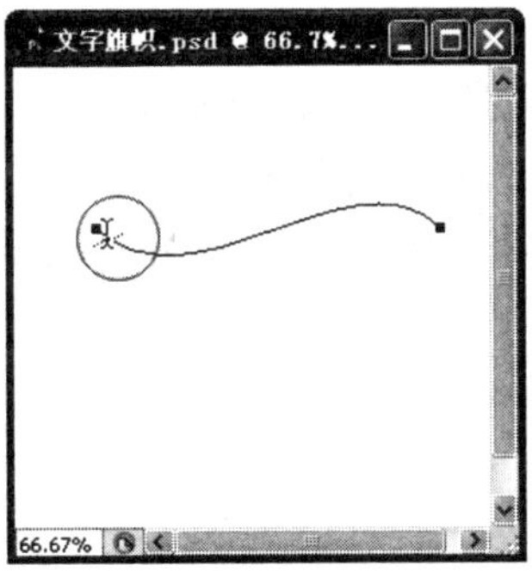

图 4-4-4　待输入路径文字状态

图 4-4-5　确定输入路径文字插入点

(4) 在路径上输入如图 4-4-6 所示的“热烈庆祝香港回归祖国二十周年!”字样。由于文字过多而路径过短，后边“周年!”两个字没有显示出来，下面通过调整路径将文字显示出来。选择工具箱中的【直接选择工具】向右上角拖动曲线路径右边的锚点，直至文字均显示出来，如图 4-4-7 所示。

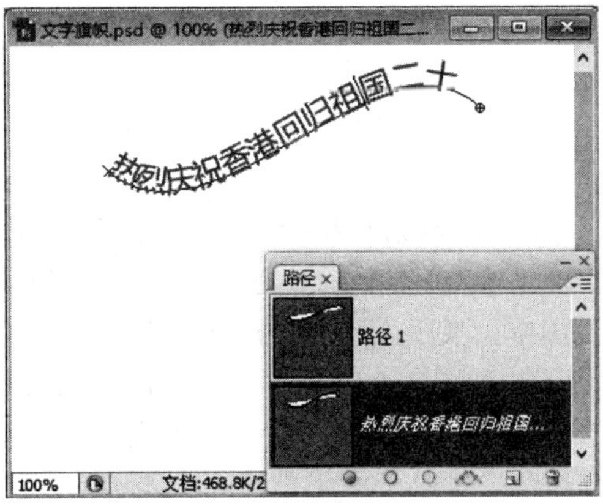

图 4-4-6　输入路径文字

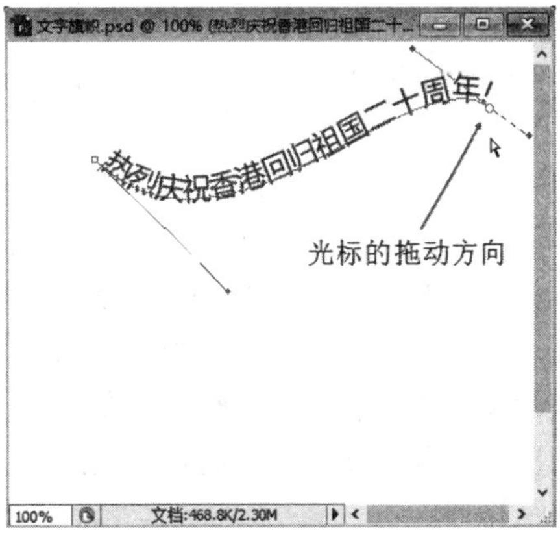

图 4-4-7　调整文字路径

(5) 选择【移动工具】，按住【Ctrl+Alt】键，将鼠标放置在输入好的路径文字上，当光标变为形状时，拖动鼠标复制出如图 4-4-8 所示的多行路径文字作为“旗帜”。同样，在如图 4-4-9 所示的位置画出一条竖向的直线路径。

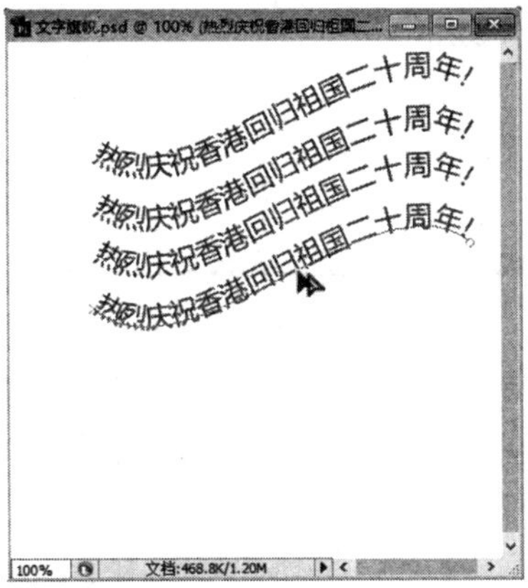

图 4-4-8　复制多行路径文字

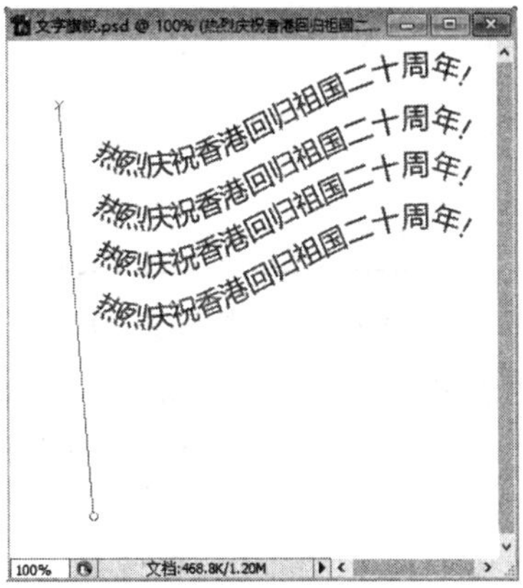

图 4-4-9　绘制直线路径

(6) 选择工具箱中的【竖排文字工具】输入同样的文字，作为“旗杆”。如果竖向文字的位置与横向文字有些重叠，则选择【移动工具】向左边稍稍拖动竖向文字，如图 4-4-10 所示。再按住【Ctrl + T】键，将“旗杆”转为变换状态，将鼠标放到右上角的关键点处，如图 4-4-11 所示，当光标变为状态时，稍稍向左旋转，调整一下“旗杆”的倾斜角度，回车确认变换状态。这样，“文字旗帜”就制作好了。

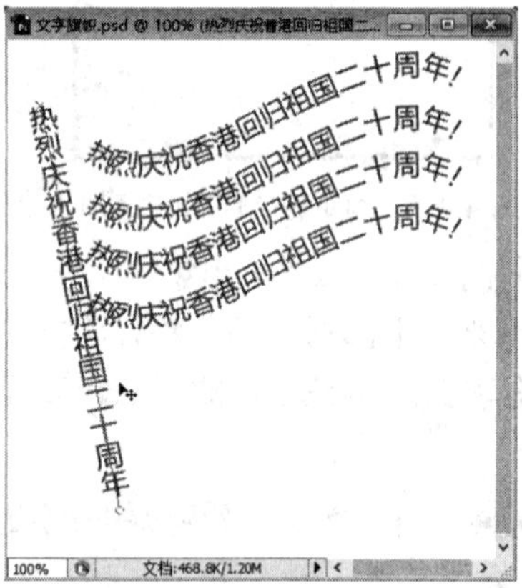

图 4-4-10　移动路径文字

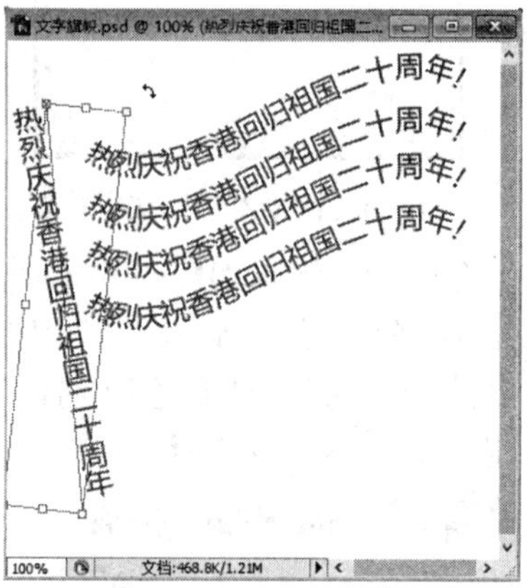

图 4-4-11　旋转路径文字

2. 路径文字的编辑

对于输入好的路径文字，还可以对其位置、方向和形状进行编辑。选择工具箱中的【直接选择工具】或【路径选择工具】，将鼠标放置已输入好的路径文字的开始处或结尾处，如图 4-4-12 所示，光标会变为形状(若放在文字中间，则光标变为形状)，这时向左或向右拖动鼠标就可以随意调整文字在路径上的位置了。如图 4-4-13 所示，如果向路径的下方拖动鼠标，则可使文字方向朝下沿路径排列；如果再向上拖动鼠标，又可使文字恢复朝上沿路径排列。

图 4-4-12　移动路径文字

图 4-4-13　翻转路径文字

除了可以调整文字在路径上的位置外，还可通过调整路径的形状，让文字按照新的路径形状排列。对于文字路径的调整与对单纯路径的调整方法相同，所不同的是调整文字路径后，路径上的文字会自动按照调整后的路径重新排列。比如，想让文字按照半圆形状排列，选择工具箱中的【直接选择工具】或【转换点工具】，将路径修改为半圆形状，路径上文字的排列也变为半圆形状，如图 4-4-14 所示。

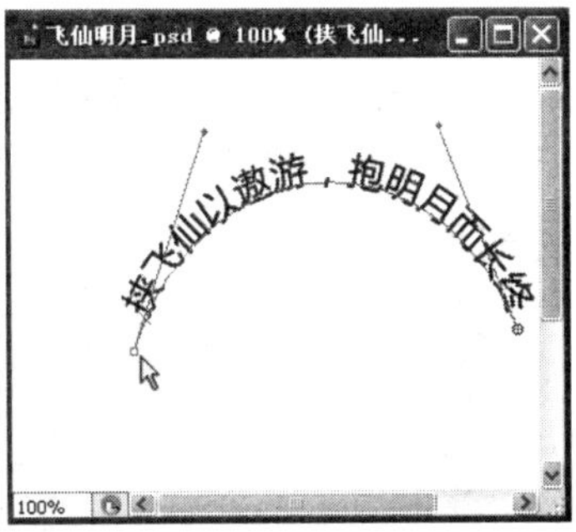

图 4-4-14 调整路径形状，让文字按照半圆形状排列

4.4.2 制作“邮票”

本案例“邮票”效果图如图 4-4-15 所示。邮票中邮戳文字是通过文字路径工具绘制出的，邮票四条齿边是通过应用有一定间距的圆头的橡皮擦沿直线擦除出来的。

图 4-4-15 “邮票”效果图

具体操作步骤如下：

(1) 在 Photoshop CS3 中新建一个大小为 280 px × 360 px、分辨率为 72 dpi、RGB 模式、背景为白色的文件，并将文件命名为“邮票”，将背景层设置为浅蓝色。

(2) 制作邮票图案及白底。

① 新建图层 1，将前景色设置为白色，按【Alt+BackSpace】键将图层 1 填充为白色。打开如图 4-4-16 所示的文件名为“邮票底图.jpg”的素材，用【移动工具】将该图像移至新建的“邮票”文件中，如图 4-4-17 所示。

图 4-4-16 打开“邮票底图.jpg”素材

图 4-4-17 将图像移至新建的“邮票”文件中

② 选定图层 1，按住【Ctrl + T】键，将白色区域变为自由变形状态，将鼠标放在白色区域任意一个顶点处变为双箭头时，按住【Alt+Shift】键的同时拖动鼠标左键，如图 4-4-18 所示，将其根据邮票的大小成比例缩小并回车确认，此时的白色区域就是邮票的四边。

(3) 制作邮票周边齿孔。

① 选择画笔工具，按【F5】键，在弹出的【画笔】调板中选择“画笔笔尖形状”选项，如图 4-4-19 所示，选择“尖角 13”笔尖，并将该笔尖的“间距”设置为 150%。

图 4-4-18　制作邮票的白色底层

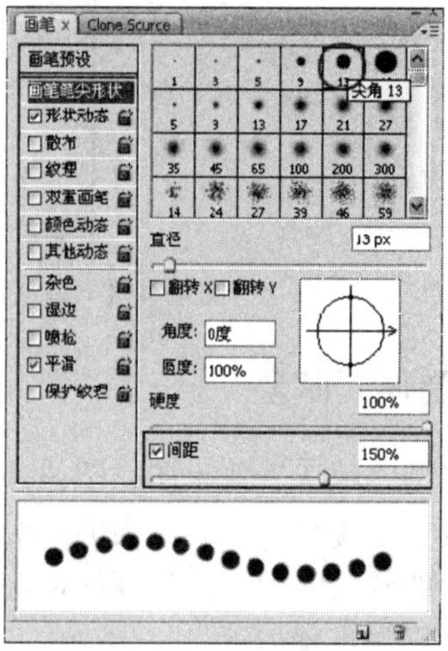

图 4-4-19　设置画笔

② 继续在图层 1 中操作，选择【橡皮擦工具】，如图 4-4-20 所示，将光标放在白色区域左上顶角处，按住【Shift】键横向拖动鼠标做出第一条齿边。

③ 做第二条齿边时，要把鼠标对准放在第一条齿边最后那个齿孔上，如图 4-4-21 所示，必须严格对齐，否则四条齿边首尾无法连续准确相接。同样按住【Shift】键纵向拖动鼠标做出第二条齿边。

图 4-4-20　制作邮票的第一条齿边

图 4-4-21　对正齿孔，制作第二条齿孔

④ 依次做出第三、第四条齿边。如果每条边的起始齿孔与结束齿孔都是严格对齐的，那么第四条齿边的最后一个齿孔与第一条齿边的第一个齿孔一定是刚好重合的，如图 4-4-22 所示。

图 4-4-22　完成全部齿孔的制作

⑤ 选择【矩形选框工具】，从左上角的第一个齿孔的圆心出发，拖动鼠标至右下角的最后一个齿孔的圆心结束，创建如图 4-4-23 所示的矩形选区。按【Shift+Ctrl+I】键将选区反选，再将反选的区域删除，此时邮票四边的齿孔就做好了。为了增加真实效果，给齿孔添加“投影”效果，参数为默认值，效果如图 4-4-24 所示。

图 4-4-23　选取矩形选区

图 4-4-24　制作齿孔“投影”效果及输入文字

(4) 选择【竖排文字工具】，将字体设置为华文中宋，大小为 18 点，如图 4-4-24 所示，输入“中国邮政 CHINA　2 元”字样的文字。

(5) 制作邮戳外圆及文字。

① 新建图层 3，在如图 4-4-25 所示的位置用【椭圆选区工具】建立一个正圆形选区，然后对选区进行 2 px 黑色画笔描边。将其它图层关闭，只显示图层 3，以便于只对邮戳的编辑。

② 选择【钢笔工具】，如图 4-4-26 所示，在邮戳上方绘制一条直线路径，按【Esc】键结束非闭合路径操作。选择【转换点工具】，调节路径两端锚点，将路径调整为如图 4-4-27 所示的形状。同样，在邮戳下方绘制一条如图 4-4-28 所示的方向向上弯曲的路径。

图 4-4-25　绘制邮戳的外圆

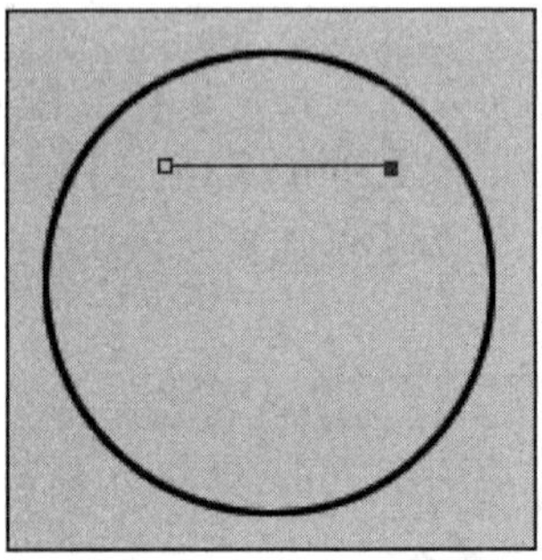

图 4-4-26　绘制直线路径

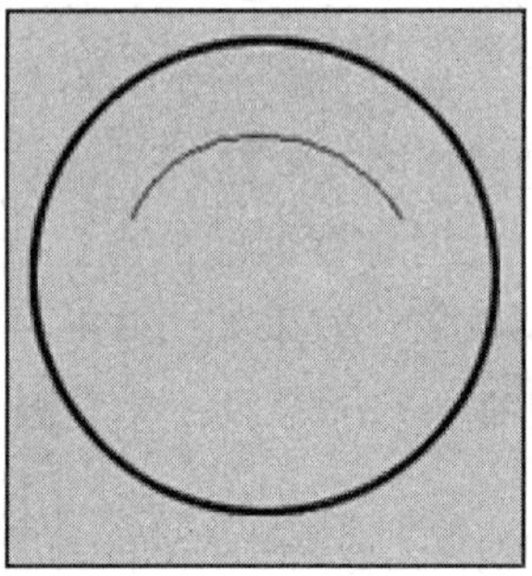

图 4-4-27　调整路径形状

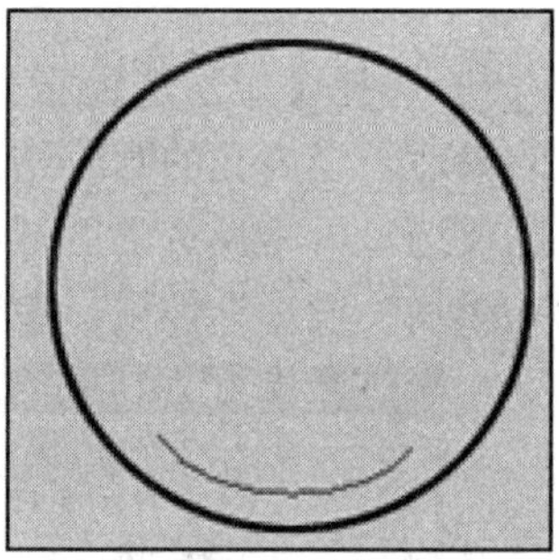

图 4-4-28　绘制下方路径

③ 选择【横排文字工具】T，将光标放在上方的路径上，当光标变为如图 4-4-29 所示的输入路径文字状态的符号时，输入“西安”字样。如果对文字在路径上的位置不满意，可选择【路径选择工具】将光标放在文字附近，当光标变为如图 4-4-30 所示的形状时，可按住鼠标左键拖动文字沿着路径滑动，选定合适位置后松开鼠标即可。

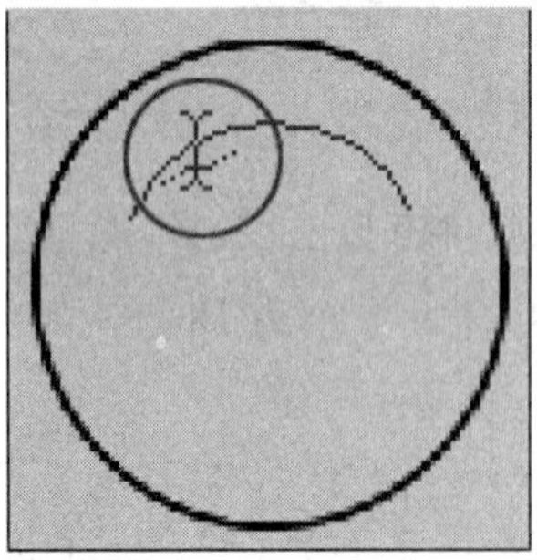

图 4-4-29　待输入路径文字状态

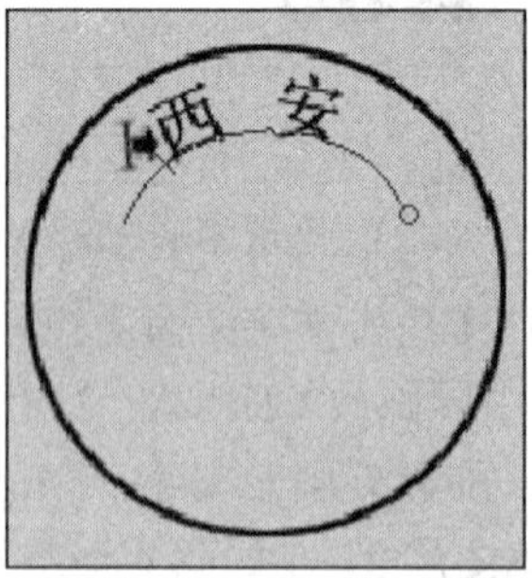

图 4-4-30　输入路径文字并调整文字位置

④ 同理，如图 4-4-31 所示，在邮戳下方路径位置输入路径文字“西电校区 1”，然后在邮戳中部位置输入日期。

(6) 打开【图层】调板，按住【Ctrl】键单击三个文字层和图层 3，将四个图层同时选中，按【Ctrl + E】键将它们合并为一个图层，用笔尖较小的橡皮擦将文字稍擦一下，将文字作旧。将其它层恢复显示，用【移动工具】将邮戳移到较合适位置，并把超出邮票四周的印迹用选区选定后删除。至此，本案例制作完成。

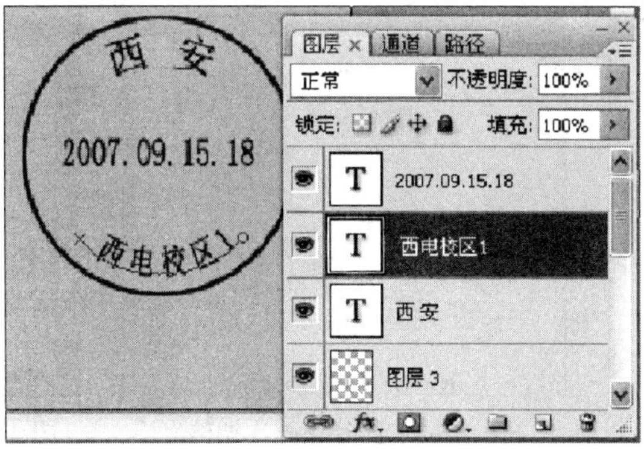

图 4-4-31　输入其它邮戳路径文字

4.5 本 章 小 结

本章主要讲解了如何应用路径工具组创建、编辑和选择路径，通过路径调板对路径进行保存、复制与删除，如何创建和修改矢量形状路径，并学习了路径与选区的相互转换，路径的填充或描边以及如何按照路径排列文字等操作。对于钢笔工具、转换点工具及路径选择工具的使用方法，只有通过反复且细致耐心的练习，才能将其灵活应用。

4.6 上 机 练 习

1. 制作“水晶樱桃”

下面进行如图 4-6-1 所示的“水晶樱桃”的绘制。本练习中“樱桃”外形是用路径绘出的。希望通过这个练习，读者能意识到利用路径绘制曲线时，尽量用最少的锚点绘制复杂且流畅的曲线的理念。

图 4-6-1　“水晶樱桃”效果图

操作步骤提示：

(1) 新建一个大小为 800 px × 800 px、分辨率为 300 dpi、RGB 模式、背景为白色的文件，并将文件命名为“水晶樱桃”。

(2) 绘制樱桃形状。打开【路径】调板，新建路径 1。选择工具箱中的【钢笔工具】，如图 4-6-2 所示，在新建路径 1 中，绘制锚点 1→锚点 2→锚点 3 的闭合路径。由于锚点 1 和锚点 3 重合，因此该路径看起来更像一条非闭合的直线路径。选择工具箱中的【转换点工具】，单击锚点 1，按【Shift】键的同时向左水平拉出锚点手柄，如图 4-6-3 所示。同样，拉出锚点 2 的手柄，再分别向上或向下调整手柄位置，如图 4-6-4 所示。

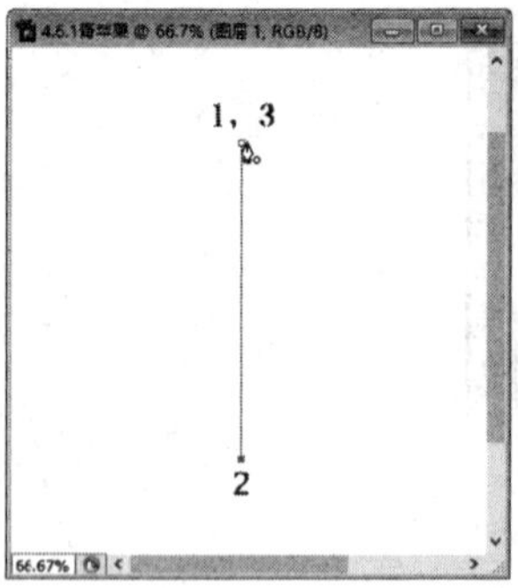

图 4-6-2　绘制初路径

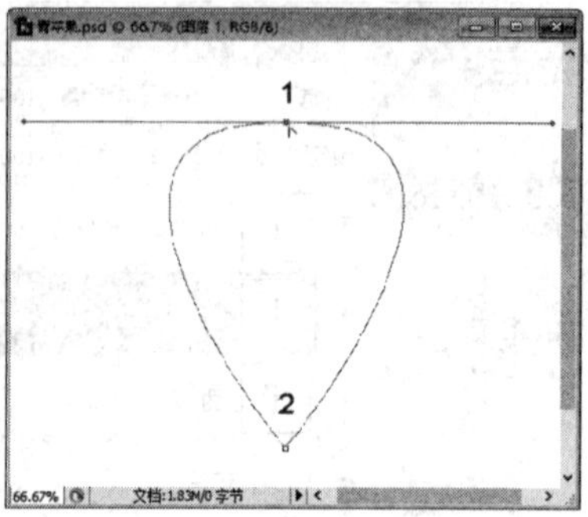

图 4-6-3　路径第一次调整

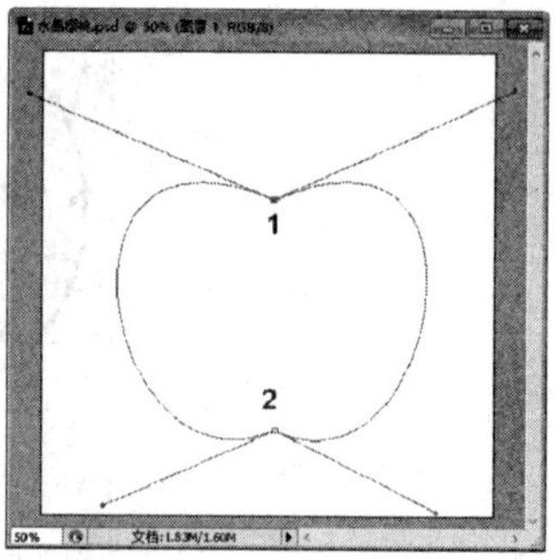

图 4-6-4　路径第二次调整

(3) 路径转换为选区。路径调整好后，按【Ctrl】键，单击“路径 1”，如图 4-6-5 所示，鼠标呈状态。同时，路径转换为选区，如图 4-6-6 所示。在【图层】调板中，新建图层 1，在图层 1 中给“樱桃”选区填充颜色，颜色不限。因为在下一步添加样式中，会重新进行颜色设定。

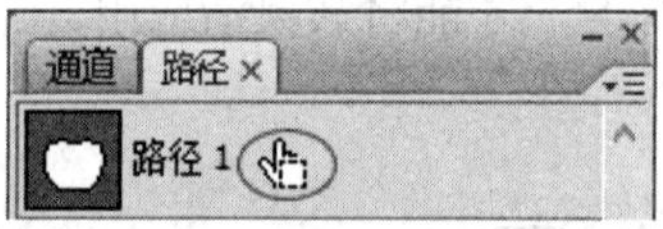

图 4-6-5　按【Ctrl】键，单击“路径 1”

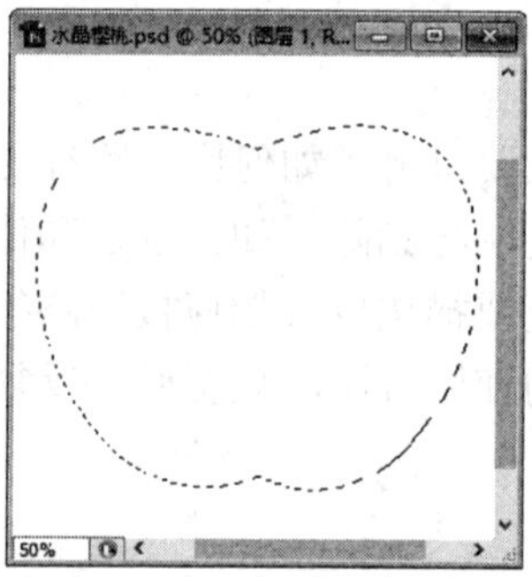

图 4-6-6　路径转换为选区

(4) 追加样式。打开【样式】调板，如图 4-6-7 所示，单击调板右上角，在弹出的快捷菜单中选择追加【Web 样式】。在新追加的样式中选择“带投影的紫色凝胶”样式，如图 4-6-8 所示。没有选择“红色凝胶”，是因该样式没有“紫色凝胶”的质感好。

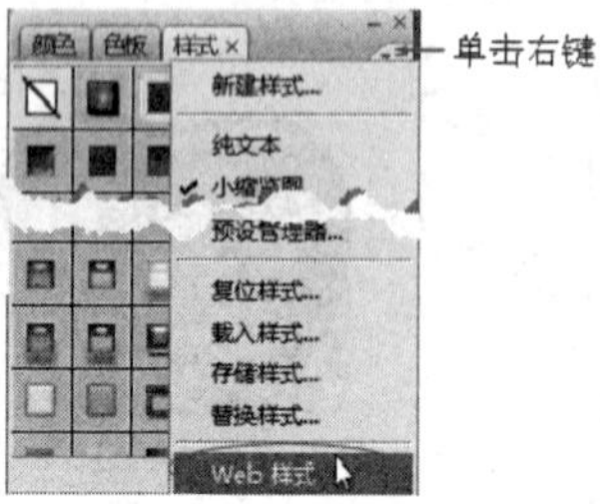

图 4-6-7　追加【Web 样式】

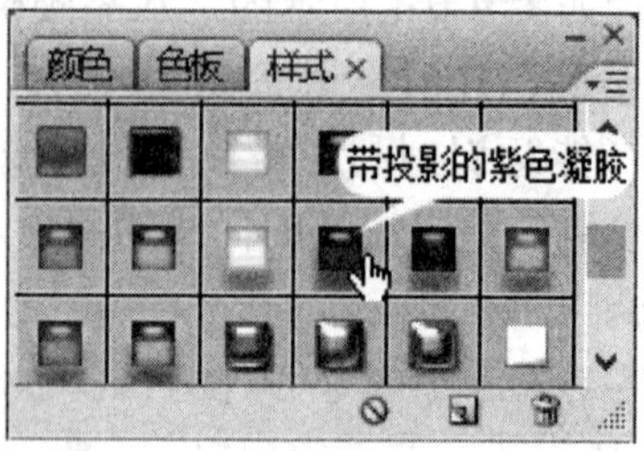

图 4-6-8　选择“带投影的紫色凝胶”样式

(5) 添加水晶效果。添加“带投影的紫色凝胶”样式后，还需进行样式中的“内阴影”、“投影”、“颜色叠加”参数的修改，参数分别如图 4-6-9、图 4-6-10、图 4-6-11 所示。至此，本练习完成。

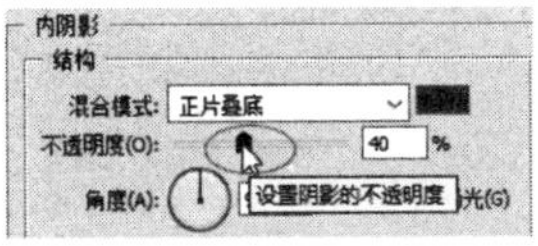

图 4-6-9 “内阴影”样式参数

图 4-6-10 “投影”样式参数

图 4-6-11 “颜色叠加”样式参数

2. 制作“飘扬旗帜”

下面通过制作图 4-6-12 所示的“将 PS 进行到底”的飘扬旗帜来进一步加强路径的操作。该练习是通过绘制路径再填充路径来完成的。

图 4-6-12 “将 PS 进行到底”的飘扬旗帜

操作步骤提示：

(1) 在 Photoshop CS3 中新建 800 px × 600 px、分辨率为 72 dpi、RGB 模式、背景为白色的文件，文件名为“将 PS 进行到底”。新建三个图层，分别用来存放要绘制的“旗杆”、“旗边”、“旗面”(旗帜中间有四条边的那一部分)。

(2) 绘制路径。新建一个路径组，用【钢笔工具】分别绘制如图 4-6-13 所示的“旗杆”、“旗边”、“旗面”三个形状路径。“旗杆”和“旗面”的形状路径相对容易绘制，只是“旗边”路径的绘制稍有难度。可先按图 4-6-14 所示的形状绘制出“旗边”路径的最初直边形状，再用【转换点工具】调整各角点，将路径调整至如图 4-6-15 所示的弧角边形状。

图 4-6-13 “旗杆”、“旗边”、“旗面”路径

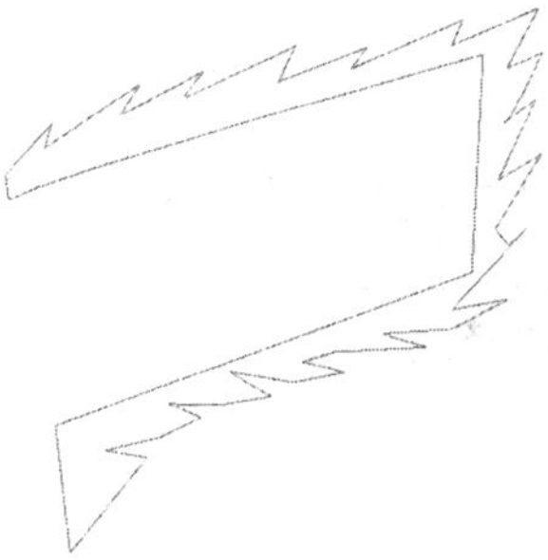

图 4-6-14 “旗边”直线路径

图 4-6-15 “旗边”曲线路径

(3) 填充路径。分别选中“旗杆”、“旗边”、“旗面”路径，对路径填充红色，然后为该图层添加默认的“投影”样式。

(4) 添加文字。添加“将 PS 进行到底”字样的白色文字，并为文字添加“旗帜”选项的特殊文字形状效果。至此，该练习完成。

4.7 思考练习

1．填空题

(1) 路径是由多个________组成的直线段或曲线段的________线条。

(2) ________标记着路径中每条线段的端点。

(3) ________和________的位置决定路径上曲线段的大小和形状。

(4) 关于创建、编辑和选择路径的工具有两组：______________组和______________组。

(5) 若创建的是开放路径，则在确定最后一个锚点后，按_______键或按住_______键并在路径外单击，即可结束开放路径的创建。

(6) 按住________键创建锚点，可创建水平、垂直或 45°方向的直线路径；按住________键，可将钢笔工具暂时转换成直接选择工具；按住________键，当钢笔工具移到锚点时，钢笔工具可暂时转换为转换点工具。

(7) 路径选择工具组包括_____________和_____________两种。

2．判断题

(1) 路径既是矢量线条，又是图像中真实的像素。 (　　)

(2) 可通过移动锚点和修改锚点的方向线和方向点来调整路径形状。 (　　)

(3) 在路径的曲线段上，每个被选中的锚点上都会显示出一条或两条方向线。 (　　)

(4) 路径是封闭区域，只有闭合路径这一种类型。 (　　)

(5) 路径上的锚点只可增加，不能删除。 (　　)

(6) 即使路径处于被选取状态，也无法对其进行变换编辑。 (　　)

(7) 若在【路径】调板的非路径区中单击，就会将显示在图像窗口中的路径隐藏。(　　)

(8) 选区与路径是不可以相互转换的。 (　　)

(9) 画笔、铅笔、橡皮擦、图章以及加深减淡等工具都可以用来描边路径。 (　　)

3．简答题

(1) 简述路径的组成。

(2) 简述【路径选择工具】和【直接选择工具】之间的区别。

(3) 简要总结各路径工具的使用要点。

(4) 简述将选区转换为路径的方法。

第 5 章

滤 镜

本章导读

滤镜是 Photoshop CS3 的特色之一，具有强大的功能。它是一种特殊的软件处理模块，通过滤镜可以使平淡无奇的图像产生奇妙的效果。对于滤镜的使用和效果有初步的感性认识后，还需要经过长期的实践和经验的积累，才能制作出精美的图片。

本章详细介绍滤镜的作用效果、参数含义、选项设置及实例应用等。建议在学习过程中，利用本书所提供的素材对各滤镜进行相应的实际操作。在实际操作中，各滤镜对话框的参数和选项可自行设置，最好对各参数和选项都分别加以尝试，以便加深对滤镜的理解和应用。

学习要点

※ 滤镜库的使用方法，滤镜的特点。
※ 像素化滤镜组、扭曲滤镜组与杂色滤镜组的应用。
※ 模糊滤镜组、渲染滤镜组与画笔描边滤镜组的应用。
※ 素描滤镜组、纹理滤镜组与艺术效果滤镜组的应用。
※ 锐化滤镜组与风格化滤镜组的应用。
※ 抽出滤镜、液化滤镜、图案生成器滤镜和消失点滤镜的应用。

5.1 初识滤镜

5.1.1 滤镜的分类

选择菜单【滤镜】命令，弹出如图 5-1-1 所示的下拉菜单。Photoshop CS3 共内置了 19 组滤镜。

Photoshop CS3 中的滤镜大体可分为两大类：第一大类是功能性的滤镜，比如可用来抠图的【抽出】命令，可生成图案的【图案生成器】命令，可用来处理具有透视效果的【消失点】命令，以及【液化】和【滤镜库】等命令；第二大类是添加图像效果的滤镜，也就是常说的传统滤镜，这一类滤镜又分为 13 个小组，包括【像素化】滤镜、【扭曲】滤镜、【杂色】滤镜、【模糊】滤镜、【渲染】滤镜、【画笔描边】滤镜、【素描】滤镜、【纹理】滤镜、【艺术效果】滤镜、【视频】滤镜、【锐化】滤镜、【风格化】滤镜和【其它】滤镜，每一小组滤镜中均有各自的滤镜。另外，【滤镜】菜单中最后一项是【Digimarc】滤镜，该滤镜主要用来在图像中添加和读取水印(即图像信息)，以保护图像版权。

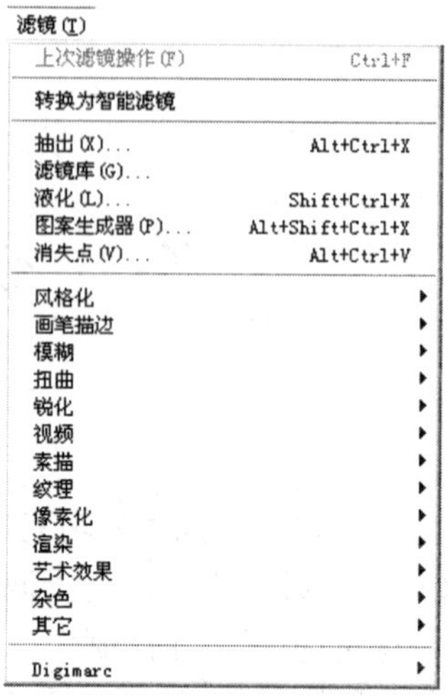

图 5-1-1　【滤镜】下拉菜单

5.1.2　滤镜库

【滤镜库】是滤镜操作中一个非常实用的功能，通过它可以单独应用某一滤镜，或应用多个滤镜，或反复应用同一滤镜。在【滤镜库】中，不但可查看每个滤镜效果的缩览图示例，而且可以累积所应用过的滤镜，更重要的是它允许我们重新排列滤镜的应用顺序和更改已应用的每个滤镜的设置。【滤镜库】如此灵活方便，因此它是应用滤镜的最佳选择。但需要说明的是，并不是【滤镜】菜单中列出的所有滤镜在【滤镜库】中都可用。

选择菜单【滤镜】/【滤镜库】命令，打开如图 5-1-2 所示的【滤镜库】对话框。

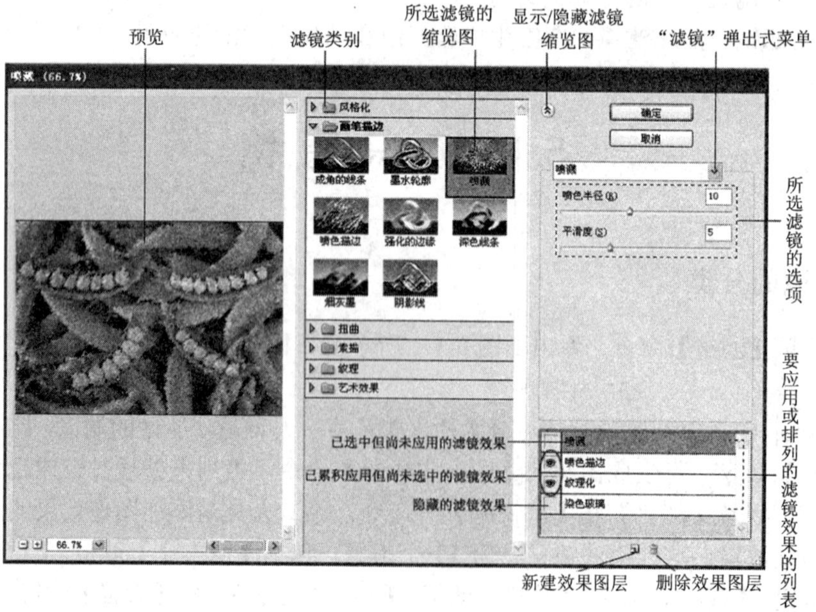

图 5-1-2　【滤镜库】对话框

对于【滤镜库】中右下角的滤镜效果列表的新建、调整排列顺序、删除和隐藏的操作，与对图层的操作相似。单击【新建效果图层】按钮，然后选取要应用的滤镜，重复此过程可累积所应用的滤镜。在已应用滤镜列表中选择一个滤镜图层后，单击【删除效果图层】按钮即可，不能采取像删除图层那样将其直接拖至按钮上删除的方法。

5.1.3 滤镜的特点

滤镜主要具有以下特点：

(1) 滤镜只能应用于当前可视图层或选区，且可反复或连续应用。但不能在同一时刻将一个滤镜应用于多个图层，一次只能应用在一个图层上。另外，滤镜只能应用于图层的有色区域，对完全透明的区域没有效果。

(2) 滤镜不能应用于位图模式、索引颜色。有些滤镜只对 RGB 模式图像起作用，【画笔描边】、【素描】、【纹理】、【视频】和【艺术效果】等滤镜在 CMYK 模式下不能使用。

(3) 有些滤镜完全在内存中处理，所以内存的容量对滤镜的生成速度影响很大。

(4) 有些滤镜很复杂或者要应用滤镜的图像尺寸很大，执行时需要很长时间，如果想结束正在生成的滤镜效果，只需按【Esc】键即可。

(5) 上次使用的滤镜将出现在【滤镜】菜单的顶部，可通过执行此命令或按【Ctrl+F】键对图像重复应用上次使用过的滤镜。

(6) 如果在滤镜设置对话框中对自己调节的效果感觉不满意，希望恢复调节前的参数，可按住【Alt】键，这时对话框中的【取消】按钮会变为【复位】按钮，单击此按钮即可将参数重置为调节前的状态。

(7) 选择菜单【编辑】/【渐隐】命令可减弱上一次使用的滤镜效果。【渐隐】命令相当于在一个单独的图层上应用滤镜效果后再使用图层不透明度和混合模式进行效果控制。

(8) Photoshop CS3 可以安装由非 Adobe 公司开发的增效工具滤镜，也就是常说的外挂滤镜。外挂滤镜经安装后，会出现在【滤镜】菜单的底部，运行方式与内置的滤镜相同。

下面先讲解传统滤镜，然后再讲解【抽出】、【液化】、【图案生成器】和【消失点】命令。

5.2 案例——封面设计

在学习"封面设计"案例前，先介绍像素化滤镜组和扭曲滤镜组的操作与应用。其中，像素化滤镜组有 7 个滤镜，扭曲滤镜组有 13 个滤镜。

5.2.1 像素化滤镜组

像素化滤镜组是将图像分成一定的区域，将这些区域转变为相应的色块，再由色块构成图像，使图像看起来好像由大的碎片和方格组成。选择菜单【滤镜】/【像素化】命令，弹出如图 5-2-1 所示的子菜单，子菜单中共有 7 个滤镜。用于应用本组滤镜的原图像为图 5-2-2 所示的"老虎"图像。

(1) 彩块化滤镜：使用纯色或相近颜色的像素结成相近颜色的像素块来重新绘制图像，

使如图像产生手绘效果。该滤镜无对话框，通过选择菜单命令直接完成。该滤镜效果如图 5-2-3 所示。

图 5-2-1　【像素化】滤镜组子菜单

图 5-2-2　原图像

图 5-2-3　【彩块化】效果

(2) 彩色半调滤镜：模拟在图像的每个通道上使用放大的半调网屏的效果，对于每个通道滤镜将图像划分为矩形，并用圆形替换每个矩形，圆形的大小与矩形亮度成正比。对话框中的“最大半径”选项是指为半调网点的最大半径输入一个以像素为单位的值，范围为 4～127。“网角(度)”选项是指为一个或多通道输入网角值(网点与实际水平线的夹角)。其中：对于灰度图像，只使用通道 1；对于 RGB 图像，使用 1、2 和 3 通道，分别对应红色、绿色和蓝色通道；对于 CMYK 图像，使用全部通道(4 个)，对应青色、洋红、黄色和黑色通道。该滤镜效果如图 5-2-4 所示。

(3) 点状化滤镜：将图像中的颜色分解为随机分布的网点，模拟点状绘画的效果，并用背景色填充网点之间的空白区域。对话框中的“单元格大小”选项用来调整单元格的尺寸，不宜设得过大，否则会使图像变得面目全非，范围是 3～300。该滤镜效果如图 5-2-5 所示。

(4) 晶格化滤镜：使像素结块形成多边形纯色重新绘制图像。对话框中的“单元格大小”选项用来调整结块的尺寸，一般不宜设得过大，范围是 3～300。该滤镜效果如图 5-2-6 所示。

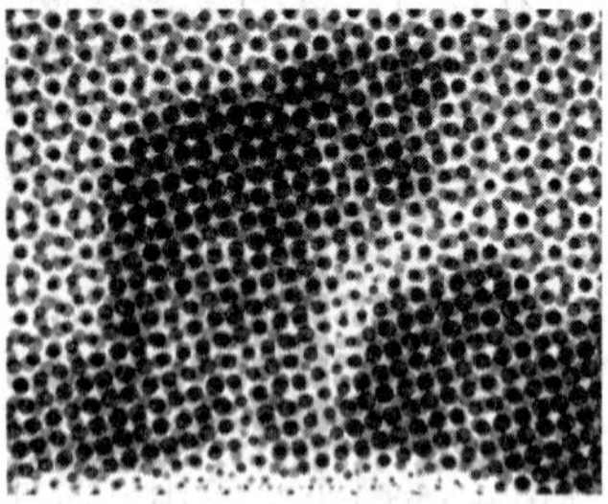

图 5-2-4　【彩色半调】效果

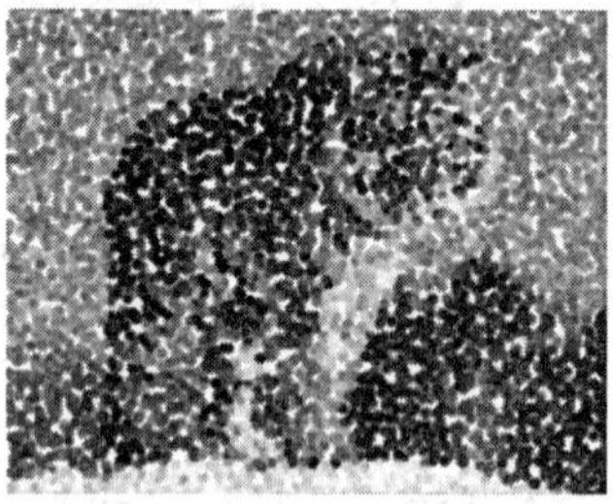

图 5-2-5　【点状化】效果

图 5-2-6　【晶格化】效果

(5) 马赛克滤镜：将像素结为方形块重新绘制图像。对话框中的“单元格大小”选项用来调整方形块的尺寸，一般不宜设得过大，范围是 2～200。该滤镜效果如图 5-2-7 所示。

(6) 碎片滤镜：将图像创建四个相互偏移的副本，产生类似重影的效果。该滤镜无对话框，通过选择菜单命令后直接完成。该滤镜效果如图 5-2-8 所示。

(7) 铜版雕刻滤镜：用类似受损或腐蚀的点、线条和笔画重新绘制图像，使图像产生镂刻的版画效果。可在对话框“类型”选项的列表框中选择网点图案，网点图案共有 10 种类型。图 5-2-10 为选用“中长直线”网点图案后的效果。

图 5-2-7　【马赛克】效果

图 5-2-8　【碎片】效果

图 5-2-9　【铜版雕刻】效果

5.2.2　扭曲滤镜组

扭曲滤镜组是通过对图像应用几何扭曲变形使图像产生波纹或旋转扭曲的各种效果。选择菜单【滤镜】/【扭曲】命令，弹出如图 5-2-10 所示的子菜单，子菜单中共有 13 个滤镜。在本组滤镜中，波浪滤镜至旋转扭曲滤镜所应用的原图像为图 5-2-11 所示的“丝绸”图像，玻璃滤镜至置换滤镜所应用的原图像为图 5-2-2 所示的“老虎”图像。

(1) 波浪滤镜：使图像产生波浪扭曲效果。可通过对话框中的“生成器数”、“波幅”、“波长”和“比例”等选项来控制波浪的大小。该滤镜效果如图 5-2-12 所示。

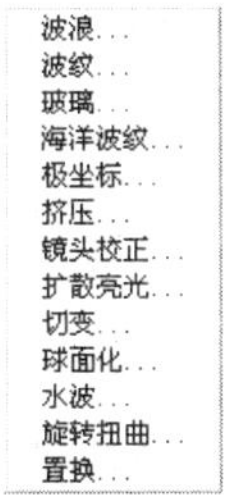

图 5-2-10　【扭曲】滤镜组子菜单

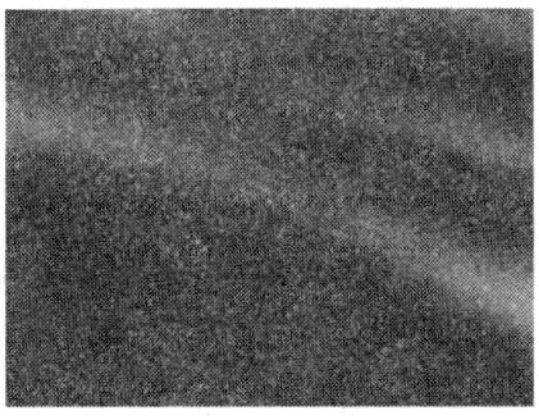

图 5-2-11　原图像

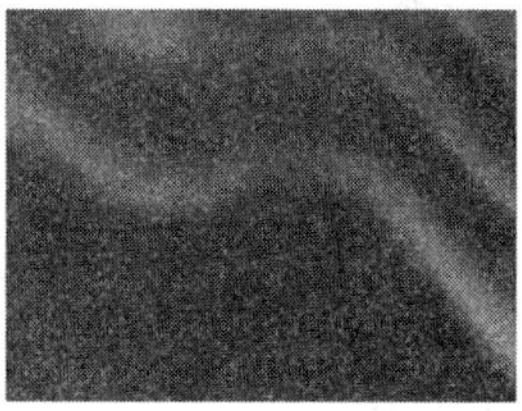

图 5-2-12　【波浪】效果

(2) 波纹滤镜：使图像产生类似水波纹的效果。对话框中的“数量”选项用来控制波纹的变形幅度，范围是−999%～999%，并有大、中和小三种波纹可供选择。该滤镜效果如图 5-2-13 所示。

(3) 海洋波纹滤镜：使图像产生普通的海洋波纹效果。可通过对话框中的“波纹大小”和“波纹幅度”等选项来控制海洋波纹的效果。该滤镜效果如图 5-2-14 所示。

(4) 水波滤镜：使图像产生同心圆状的水波纹效果。图 5-2-15 为应用“水池波纹”选项的滤镜效果。

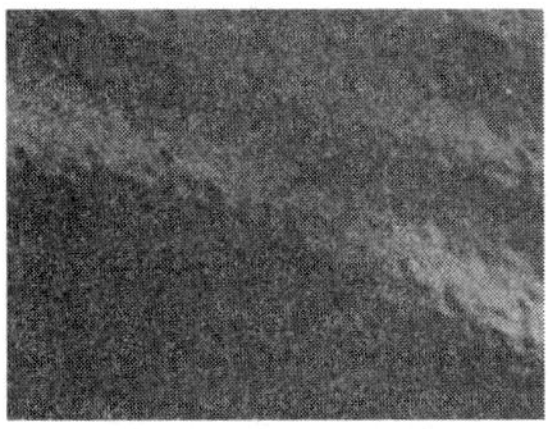

图 5-2-13　【波纹】效果

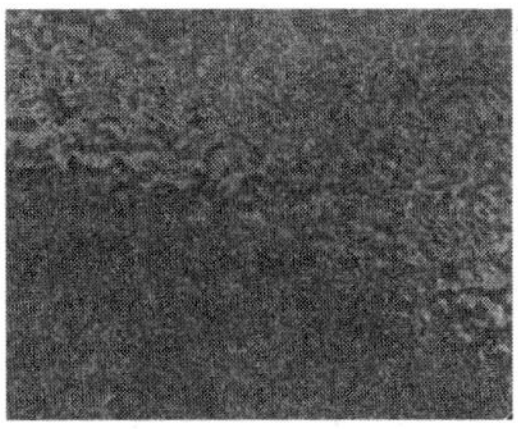

图 5-2-14　【海洋波纹】效果

图 5-2-15　【水波】效果

(5) 旋转扭曲滤镜：使图像产生旋转扭曲的效果。对话框中的“角度”选项可用来调节旋转的角度，范围是−999°～999°。该滤镜效果如图 5-2-16 所示。

(6) 玻璃滤镜：使图像看上去像是透过不同类型的玻璃观看一样的效果。可通过对话框中的“扭曲度”、“平滑度”、“纹理”和“缩放”等选项来控制玻璃效果，其中“纹理”有块状、画布、磨砂和小镜头纹理供选用，也可以载入其它纹理。图 5-2-17 为选用“块状”纹理的效果。

(7) 极坐标滤镜：可将图像的坐标从平面坐标转换为极坐标或从极坐标转换为平面坐标。图 5-2-18 为“平面坐标到极坐标”的滤镜效果。

图 5-2-16　【旋转扭曲】效果

图 5-2-17　【玻璃】块状纹理效果

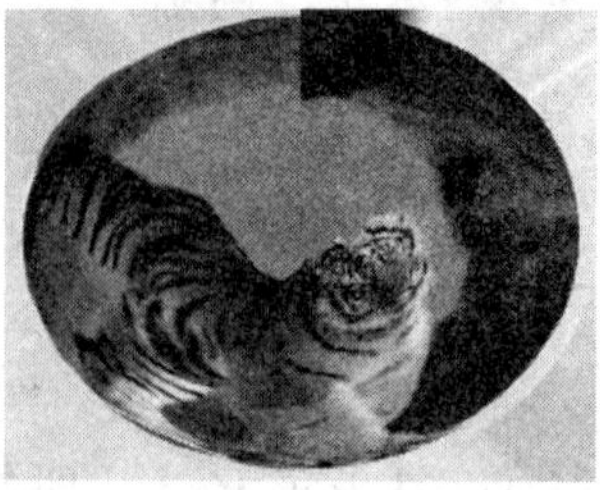

图 5-2-18　【极坐标】效果

(8) 挤压滤镜：使图像的中心产生凸起或凹下的效果。对话框中的“数量”选项用来控制挤压的强度，正值为向内挤压，负值为向外挤压，范围是 −100%～100%。图 5-2-19 为向内挤压效果。

(9) 扩散亮光滤镜：向图像中添加半透明的白杂色，并从图像的亮区或选区的中心向外渐隐亮光。对话框中的“粒度”选项用来控制添加颗粒的数量；“发光量”选项用来控制图像的亮度；“清除数量”选项用来控制图像受滤镜影响区域的范围。数值越大，受影响的区域越少。图 5-2-20 为应用“扩散亮光”滤镜默认参数的效果。

(10) 切变滤镜：可在垂直方向上按设定的弯曲路径来扭曲图像。在对话框中，若选择“折回”选项，则以图像中弯曲出去的部分来填充空白区域；若选择“重复边缘像素”选项，则以图像中扭曲边缘的像素来填充空白区域。该滤镜效果如图 5-2-21 所示。

图 5-2-19　【挤压】效果

图 5-2-20　【扩散亮光】效果

图 5-2-21　【切变】效果

(11) 球面化滤镜：可使选区中心的图像产生凸出或凹陷的球体效果，类似挤压滤镜效果。可通过对话框中的“数量”和“模式”选项设置球面向内或向外挤压的效果，如图 5-2-22 所示。

(12) 置换滤镜：根据另一个“.psd”格式图像的明暗度将图像中的像素移动，从而产生变形的效果。置换滤镜与其它滤镜不同的是，将参数设置完毕后还需要选择一个“.psd”格式图像文件作为位移图。对话框中的“水平(垂直)比例”是指根据位移图的颜色值将原图像像素在水平(垂直)方向上的移动距离。图 5-2-23 为置换时所选用的位移图，置换效果如图 5-2-24 所示。

图 5-2-22　虎头【球面化】效果

图 5-2-23　位移图

图 5-2-24　【置换】效果

(13) 镜头校正滤镜：修复常见的镜头缺陷，如桶形和枕形失真、晕影以及色差。可通过使用对话框中的【移动扭曲工具】来进行校正，在预览区内朝图像的中心拖移可校正桶形失真，而朝图像的边缘拖移可校正枕形失真。图 5-2-25 为桶形失真原图，图 5-2-26 为镜头校正后的图像。

图 5-2-25　桶形失真原图像

图 5-2-26　镜头校正后的图像

5.2.3　封面设计

本案例封面设计图的效果图如图 5-2-27 所示，其中封面中的亮点——墨迹渲染的效果主要是利用【风】、【极坐标】和【径向模糊】滤镜来完成的。

具体操作步骤如下：

(1) 在 Photoshop CS3 中新建一个大小为 400 px × 400 px、分辨率为 72 dpi、RGB 模式、背景为白色的文件，并将文件命名为“墨迹”。

(2) 绘制墨迹。

① 打开【图层】调板，单击【图层】调板下方的【新建图层】按钮，新建图层 1。选择工具箱中的【套索工具】，在“图层 1”中勾勒出如图 5-2-28 所示的选区，将前景色设置为深蓝色(#192853)并填充此选区。在保留选区的状态下，新建图层 2 并填充浅蓝色(#32416c)，再新建图层 3 并填充黑色。选择工具箱中的【移动工具】，将填充浅蓝色图层和黑色图层分别向右错移，三个图层的相对位置如图 5-2-29 所示。

图 5-2-27　封面设计图的效果图

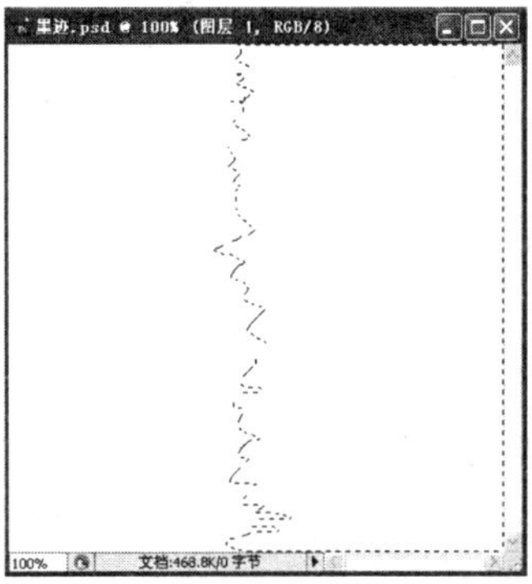

图 5-2-28　勾勒选区

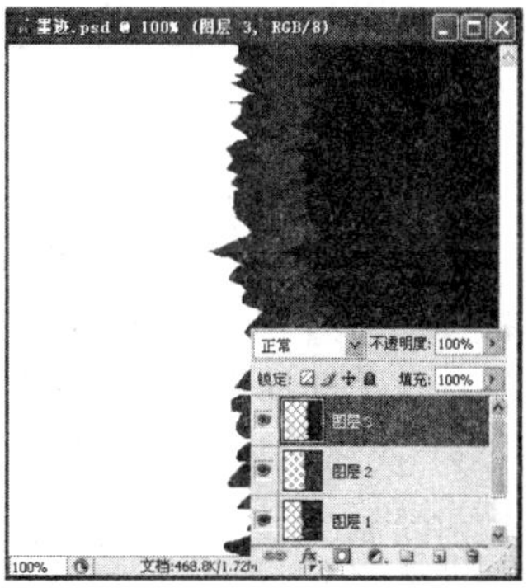

图 5-2-29　三个图层的相对位置

② 选择“图层 1”，选择菜单【滤镜】/【风格化】/【风】命令，在如图 5-2-30 所示的对话框中，“方法”选项选择“风”，“方向”选项选择“从左”。分别对图层 1、2、3 各执行两次“风”的效果，可使用【Ctrl + F】键重复执行滤镜命令。按住【Ctrl】键分别单击这三个图层将它们同时选中，按【Ctrl + E】键将它们合并。

③ 选择菜单【图像】/【旋转画布】/【90 度(逆时针)】命令，如图 5-2-31 所示。如果旋转画布后的图像过大，则执行【Ctrl+T】命令，将其高度缩小至整个图像窗口的 1/3 高度，以免在应用【极坐标】滤镜时出现“墨迹”无法闭合的现象。选择菜单【滤镜】/【扭曲】/【极坐标】命令，在如图 5-2-32 所示的对话框中选择“平面坐标到极坐标”选项，画面效果与对话框中的预览效果一致。

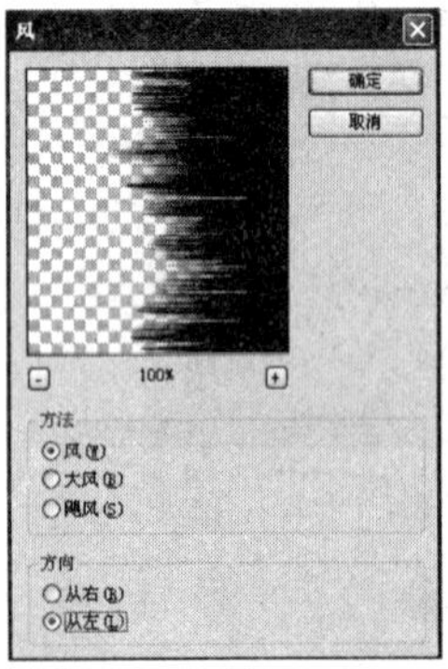

图 5-2-30　【风】滤镜对话框

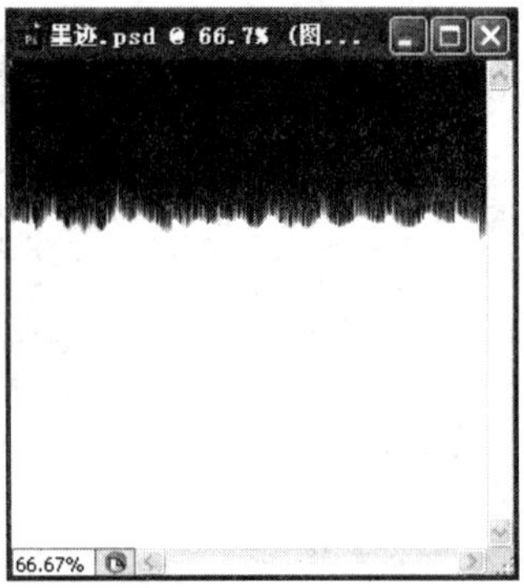

图 5-2-31　合并图层，旋转画布

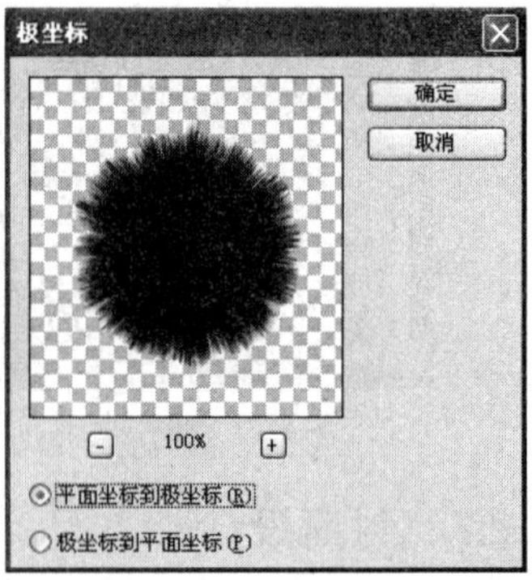

图 5-2-32　【极坐标】滤镜对话框

④ 选择菜单【滤镜】/【模糊】/【径向模糊】命令，参数设置如图 5-2-33 所示，模糊效果如图 5-2-34 所示。这时，设计中所要的“墨迹”已完成，保存并留待设计时应用。

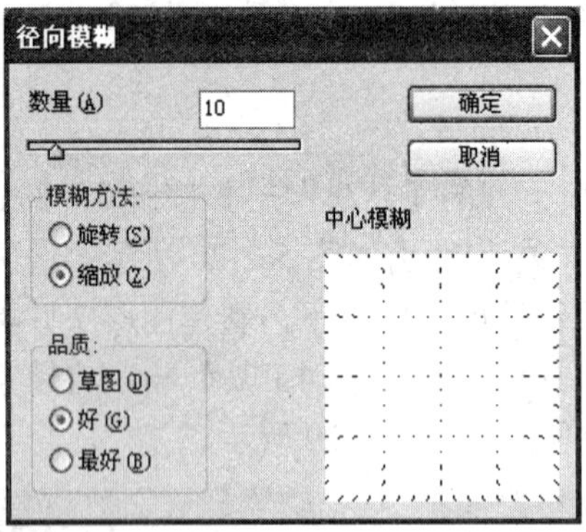

图 5-2-33　【径向模糊】对话框

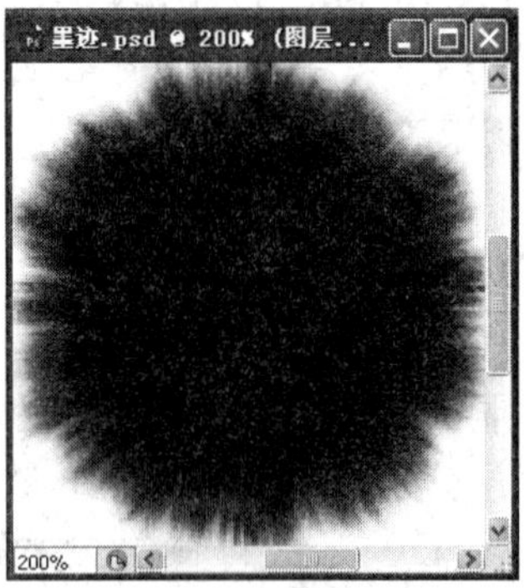

图 5-2-34　模糊效果

(3) 封面设计。

① 新建一个大小为 360 px × 515 px、分辨率为 72 dpi、RGB 模式、背景为白色的文件，并将文件命名为“中国书法封面设计”。打开素材“中国书法.jpg”文件，如图 5-2-35 所示，选择菜单【选择】/【色彩范围】命令，用吸管在金色字上单击将四个字选取。

② 选择工具箱中的【移动工具】，将选取的“中国书法”四个字直接拖至新文件中。将先前绘制的“墨迹”也拖至文件中，再多复制几个，如图 5-2-36 所示，分别进行大小、形状的变形并移动位置。打开素材“毛笔.jpg”文件，用【魔棒工具】在图中的白色区域

单击后再反选，将选中的毛笔拖入文件中。选择工具箱中的【输入横(竖)排工具】T，输入“中国文字出版社”和“天下一绝”几个字，字体和大小可自行选择。

③ 仍觉画面单调，打开素材“毛笔字.jpg”文件，同样将图中的黑色行书毛笔字选取后拖入文件中，在【图层】调板中将该图层的不透明度改为 10%，如图 5-2-37 所示，用【矩形工具】选取部分毛笔字，选择菜单【选择】/【修改】/【羽化】命令，将羽化值设置为 15 px，再反选将笔杆外围多余的毛笔字进行 5 次左右删除，在毛笔字四周形成羽化状态。再选择“背景”图层填充淡紫色(#e9e4e8)。至此，该案例制作完成。

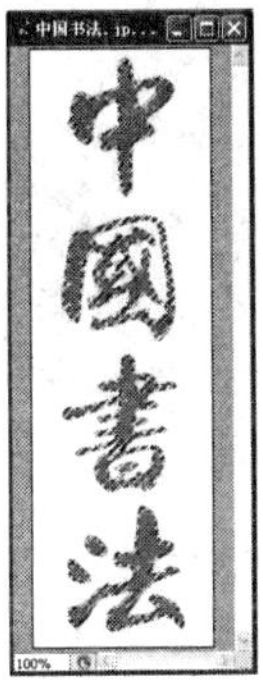

图 5-2-35　“中国书法.jpg”文件

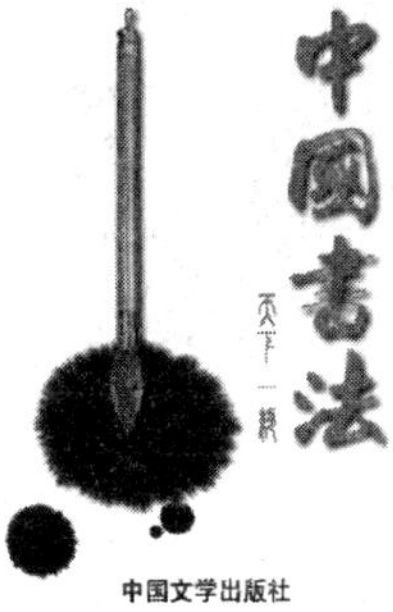

图 5-2-36　添加文字

图 5-2-37　羽化毛笔字外围

5.3　案例——雪中鹰

在学习“雪中鹰”案例前，先介绍杂色滤镜组和模糊滤镜组的操作与应用。其中，杂色滤镜组有 5 个滤镜，模糊滤镜组有 11 个滤镜。

5.3.1　杂色滤镜组

杂色滤镜组可为图像添加或移去杂色或带有随机分布色阶的像素。选择菜单【滤镜】/【杂色】命令，可弹出如图 5-3-1 所示的子菜单，子菜单中共有 5 个滤镜。

(1) 减少杂色滤镜：在基于影响整个图像或各个通道的用户设置保留边缘的同时减少杂色。图 5-3-2 为未应用该滤镜之前有杂色的原图像，应用该滤镜后的效果如图 5-3-3 所示。

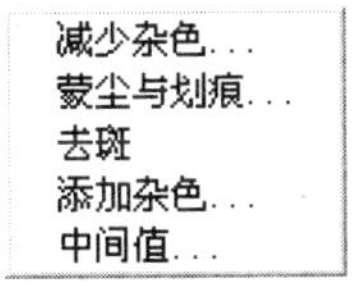

图 5-3-1　【杂色】滤镜组子菜单

图 5-3-2　有杂色的原图像

图 5-3-3　【减少杂色】效果

(2) 蒙尘与划痕滤镜：可以捕捉图像或选区中相异的像素，并将其融入周围的图像中去，达到除尘和涂抹的效果，适用于对扫描图像或旧照片的蒙尘和划痕的处理。单独应用【蒙尘与划痕】滤镜进行去杂，其效果较弱，可先用工具箱中的【仿制图章工具】对图像进行处理后，再应用【蒙尘与划痕】滤镜就会取得较好的效果。图 5-3-4 是 Photoshop CS3 中自带的“旧画像”图像，图 5-3-5 是应用【仿制图章工具】和【蒙尘与划痕】滤镜处理后的图像效果。

(3) 去斑滤镜：通过对图像或选择区域内的图像进行轻微的模糊、柔化，以达到掩饰图像中的细小斑点、消除轻微折痕的效果，并保留图像的细节。该滤镜无对话框，通过选择菜单命令后直接完成。图 5-3-6 为应用【仿制图章工具】和【去斑】滤镜后的图像效果。

图 5-3-4　“旧画像”图像

图 5-3-5　【蒙尘与划痕】效果

图 5-3-6　【去斑】效果

(4) 添加杂色滤镜：向图像随机地添入杂色并与图像相混合。在对话框中，可通过“数量”选项控制添加杂色的百分比；在“分布”类型中若选择“平均分布”，则随机分布产生的杂色；若选择“高斯分布”，则按高斯钟形曲线进行杂色分布；若选中“单色”选项，则添加的杂色只影响图像色调，而不会改变图像颜色。未应用滤镜的原图像为图 5-2-2 所示的“老虎”图像，应用滤镜后的效果如图 5-3-7 所示。

(5) 中间值滤镜：通过混合选区中像素的亮度来减少图像的杂色。该滤镜搜索像素选区的半径范围以查找亮度相近的像素，扔掉与相邻像素差异太大的像素，并用搜索到的像素的中间亮度值替换中心像素。该滤镜在消除或减少图像的动感效果时很有用。其中“半径”选项参数通过控制半径内像素的平均亮度值来取代半径中心像素的亮度值。图 5-3-8 是一张有动感背景的图片，现在通过【中间值】滤镜将动感的背景去除。首先将汽车以外的区域用选区工具选取，然后应用【中间值】滤镜并适当调整参数即可，最后效果如图 5-3-9 所示。

图 5-3-7　【添加杂色】效果

图 5-3-8　动感图片

图 5-3-9　应用【中间值】效果

5.3.2　模糊滤镜组

模糊滤镜组主要是通过减弱相邻像素的对比度，使相邻像素间平滑过渡，从而产生边缘柔和、模糊的效果。选择菜单【滤镜】/【模糊】命令，可弹出如图 5-3-10 所示的子菜单，子菜单中共有 11 个滤镜。本组滤镜除镜头模糊滤镜和形状模糊滤镜应用各自的原图像外，其它滤镜所应用的原图像均为图 5-3-11 所示的“豆角”图像。

(1) 表面模糊滤镜：在保留边缘的同时模糊图像，该滤镜常用于创建特殊效果并消除杂色或粒度。对话框中的“半径”选项用来指定模糊取样区域的大小；“阈值”选项用来控制相邻像素色调值与中心像素色调值相差多大时才能成为模糊的一部分，色调值差小于阈值的像素被排除在模糊之外。该滤镜效果如图 5-3-12 所示。

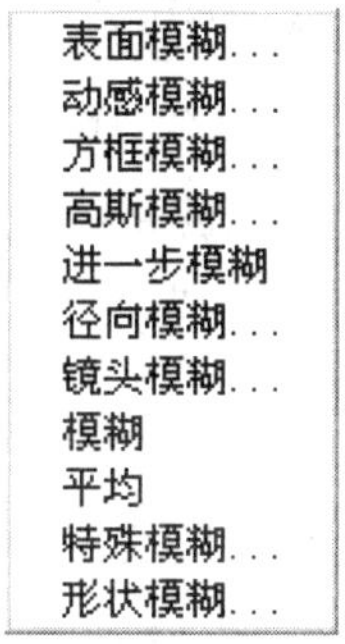

图 5-3-10　【模糊】滤镜组子菜单

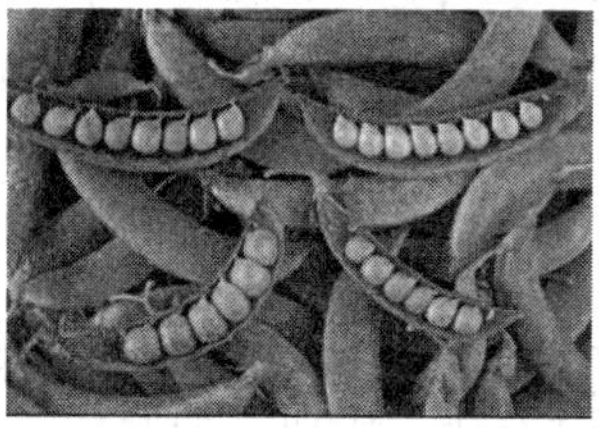

图 5-3-11　原图像

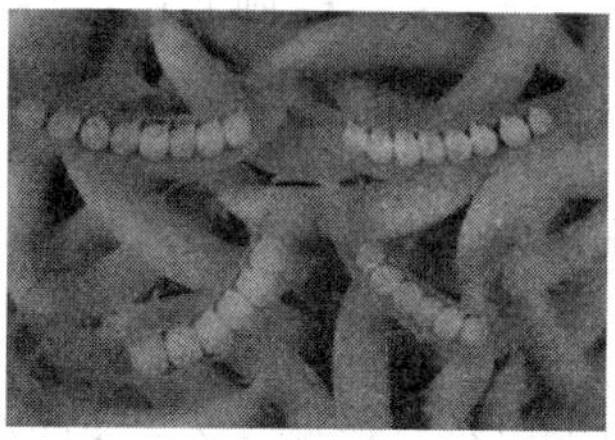

图 5-3-12　【表面模糊】效果

(2) 动感模糊滤镜：对图像沿着指定的方向和指定的强度进行模糊，类似于模仿物体高速运动时曝光的拍摄手法，一般适用于运动物体处于画面中心、周围背景变化较少的图像。对话框中的“角度”选项用来设置模糊的角度(−360°～+360°)；“距离”选项用来设置动感模糊的强度(1～999)。图 5-3-13 为将原图像除右下角的“小豆角”以外的区域选取后，再应用该滤镜后的效果。这样就会制造出“小豆角”似乎在快速飘动的动感效果，这也是将图像中某一部分突出显示并富动感效果的常用方法。

(3) 方框模糊滤镜：基于相邻像素的平均颜色值来模糊图像，该滤镜用于创建特殊效果。对话框中的“半径”选项值越大，产生的模糊效果越明显。该滤镜效果如图 5-3-14 所示。

(4) 高斯模糊滤镜：按指定的值快速模糊选中的图像部分。因该滤镜添加低频细节，故可产生一种朦胧的效果。在对话框中可调节模糊半径，范围是 0.1～250 px。该滤镜效果如图 5-3-15 所示。

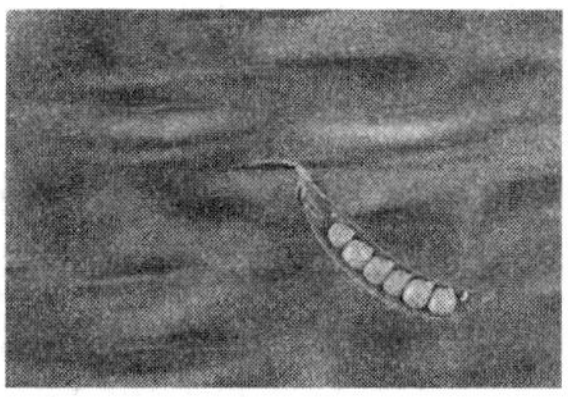

图 5-3-13　【动感模糊】效果

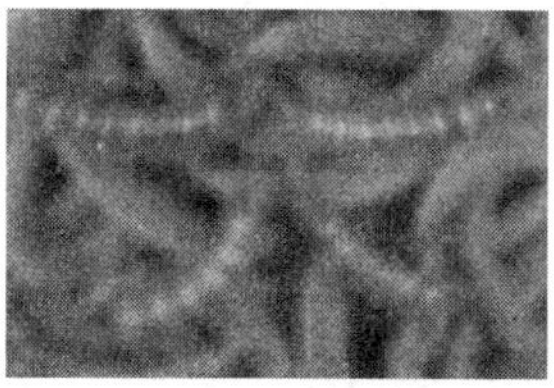

图 5-3-14　【方框模糊】效果

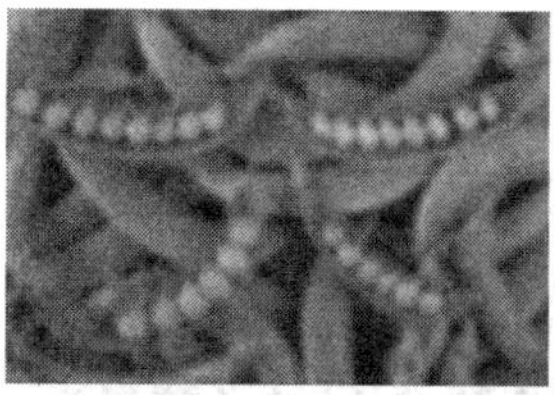

图 5-3-15　【高斯模糊】效果

(5) 模糊滤镜：可消除图像中的杂色，使图像产生轻微模糊效果。如果应用一次效果不明显，可重复应用。该滤镜无对话框，通过选择菜单命令后直接完成。该滤镜效果如图 5-3-16 所示。

(6) 进一步模糊滤镜：与【模糊】滤镜功能相似，只是它的效果比模糊滤镜强 3～4 倍。同样，此滤镜也无对话框，通过选择菜单命令直接完成。该滤镜效果如图 5-3-17 所示。

(7) 径向模糊滤镜：模拟缩放或旋转时相机所产生的模糊，产生一种柔化的模糊。对话框中的“数量”、“旋转”、“缩放”和“品质”选项用来控制模糊效果。该滤镜效果如图 5-3-18 所示。

图 5-3-16　【模糊】效果

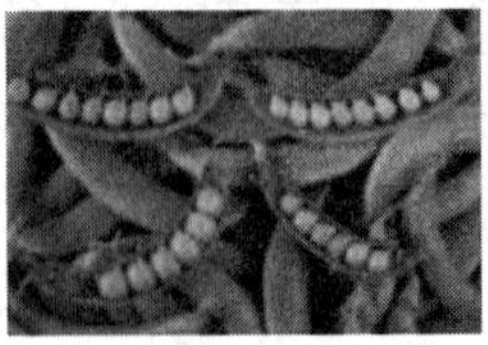

图 5-3-17　【进一步模糊】效果

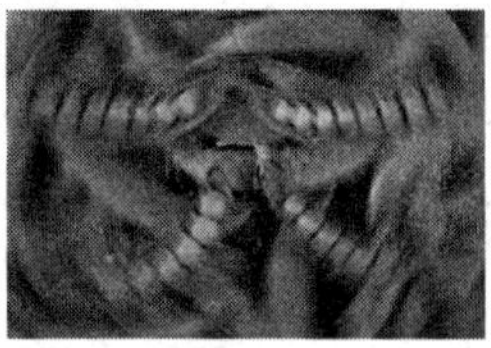

图 5-3-18　【径向模糊】旋转效果

(8) 镜头模糊滤镜：以模仿镜头的方式向图像中添加模糊，以产生前景清晰背景模糊的景深效果。可使用选区来确定哪些区域变模糊，或提供单独的 Alpha 通道深度映射来准确描述希望如何增加模糊。图 5-3-19 为未应用镜头模糊滤镜的原图像，图 5-3-20 为应用镜头模糊滤镜的效果。

(9) 平均滤镜：找出图像或选区的平均颜色，然后用该颜色填充图像或选区以创建平滑的外观。该滤镜无对话框，通过选择菜单命令后直接完成。仍以图 5-3-11 所示的“豆角”图像为例添加【平均】滤镜，效果如图 5-3-21 所示。

图 5-3-19　原图像

图 5-3-20　【镜头模糊】效果

图 5-3-21　【平均】效果

(10) 特殊模糊滤镜：精确地模糊图像。也就是说，该滤镜能使图像中原来较清晰的部分不变，而原来较模糊的部分更加模糊。对话框中的“半径”选项用于设置辐射范围的大小，值越大，效果越明显；“阈值”选项是指只有相邻像素间的亮度相差不超过此临界值的像素才会被模糊。该滤镜效果如图 5-3-22 所示。

(11) 形状模糊滤镜：以指定的形状为基础进行模糊。可从对话框中的“自定形状”列表中选取一种形状，并使用“半径”选项来调整形状的大小，值越大，模糊效果越明显。图 5-3-23 为未应用形状模糊滤镜的原图像，图 5-3-24 为应用形状模糊中“画框 7”□形状的滤镜后的效果。

图 5-3-22　【特殊模糊】效果

图 5-3-23　原图像

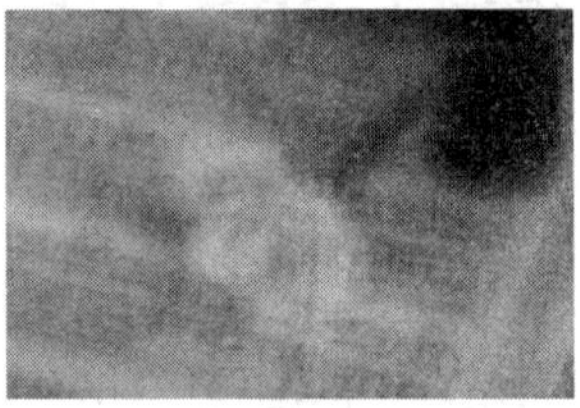

图 5-3-24　【形状模糊】效果

5.3.3　制作“雪中鹰”

本案例“雪中鹰”利用 Photoshop CS3 滤镜来添加暴风雪特效。其中，下雪的效果主要是利用【点状化】和【动感模糊】滤镜以及用于图像调整的【阈值】命令来完成的。图 5-3-25 为原图像，图 5-3-26 为添加风雪效果后的图像。

具体操作步骤如下：

(1) 在 Photoshop CS3 中打开图像“鹰.jpg”，如图 5-3-25 所示。新建图层 1，将前景色设置为白色。按【Alt+BackSpace】键将该图层填充为白色，如图 5-3-27 所示。

图 5-3-25　原图像

图 5-3-26　添加风雪效果后的图像

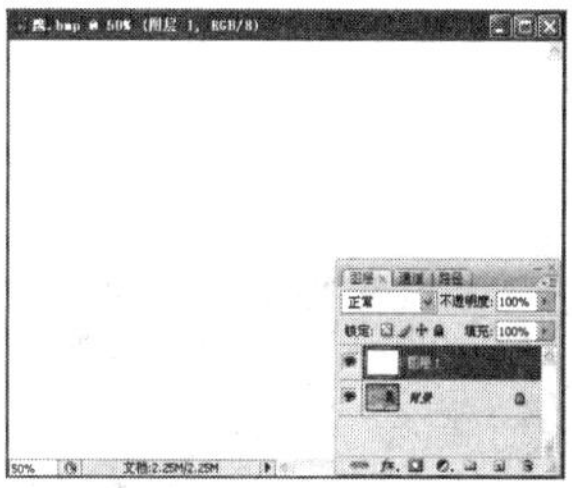

图 5-3-27　新建图层(填充白色)

(2) 选择菜单【滤镜】/【像素化】/【点状化】命令，参数设定如图 5-3-28 所示。在具体应用中，“单元格大小”参数可根据图片的大小和所需要的雪片大小来设定。单击【确定】按钮，效果如图 5-3-29 所示。

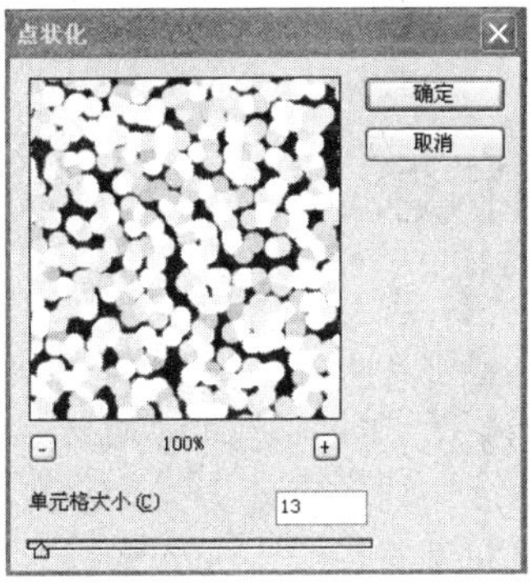

图 5-3-28　设置【点状化】参数

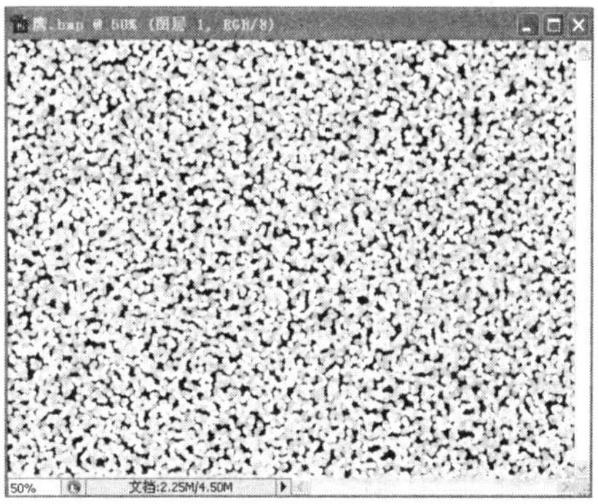

图 5-3-29　应用【点状化】的效果

(3) 选择菜单【图像】/【调整】/【阈值】命令，【阈值】对话框的设置如图 5-3-30 所示，“阈值色阶”的大小决定了雪花的多少。单击【确定】按钮，得到如图 5-3-31 所示的效果。

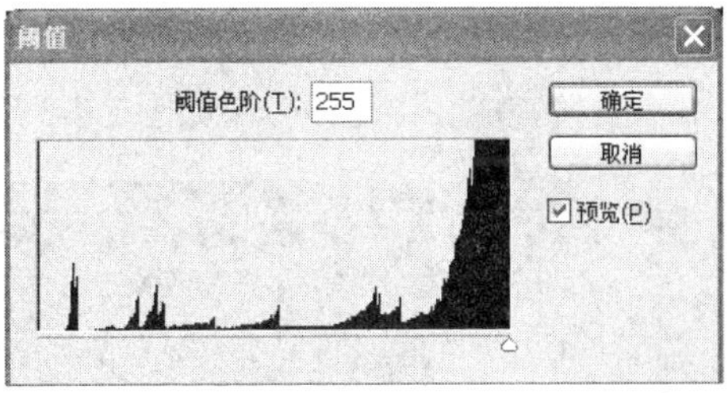

图 5-3-30　设置【阈值】参数

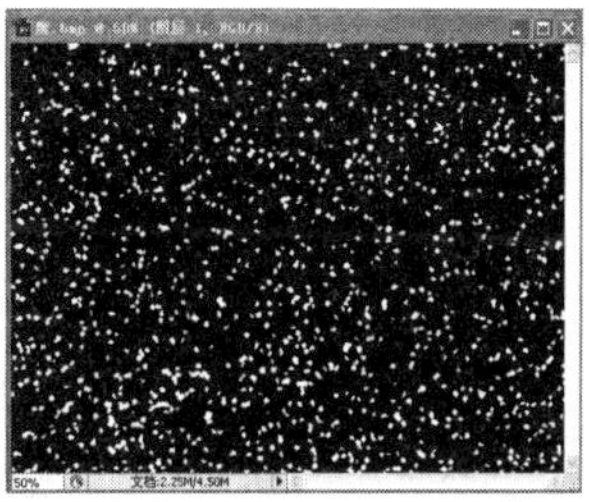

图 5-3-31　用【阈值】调整后的效果

(4) 将“图层 1”的图层混合模式改为“滤色”，如图 5-3-32 所示。选择菜单【滤镜】/【模糊】/【动感模糊】命令，在【动感模糊】对话框中设定飘雪的方向(角度)和飘雪的速度(距离)，如图 5-3-33 所示，单击【确定】按钮。如果在图像中的树枝和鹰的肩膀上再添点积雪会更有寒冷的气氛，可将前景色设定为白色，用柔角 13 px 画笔在鹰的肩膀和树枝上进行绘制。最好是用画笔不断点击，以得到较真实的积雪效果。最后得到如图 5-3-34 所示的效果。

(5) 如觉得画出的积雪还是有点生硬，可再次执行【动感模糊】命令。此次“距离”参数不要过大，比上次【动感模糊】中的“距离”参数小一半即可。至此，该案例制作完成，将文件另存为“雪中鹰.psd”文件。

图 5-3-32　混合模式为“滤色”

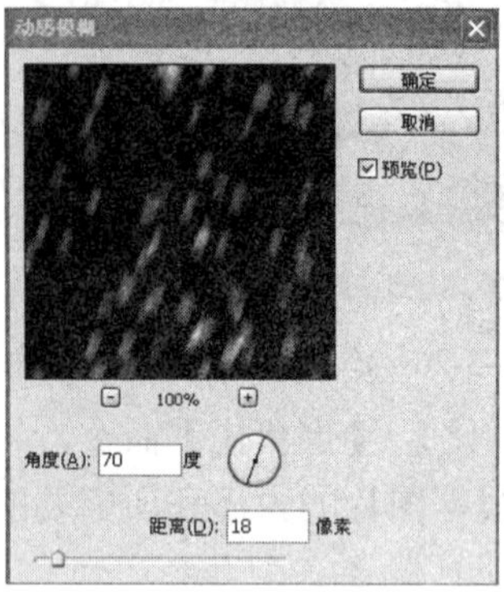

图 5-3-33　【动感模糊】对话框

图 5-3-34　【动感模糊】效果

5.4　案例——金属网状球

在学习“金属网状球”案例前，先介绍渲染滤镜组和画笔描边滤镜组的操作与应用。其中，渲染滤镜组有 5 个滤镜，画笔描边滤镜组有 8 个滤镜。

5.4.1　渲染滤镜组

渲染滤镜组主要用来模拟不同的光源效果，以改变图像的光感效果，也可以与通道相配合产生一种特殊的三维浮雕效果。选择菜单【滤镜】/【渲染】命令，可弹出如图 5-4-1 所示的子菜单，子菜单中共有 5 个滤镜。本组滤镜的原图像均为图 5-4-2 所示的“豆角”图像。

(1) 分层云彩滤镜：使用随机生成的介于前景色与背景色之间的值，生成云彩图案，产生类似负片的效果。该滤镜无对话框，通过选择菜单命令直接完成。该滤镜效果如图 5-4-3 所示。

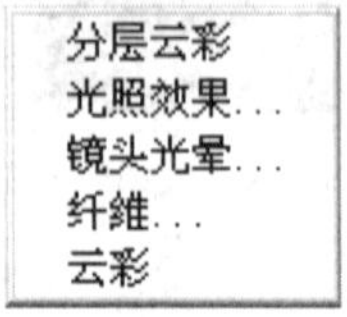

图 5-4-1　【渲染】滤镜组子菜单

图 5-4-2　原图像

图 5-4-3　【分层云彩】效果

(2) 光照效果滤镜：该滤镜提供了 17 种光照样式、3 种光照类型和 4 套光照属性，在 RGB 图像上可以产生无数种光照效果，还可将自己创建的样式存储起来并在其它图像中使用。正因为光照效果滤镜功能强大，所以其参数的设置和使用比较复杂。该滤镜效果如图

5-4-4 所示。

(3) 镜头光晕滤镜：模拟亮光照射到相机镜头所产生的光晕效果。在对话框中通过点按图像缩览图的任一位置或拖移其十字线以指定光晕中心的位置，并可通过“亮度”选项调整光晕的大小，有四种镜头类型可供选择。图 5-4-5 为应用该滤镜中“电影镜头”选项的效果。

(4) 纤维滤镜：使用前景色和背景色创建编织纤维的外观。对话框中的“差异”选项用来控制颜色的变化方式；“强度”选项用来控制每根纤维的外观；点按“随机化”按钮可更改图案的外观。图 5-4-6 为使用纤维滤镜的效果，图 5-4-7 为应用纤维滤镜后再执行【编辑】/【渐隐纤维】命令后的效果，这样图片就可显露出来了。

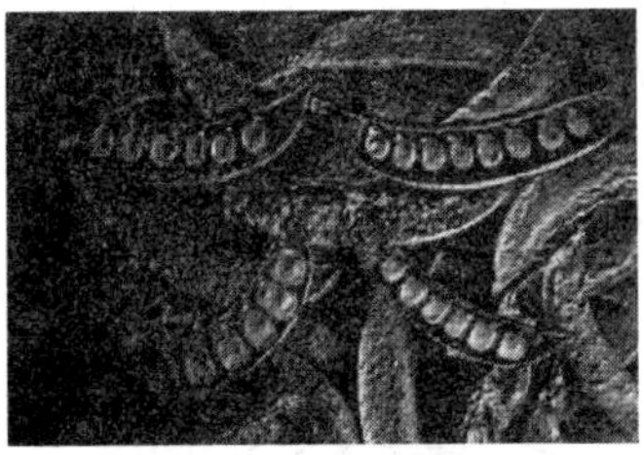

图 5-4-4　【光照效果】效果

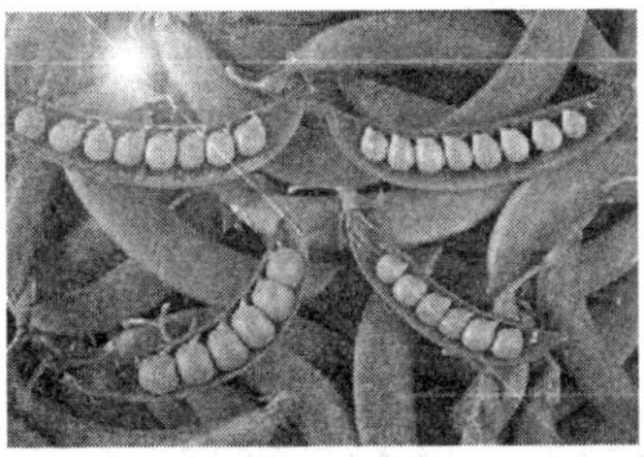

图 5-4-5　【镜头光晕】效果

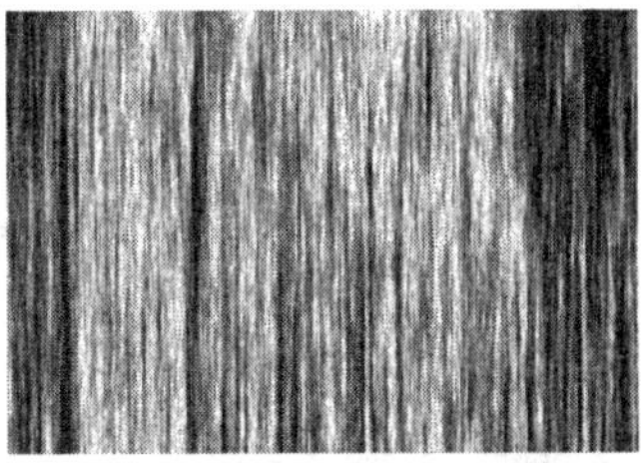

图 5-4-6　【纤维】效果

(5) 云彩滤镜：使用介于前景色与背景色之间的随机值，生成柔和的云彩图案。该滤镜无对话框，通过选择菜单命令直接完成。图 5-4-8 为应用云彩滤镜的效果，图 5-4-9 为应用云彩滤镜后再执行【编辑】/【渐隐云彩】命令并在“模式”选项中选择“浅色”后的效果，这样就会在图片的四周产生云雾似的效果。

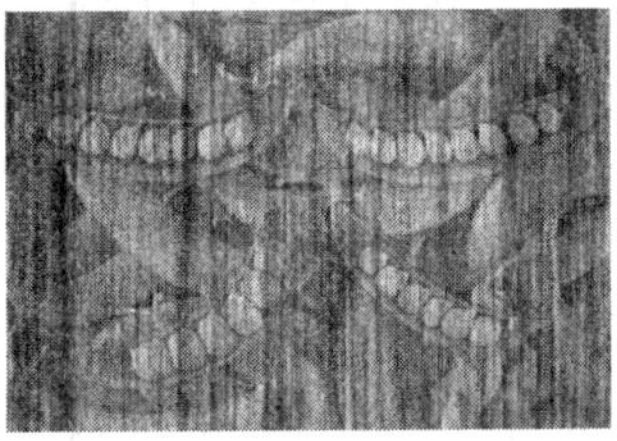

图 5-4-7　渐隐后的【纤维】效果

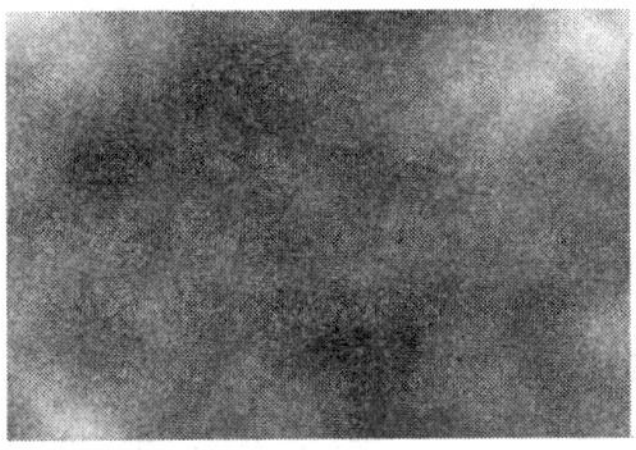

图 5-4-8　【云彩】效果

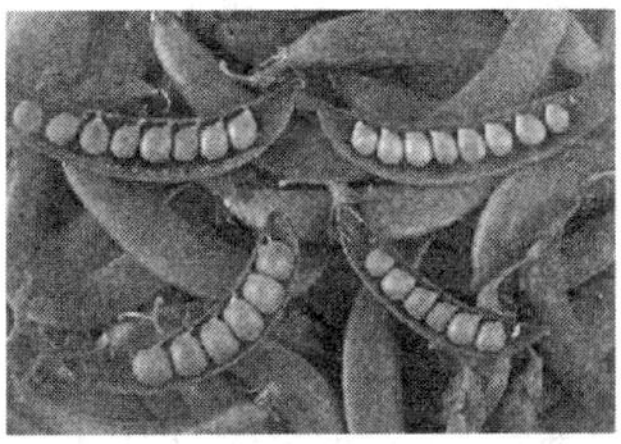

图 5-4-9　渐隐后的【云彩】效果

5.4.2　画笔描边滤镜组

画笔描边滤镜组主要是使用不同的画笔和油墨描边效果创造出具有绘画效果的外观。选择菜单【滤镜】/【画笔描边】命令，可弹出如图 5-4-10 所示的子菜单，子菜单中共有 8 个滤镜。所有【画笔描边】滤镜均须通过【滤镜库】对话框进行具体应用。本组滤镜的原图像均为图 5-4-2 所示的“豆角”图像。

(1) 成角的线条滤镜：使用对角描边重新绘制图像，用相反方向的线条来绘制亮区和暗区。可通过对话框中的“方向平衡”、“描边长度”及“锐化程度”三个选项来控制线条。该滤镜效果如图 5-4-11 所示。

(2) 墨水轮廓滤镜：以钢笔画的风格，用纤细线条在原细节上重绘图像。可通过对话框中的“描边长度”、“深色强度”及“光照强度”三个选项控制效果。该滤镜效果如图 5-4-12 所示。

图 5-4-10　【画笔描边】滤镜组子菜单

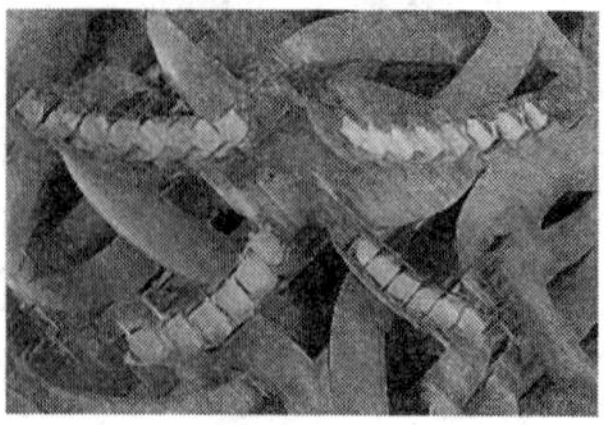

图 5-4-11　【成角的线条】效果

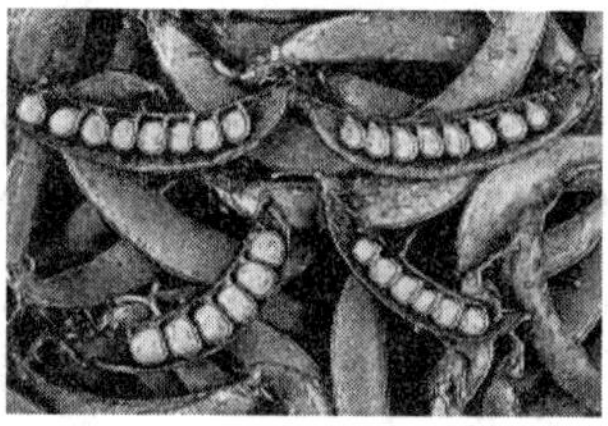

图 5-4-12　【墨水轮廓】效果

(3) 喷溅滤镜：模拟喷枪在画面上笔墨喷溅的效果。可通过对话框中的“喷色半径”和“平滑度”两个选项来控制喷溅效果。该滤镜效果如图 5-2-13 所示。

(4) 喷色描边滤镜：使用图像的主导色，用成角的、喷溅的颜色线条重绘图像。与喷溅滤镜相似，只是喷色效果是同一斜倾方向的。可通过对话框中的“描边长度”、“喷色半径”及“描边方向”三个选项来控制喷溅效果。该滤镜效果如图 5-4-14 所示。

(5) 强化的边缘滤镜：使图像产生一种强调边缘的效果。可通过对话框中的“边缘宽度”、“边缘亮度”、“平滑度”三个选项来控制效果。该滤镜效果如图 5-4-15 所示。

图 5-4-13　【喷溅】效果

图 5-4-14　【喷色描边】效果

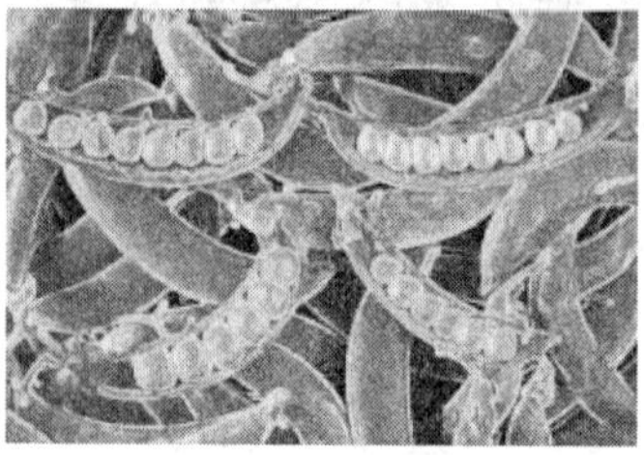

图 5-4-15　【强化的边缘】效果

(6) 深色线条滤镜：用短而绷紧的深色线条绘制图像暗区，用长且白的线条绘制图像亮区，使图像产生对比强烈的黑色阴影效果。可通过对话框中的“平衡”、“黑色强度”、“白色强度”三个选项来控制线条效果。该滤镜效果如图 5-4-16 所示。

(7) 烟灰墨滤镜：以日本画的风格绘制图像，看起来像是用蘸满油墨的画笔在宣纸上绘画一样。烟灰墨使用非常黑的油墨来创建柔和的模糊边缘。可通过对话框中的“描边宽度”、“描边压力”及“对比度”三个选项来控制烟灰墨的效果。该滤镜效果如图 5-4-17 所示。

(8) 阴影线滤镜：在保留原始图像的细节及特征的同时，使用模拟的铅笔阴影线添加纹理，并使彩色区域的边缘变得粗糙。可通过对话框中的“描边长度”、“锐化程度”及“强度”三个选项来控制阴影线的效果。该滤镜效果如图 5-4-18 所示。

图 5-4-16　【深色线条】效果

图 5-4-17　【烟灰墨】效果

图 5-4-18　【阴影线】效果

5.4.3　制作“金属网状球”

本案例“金属网状球”效果图如图 5-4-19 所示，其主要应用了自定义图案和填充的功能，以及【球面化】和【光照效果】滤镜。

具体操作步骤如下：

(1) 在 Photoshop CS3 中新建一个大小为 300 px × 300 px、分辨率为 72 dpi、RGB 模式、背景为白色的文件，并将文件命名为“金属网状球”。打开【图层】调板，新建“图层 1”，将前景色设置为金属色(#b0913f)，并填充“图层 1”，如图 5-4-20 所示。

图 5-4-19　“金属网状球”效果图

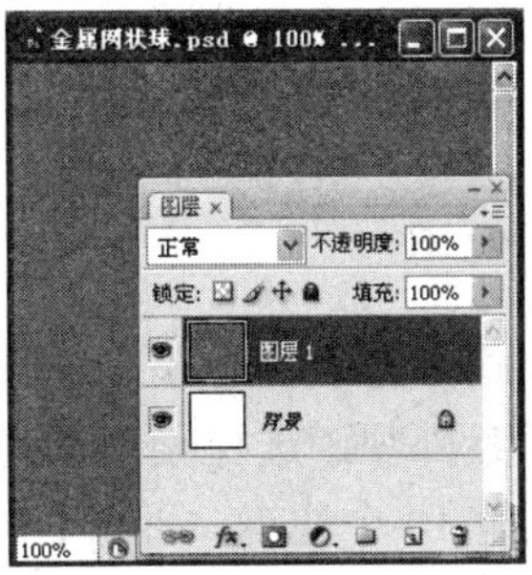

图 5-4-20　新建图层填充颜色

(2) 定义图案。将前景色设置为黑色，选择工具箱中的【画笔工具】，将画笔设置为 13 px 大小、100%硬边的笔刷，在“图层 1”上单击画出一个黑色的小圆点。选择【矩形选框工具】，按住【Shift】键在圆点周围画出一个小方框选区，如图 5-4-21 所示。选择菜单【编辑】/【定义图案】命令，将选区中的内容定义为图案，取消选区。选择菜单【编辑】/【填充】命令，在如图 5-4-22 所示的对话框中选择刚才定义的图案并填充。

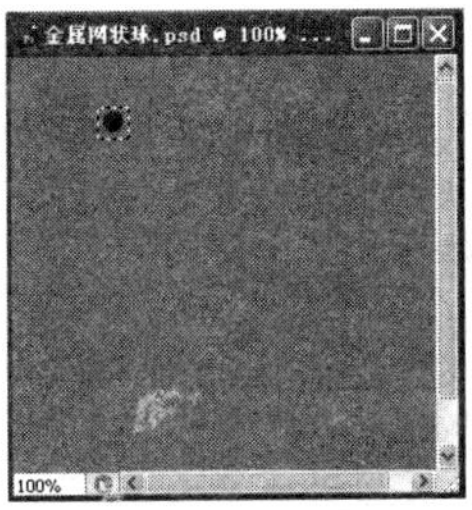

图 5-4-21　定义图案

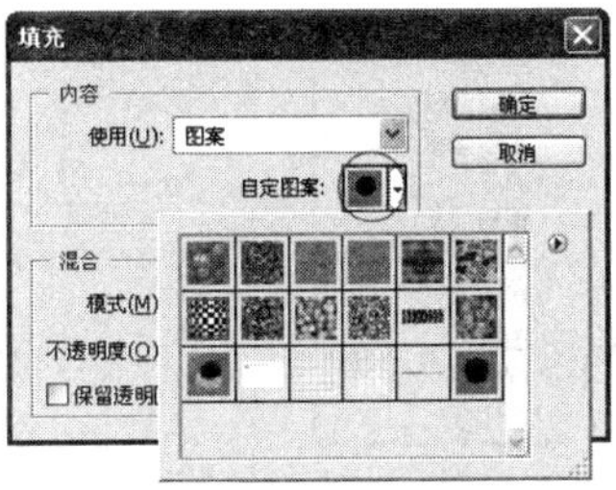

图 5-4-22　填充图案

(3) 选择【椭圆选框工具】，按住【Shift】键画出如图 5-4-23 所示的正圆。选择菜单【滤镜】/【扭曲】/【球面化】命令，将“数量”参数设置为 100%。在保留选区的状态下，选择菜单【滤镜】/【渲染】/【光照效果】命令，参数设置如图 5-4-24 所示，注意将“纹理通道”选项设置为“红”色通道。最后将选区反选删除圆球以外的图案，如图 5-4-25 所示。至此，该案例制作完成。

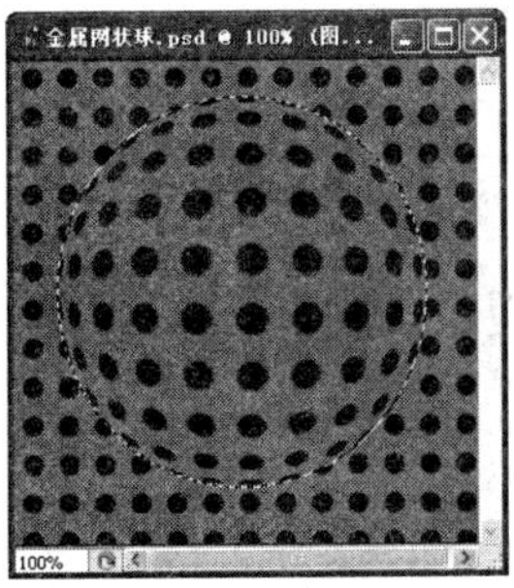

图 5-4-23　创建正圆选区

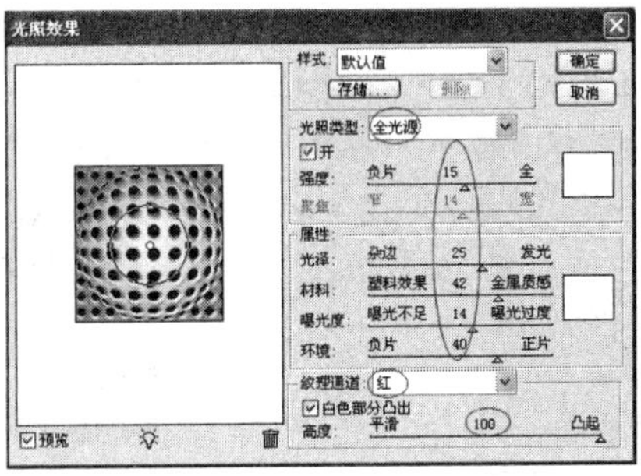

图 5-4-24　【光照效果】对话框

图 5-4-25　金属网状球

5.5 案例——条形码

在学习“条形码”案例前，先介绍素描滤镜组和纹理滤镜组的操作与应用。其中，素描滤镜组有 14 个滤镜，纹理滤镜组有 6 个滤镜。

5.5.1 素描滤镜组

素描滤镜组用于在图像中添加纹理，使图像产生素描、速写及三维的艺术效果，适用于创建美术或手绘外观。选择菜单【滤镜】/【素描】命令，可弹出如图 5-5-1 所示的子菜单，子菜单中共有 14 个滤镜。所有【素描】滤镜均须通过【滤镜库】对话框进行具体应用。本组滤镜的原图像均为图 5-4-2 所示的“豆角”图像。

(1) 半调图案滤镜：在保持图像连续色调范围的同时，模拟半调网屏效果。可通过对话框中的“大小”、“对比度”以及“图案类型”三个选项来控制半调图案效果。该滤镜效果如图 5-5-2 所示。

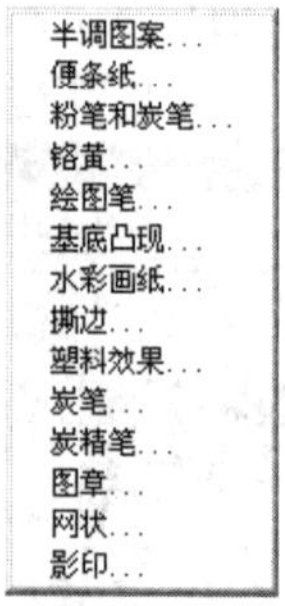

图 5-5-1 【素描】滤镜组子菜单

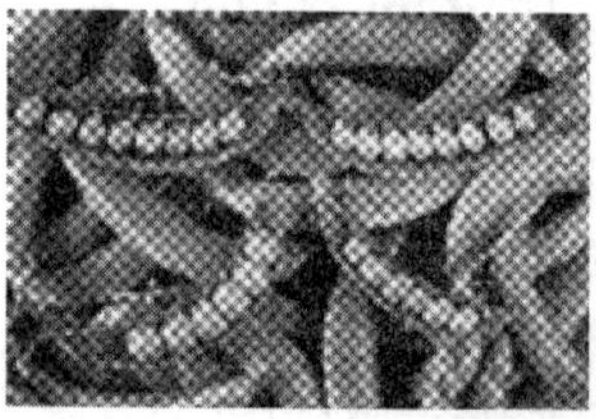

图 5-5-2 【半调图案】效果

(2) 便条纸滤镜：用类似手工制作的纸张来构建图像，模拟凸现压印的图案效果。凸出部分用前景色填充，凹陷部分用背景色填充。可通过对话框中的“图像平衡”、“粒度”及“凸现”三个选项来控制便条纸效果。该滤镜效果如图 5-5-3 所示。

(3) 粉笔和炭笔滤镜：创建类似炭笔素描的效果，重绘高光和中间调，用粉笔绘制纯中间调的背景，用炭笔线条勾画暗区。粉笔绘制区域应用背景色，炭笔绘制区域应用前景色。可通过对话框中的“炭笔区”、“粉笔区”及“描边压力”三个选项来控制粉笔和炭笔效果。该滤镜效果如图 5-5-4 所示。

图 5-5-3 【便条纸】效果

图 5-5-4 【粉笔和炭笔】效果

(4) 铬黄滤镜：将图像处理成发亮光的液体金属质感表面的效果，该效果与【塑料效果】滤镜相似，但它是灰度图。如果应用该滤镜后再执行【渐隐】命令，则表现出冰块、玻璃、水面或绸缎等表面光滑的效果。图 5-5-5 为应用铬黄滤镜的效果，图 5-5-6 为应用【铬黄】滤镜后再执行【编辑】/【渐隐铬黄】命令后的效果。

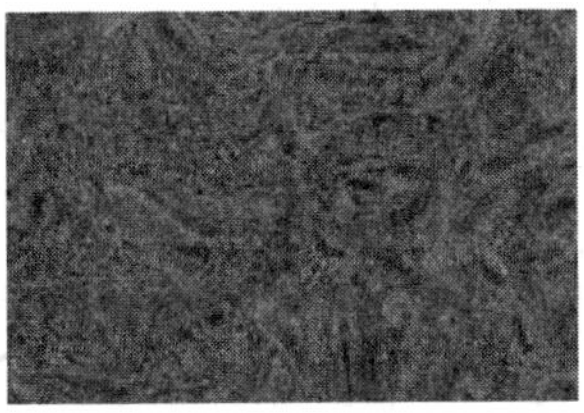

图 5-5-5　【铬黄】效果

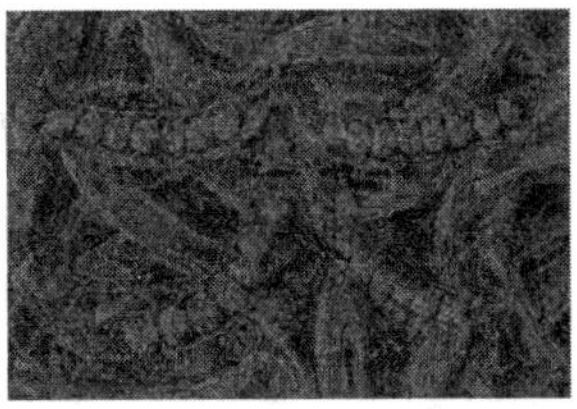

图 5-5-6　渐隐后的【铬黄】效果

(5) 绘图笔滤镜：使用细线状油墨在纸张上勾画出原图像的细节，生成钢笔画素描的效果。油墨应用前景色，纸张应用背景色。可通过对话框中的“描边长度”、“明/暗平衡”及“描边方向”三个选项来控制绘图笔效果。该滤镜效果如图 5-5-7 所示。

(6) 基底凸现滤镜：变换图像，使之呈浮雕的雕刻状和突出光照下变化各异的表面效果。图像的暗区使用前景色替换，亮区使用背景色替换。可通过对话框中的“细节”、“平滑度”及“光照”三个选项来控制基底凸现效果。该滤镜效果如图 5-5-8 所示。

(7) 水彩画纸滤镜：模仿在有污点的潮湿的纸张上进行涂抹的效果。可通过对话框中的“纤维长度”、“亮度”及“对比度”三个选项来控制画面涂抹效果。该滤镜效果如图 5-5-9 所示。

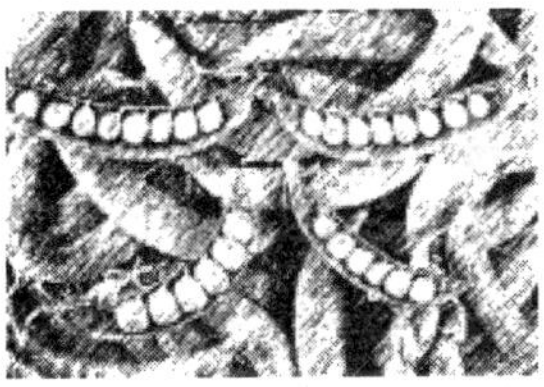

图 5-5-7　【绘图笔】效果

图 5-5-8　【基底凸现】效果

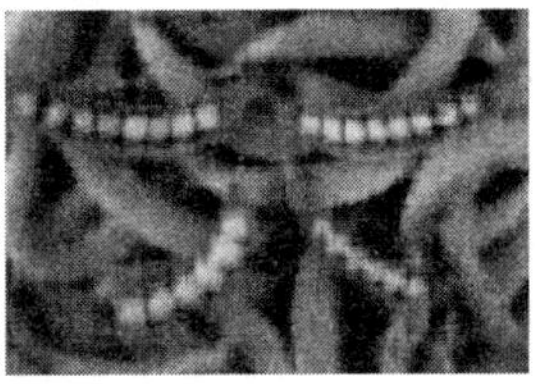

图 5-5-9　【水彩画纸】效果

(8) 撕边滤镜：重建图像，使之呈现粗糙、撕破的纸片状，然后用前景色和背景色对图像着色。可通过对话框中的“图像平衡”、“平滑度”及“对比度”三个选项来控制撕边效果。该滤镜效果如图 5-5-10 所示。

(9) 塑料效果滤镜：模拟塑料浮雕效果创建图像，并使用前景色和背景色为结果图像着色，暗区凸起，亮区凹陷。可通过对话框中的“图像平衡”、“平滑度”及“光照”三个选项来控制塑料效果。该滤镜效果如图 5-5-11 所示。

(10) 炭笔滤镜：产生色调分离的涂抹效果，边缘使用粗线条绘制，中间色调用对角描边进行素描。可通过对话框中的“炭笔粗细”、“细节”及“明/暗平衡”三个选项来控制炭笔效果。该滤镜效果如图 5-5-12 所示。

图 5-5-10　【撕边】效果

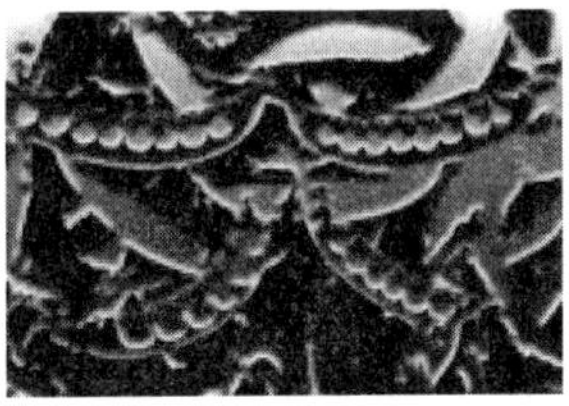

图 5-5-11　【塑料效果】效果

图 5-5-12　【炭笔】效果

(11) 炭精笔滤镜：模拟类似蜡笔笔触在花纹纸上描绘的效果。“炭精笔”在暗区使用前景色，在亮区使用背景色。为了获得逼真的效果，要在未应用滤镜前将前景色改为“炭精笔”常用的颜色，如黑色、深褐色和血红色等。可通过对话框中的“前景色阶”、“背景色阶”、“纹理”及“光照”等选项来控制炭精笔效果。如果应用该滤镜后再执行【渐隐】命令，可表现出磨损的粗面纹理效果。图 5-5-13 为应用炭精笔滤镜的效果，图 5-5-14 为应用炭精笔滤镜后再执行【编辑】/【渐隐炭精笔】命令并在“模式”选项中选择“强光”后的效果。

(12) 图章滤镜：将图像简化，使图像看起来就像是用橡皮或木制图章创建的效果。该滤镜用于黑白图像时效果最好。可通过对话框中的“明/暗平衡”和“平滑度”选项来控制图章效果。该滤镜效果如图 5-5-15 所示。

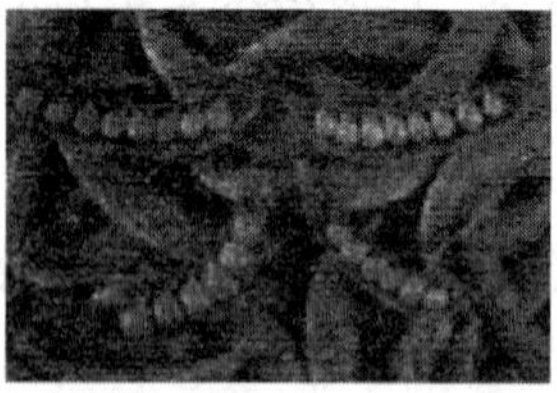
图 5-5-13 【炭精笔】效果

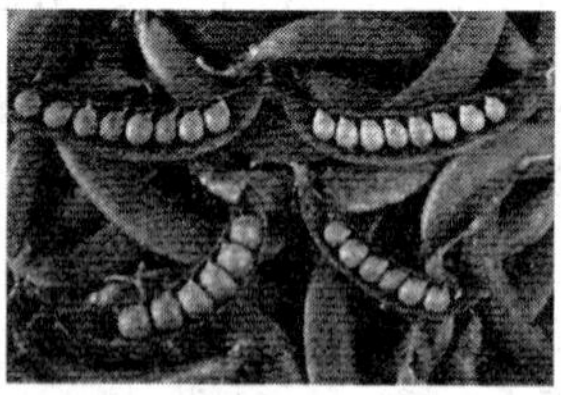
图 5-5-14 渐隐后的【炭精笔】效果

图 5-5-15 【图章】效果

(13) 网状滤镜：用前景色或背景色填充图像，使图像的暗调区域结块，高光区域好像被轻微颗粒化，在图像中产生一种网眼覆盖效果。可通过对话框中的“浓度”和“前(背)景色阶”选项来控制网状效果。该滤镜效果如图 5-5-16 所示。

(14) 影印滤镜：模拟影印图像效果。其暗区趋向于边缘的描绘，而中间色调为纯白或纯黑色。该滤镜使图像模糊，产生色调分离的效果，因此常用该滤镜制作旧照片效果。可通过对话框中的“细节”和“暗度”选项来控制影印效果。该滤镜效果如图 5-5-17 所示。

图 5-5-16 【网状】效果

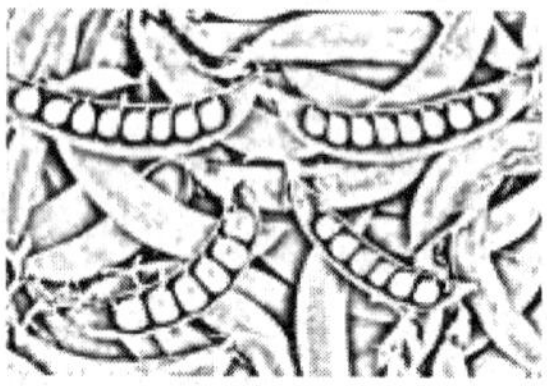
图 5-5-17 【影印】效果

5.5.2 纹理滤镜组

纹理滤镜组可模拟具有深度感或物质感的外观，常用来创建图像的凸凹纹理和材质效果。选择菜单【滤镜】/【纹理】命令，可弹出如图 5-5-18 所示的子菜单，子菜单中共有 6 个滤镜。所有【纹理】滤镜均须通过【滤镜库】对话框进行具体应用。本组滤镜的原图像均为图 5-4-2 所示的“豆角”图像。

(1) 龟裂缝滤镜：根据图像的等高线生成精细的网状裂缝纹理，并使图像产生浮雕的效果。可通过对话框中的“裂缝间距”、“裂缝浓度”和“裂缝亮度”选项来控制龟裂效果。该滤镜效果如图 5-5-19 所示。

(2) 颗粒滤镜：模拟不同的颗粒(常规、软化、喷洒、结块、强反差、扩大、点刻、水平、垂直和斑点)纹理添加到图像的效果。常用该滤镜制作破损脏旧的表面效果。可通过对话框中的“强度”、“对比度”和“颗粒类型”选项来控制颗粒效果。该滤镜效果如图 5-5-20 所示。

图 5-5-18　【纹理】滤镜组子菜单

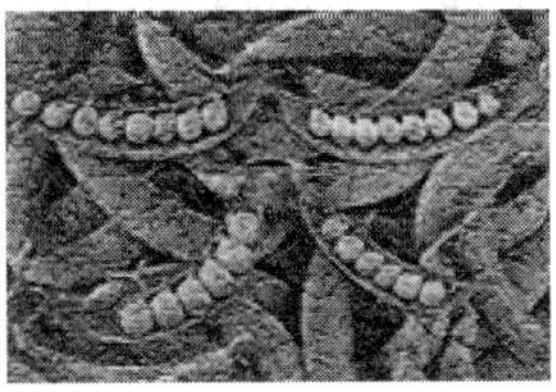

图 5-5-19　【龟裂缝】效果

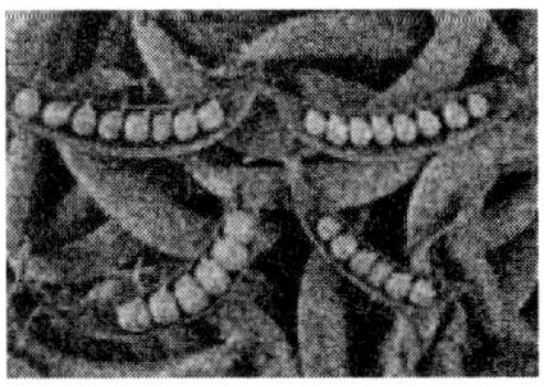

图 5-5-20　【颗粒】效果

(3) 马赛克拼贴滤镜：使图像看起来由小碎片或拼贴块组成，然后在拼贴之间灌浆。可通过对话框中的“拼贴大小”、“缝隙宽度”和“加亮缝隙”选项来控制拼贴效果。该滤镜效果如图 5-5-21 所示。

(4) 拼缀图滤镜：模拟建筑拼贴瓷片的效果，将图像分解为用图像中该区域主色填充的正方形。该滤镜随机减小或增大拼贴的浓度，以模拟高光和阴影。可通过对话框中的“方形大小”和“凸现”选项来控制拼缀图效果。该滤镜效果如图 5-5-22 所示。

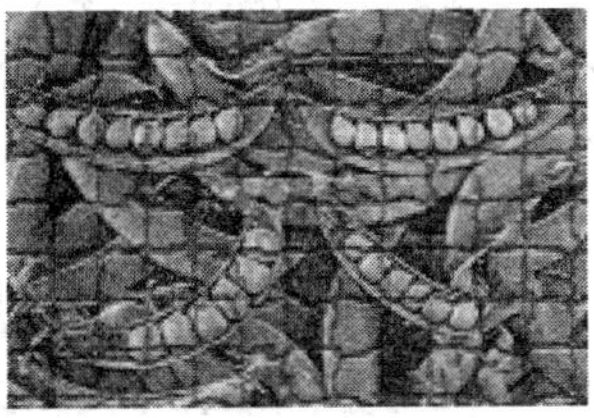

图 5-5-21　【马赛克拼贴】效果

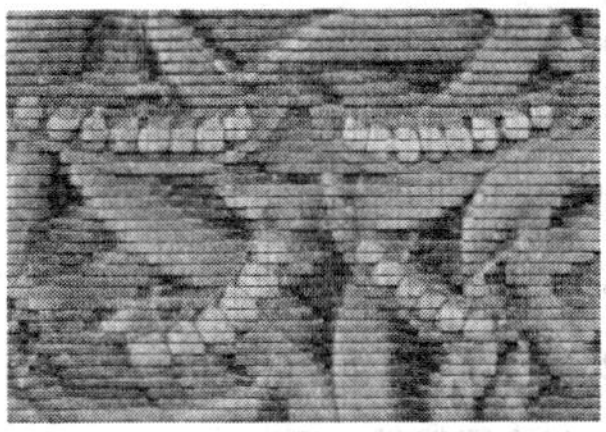

图 5-5-22　【拼缀图】效果

(5) 染色玻璃滤镜：将图像重新绘制成彩块玻璃效果，彩块玻璃的边框由前景色填充。常用该滤镜制作欧式玻璃彩窗以及类似于蜻蜓翅膀样式的纹理。可通过对话框中的“单元格大小”、“边框精细”和“光照”等选项来控制染色玻璃效果。该滤镜效果如图 5-5-23 所示。

(6) 纹理化滤镜：对图像直接应用系统给出的纹理效果。可通过对话框中的“缩放”、“凸现”和“光照强度”等选项来控制纹理化效果。该滤镜效果如图 5-5-24 所示。

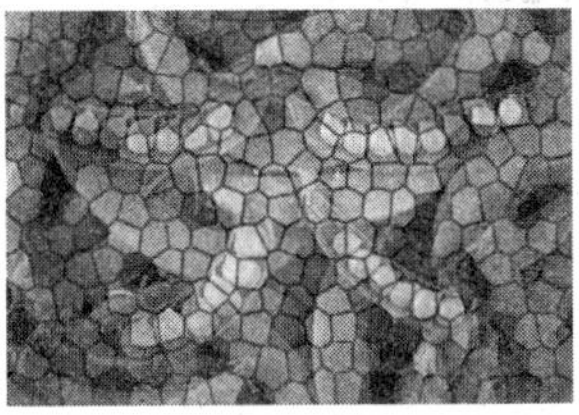

图 5-5-23　【染色玻璃】效果

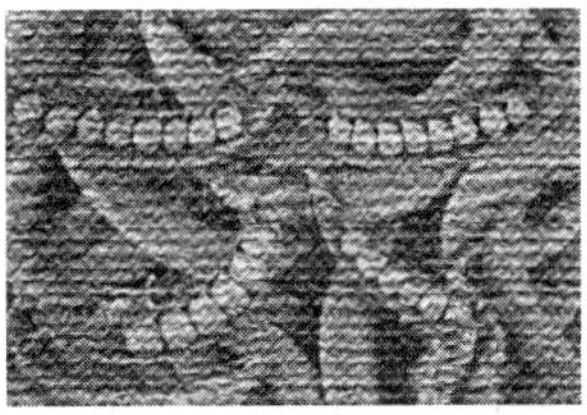

图 5-5-24　【纹理化】效果

5.5.3　制作“条形码”

本案例“条形码”效果图如图 5-5-25 所示，其主要是应用【绘图笔】滤镜和图像调整中的【亮度/对比度】命令来完成的。

图 5-5-25　“条形码”效果图

具体操作步骤如下：

(1) 在 Photoshop CS3 中新建一个大小为 200 px × 120 px、分辨率为 72dpi、RGB 模式、背景为白色的文件，并将文件命名为“条形码”。打开【图层】调板，新建“图层 1”，将前景色设置为黑色并填充“图层 1”，如图 5-5-26 所示。

(2) 绘制条形码。

① 选择菜单【滤镜】/【素描】/【绘图笔】命令，参数设置如图 5-5-27 所示，效果如图 5-5-28 所示。

图 5-5-26　新建图层填充颜色

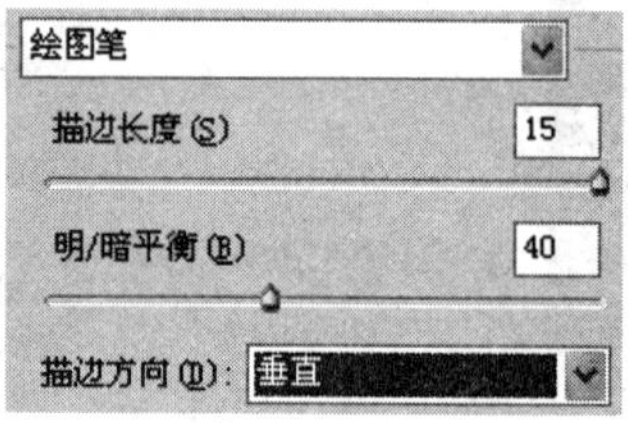

图 5-5-27　【绘图笔】参数设置

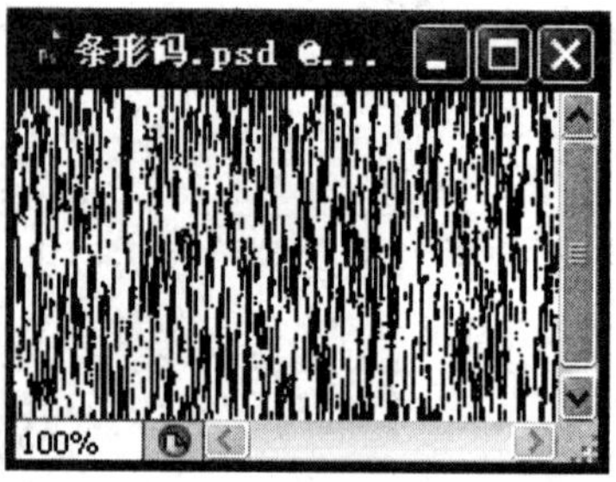

图 5-5-28　【绘图笔】效果

② 在图像窗口的文件名称上单击鼠标右键，在弹出的快捷菜单中选择“图像大小”，将图像的高度修改为 1 px，宽度不变，完成后图像放大的效果如图 5-5-29 所示。

③ 因为图像存在灰度等级，但我们只需保留黑白二色，故选择菜单【图像】/【调整】/【亮度/对比度】命令，参数设置如图 5-5-30 所示，效果如图 5-5-31 所示。

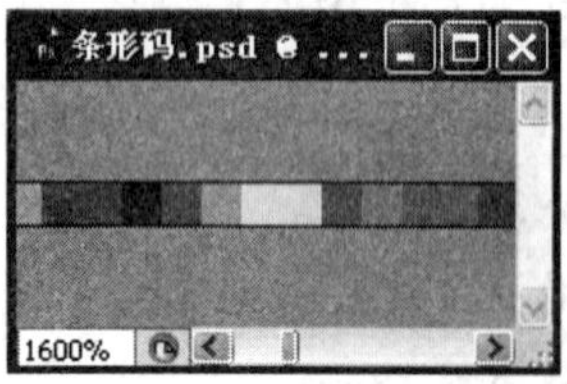

图 5-5-29　修改图像高度

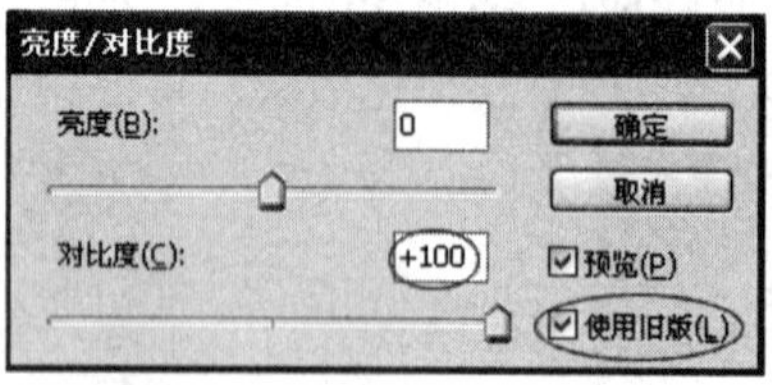

图 5-5-30　【亮度/对比度】参数设置

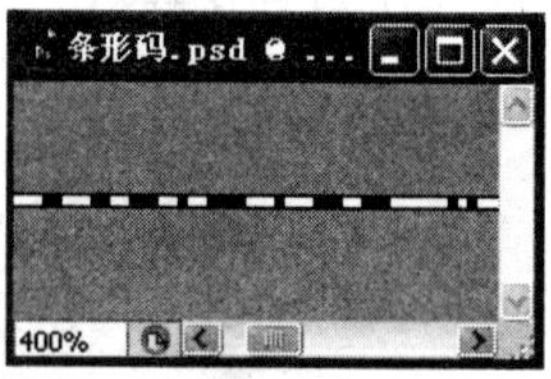

图 5-5-31　调整图案对比度

(3) 修饰条形码。用步骤(2)中②的方法，将文件的高度再修改回 120 px，图案的效果如图 5-5-32 所示。下面再做一些修饰，按【Ctrl+T】键调整图案，将图案高度缩短，并稍稍向下移动图案，将左边图案去掉两小条，再将中间的条形码用【矩形选框工具】剪掉一部分，如图 5-5-33 所示。最后为条形码添加圆角矩形、数字和阴影效果等，如图 5-5-34 所示。

图 5-5-32　修改图像高度

图 5-5-33　编辑条形码

图 5-5-34　修饰条形码

5.6　案例——围棋子

在学习“围棋子”案例前，先介绍艺术效果滤镜组和锐化滤镜组的操作与应用。其中，艺术效果滤镜组有 15 个滤镜，锐化滤镜组有 5 个滤镜。

5.6.1　艺术效果滤镜组

艺术效果滤镜组模拟自然或传统介质效果，为美术或商业项目制作绘画效果或艺术效果。选择菜单【滤镜】/【艺术效果】命令，弹出如图 5-6-1 所示的子菜单，子菜单中共有 15 个滤镜。所有【艺术效果】滤镜均须通过【滤镜库】对话框进行具体应用。本组滤镜的原图像均为图 5-4-2 所示的“豆角”图像。

(1) 壁画滤镜：使用短而圆的、粗略涂抹的小块颜料，以一种粗糙的风格绘制图像。可通过对话框中的“画笔大小”、“画笔细节”和“纹理”三个选项来控制壁画效果。该滤镜效果如图 5-6-2 所示。

(2) 彩色铅笔滤镜：使用彩色铅笔在纯色背景上绘制图像。可通过对话框中的“铅笔宽度”、“描边压力”和“纸张亮度”三个选项来控制彩色铅笔效果。该滤镜效果如图 5-6-3 所示。

图 5-6-1　【艺术效果】滤镜组子菜单

图 5-6-2　【壁画】效果

图 5-6-3　【彩色铅笔】效果

(3) 粗糙蜡笔滤镜：模拟用彩色蜡笔在带纹理的图像上的描边效果。可通过对话框中的“描边长度”、“描边细节”、“纹理”和“光照”等选项来控制蜡笔效果。该滤镜效果如图 5-6-4 所示。

(4) 底纹效果滤镜：模拟将选择的纹理与图像相互融合在一起的效果。可通过对话框中的“画笔大小”、“纹理覆盖”、“纹理”和“光照”等选项来控制底纹效果。该滤镜效果如图 5-6-5 所示。

(5) 调色刀滤镜：降低图像的细节并淡化图像，类似于国画的写意笔法。可通过对话框中的“描边大小”、“描边细节”和“软化度”等选项来控制调色刀效果。该滤镜效果如图 5-6-6 所示。

图 5-6-4　【粗糙蜡笔】效果

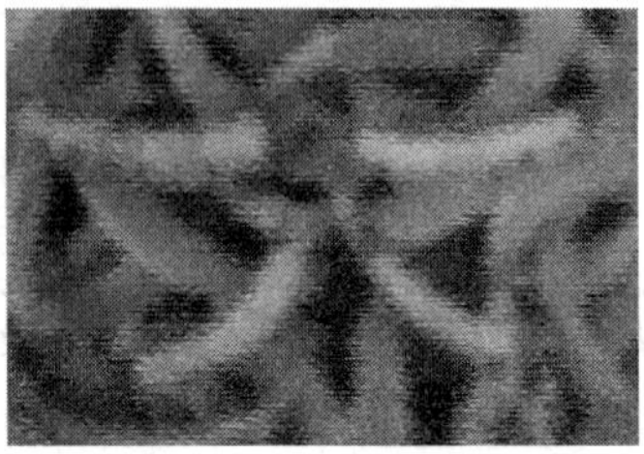

图 5-6-5　【底纹效果】效果

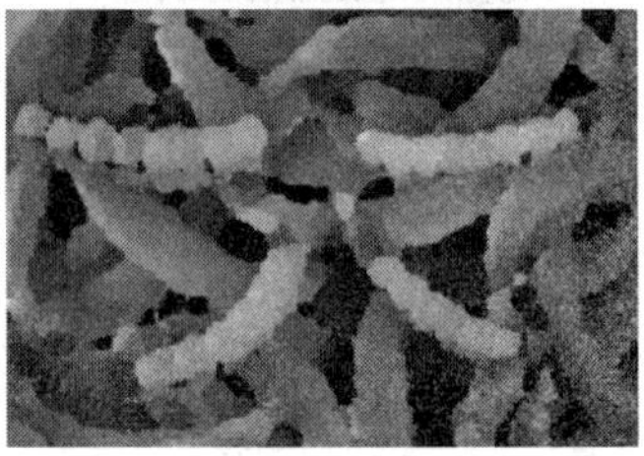

图 5-6-6　【调色刀】效果

(6) 干画笔滤镜：使用干画笔绘制图像边缘，形成介于油画和水彩画之间的效果。可通过对话框中的“画笔大小”、“画笔细节”和“纹理”选项来控制干画笔效果。该滤镜效果如图 5-6-7 所示。

(7) 海报边缘滤镜：减少图像的颜色数量，使用黑色线条绘制图像的边缘，使图像产生海报画效果。可通过对话框中的“海报边缘”、“边缘强度”和“海报化”选项来控制海报边缘效果。该滤镜效果如图 5-6-8 所示。

图 5-6-7　【干画笔】效果

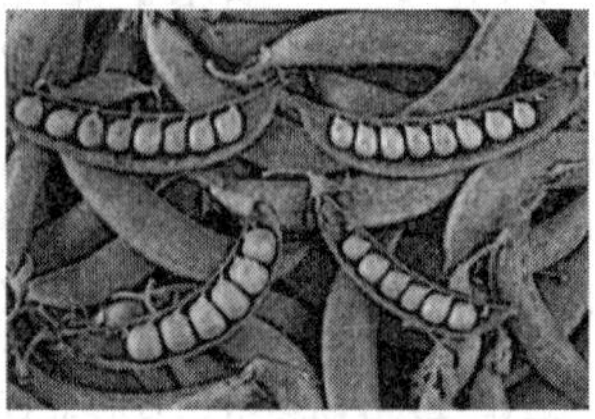

图 5-6-8　【海报边缘】效果

(8) 海绵滤镜：使用颜色对比强烈、纹理较重的区域创建图像，模拟出海绵绘画的效果。可通过对话框中的“画笔大小”、“清晰度”和“平滑度”选项来控制海绵效果。该滤镜效果如图 5-6-9 所示。

(9) 绘画涂抹滤镜：可选取各种不同大小和类型的画笔进行涂抹后再锐化图像，画笔包括简单、未处理光照、暗光、宽锐化、宽模糊和火花等 6 种，以创建出多种不同的绘画效果。可通过对话框中的“画笔大小”、“锐化程度”和“画笔类型”选项来控制绘画涂抹效果。该滤镜效果如图 5-6-10 所示。

图 5-6-9　【海绵】效果

图 5-6-10　【绘画涂抹】效果

(10) 胶片颗粒滤镜：模拟图像的胶片颗粒纹理效果，在消除混合的条纹和将各种来源的图素在视觉上进行统一时，此滤镜非常有用。可通过对话框中的“颗粒”、“高光区域”和“强度”选项来控制胶片颗粒效果。该滤镜效果如图 5-6-11 所示。

(11) 木刻滤镜：使图像看上去好像是由从彩纸上剪下的边缘粗糙的剪纸片组成的。可通过对话框中的“色阶数”、“边缘简化度”和“边缘逼真度”选项来控制木刻效果。该滤镜效果如图 5-6-12 所示。

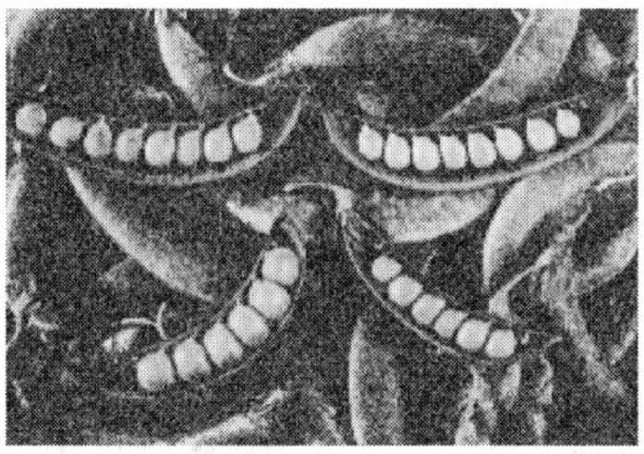

图 5-6-11　【胶片颗粒】效果

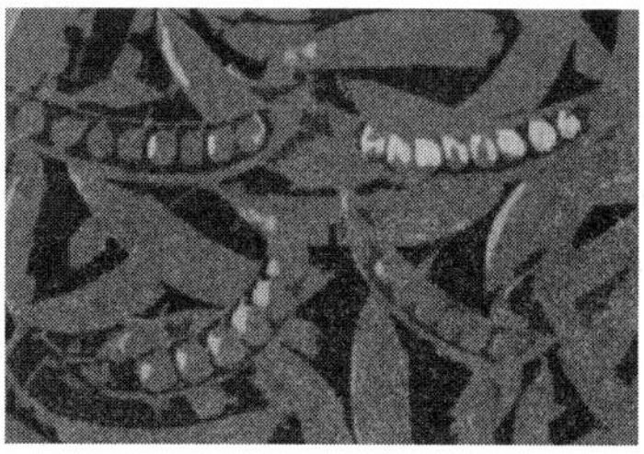

图 5-6-12　【木刻】效果

(12) 霓虹灯光滤镜：模拟霓虹灯光照射图像的效果，应用该滤镜可使图像产生一种朦胧而神奇的效果。可通过对话框中的“发光大小”、“发光亮度”和“发光颜色”选项来控制灯光效果。该滤镜效果如图 5-6-13 所示。

(13) 水彩滤镜：顾名思义，即模拟水彩风格绘制图像。可通过对话框中的“画笔细节”、“阴影强度”和“纹理”选项来控制水彩效果。该滤镜效果如图 5-6-14 所示。

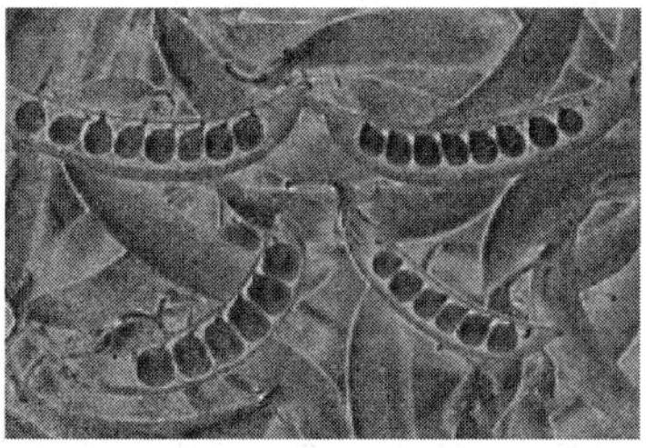

图 5-6-13　【霓虹灯光】效果

图 5-6-14　【水彩】效果

(14) 塑料包装滤镜：给图像涂上一层光亮的塑料，以强调表面细节。可通过对话框中的“高光强度”、“细节”和“平滑度”选项来控制塑料包装效果。该滤镜效果如图 5-6-15 所示。

(15) 涂抹棒滤镜：使用短的对角线描边涂抹图像的暗区以柔化图像。可通过对话框中的“描边长度”、“高光区域”及“强度”选项来控制涂抹棒效果。该滤镜效果如图 5-6-16 所示。

图 5-6-15　【塑料包装】效果

图 5-6-16　【涂抹棒】效果

5.6.2　锐化滤镜组

锐化滤镜组主要是通过增加图像中相邻像素的对比度，使图像变得清晰。选择菜单【滤镜】/【锐化】命令，弹出如图 5-6-17 所示的子菜单，子菜单中共有 5 个滤镜。本组滤镜的原图像均为图 5-4-2 所示的“豆角”图像。

(1) USM 锐化滤镜：用于调整边缘细节的对比度，并在边缘的每侧生成一条亮线和一条暗线，使边缘突出，使图像显得更加清晰，可用于专业色彩校正。可通过对话框中的“数量”、“半径”和“阈值”选项来控制锐化效果。该滤镜效果如图 5-6-18 所示。

(2) 锐化滤镜：增加图像中相邻像素的对比度，使图像变得清晰。若反复多次锐化，会使图像变得粗糙。该滤镜无对话框，通过选择菜单命令直接完成。该滤镜效果如图 5-6-19 所示。

图 5-6-17　【锐化】滤镜组子菜单

图 5-6-18　【USM 锐化】效果

图 5-6-19　【锐化】效果

(3) 进一步锐化滤镜：该滤镜与锐化滤镜作用相同，只是产生更强的锐化效果。该滤镜无对话框，通过选择菜单命令直接完成。该滤镜效果如图 5-6-20 所示。

(4) 锐化边缘滤镜：用来锐化图像的轮廓，增加不同颜色之间的分界，但在锐化的同时保留总体的平滑度。该滤镜无对话框，通过选择菜单命令直接完成。图 5-6-21 为多次应用该滤镜的效果。

(5) 智能锐化滤镜：具有可设置的锐化计算方法，不但可锐化图像，还可通过锐化算法来分别控制阴影和高光中的锐化量，因此被称为智能锐化滤镜。在打开【智能锐化】对话框中，若选择了高级选项，则会显示出【锐化】、【阴影】和【高光】三个级联对话框，通过这三个小对话框来控制图像及图像中阴影和高光中的锐化量。该滤镜效果如图 5-6-22 所示。

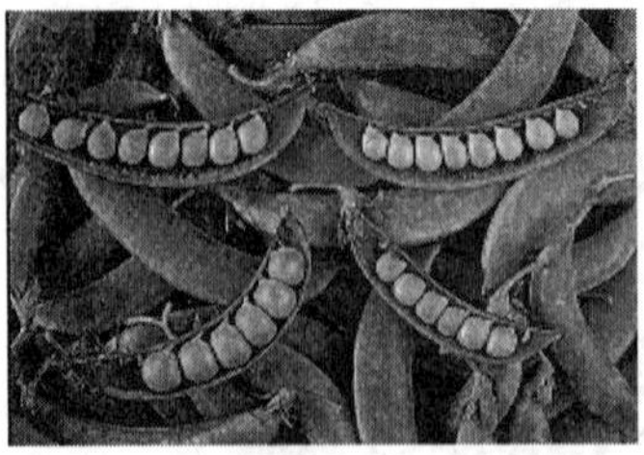

图 5-6-20　【进一步锐化】效果

图 5-6-21　【锐化边缘】效果

图 5-6-22　【智能锐化】效果

5.6.3　制作“围棋子”

本案例“围棋子”效果图如图 5-6-23 所示，其主要是利用【云彩】、【添加杂色】、【动感模糊】、【旋转扭曲】、【塑料包装】等滤镜以及添加“投影”样式来完成的。

图 5-6-23 “围棋子”效果图

具体操作步骤如下：

(1) 在 Photoshop CS3 中新建一个大小为 400 px×400 px、分辨率为 72dpi、RGB 模式、背景为白色的文件，并将文件命名为“围棋子”。打开【图层】调板，新建一个图层并命名为“木纹”。

(2) 绘制木纹背景。设置前景色为土黄色(#d6bb03)，背景色为明黄色(#fce912)。选择菜单【滤镜】/【渲染】/【云彩】命令，可多执行两次，让效果中混些黑色出现，如图 5-6-24 所示。选择菜单【滤镜】/【杂色】/【添加杂色】命令，参数设置如图 5-6-25 所示，数量为 40，平均分布且为单色分布。选择菜单【滤镜】/【模糊】/【动感模糊】命令，参数设置如图 5-6-26 所示，角度为 90 度，距离为 999 像素。

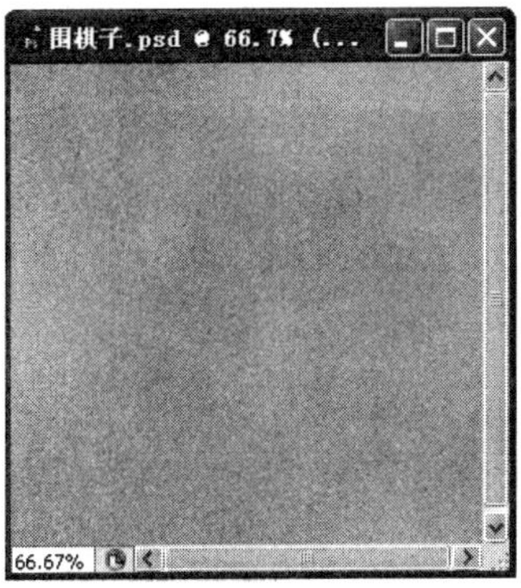

图 5-6-24 云彩效果

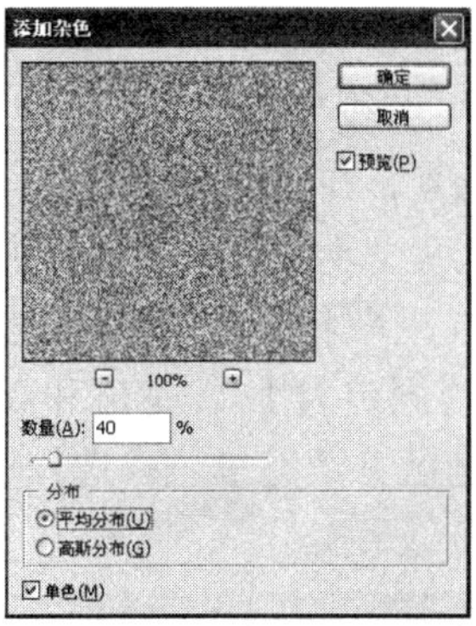

图 5-6-25 【添加杂色】参数设置

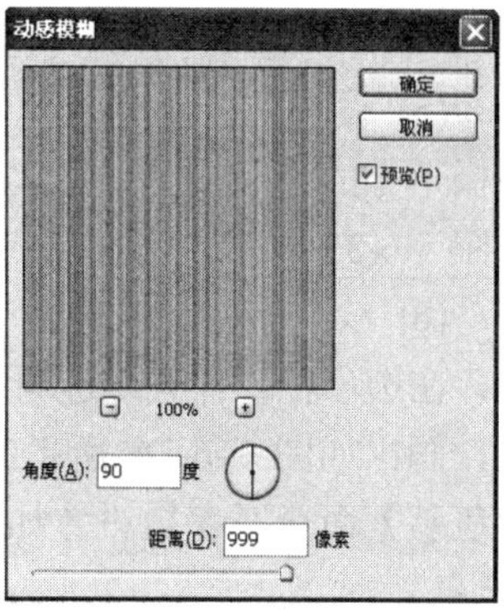

图 5-6-26 【动感模糊】参数设置

(3) 绘制木纹结。选择工具箱中的【矩形选框工具】，在“木纹”图层左边选取一个矩形选区，如图 5-6-27 所示。选择菜单【滤镜】/【扭曲】/【旋转扭曲】命令，参数设置如图 5-6-28 所示，角度为 126 度，将选区内的木纹扭曲为木纹结。用同样的操作方法在图层右侧制作出两个小木纹结，因为是小木纹结，所以选区要窄长些，效果如图 5-6-29 所示。

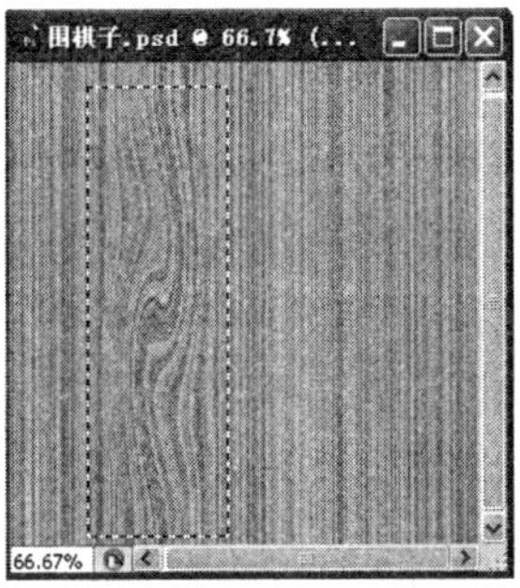

图 5-6-27 选取木纹制作范围

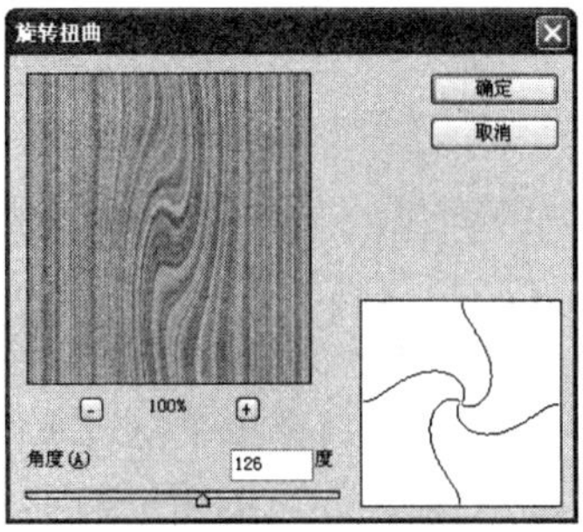

图 5-6-28 【旋转扭曲】参数设置

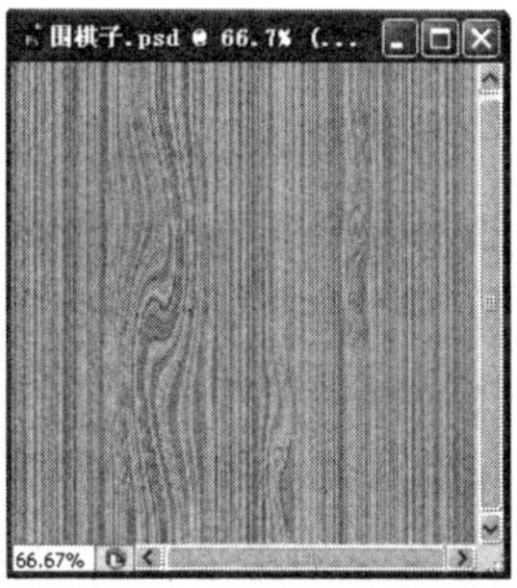

图 5-6-29 木纹效果

(4) 选择菜单【编辑】/【首选项】/【参考线、网格、切片和计数】命令，如图 5-6-30

所示，重新设置“网格”参数，网格线间隔为 100 px，子网格数量为 1，网格线颜色设为浅蓝色。选择菜单【视图】/【显示】/【网格】命令(或按【Ctrl+’】键)，如图 5-6-31 所示，在图像上显示网格线。新建一个图层并命名为“横纵线”，选择工具箱中的【单行(列)选框工具】(),在选项栏中选择“添加到选区”选项，在网格线上单击，画出如图 5-6-32 所示的单行(列)选区。

图 5-6-30　设置【网格】参数

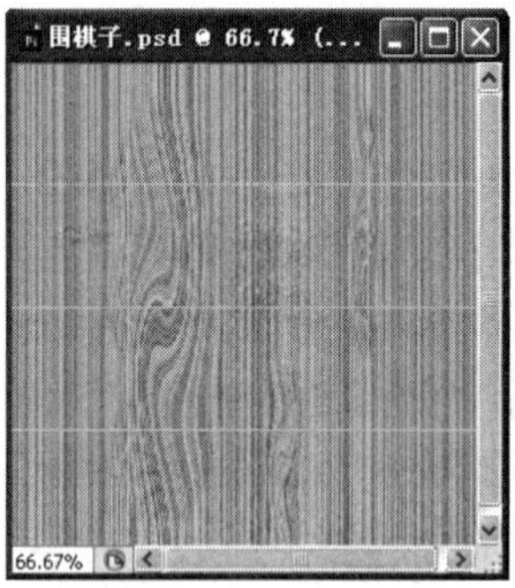

图 5-6-31　显示网格

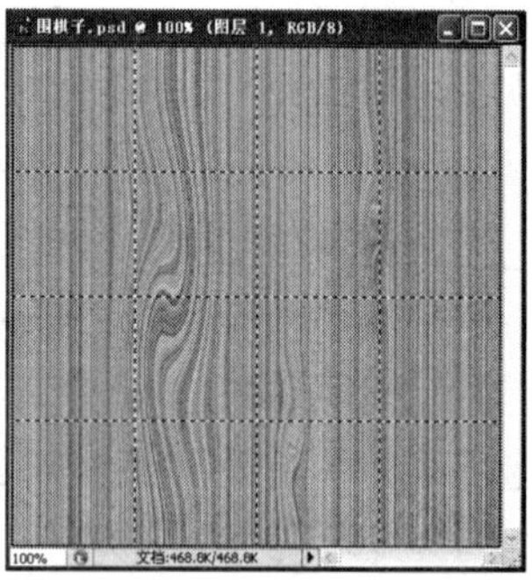

图 5-6-32　单行(列)选区

(5) 设置前景色为黑色，将“横纵线”图层中的横纵线选区填充黑色。单击【图层】调板下方的【添加图层样式】按钮，在快捷菜单中选择“斜面和浮雕”样式，参数设置如图 5-6-33 所示，添加样式后的横纵线效果如图 5-6-34 所示。

(6) 绘制棋子。新建一个图层并重命名为“黑棋”。选择工具箱中的【椭圆选框工具】，在选项栏“样式”选项中选择“固定大小”，宽度和高度均设为 160 px，在该图层上单击，画出如图 5-6-34 所示的正圆选区并填充黑色。选择菜单【滤镜】/【艺术效果】/【塑料包装】命令，参数设置如图 5-6-35 所示。

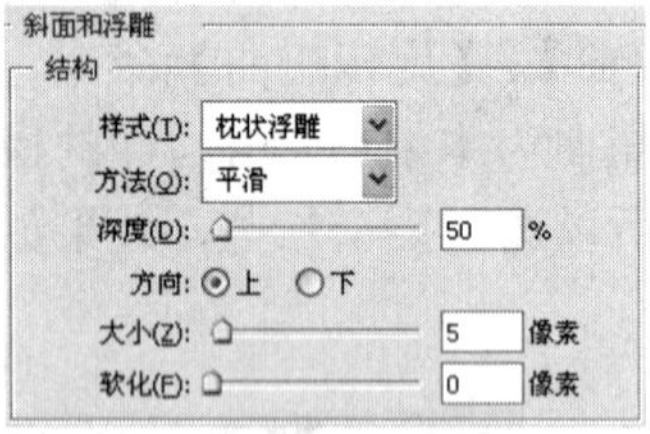

图 5-6-33　【斜面和浮雕】参数设置

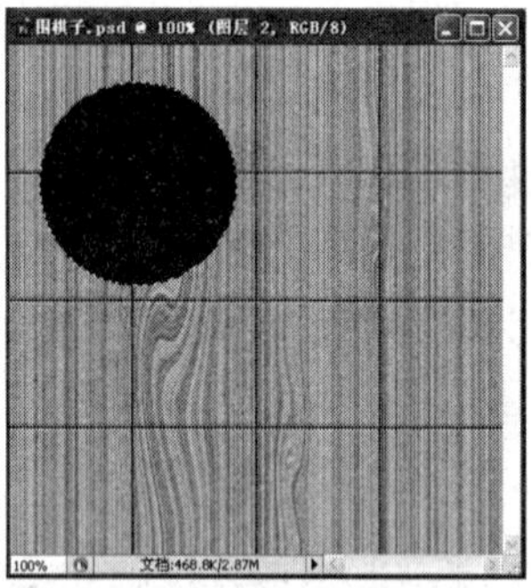

图 5-6-34　绘制正圆选区并填充黑色

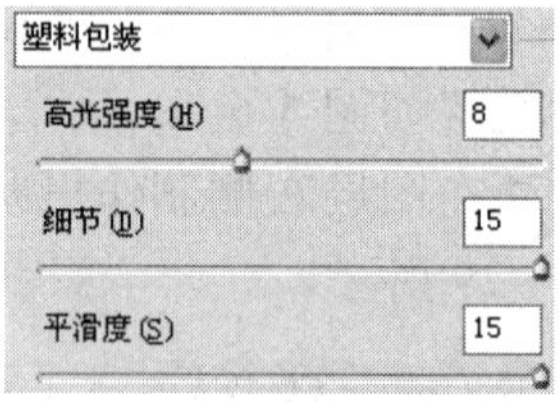

图 5-6-35　【塑料包装】参数设置

(7) 新建一个图层并重命名为“白棋”。用同样的方法绘制出白色棋子，唯一不同的是正圆选区中填充为白色后再应用【塑料包装】滤镜，效果如图 5-6-36 所示。选择工具箱中的【椭圆选框工具】，在选项栏“样式”选项中选择“固定大小”，将宽度和高度均设置为 80 px，在“黑棋”图层上单击，一定要把黑棋上的反光区域选取进来，将选区反选再删除，留下的就是一个真正的黑棋子，如图 5-6-37 所示，用同样的方法处理白棋子。

(8) 复制黑、白棋子各两份，将“黑棋”和“白棋”两个图层合并，然后为合并图层添加“投影”样式，参数设置如图 5-6-38 所示。

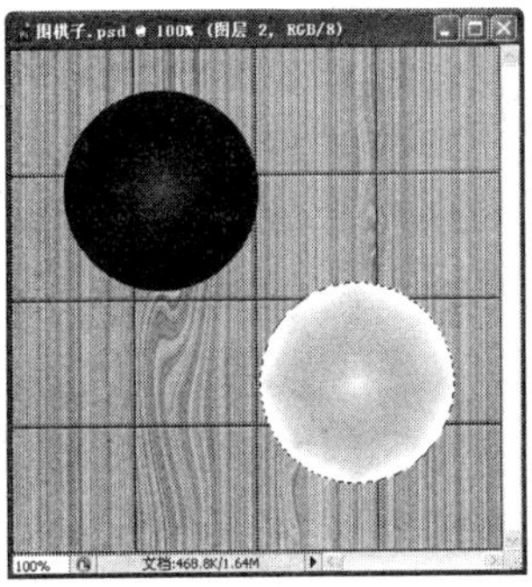

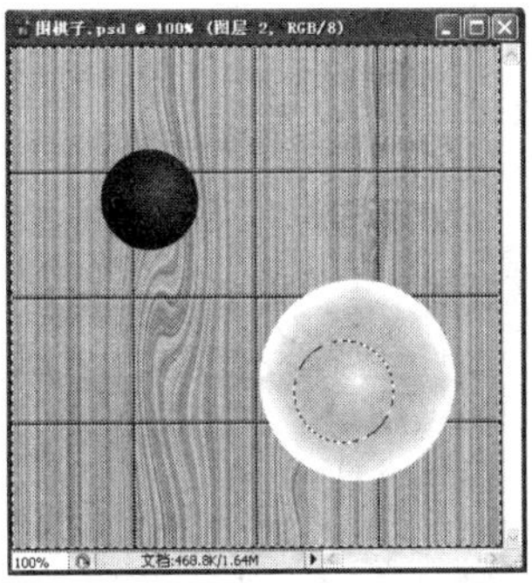

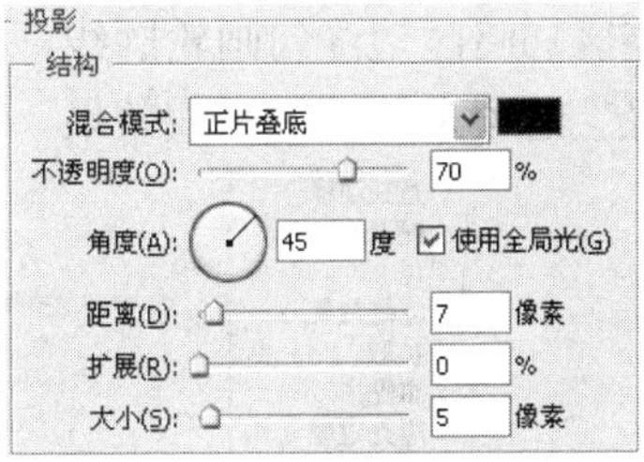

图 5-6-36 绘制前期的黑白围棋子 图 5-6-37 最终的黑白围棋子 图 5-6-38 【投影】参数设置

(9) 将除“背景”图层以外的图层全部合并，选择菜单【滤镜】/【渲染】/【光照效果】命令，参数设置如图 5-6-39 所示(“样式”设置为“右上方点光”，如果光照的宽度不够可拉伸光照两侧的关键点；“光照类型”设置为“点光”，其它选项具体数值参见对话框)。最后效果如图 5-6-40 所示。

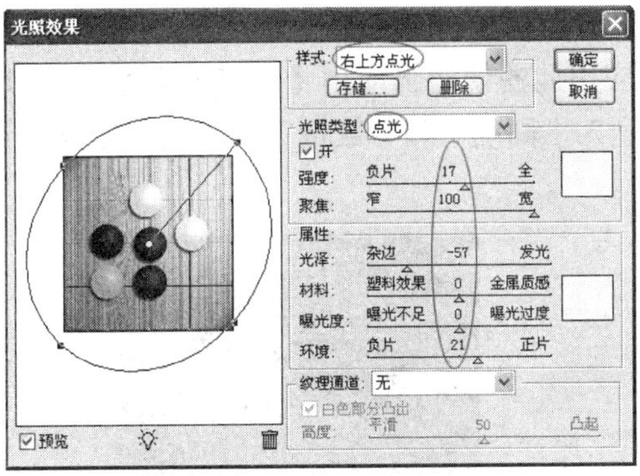

图 5-6-39 【光照效果】参数设置

图 5-6-40 围棋子效果图

5.7 案例——木版画

在学习“木版画”案例前，先介绍风格化滤镜组、视频滤镜组及其它滤镜组的操作与应用。其中，风格化滤镜组有 9 个滤镜，视频滤镜组有 2 个滤镜，其它滤镜组有 5 个滤镜。

5.7.1 风格化滤镜组

风格化滤镜组主要通过转换像素和查找边缘强化图像的色彩边界，因此图像的对比度对此类滤镜效果的影响较大，最终产生一种印象派或其它风格画派的图像效果。选择菜单【滤镜】/【风格化】命令，弹出如图 5-7-1 所示的子菜单，子菜单中共有 9 个滤镜。本组滤镜除凸出滤镜外，其它滤镜所应用的原图像均为图 5-4-2 所示的“豆角”图像。

(1) 查找边缘滤镜：用相对于白色背景的深色线条来勾画图像的边缘，得到图像的大致轮廓。如果事先加大图像的对比度再应用此滤镜，可以得到更多更细致的边缘。该滤镜无对话框，通过选择菜单命令直接完成。该滤镜效果如图 5-7-2 所示。

(2) 等高线滤镜：与查找边缘滤镜的效果相类似，但该滤镜在图像中围绕每个通道的亮区和暗区边缘勾画轮廓线，从而产生三原色的细线条。可通过对话框中的“色阶”和“边缘”选项来控制等高线效果。该滤镜效果如图 5-7-3 所示。

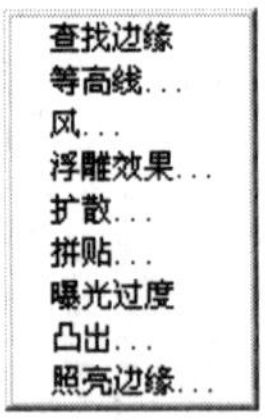

图 5-7-1　【风格化】滤镜组子菜单

图 5-7-2　【查找边缘】效果

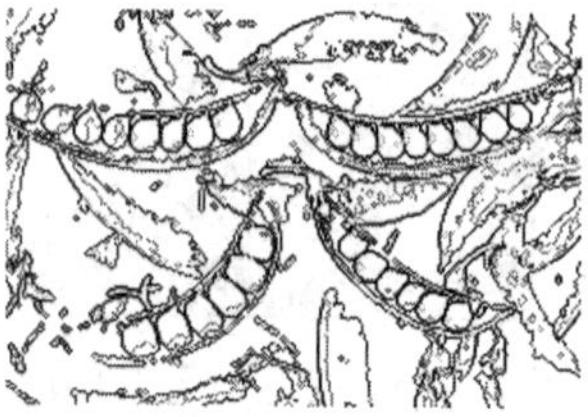

图 5-7-3　【等高线】效果

(3) 风滤镜：在图像中色彩相差较大的边界上添加细小的水平线条来模拟风吹的效果。可通过对话框中的“方法”和“方向”选项来控制风效果，常用此滤镜创建火焰、冰等效果。该滤镜效果如图 5-7-4 所示。

(4) 浮雕效果滤镜：通过勾勒图像或选区的轮廓及降低周围色值生成凸出和浮雕的效果，对比度越大的图像浮雕的效果越明显。应用此滤镜后再应用【渐隐】命令，可以保留图像的颜色和细节。可通过对话框中的“角度”、“高度”和“数量”选项来控制浮雕效果。该滤镜效果如图 5-7-5 所示。

图 5-7-4　【风】效果

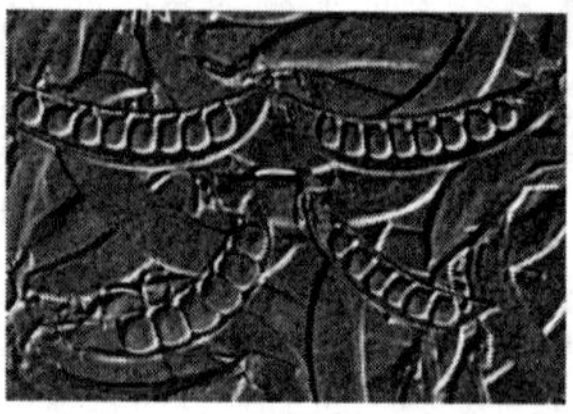

图 5-7-5　【浮雕效果】效果

(5) 扩散滤镜：搅乱图像或选区中的像素以虚化焦点，产生类似透过磨砂玻璃观看图像的效果。可通过对话框中的“模式”选项来控制扩散效果。该滤镜效果如图 5-7-6 所示。

(6) 拼贴滤镜：将图像按指定的值分解为若干个方形的拼贴图块，并按设置的位移百分比的值在原位置上进行一定距离的随机偏移。可通过对话框中的“拼贴数”、“最大位移”和“填充空白区域”选项来控制拼贴效果。但此滤镜无预览功能，要达到预想效果需进行多次调试。该滤镜效果如图 5-7-7 所示。

图 5-7-6　【扩散】效果

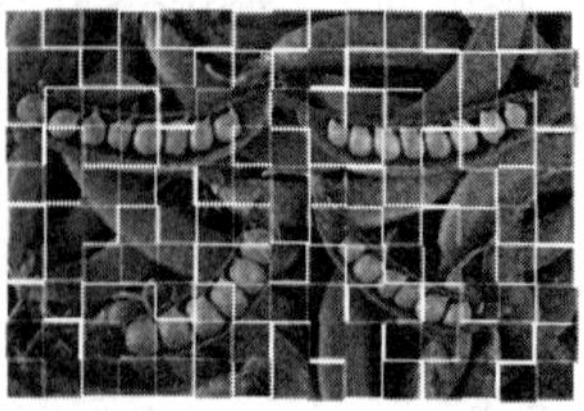

图 5-7-7　【拼贴】效果

(7) 曝光过度滤镜：混合负片和正片图像，产生类似于显影过程中将摄影照片短暂曝光的效果。该滤镜无对话框，通过选择菜单命令直接完成。该滤镜效果如图 5-7-8 所示。

(8) 凸出滤镜：将图像转化为由三维立方块或棱锥体组成的 3D 纹理效果。可通过对话框中的“类型”、“大小”和“深度”等选项来控制凸出效果。图 5-7-9 为未应用凸出滤镜的原图像，图 5-7-10 为应用该滤镜后的效果。

(9) 照亮边缘滤镜：标识图像颜色的边缘，并使图像的边缘产生类似霓虹灯发光的效果。可通过对话框中的“类型”、“大小”和“深度”等选项来控制凸出效果。该滤镜效果如图 5-7-11 所示。

图 5-7-8 【曝光过度】效果

图 5-7-9 原图像

图 5-7-10 【凸出】效果

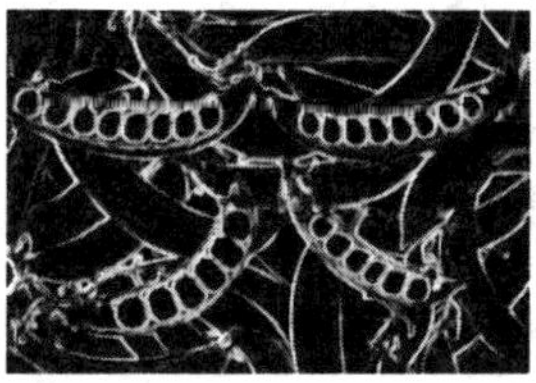

图 5-7-11 【照亮边缘】效果

5.7.2 视频滤镜组

视频滤镜组属于 Photoshop CS3 的外部接口程序，主要用于视频输入图像或将图像输出到录像带上。该组包括两个滤镜：NTSC 颜色滤镜和逐行滤镜。由于这两个滤镜只有当图像要在视频设备上播放时才会用到，因此这里只做简单介绍。

【NTSC 颜色】滤镜可将色域限制在电视机重现可接受的范围内，使图像色彩符合NTSC(National Television Standards Committee，国际电视标准委员会)视频标准，防止过饱和颜色渗到电视扫描行中，以使图像能被电视接收。此滤镜对基于视频的因特网系统上的Web 图像处理很有帮助。【逐行】滤镜可去掉视频图像中的奇数或偶数交错行，使在视频上捕捉的运动图像变得平滑。可在其对话框中选择“复制”或“插值”方法来替换去掉的行。

5.7.3 其它滤镜组

选择菜单【滤镜】/【其它】命令，弹出如图 5-7-12 所示的子菜单，子菜单中共有 5 个滤镜。本组滤镜所应用的原图像均为图 5-4-2 所示的“豆角”图像。

(1) 高反差保留滤镜：在有强烈颜色转变发生的地方按指定的半径保留边缘细节，并且不显示图像的其余部分。可通过对话框中的“半径”(0.1～250 px)选项来控制滤镜效果。该滤镜效果如图 5-7-13 所示。

(2) 位移滤镜：按照设定的值在水平和垂直方向上移动图像。可通过对话框中的“水平”、“垂直”和“未定义区域”等选项来控制位移效果。该滤镜效果如图 5-7-14 所示。

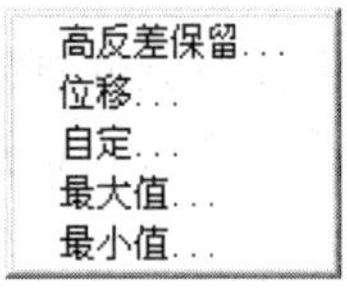

图 5-7-12　【其它】滤镜组子菜单

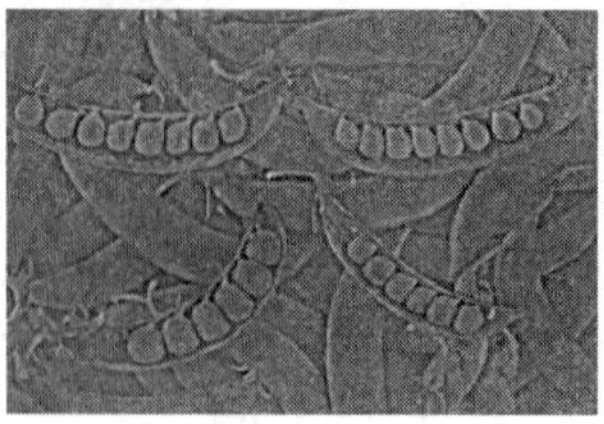

图 5-7-13　【高反差保留】效果

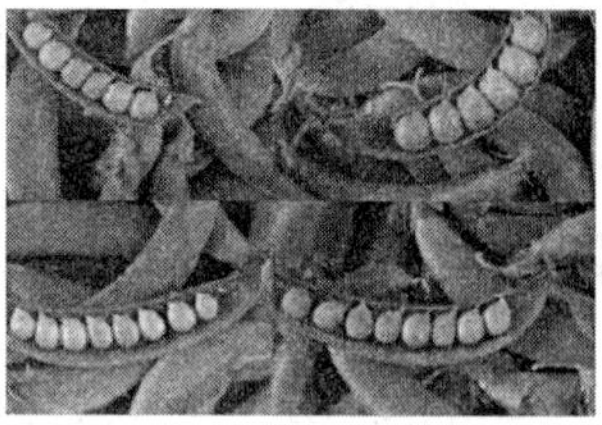

图 5-7-14　【位移】效果

(3) 自定滤镜：根据预定义的数学运算更改图像中每个像素的亮度值，以模拟出锐化、浮雕或模糊的效果。可将自己设置的滤镜参数存储起来以备以后调用。该滤镜效果如图 5-7-15 所示。

(4) 最大值滤镜：可扩大图像的亮区和缩小图像的暗区，当前像素亮度值将被所设定的半径范围内像素的最大亮度值替换。可通过对话框中的“半径”(1～100 px)选项来控制滤镜效果。该滤镜效果如图 5-7-16 所示。

(5) 最小值滤镜：该效果与【最大值】滤镜刚好相反。该滤镜效果如图 5-7-17 所示。

图 5-7-15　【自定】效果

图 5-7-16　【最大值】效果

图 5-7-17　【最小值】效果

5.7.4　制作“木版画”

本案例“木版画”效果图如图 5-7-18 所示，其主要是利用【查找边缘】滤镜勾画出图像中的人物边缘，再应用【纹理化】滤镜将人物边缘作为纹理载入木纹图像来完成的。

具体操作步骤如下：

(1) 打开素材“画像.jpg”文件，如图 5-7-19 所示。打开【图层】调板，复制背景图层，选择“背景副本”图层。选择菜单【滤镜】/【风格化】/【查找边缘】命令，勾画出人物的轮廓，效果如图 5-7-20 所示。选择菜单【文件】/【存储为】命令，将文件存储为“画像纹理”的 PSD 格式文件，文件类型必须为 PSD 格式。将其保存到桌面或自己指定的位置，留待纹理载入时使用。

图 5-7-18　“木版画”效果图

图 5-7-19　打开画像

图 5-7-20　【查找边缘】效果

(2) 打开素材“木纹.jpg”文件，如图 5-7-21 所示。选择菜单【滤镜】/【纹理】/【纹理化】命令，在打开如图 5-7-22 所示的【纹理化】对话框中，单击“纹理”参数设置区右边的按钮，在弹出的【载入纹理】对话框中选择先前保存的“画像纹理.psd”文件，人物轮廓就会出现在对话框左边的预览区中。“缩放”值为 94%，“凸现”值为 42，“光照”为“左上”选项，为了更加突出人物的轮廓，勾选“反相”选项。设置好参数后，单击【确定】按钮。

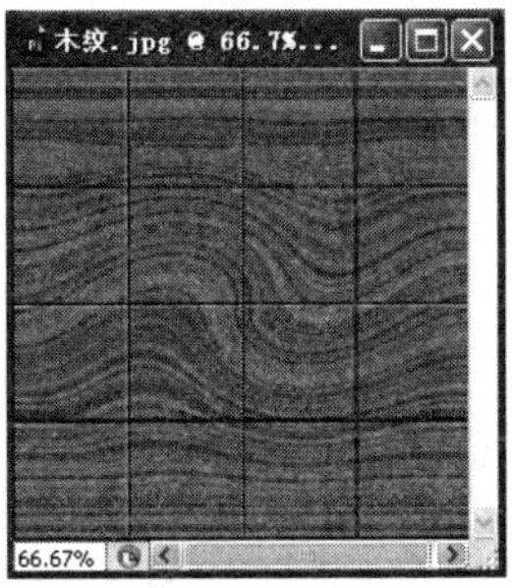

图 5-7-21 打开“木纹.jpg”文件

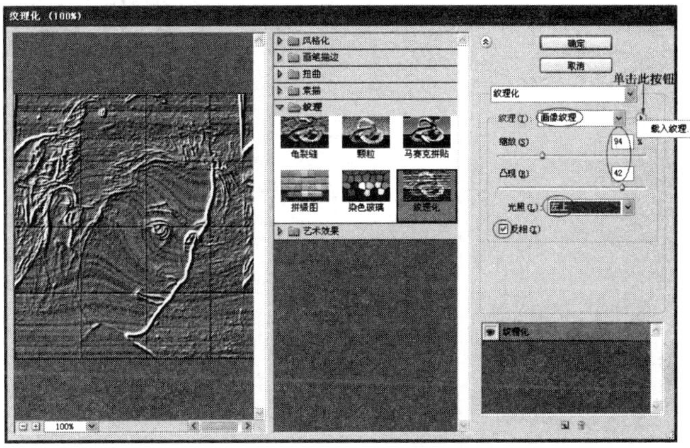

图 5-7-22 【纹理化】参数设置

(3) 选择工具箱中的【裁剪工具】对图像进行裁剪，将图像右边多余的部分删除。这样，木版画就制作好了。选择菜单【文件】/【存储为】命令，将文件另存储为“木版画”的 PSD 或 JPG 格式文件，保存到自己指定的位置即可。

5.8 案例——抽出滤镜提取图像

在学习“抽出滤镜提取图像”案例前，先介绍抽出滤镜的含义及其使用方法。

1. 抽出滤镜的含义

【抽出】滤镜提供了一种比较智能的去除背景方法，使用它可以轻松地将对象从图像中提取出来。它通过比较对象与背景的颜色和纹理来确定对象边缘，而不考虑边界的具体形状，将对象与其背景分离出来。主要步骤为先标记出提取对象的边缘，再对提取对象区域进行颜色标记填充，在预览状态下对抽出的效果进行修饰后，单击对话框中的【确定】按钮即可将对象提取出来。

2. 抽出滤镜的使用方法

选择菜单【滤镜】/【抽出】命令(或按【Alt+Ctrl+X】键)，可打开如图 5-8-1 所示的【抽出】滤镜对话框。将光标放在对话框最右下角并拖动，可改变对话框的大小。

【抽出】滤镜对话框左上角几个主要工具的使用方法如下：

◆ 【边缘高光器工具】：沿着对象边缘勾画出提取对象的大致轮廓，使对象边缘以高光显示。

图 5-8-1　【抽出】滤镜对话框

◆ 【油漆桶工具】：为对象中用高光圈定的部分填充上一种颜色，以标记要提取的部分。

◆ 【橡皮擦工具】：擦除多余的边缘高光。

◆ 【吸管工具】：当“强制前景”选项被勾选时，可用来吸取所要保留的颜色。

◆ 【清除工具】：在预览状态下，可用该工具擦除提取区域中的背景痕迹，如按住【Alt】键在预览窗口中不断涂抹可使提取区域以外的区域显示出来。若选择了对话框右边“预览”选项区“效果”选项中的“蒙版”项，则预览状态处于蒙版状态下，可使蒙版变为透明，如果按住【Alt】键则效果正好相反。

◆ 【边缘修饰工具】：在预览状态下，用来修饰边缘效果，即可用该工具进一步锐化或修补抽出区域受损的边缘。若选择了对话框右边“预览”选项区“效果”选项中的“蒙版”项，则预览状态处于蒙版状态下，在蒙版边缘处涂抹可使蒙版边缘变得清晰。

【抽出】滤镜对话框右边各选项的含义及使用方法如图 5-8-2 所示。

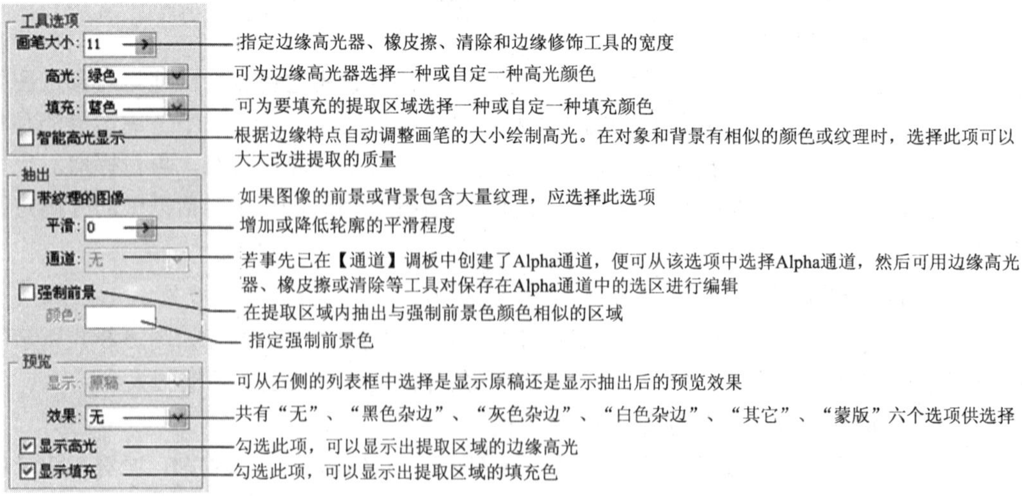

图 5-8-2　【抽出】滤镜对话框右边各选项的含义及使用方法

3. 抽出滤镜提取图像

下面通过抽出滤镜将图 5-2-2 所示的“老虎”提取出来。

具体操作步骤如下：

(1) 打开文件名为“虎”的素材，如图 5-2-2 所示。选择菜单【滤镜】/【抽出】命令(或按【Alt+Ctrl+X】键)，在【抽出】滤镜对话框中选择【边缘高光器工具】，确定画笔大小及高光颜色，如图 5-8-3 所示，描绘提取对象的边缘。如要描绘得更加精确，可选择“智能高光显示”选项。若描绘中出现错误，可用对话框中的【橡皮擦工具】擦除多余的高光。

(2) 用【油漆桶工具】为提取区域填充相应的颜色，如图 5-8-3 所示。单击【预览】按钮，查看提取效果。

(3) 进一步修饰提取结果。可用【清除工具】擦除提取区域中的背景痕迹，使用【边缘修饰工具】进一步修补提取对象的受损边缘，最后的提取效果如图 5-8-4 所示。在操作过程中，可应用对话框中的【放大镜工具】和【抓手工具】放大或移动图像。

图 5-8-3　标记边缘并填充提取区域

图 5-8-4　提取后效果

5.9　案例——液化滤镜变形图像

在学习“液化滤镜变形图像”案例前，先介绍液化滤镜的含义及其使用方法。

1. 液化滤镜的含义

【液化】滤镜是一个十分有趣的变形工具，它可以推、拉、旋转、反射、折叠和膨胀图像的任意区域，创建的扭曲可以是细微的或剧烈的，这就使【液化】滤镜成为修饰图像和创建艺术效果的强大工具。比如，对人物进行修改时，可应用【液化】滤镜使人物眼睛变大，鼻梁变高，改变脸的轮廓，使人物身材更苗条等，还可对图像的某一部分进行膨胀得到夸张变形的效果。正因为【液化】滤镜功能比较强大，所以应用起来也比较复杂。另外，【液化】滤镜只能应用于 8 位或 16 位/通道图像。

【液化】滤镜对话框如图 5-9-1 所示。

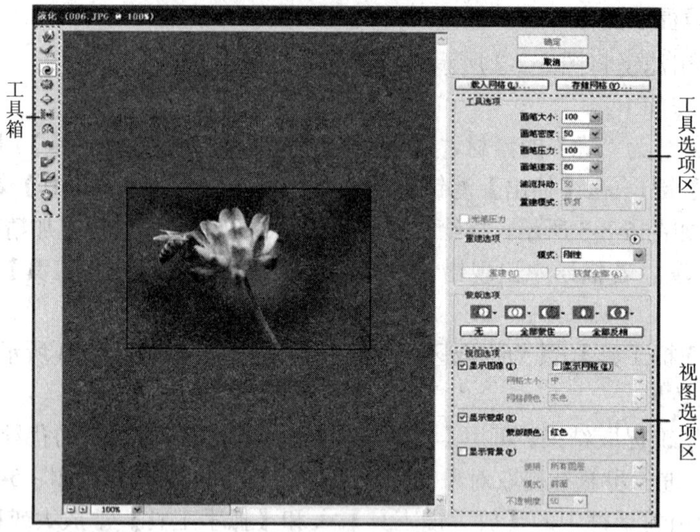

图 5-9-1　【液化】滤镜对话框

2. 液化滤镜的使用方法

下面以对图 5-9-2 所示的图像应用【液化】滤镜进行变形为例，介绍如图 5-9-3 所示的【液化】滤镜中的扭曲变形工具的使用方法。

图 5-9-2　原素材

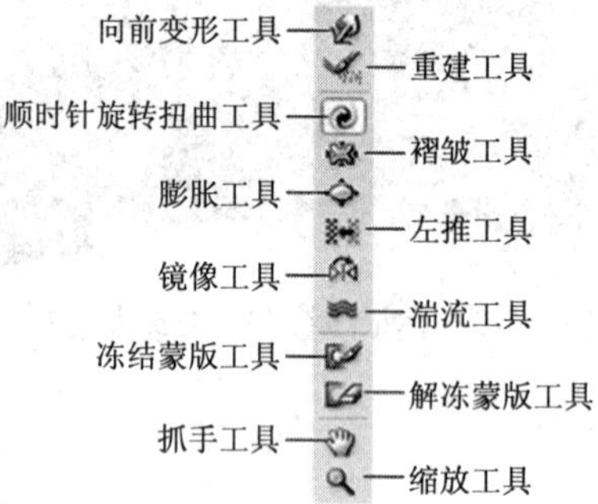

图 5-9-3　【液化】的扭曲变形工具箱

(1) 【向前变形工具】：使用该工具就像使用手指在图像上涂抹一样，向鼠标拖曳的方向上推动像素，效果如图 5-9-4 所示。

(2) 【重建工具】：应用该工具在已编辑的图像上反复涂抹，可使图像恢复原状。

(3) 【顺时针旋转扭曲工具】：用鼠标单击图像中要变形的区域，图像选定处会按顺时针方向呈螺旋状，单击的时间越长则效果越明显。若要逆时针旋转图像，则在按住鼠标的同时按住【Alt】键即可。图 5-9-5 为以花蕊为中心顺时针旋转扭曲的效果。

图 5-9-4　将花瓣向后变形效果

图 5-9-5　顺时针旋转扭曲效果

(4)【褶皱工具】：用鼠标单击图像中要变形的区域，图像会向图像选定处收缩，单击的时间越长则效果越明显。图 5-9-6 为以花蕊为中心的褶皱效果。

(5)【膨胀工具】：用鼠标单击图像中要变形的区域，图像选定处会像气球一样鼓起，单击的时间越长则效果越明显。图 5-9-7 为以蜜蜂肚子为中心的膨胀效果。

(6)【左推工具】：如果在图像上垂直向上拖移该工具，则图像选定处向左移动；如果向下拖移，则图像选定处向右移动。也可以围绕图像选定处顺时针拖移以增加其大小，或逆时针拖移以减小其大小。图 5-9-8 为以蜜蜂与鲜花接点处进行左推变形的效果。

图 5-9-6　以花蕊为中心的褶皱效果

图 5-9-7　蜜蜂肚子膨胀的效果

图 5-9-8　蜜蜂与鲜花接点处左推的效果

(7)【镜像工具】：应用该工具前最好将要镜像的图像部分用蒙版冻结，然后复制出要镜像的部分。应用该工具时，当按住鼠标左键向下拖动时，复制的是左方图像；向上拖动时，复制的是右方图像；向左拖动时，复制的是上方图像；向右拖动时，复制的是下方图像。此工具常用来制作水中映射效果。图 5-9-9 为将蜜蜂与鲜花镜像后的效果。

(8)【湍流工具】：用鼠标单击并拖动图像中要变形的区域，图像选定处会产生柔顺的弯曲效果。若在选定处长时间单击，则图像会产生像液体样散开的效果。该工具常用来创建火焰、云彩、波浪等效果。图 5-9-10 为将鲜花两端处的花瓣应用湍流变形后的效果。

(9)【冻结蒙版工具】：应用该工具可在预览窗口中绘制出冻结区域，冻结区域内的图像则被保护起来，所有变形工具的应用都不会对该区域产生影响。在默认状态下，冻结区域显示为半透明的红色。冻结蒙版的效果如图 5-9-11 所示。

(10)【解冻蒙版工具】：使用该工具可以解除被冻结的半透明的红色蒙版区域。

图 5-9-9　镜像效果

图 5-9-10　两边花瓣应用湍流的效果

图 5-9-11　冻结蒙版效果

【液化】滤镜对话框中除了上述变形工具外，还可以在对话框右上部分的“工具选项”区域中对液化时所用画笔进行设定，如图 5-9-12 所示。通过“画笔大小”选项设置画笔的粗细；通过“画笔压力”选项设置在预览图像中拖动工具时的扭曲速度，低压力画笔可减慢变形速度；通过“画笔速率”选项设置变形工具在预览图像中保持静止时变形的速度，值越大，变形速度就越快。在图 5-9-13 中，可以对是否显示图像、网格、蒙版和背景等选项进行设定。

图 5-9-12　【液化】滤镜的“工具选项”区域

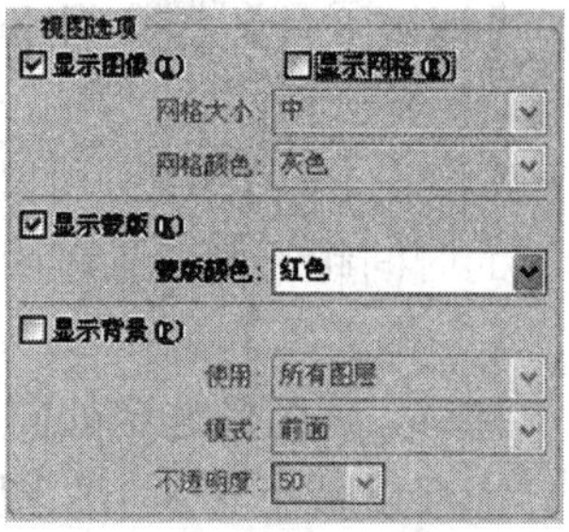

图 5-9-13　【液化】滤镜的“视图选项”区域

3．制作“奥运看中国”

下面通过绘制如图 5-9-14 所示的“奥运看中国”宣传画练习【液化】滤镜的使用方法。本例中的“彩带”就是通过【液化】滤镜将右边有缺口的圆环进行变形得到的。

由于【液化】滤镜在变形操作中有着较强的随机性，因此每个人所做出的变形效果也会有所不同。具体操作步骤如下：

(1) 新建一个大小为 400 px×400 px、分辨率为 150 dpi、RGB 模式、背景为白色的文件，并将文件命名为“奥运看中国”。

(2) 绘制底衬图案。新建图层 1 并重命名为“黄色圆盘”。如图 5-9-15 所示，选择【椭圆选框工具】，按住【Shift】键画出一个正圆选区，为选区填充由浅黄色至白色的径向渐变，并为该图层添加【投影】样式。【投影】样式参数设置如图 5-9-16 所示。

图 5-9-14　“奥运看中国”宣传画

图 5-9-15　“黄色圆盘”底衬

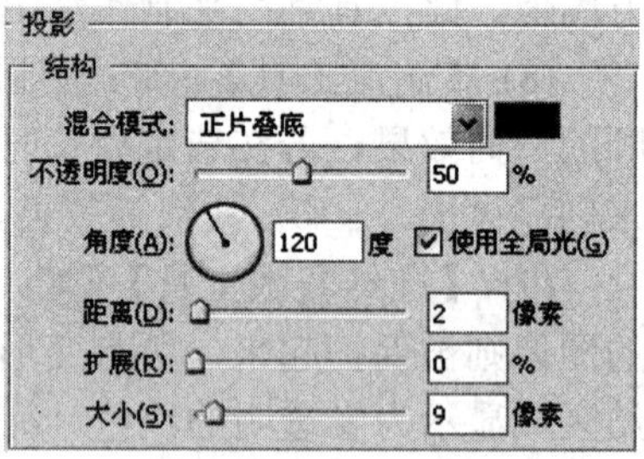

图 5-9-16　【投影】参数设置

(3) 绘制缺口的圆环并变形为“彩带”。如图 5-9-17 所示，在相对于“黄色圆盘”稍偏左上方位置绘制出一个红色圆环(圆环的具体制作方法可参见第 3 章“奥运五环”案例)。用【矩形选框工具】在圆环的右边进行部分选取并将选取部分删除。选择菜单【滤镜】/【液化】命令，在【液化】滤镜对话框中选择【向前变形工具】对圆环周边进行推拉，再用【褶皱工具】和【膨胀工具】对变形圆环进行粗细的调整，在粗细的调整中还可多次应用【向前变形工具】。在调整过程中若有不满意之处，可应用【重建工具】擦回原样，然后重新变形。最后，将缺口圆环变形至如图 5-9-18 所示的“彩带”形状，再为其添加默认的【投影】样式。

(4) 添加图案和文字。打开“中国结.jpg”素材，将其拖到图像窗口并缩小至图 5-9-19 所示的大小。“中国结”的穗子原本是直的，同样应用【液化】滤镜将其形状变得有些飘动的感觉，再为其添加默认的【投影】样式。最后添加一大四小的红色五角星和一红(上行)一黑(下行)的两行文字，文字选用默认的黑体。若文字不够粗，可为其添加【描边】样式，描边大小的值为 1 px，其它选项值为默认。至此，本案例制作完成。

图 5-9-17 缺口圆环

图 5-9-18 圆环变“彩带”

图 5-9-19 添加图案和文字

5.10 案例——图案生成器滤镜生成图案

1. 图案生成器滤镜的含义

【图案生成器】滤镜会将图像切片并重新组合生成无缝的拼贴图案。

2. 图案生成器滤镜生成图案

下面通过创建如图 5-10-1 所示的拼贴图案来说明【图案生成器】滤镜的使用方法。

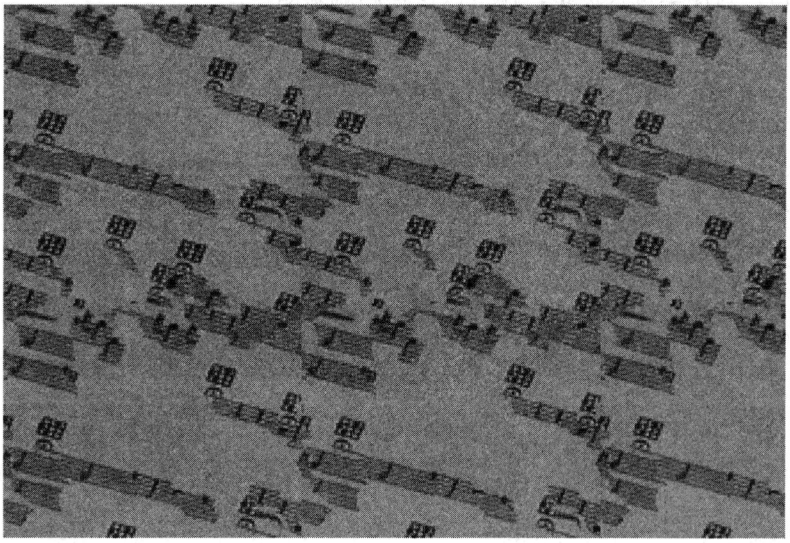

图 5-10-1 拼贴图案

具体操作步骤如下：

(1) 打开“花与乐谱.jpg”素材，选择菜单【滤镜】/【图案生成器】命令，打开如图 5-10-2 所示的【图案生成器】对话框。选择对话框中左上角的“矩形选框”工具，在预览窗口拖出要用作图案样本的区域完成取样工作。单击对话框中右上角的【生成】按钮，便生成如图 5-10-1 所示的拼贴图案。

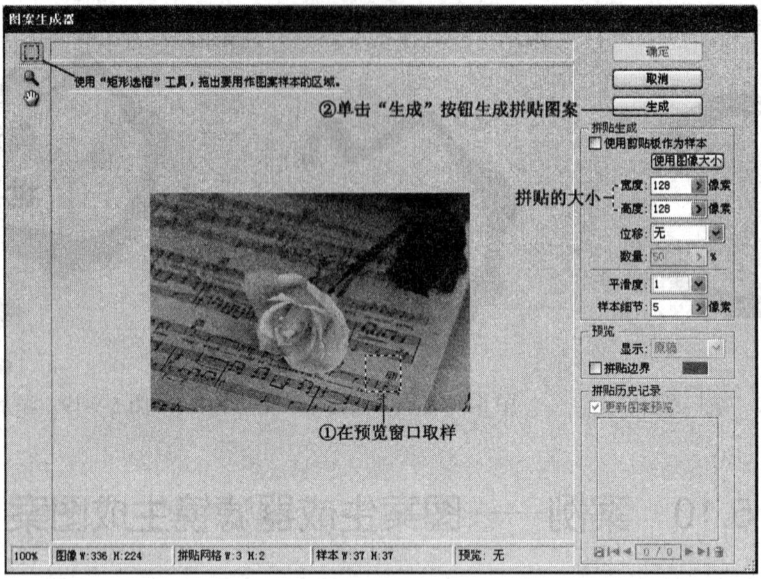

图 5-10-2　【图案生成器】对话框

(2) 第一次拼贴图案生成后，【生成】按钮就会变成【再次生成】按钮，如对先前生成的图案不满意可多次单击该按钮，直到生成满意图案为止。多次生成的图案都记录在对话框右下角的如图 5-10-3 所示的【拼贴历史记录】窗口中，可以像使用普通图像浏览器那样操作记录窗口，对图案进行浏览，还可以保存和删除图案。

图 5-10-3　拼贴图案历史记录窗口

5.11　案例——消失点滤镜移除部分图像

1. 消失点滤镜的含义

【消失点】滤镜同前面所讲的【抽出】、【液化】滤镜一样，都是一种智能性的工具。可应用【消失点】滤镜在包含透视平面(如建筑物侧面或任何矩形对象)的图像中进行透视校正编辑，也就是可以以立体方式在图像中的透视平面上工作。因此，通过【消失点】来修饰、添加或移动图像中的内容时，可使效果更加逼真。在透视校正方面，【消失点】比【仿制图章工具】具有不可比拟的优越性，然而在小的细节方面的修饰应用【仿制图章工具】更灵活。

2．消失点滤镜移除部分图像

下面将图 5-11-1 中的两只小鸡移除，处理成图 5-11-2 所示的效果，以此为例来说明【消失点】滤镜的使用方法。

图 5-11-1 原图像

图 5-11-2 应用【消失点】滤镜处理后的效果

具体操作步骤如下：

(1) 打开文件名为“母鸡与小鸡.jpg”素材，打开【图层】调板，新建一个图层。选择菜单【滤镜】/【消失点】命令，打开【消失点】滤镜对话框，如图 5-11-3 所示。第一次打开【消失点】对话框时，只有【创建平面工具】处于激活状态，其它工具都不可用。也就是说，只有先应用【创建平面工具】确定平面网格区域后，其它工具才被激活。

(2) 创建平面网格。因该图像只有 300 px 左右，故设置“网格大小”为 20，用【创建平面工具】在预览窗口左下角的小鸡周围单击四下，创建四个角节点形成定界框。这时，系统会自动选用【编辑平面工具】，用该工具对角节点进行拖动拉伸，形成图 5-11-3 左下角所示的浅蓝色的平面网格，要求网格形状尽量与图像中的透视方向对齐。在编辑过程中，如果定界框和网格变为红色或黄色，则说明角节点的位置有问题，必须重新移动角节点，直至定界框和网格变为蓝色，才表明所确定的平面是有效的。

图 5-11-3 【消失点】滤镜对话框

(3) 确定替换选区，覆盖要移除的图像。选择对话框中的【选框工具】，在蓝色定界框的上方位置选取一个长方替换选区，如图 5-11-4 所示。将光标移放至替换选区内，按住【Alt+Shift】键，当光标呈形状时向“小鸡”方向拖移，释放鼠标就会将“小鸡”覆盖。如果一次覆盖不完整，可重复操作。母鸡背上的那只小鸡也是用同样的方法处理的，但要更细心些。图像修饰好后，单击对话框右上角的【确定】按钮即可。

图 5-11-4　应用【消失点】滤镜“小鸡”覆盖的方法

若在未应用【消失点】滤镜前新建一个图层，那么被处理的这两小块原图像则被存储在新建的图层中。这样，我们不但可以对该图层单独使用不透明度、图层样式和混合模式等图层功能，而且也保留了原始图像。希望读者在应用【消失点】滤镜时养成将【消失点】结果存放在单独图层上的好习惯。

(4) 若想删除平面网格，需使用【编辑平面工具】选定平面网格，然后用【BackSpace】键删除即可。对话框中的【图章工具】和【画笔工具】的使用方法与先前所学的工具箱中的【仿制图章工具】和【画笔工具】类似，但这二者的使用前提是必须先创建平面网格，然后在平面网格中进行应用。

5.12 本章小结

本章主要讲解了滤镜的概念、特点及使用注意事项，介绍了传统滤镜的各选项含义、参数控制、产生的不同效果以及应用范围，并详细讲解了抽出、液化、图案生成器、消失点等滤镜的工作原理、参数设置和具体应用。

Photoshop CS3 滤镜的种类繁多，有的应用起来也较为复杂，在学习过程中难免会产生纷乱的感觉，但只要多做练习，掌握常用的滤镜就可以了。在应用滤镜时，还可以对滤镜参数进行多次调整或将多个滤镜组合应用，这样往往会产生一些出人意料的特殊效果。

5.13 上机练习

1. 制作“木纹”

下面通过制作如图 5-13-1 所示的“木纹”来进一步加强【滤镜】应用的操作。

操作步骤提示：

(1) 新建一个 300 px × 400 px、分辨率为 150 dpi、RGB 模式、背景为白色的文件，将文件命名为“木纹”。将前景色和背景色恢复为默认的黑白色。新建图层 1，并填充木色(#c8ac5f)。

(2) 添加褐色纹理。将前景色设置为褐色（#9c7236)，选择工具箱中的【画笔工具】，将画笔设置为“滴溅 46 像素”，在“图层 1”中画出 5 条纵向的条纹，如图 5-13-2 所示。

选择菜单【滤镜】/【扭曲】/【切变】命令，参数设置如图 5-13-3 所示，形成的褐色纹理如图 5-13-4 所示。

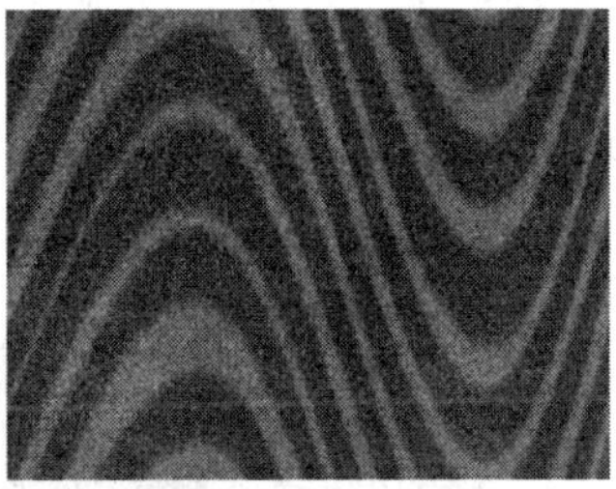

图 5-13-1　木纹

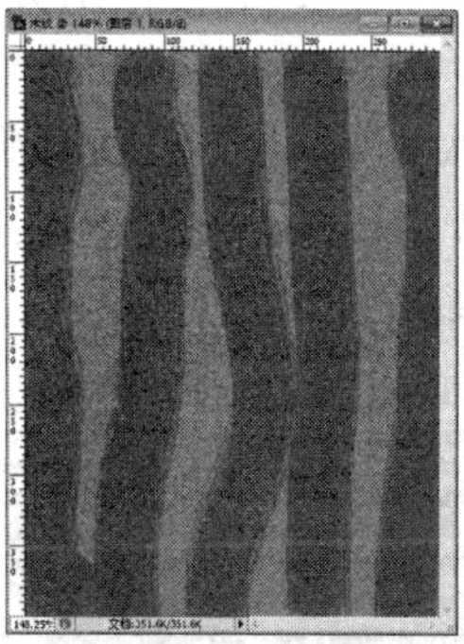

图 5-13-2　褐色条纹

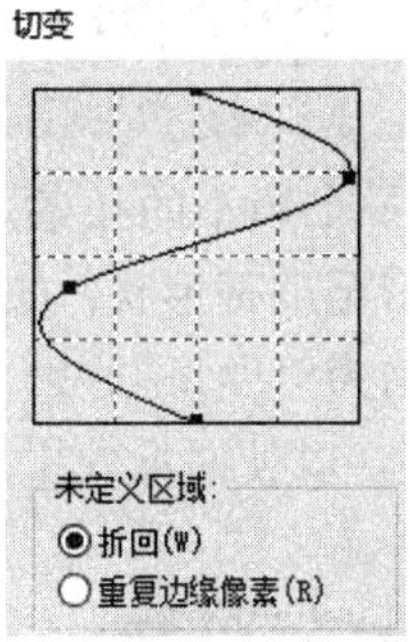

图 5-13-3 应用【切变】命令

图 5-13-4 褐色纹理

(3) 制作纹理拉丝效果。选择菜单【滤镜】/【杂色】/【添加杂色】命令，参数设置如下：数量为 4.5，高斯分布，单色。选择菜单【滤镜】/【模糊】/【动感模糊】命令，参数设置如下：角度为 0，距离为 10。

(4) 旋转画布。选择菜单【图像】/【旋转画布】/【90 度（顺时针)】命令，将画布旋转 90 度。至此，本练习完成。

2. 制作“诱人的西瓜”

下面通过制作如图 5-13-5 所示的“诱人的西瓜”来进一步加强【滤镜】应用的操作。

操作步骤提示：

(1) 新建一个 500 px×350 px、分辨率为 150 dpi、RGB 模式、背景为白色的文件，将文件命名为“诱人的西瓜”。

(2) 绘制“瓜体”。新建图层并命名为“瓜体”，将前景色设为淡黄色，背景色设为墨绿色。在图层中绘制一个椭圆选区，对其进行从左上角至右下角的径向渐变填充，如图

5-13-6 所示。

图 5-13-5　诱人的西瓜

图 5-13-6　径向渐变填充

(3) 绘制“瓜纹”。新建图层并命名为“瓜纹”。先绘制出一个长条矩形选区，填充深绿色，保留选区状态。按住【Alt】键，用【移动工具】拖动矩形长条进行复制，如图 5-13-7 所示。载入“瓜体”图层的选区，确定当前层为“瓜纹”图层，选择菜单【滤镜】/【扭曲】/【波纹】命令，参数设置如下：大小为中，数量为 200。选择菜单【滤镜】/【扭曲】/【球面化】命令，参数设置如下：数量为 100%。完成滤镜效果后将选区反选，删除多余瓜纹，如图 5-13-8 所示。

图 5-13-7　直条“瓜纹”

图 5-13-8　添加滤镜效果后的“瓜纹”

(4) 绘制“瓜蒂”。新建图层并命名为“瓜蒂”。建立一个短小的长条矩形选区，填充深褐色，选择菜单【滤镜】/【液化】命令，将长条矩形变形至瓜蒂形状，如图 5-13-9 所示。

(5) 将“瓜蒂”、“瓜纹”与“瓜体”图层合并，并命名为“西瓜”。用【减淡工具】和【加深工具】对西瓜的高光区和暗光区进行适当调整，以使西瓜效果更加真实，如图 5-13-10 所示。

图 5-13-9　“瓜蒂”形状

图 5-13-10　西瓜整体效果

(6) 绘制切开的西瓜。将“西瓜”图层复制并命名为“外瓜皮”，选取西瓜的上方部分并删除，如图 5-13-11 所示。载入“外瓜皮”图层的选区，将选区稍微向上移动。新建图层并命名为“内瓜皮”，将选区填充淡黄色。保留选区，将选区稍微向上移动，再新建图层并命名为“瓜瓤”，将选区填充红色，最后的效果如图 5-13-12 所示。为了增加瓜瓤的质感，选择菜单【滤镜】/【杂色】/【添加杂色】命令，参数设置如下：数量为 7%左右，其它为默认。将这三个图层合并，再将超出“外瓜皮”的多余部分删除。

(7) 绘制“瓜籽”。将前景色设为黑色，选择【自定义形状工具】，在选项栏中选择“填充像素”选项和“雨点”图案，随意绘制多个瓜籽。用【橡皮擦工具】将瓜瓤的上边缘擦出不规则的形状，再用【减淡工具】和【加深工具】进行适当调整，以使瓜瓤效果更加真实，如图 5-13-13 所示。至此，本练习完成。

图 5-13-11 半个西瓜皮

图 5-13-12 绘制瓜瓤

图 5-13-13 切开的西瓜效果图

3. 制作“火焰字”

下面通过制作如图 5-13-14 所示的火焰字来进一步加强【滤镜】应用的操作。

图 5-13- 14 火焰字

操作步骤提示：

(1) 新建一个 400 px ×400 px、分辨率为 150 dpi、RGB 模式、背景为白色的文件，将文件命名为“星星之火”。

(2) 输入文字。新建一个图层，填充黑色。选择工具箱中的【文字工具】T，文字为黑体，大小为 40 点，颜色为白色，输入“星星之火”四个字，在该图层单击右键，选择【栅格化】命令，将文字栅格化，如图 5-13-15 所示。

(3) 文字描边加粗。复制文字图层，选择副本图层。由于文字要再粗些，最终火焰效果才明显，因此对其进行描边加粗。执行【编辑】/【描边】命令，参数设置如图 5-13-16 所示，描边颜色为白色。

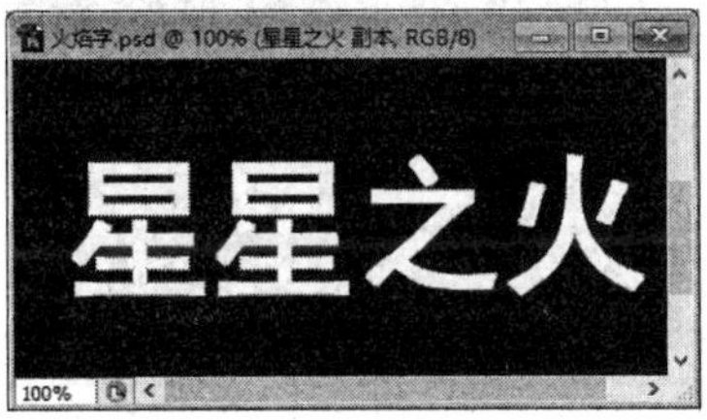

图 5-13- 15 输入文字

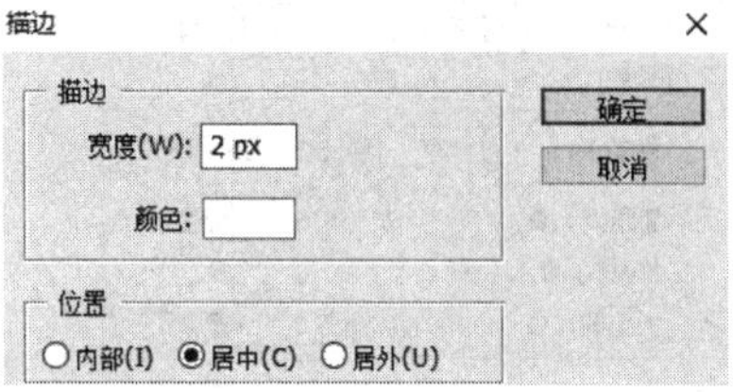

图 5-13- 16 文字描边加粗

(4) 给文字添加“风”的效果。执行【图像】/【旋转画布】/【90 度（逆时针）】命令，将画布旋转，再将文字移动到右侧。执行【滤镜】/【风格化】/【风】命令，方法选择“风”选项，方向为“从右”，效果如图 5-13-17 所示。按【Ctrl+F】键，将【风】命令重复执行三次。

执行【图像】/【旋转画布】/【90 度（顺时针）】命令，将画布旋转回来。执行【滤镜】/【扭曲】/【波纹】命令，数量为 100，大小为中，效果如图 5-13-18 所示。

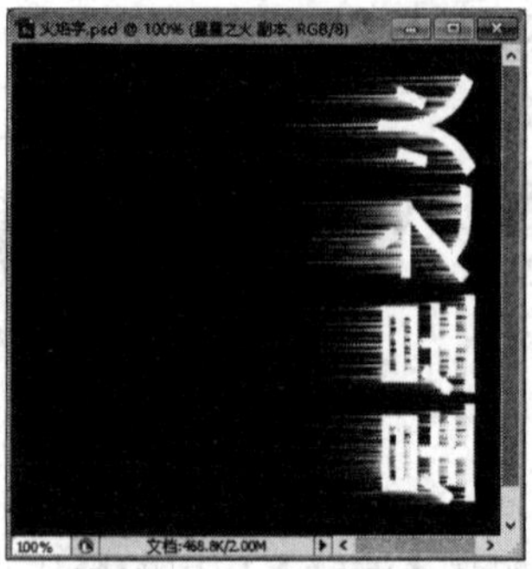

图 5-13- 17 旋转画布，添加“风”效果

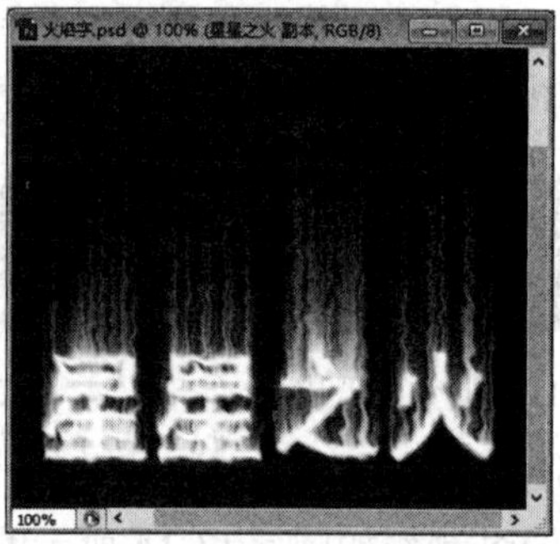

图 5-13- 18 旋回画布，添加“波纹”效果

(5) 制作火焰颜色。选择火焰形状图层，如图 5-13-19 所示，选择“锁定透明像素”选项，将前景色设置为黄色，并填充该图层。再将该图层复制，采用同样的做法，将副本图层中的火焰填充为红色，并将副本图层的图层模式设置为“叠加”，形成的效果如图 5-13-20 所示。

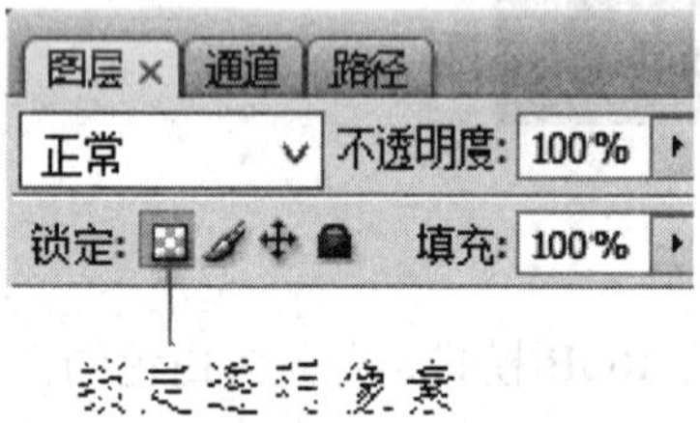

图 5-13- 19 锁定图层透明像素

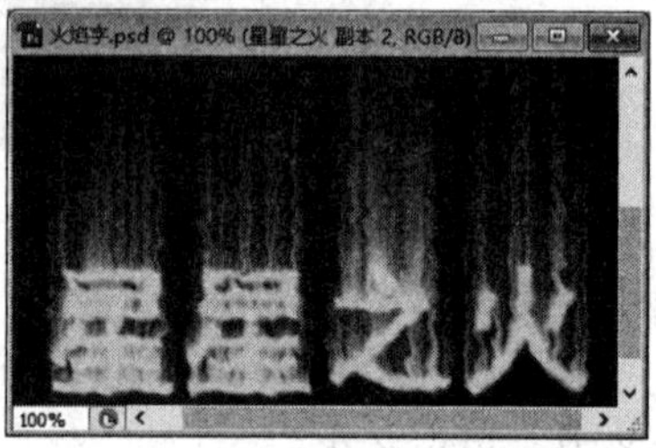

图 5-13- 20 修改火焰颜色

(6) 选择第(2)步中最先建立的“星星之火”图层，将该图层移至最顶图层，文字颜色改为黑色，用【移动工具】移动文字图形和火焰图层的火焰位置对正。为该文字添加【投影】效果，参数设置如图 5-13-21 所示(要注意的是投影颜色改为红色才更逼真)。最终效果如图 5-13-22 所示。至此，本练习完成。

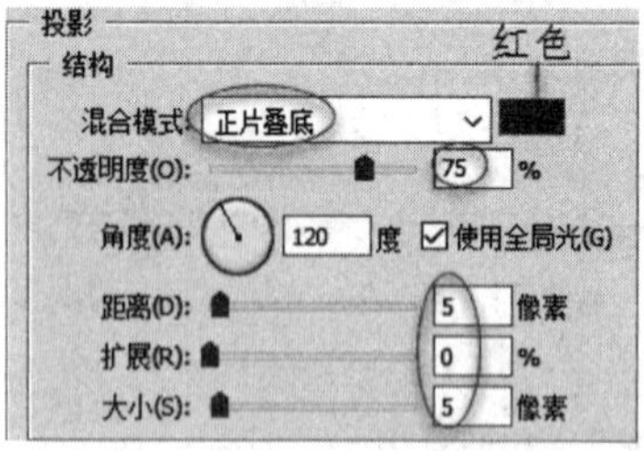

图 5-13- 21 为文字添加红色投影

图 5-13-22 火焰字

5.14 思考练习

1. 填空题

(1) ________是滤镜操作中一个非常实用的功能，通过它可以单独应用某一滤镜，应用

多个滤镜，或反复应用同一滤镜。

(2) ________滤镜用类似受损或腐蚀的点、线条和笔画重新绘制图像，使图像产生镂刻的版画效果。

(3) ________滤镜可使图像产生波浪扭曲效果。

(4) ________滤镜可对图像沿着指定的方向和指定的强度进行模糊，类似于模仿物体高速运动时曝光的拍摄手法，一般适用于运动物体处于画面中心、周围背景变化较少的图像。

(5) ________滤镜是指使用随机生成的介于前景色与背景色之间的值来生成云彩图案，产生类似负片的效果。

(6) 塑料包装滤镜和霓虹灯光滤镜都属于________滤镜组。

(7) ________滤镜提供了一种比较智能的去除背景方法，使用它可以轻松地将对象从图像中提取出来。

(8) 可通过执行________快捷键对图像重复应用上次使用过的滤镜。

(9) 选择菜单【编辑】/【________】命令可减弱上一次使用的滤镜效果。

2．判断题

(1) 在【滤镜库】中，无法查看每个滤镜效果的缩览图示例。　(　)

(2) 在【滤镜库】中，可以累积所有应用过的滤镜，而且还允许重新排列滤镜的应用顺序和更改已应用的每个滤镜的设置。　(　)

(3) 【滤镜】菜单中列出的所有滤镜在【滤镜库】中都可用。　(　)

(4) 渲染滤镜组是使用不同的画笔和油墨描边效果创造出具有绘画效果的外观。(　)

(5) 绘图笔滤镜属于画笔描边滤镜组。　(　)

(6) 消失点滤镜的功能与仿制图章工具的功能是完全相同的。　(　)

(7) 如果在滤镜设置对话框中对自己调节的效果感觉不满意，希望恢复调节前的参数，可以按住【Alt】键，这时【取消】按钮会变为【复位】按钮，单击此按钮就可以将参数重置为调节前的状态。　(　)

3．简答题

(1) 简述滤镜的主要特点。

(2) 请说出渲染滤镜组中各子滤镜的名称，并分别说出它们的滤镜效果。

(3) 请说出风格化滤镜组中 9 个子滤镜的名称。

(4) 简述液化滤镜的功能。

第 6 章　通道与蒙版

本章导读

通道与蒙版是 Photoshop CS3 中非常重要的知识点，但同时也是比较难理解的知识点。如果我们理解并掌握了通道和蒙版的概念，许多图像处理的难题便会迎刃而解。

本章主要介绍通道与蒙版的含义，着重讲解通道与蒙版的创建和编辑的方法以及二者在图像中的应用。

学习要点

※ 通道的概念、类型及用途。

※ 通过通道调板新建、复制与删除通道。

※ 通道与选区的转换，通道的运算。

※ 蒙版的概念及图层蒙版的编辑与使用。

※ 快速蒙版的使用方法。

6.1　案例——金属颗粒字

在学习“金属颗粒字”案例前，先介绍通道的概念、功用及分类，通道调板的使用方法，通道的新建、复制和删除以及通道与选区的相互转换等基本操作。

6.1.1　认识通道

通道是 Photoshop CS3 中处理图像常用的一种工具，是存储不同类型信息的灰度图像。

从学习 Photoshop CS3 到现在，所接触的图像中的色彩其实就是包含在通道里的。当我们编辑图像时，实质上也是改变通道的过程，无论是色彩的改变，还是选区的增减、渐变的产生，都可追溯到通道中去。在 Photoshop CS3 中，通道除了用来承载图像颜色信息外，同时还是存储选区的载体。利用通道不但可创建图像复杂的特殊效果，还可创建极为复杂的选区。

如图 6-1-1 所示，打开“荷花.jpg”图像，以 RGB 色彩模式为例，再打开【通道】调板，就会发现调板中有默认的四个通道：最上方的复合通道和分别用来承载红色、绿色、蓝色的三个单色颜色通道。CMYK 色彩模式则有五个默认通道：最上方的复合通道和分别用来承载青色、洋红色、黄色和黑色的四个单色颜色通道。以 RGB 色彩模式为例，三个单色通道以灰度图的形式分别控制红、绿、蓝三个颜色的分量，三色相叠就形成了我们所看到的彩图。

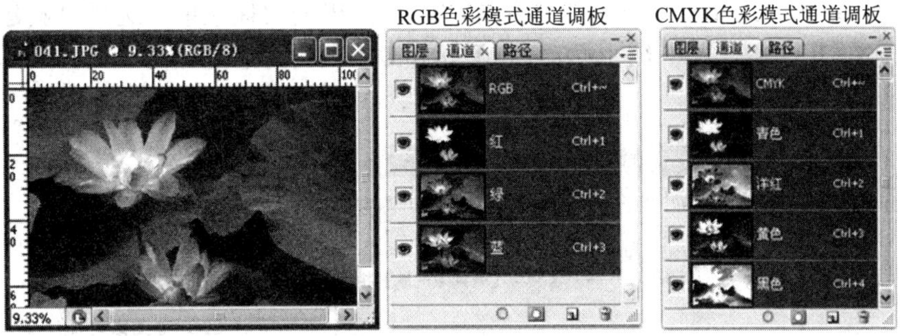

图 6-1-1　两种模式下的通道调板

Photoshop CS3 中除了复合通道和颜色通道外，还有 Alpha 通道和专色通道。Alpha 通道是最常用的通道，可以说在 Photoshop CS3 中制作出的各种特殊效果都离不开 Alpha 通道，它最基本的用处就是用来存储选区、保存蒙版，而不再是图像的色彩信息，也可以说 Alpha 通道的本质就是选区。要了解专色通道，首先要了解专色这个概念。专色是指一种预先混合好的特定彩色油墨，用来替代或补充印刷色油墨，比如金色、银色或明亮的橙色、荧光色等，它不是靠 CMYK 四色混合出来的，而是印刷色以外的颜色。专色通道就是专门用来保存专色信息的通道。

6.1.2　通道调板

选择菜单【窗口】/【通道】命令或直接在工作界面右边的调板组中单击【通道】标签，打开如图 6-1-2 所示的【通道】调板。可以像控制图层的可视性那样来控制通道的显示与隐藏，还可以像选择图层那样选择自己所需的通道。

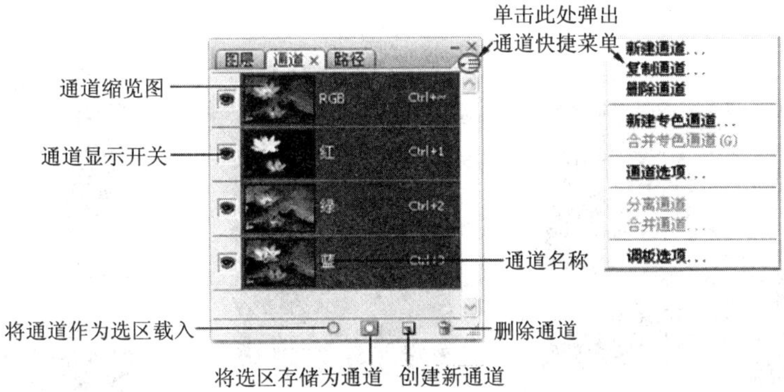

图 6-1-2　认识通道调板

6.1.3　通道的新建、复制与删除

1. 新建通道

从图 6-1-2 中可以看出，有两种新建通道的方法。

方法 1：单击【通道】调板下方的【创建新通道】按钮，即可创建一个 Alpha 新通道，系统会自动将其命名为“Alpha1”、“Alpha2”等，这是最简单的方法(若按住【Ctrl】键再单击【创建新通道】按钮，则产生的是专色通道)。

方法 2：单击【通道】调板右上角按钮，在弹出的快捷菜单中选择“新建通道”选项，或按住【Alt】键并单击【创建新通道】按钮，则均可通过如图 6-1-3 所示的【新建通道】对话框建立新通道。

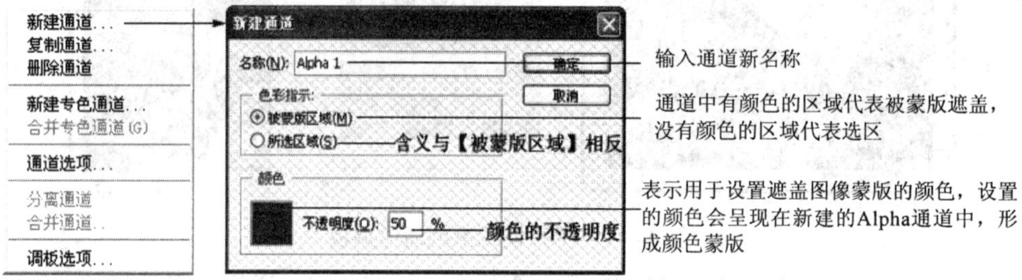

图 6-1-3　【新建通道】对话框

2．复制与删除通道

用鼠标将要复制的通道拖到【通道】调板下方的【创建新通道】按钮上，或单击【通道】调板右上角按钮，在弹出的快捷菜单中选择“复制通道”选项(见图 6-1-2)，均可复制该通道。

用鼠标将要删除的通道拖到【通道】调板下方的【删除通道】按钮上，或单击【通道】调板右上角按钮，在弹出的快捷菜单中选择“删除通道”选项(见图 6-1-2)，均可删除该通道。

6.1.4　通道与选区的转换

如何将选区转换为通道，也就是如何将选区存储到通道中，具体操作步骤如图 6-1-4 所示。

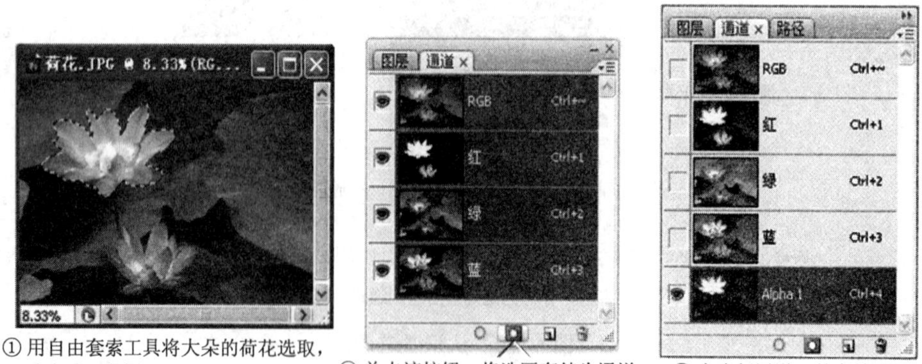

① 用自由套索工具将大朵的荷花选取，确定选区范围　② 单击该按钮，将选区存储为通道　③ 产生新通道，并存储选区

图 6-1-4　将选区存储到通道中的操作步骤

虽然选区存储在通道中，但并不能够直接作为选区使用，必须将存储在通道中的选区调出。将存储在通道中的选区调出的操作步骤如图 6-1-5 所示。

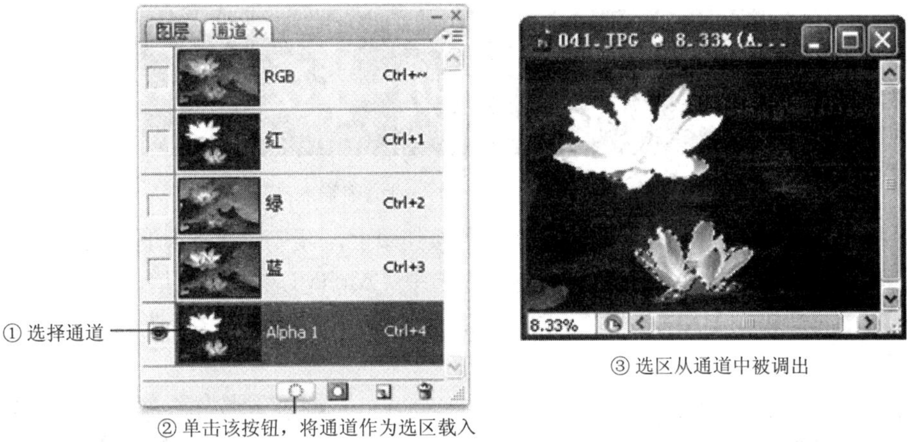

图 6-1-5　将存储在通道中的选区调出的操作步骤

6.1.5　制作“金属颗粒字”

本案例“金属颗粒字”效果图如图 6-1-6 所示，其主要是通过在通道中创建文字，然后在通道中对文字应用【高斯模糊】、【添加杂色】和【光照效果】滤镜来完成的。通过本案例可加深读者对通道的理解和应用。

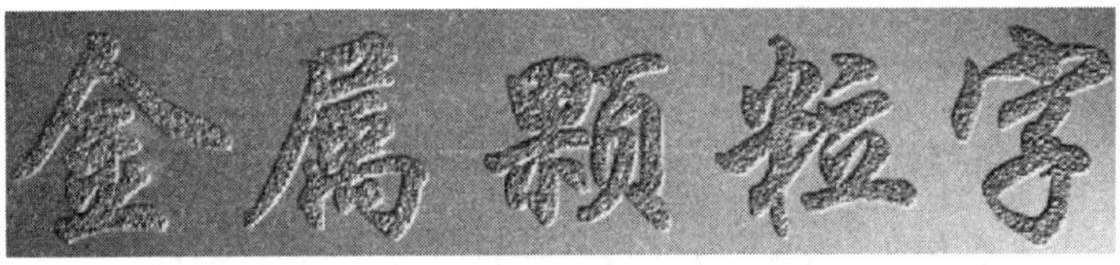

图 6-1-6　“金属颗粒字”效果图

具体操作步骤如下：

(1) 在 Photoshop CS3 中新建一个大小为 1024 px×400 px、分辨率为 72 dpi、RGB 模式、背景为白色的文件，并将文件命名为“金属颗粒字”。

(2) 打开【通道】调板，单击调板下方的【创建新通道】按钮，新建“Alpha 1”通道，如图 6-1-7 所示。选择工具箱中的【横排文字工具】T，选项栏的参数设置如图 6-1-8 所示。

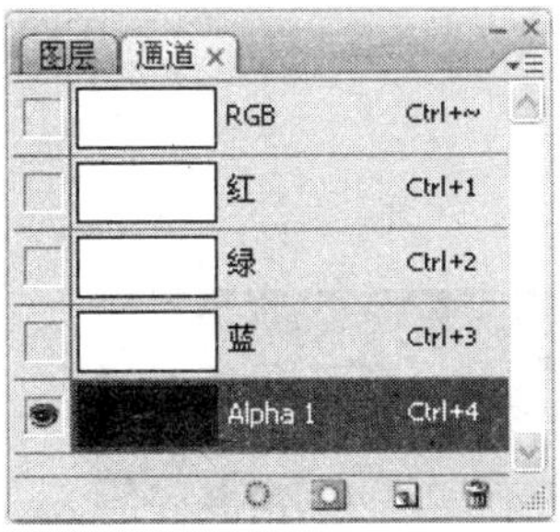

图 6-1-7　新建 Alpha 1 通道

图 6-1-8　【横排文字工具】选项栏的设置

(3) 将前景色设置为白色，在“Alpha 1”通道中输入“金属颗粒字”字样，按【Ctrl + Enter】键结束文字的输入，并保留输入文字后所产生的选区状态，如图 6-1-9 所示。

图 6-1-9　在“Alpha 1”通道中输入文字

(4) 拖动 Alpha 1 通道到【创建新通道】按钮上，复制出一个新的通道“Alpha 1 副本”，如图 6-1-10 所示。在保留选区状态下，选中“Alpha 1 副本”通道，选择菜单【滤镜】/【模糊】/【高斯模糊】命令，参数设置如图 6-1-11 所示。完成【高斯模糊】后的效果如图 6-1-12 所示。

图 6-1-10　创建通道“Alpha 1 副本”

图 6-1-11　【高斯模糊】参数设置

图 6-1-12　【高斯模糊】效果

(5) 继续保留选区状态，选择菜单【滤镜】/【杂色】/【添加杂色】命令，为文字添加杂点效果，参数设置如图 6-1-13 所示，效果如图 6-1-14 所示。

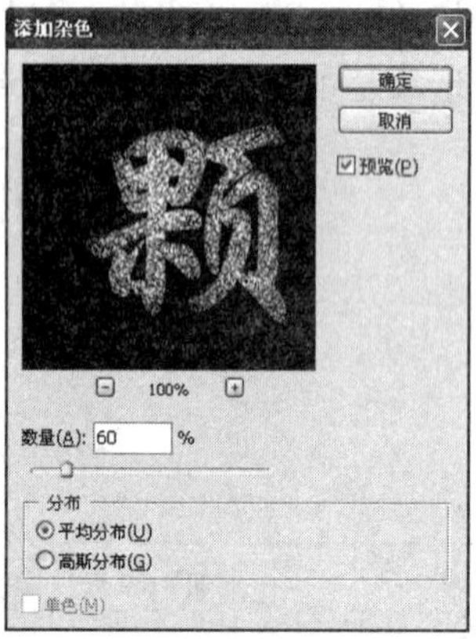

图 6-1-13　【添加杂色】参数设置

图 6-1-14　【添加杂色】效果

(6) 按【Ctrl + D】键取消选区状态。在【通道】调板中选择 RGB 通道，回到 RGB 通道。将前景色设置为浅黄色(#fdfc80)，打开【图层】调板，新建一个图层，填充前景色并选中该图层。选择菜单【滤镜】/【渲染】/【光照效果】命令，参数设置如图 6-1-15 所示。注意将“纹理通道”设定为“Alpha 1 副本”。完成【光照效果】后的效果如图 6-1-16 所示。

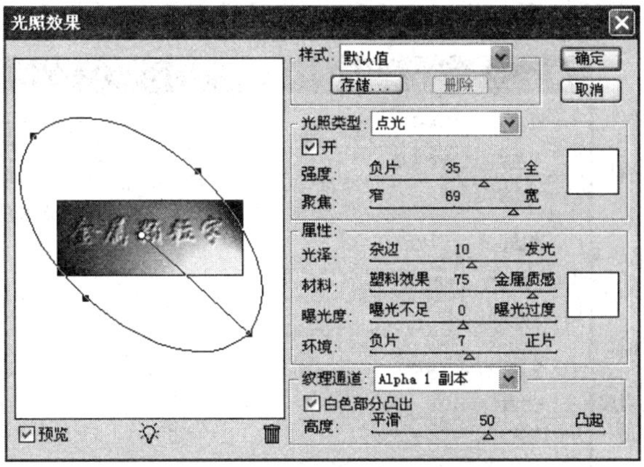

图 6-1-15　【光照效果】参数设置

图 6-1-16　【光照效果】效果

(7) 选择菜单【图像】/【调整】/【色彩平衡】命令，参数设置如图 6-1-17 所示，将文字调整为具有金属质感的金黄色。至此，该案例制作完成。

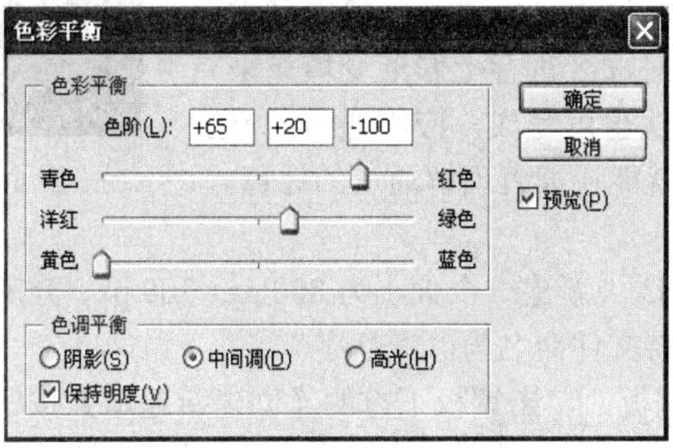

图 6-1-17　【色彩平衡】参数设置

6.2　案例——霓虹字

在学习“霓虹字”案例前，先介绍通道计算以及通道计算对话框中各选项的含义等。

6.2.1　通道计算

通过通道计算，可为复杂的图像抠图或生成各种特效。通道计算是指将两个通道中相对应像素的灰度值按一定数学公式进行计算，并将结果保存到目标通道或新通道中，计算的方法由指定的混合模式确定。允许对两个来自不同文件的通道进行计算，因为是比较出现在相同位置上的像素，故要求这两个文件必须有完全相同的大小和分辨率。选择菜单【图像】/【计算】命令，即可打开如图 6-2-1 所示的【计算】对话框。

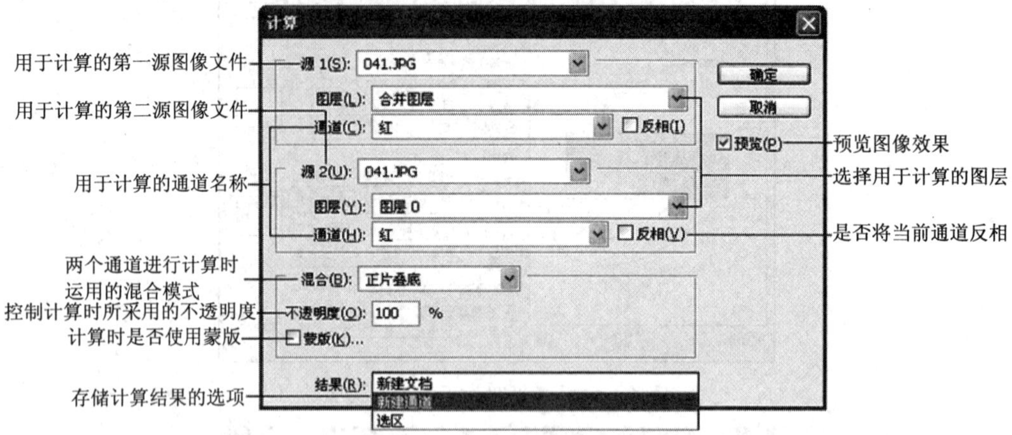

图 6-2-1　通道【计算】对话框

6.2.2　制作“霓虹字”

本案例“霓虹字”效果图如图 6-2-2 所示，其主要是通过对通道中的文字应用高斯模糊滤镜后，再将该通道复制，然后将通道与通道副本进行计算得到文字形状的空心选区后，再对选区进行七彩渐变填充来完成的。本案例用其它方法也可完成，应用通道的方法是希望通过简单的案例就能让读者理解通道的计算。

图 6-2-2　“霓虹字”效果图

具体操作步骤如下：

(1) 在 Photoshop CS3 中新建一个大小为 800 px × 300 px、分辨率为 72 dpi、RGB 模式、背景为白色的文件，并将文件命名为“霓虹字”。

(2) 打开【通道】调板，单击调板下方的【创建新通道】按钮，新建“Alpha 1”通道，如图 6-2-3 所示。选择工具箱中的【横排文字工具】T，选项栏中的参数设置如图 6-2-4 所示。

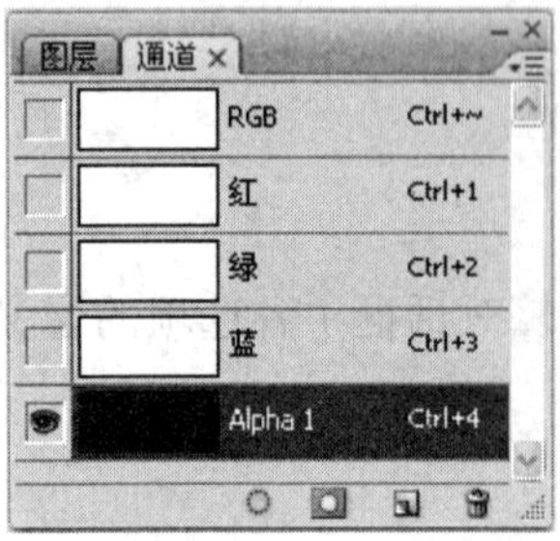

图 6-2-3　新建“Alpha 1”通道

图 6-2-4　【横排文字工具】选项栏的设置

(3) 将前景色设置为白色，在“Alpha 1”通道中输入“霓虹字”字样，取消输入文字后所产生的选区状态，如图 6-2-5 所示。

图 6-2-5　在 Alpha 1 通道中输入文字

(4) 选择菜单【滤镜】/【模糊】/【高斯模糊】命令，参数设置如图 6-2-6 所示。完成【高斯模糊】后的效果如图 6-2-7 所示。

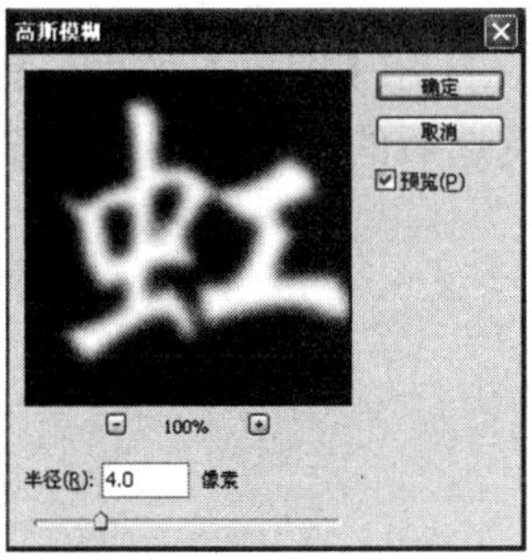

图 6-2-6　【高斯模糊】参数设置

图 6-2-7　【高斯模糊】效果

(5) 拖动“Alpha 1”通道到【创建新通道】按钮上，复制出一个新的通道“Alpha 1 副本”，如图 6-2-8 所示。

图 6-2-8　创建通道“Alpha 1 副本”

(6) 选中“Alpha 1 副本”通道，选择菜单【图像】/【计算】命令，【计算】对话框中的参数设置如图 6-2-9 所示。将通道计算的结果保存在“新建通道”中，通过计算所得的通道效果如图 6-2-10 所示。

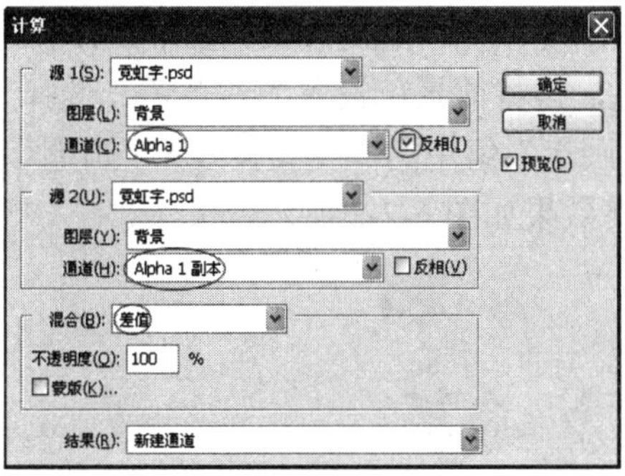

图 6-2-9　【计算】对话框中的参数设置

图 6-2-10　计算后所得的通道效果

(7) 按住【Ctrl】键，单击通过计算所生成的新通道“Alpha 2”通道，如图 6-2-11 所示，调出文字形状选区。

图 6-2-11　从通道中调出文字形状选区

(8) 单击通道面板上的 RGB 通道，切换到 RGB 通道。打开【图层】调板，新建一个图层并选中该图层。按【Ctrl + Shift + I】键将选区反选，反选后的效果如图 6-2-12 所示。

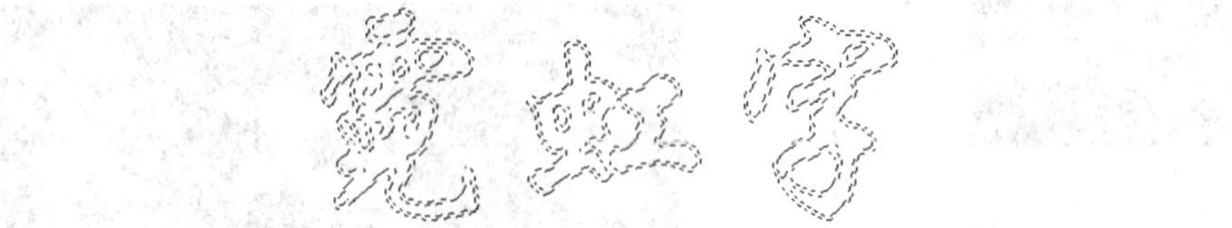

图 6-2-12　文字选区

(9) 选择工具箱中的【渐变工具】，如图 6-2-13 所示，打开【渐变编辑器】，选择预设区中的“色谱”渐变。从文字选区左上角拖动鼠标至右下角进行渐变填充，如图 6-2-14 所示。

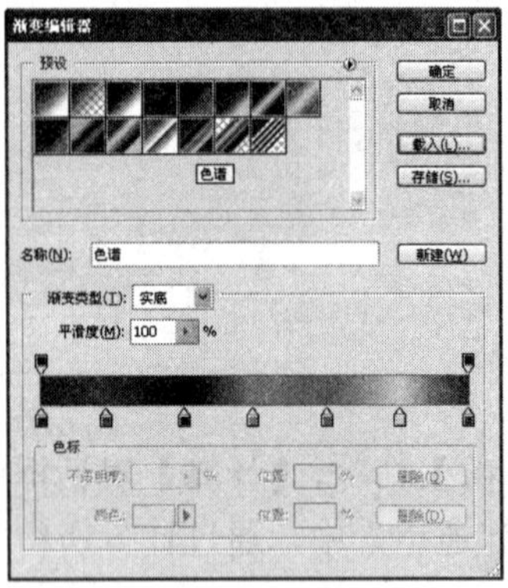

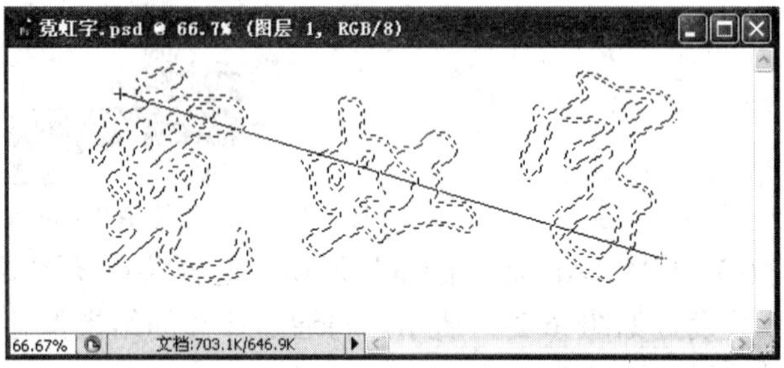

图 6-2-13　打开【渐变编辑器】对话框　　　　图 6-2-14　渐变填充文字

(10) 为了使文字特效明显，可连续进行三次渐变填充，渐变效果如图 6-2-15 所示。可以进一步美化文字效果，如将背景图层填充黑色，再将前景色设置为浅黄色，选择【画笔工具】，打开【画笔预设】面板，选择“混合画笔”组中的“交叉排线 1”画笔(若没有此组画笔，可自行添加)，画上几处星光，最终效果如图 6-2-2 所示。

图 6-2-15　文字渐变填充效果

6.3　案例——利用通道抠头发

打开如图 6-3-1 所示的名为“头发.jpg”的素材，现在要把该图中的人物抠出来，为其更换背景，如图 6-3-2 所示。利用通道抠发或抠出其它较细微的图像边缘是比较常用的方法。

图 6-3-1　打开“头发”文件

图 6-3-2　为人物更换背景

具体操作步骤如下：

(1) 选择菜单【文件】/【存储为】命令，将打开的“头发.jpg”文件存储为“通道抠发.psd”文件。打开【图层】调板，将“背景”图层拖到【新建图层】按钮，复制出“背景副本”图层。打开【通道】调板，通过观察发现蓝色通道中头发与背景的对比更清晰些，将蓝色通道拖到【新建通道】按钮，如图 6-3-3 所示，复制出“蓝副本”通道。

图 6-3-3　新建“蓝副本”通道

(2) 选择菜单【图像】/【曲线】命令(或按【Ctrl+M】键)，打开【曲线】对话框，将曲线调整成如图 6-3-4 所示的形状。在调整曲线的同时，观察“蓝副本”通道中图像的黑白对比度，尽量让黑白对比明显，但又要注意保留头发的细节，如图 6-3-5 所示。如果应用【曲线】命令一次达不到效果，可多次进行细微调整。

(3) 为了能将人物完整取出，需要将人物的脸和衣服部分涂黑。将前景色设置为黑色，选择工具箱中的【画笔工具】，画笔可设大一点，如图 6-3-6 所示，将人物的脸和衣服部分涂黑。选择菜单【图像】/【调整】/【反相】命令(或按【Ctrl + I】键)，将通道中的图像反相，再按住【Ctrl】键单击“蓝副本”通道，如图 6-3-7 所示，将通道中的选区载入。

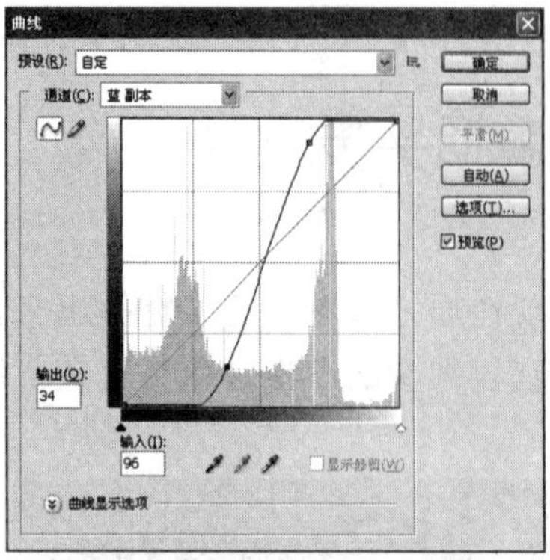

图 6-3-4　【曲线】调整

图 6-3-5　【曲线】调整后的“蓝副本”通道效果

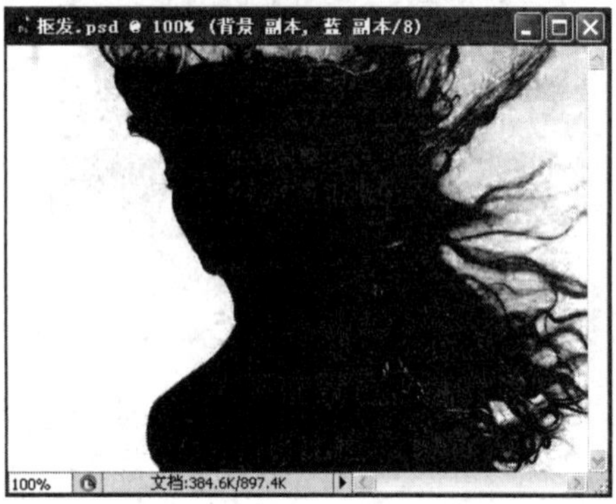

图 6-3-6　将人物的脸和衣服部分涂黑

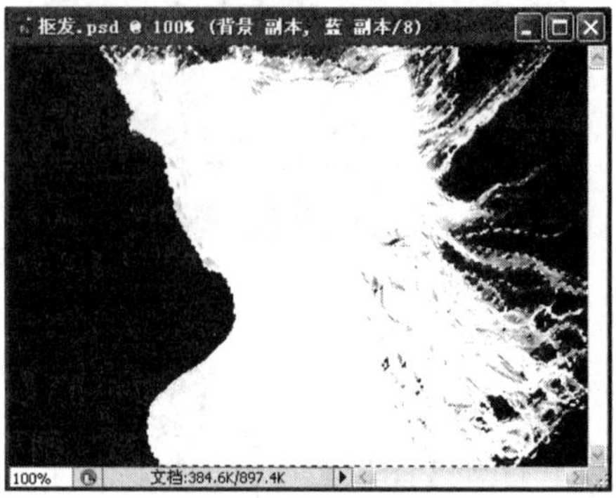

图 6-3-7　将通道中的图像反相并载入选区

(4) 回到【图层】调板，选择“背景副本”图层，按【Ctrl + J】键进行快捷复制，人物和头发被复制并粘贴至自动产生的“图层 1”中，如图 6-3-8 所示。然后将“背景图层”与“背景图层副本”隐藏，观察“图层 1”中抠出的头发是否完整，是否从背景中抽离得干净，如果不满意，可从第(2)步骤起，重新抠图。

图 6-3-8　人物和头发被干净地从背景抽离

(5) 打开素材“抠发背景.jpg”文件，将其拖到“抠发”文件中，并将其移至人物“图层 1”下方，如图 6-3-9 所示。如果觉得头发细微的地方与背景融合得不太好，可选择工具箱中的【加深工具】在头发细微的地方稍加涂抹就可以了。至此，本案例制作完成。

图 6-3-9　为抠出的人物添加背景

6.4　案例——荷花童子

在学习“荷花童子”案例前，先介绍蒙版的概念、功用及分类，蒙版的添加、编辑与使用的方法，蒙版与选区的转换以及蒙版与通道之间的关系等基本知识与操作。

6.4.1　认识蒙版

蒙版是 Photoshop CS3 中一种特殊的图像处理方式，通过蒙版可将图层上指定位置的部分图像显示或遮蔽，被遮蔽的部分图像受到保护，还可将部分图像处理成透明或半透明的效果。

用好蒙版可使图像产生各种奇妙的效果，因此蒙版也被称为图层的神秘“面纱”。比如，利用蒙版制作图像淡入淡出效果、抠图或存储选区、图像嵌套效果，蒙版应用滤镜后产生的特殊效果等。很多初学者都会对蒙版产生畏惧情绪，其实蒙版是个较易理解的概念，并不像我们想象中的那么难懂。可以使用绘图、编辑和滤镜等工具及命令，像编辑图层那样对蒙版进行各种编辑以实现不同的效果。现在就让我们一起去揭开蒙版的神秘“面纱”，走进蒙版的世界。

如图 6-4-1 所示，这是 Photoshop CS3 中自带的两个文件：“旧画像”和“牧场小屋”。现在要把这两幅图像处理成如图 6-4-2 左半部分所示的人像渐隐在小屋门中的效果。如果按照以前所学的知识，用椭圆选区选取“旧画像”中的人像部分然后羽化，再将该部分拖入“牧场小屋”文件中就行了，但这是以破坏原图像为代价的。

按照上面的操作方法，假如想扩大选区重新合成图像，只能再打开原图像重新选取图像后再将其拖入要合成的文件中。这样重复性的工作在合成多个图像时是十分不便的。那么能否在不破坏原图像的情况下，随时按照我们的想法进行合成呢？能，这时就需要使用蒙版了。观察图 6-4-2 中的【图层】调板部分，“旧画像”整个图像被拖入“牧场小屋”文件中，在人像图层缩览图中的右边多了个黑白图像，它就是蒙版。从图层缩览图中可看出，“旧画像”图像毫发无损，是蒙版用白色将人像中需要露出的部分显示出来，将不需要的部分用黑色遮住，并能让下一图层的图像露出来。如果对显示的部分不满意，可重新编辑蒙版的黑白部分，而无需对图像本身进行编辑。

图 6-4-1　打开 Photoshop CS3 中自带的两个文件

图 6-4-2　初识蒙版

当给“旧画像”图层添加蒙版后，如需要对图像进行编辑，那么只能对显示出来的那一部分图像进行编辑，而被黑色隐藏的那一部分是无法进行编辑的，换句话说，被黑色遮蔽的不显示的那一部分图像被蒙版保护起来了。比如在图 6-4-2 中，添加图层蒙版后，只有人像的头部可进行编辑，但头部以外的部分我们无法再对其进行编辑。

讲解到这里，相信大家对蒙版已有了感性认识。关于蒙版，要讲解的还很多，但目前只要记住这句话就行了，即：图层蒙版是个灰度图像，用白色在蒙版上涂抹则会显露当前图层信息，并相应地遮住下一图层的内容；用黑色在蒙版上涂抹将隐藏当前图层内容，并相应地显示下一图层的内容；用灰色在蒙版上涂抹则使当前图层处于半透明状态。这句话虽然在文字的表述上不是十分精准，但通俗的语言有助于大家对蒙版的理解。

为了让大家比较容易地理解蒙版，上面所举例说明的是蒙版中的“图层蒙版”。蒙版本身分为快速蒙版、图层蒙版、剪贴蒙版以及矢量蒙版。快速蒙版的功能较单一，常用来生成各种选区；快速蒙版和矢量蒙版将在 6.5 节中介绍。

6.4.2　蒙版的添加

仍以合成“旧画像”和“牧场小屋”图像为例，说明图层蒙版的添加方法。

打开“旧画像.jpg”和“牧场小屋.jpg”两个文件，如图 6-4-3 所示，用【移动工具】将“旧画像”拖入“牧场小屋”中。如图 6-4-4 所示，选择有人像的图层，单击【图层】调板下方的【添加蒙版】按钮，为当前图层添加图层蒙版。图层蒙版默认为白色，此时人像处于完全显示状态。

图 6-4-3　将人像拖入“牧场小屋”文件中

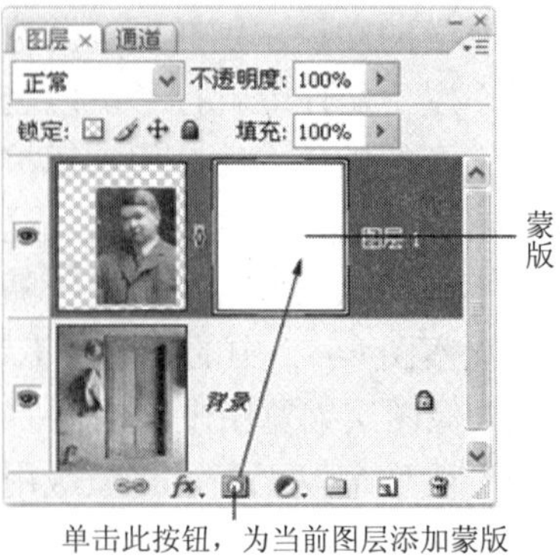

图 6-4-4　添加图层蒙版

在图像窗口中，确定是在选择蒙版的状态下，如图 6-4-5 所示，用【椭圆选框工具】○选取人像头部。选择菜单【选择】/【修改】/【羽化】命令，羽化半径值为 20 px，再选择菜单【选择】/【反向】命令将选区反选。将前景色设置为黑色并填充选区，则图层蒙版变为如图 6-4-6 所示的黑白灰度图。此时，人像图层只露出了人脸部分，再按【Ctrl + D】键取消选区，图层蒙版就添加好了。

图 6-4-5　确定图层蒙版选区

图 6-4-6　填充图层蒙版选区

图层蒙版除了可用【图层】调板添加外，还可以通过菜单命令进行添加。选择【图层】/【图层蒙版】命令，弹出如图 6-4-7 所示的子菜单。

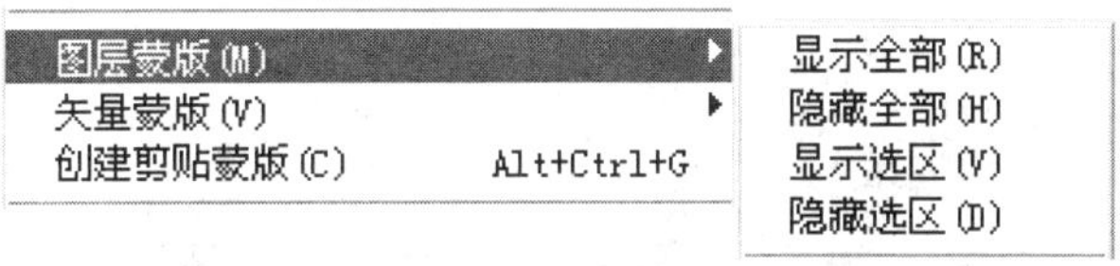

图 6-4-7　添加“图层蒙版”的子菜单

添加“图层蒙版”的子菜单共有四个命令，各命令的作用如下：

◆ 【显示全部】：选择此命令，则创建一个空白图层蒙版，图层中的图像全部被显示出来。

◆ 【隐藏全部】：选择此命令，则创建一个全黑图层蒙版，图层中的图像全部被遮蔽。

◆ 【显示选区】：选择此命令，则根据所选取的区域创建图层蒙版，选择区域内的图像被显示，选择区域外的图像均被遮蔽。

◆ 【隐藏选区】：此命令的含义与【显示选区】命令相反，选择区域内的图像被隐藏，选择区域外的图像均被显示。

6.4.3　蒙版的编辑与使用

我们可使用任何绘图、编辑工具和滤镜对图层蒙版进行编辑，只不过它是个灰度图像而已。下面以合成“旧画像”和“牧场小屋”图像为例，说明图层蒙版的编辑与使用。复杂的图层蒙版编辑将在本节的具体案例及下节的案例中体现。

1. 图层蒙版的编辑

需要注意的是，在对图层蒙版进行编辑之前，一定要确定是否选择了图层蒙版，初学者经常会选中图像图层而不是图层蒙版，结果被编辑的是图像而不是图层蒙版。确定所选择的是图层蒙版还是图像图层的办法很简单，仔细观察二者缩览图的周边是否有白色边框状态，有白色边框状态即处于被选择状态。图 6-4-8 所示为图层蒙版处于被选择状态。

比如，想把人像显示的范围扩大，可将前景色设置为白色，选择白色“柔边”画笔在图层蒙版中白色部分的边缘处涂抹，如图 6-4-9 所示，显示范围就被扩大了，同时人物图层中被显示的人像部分也被相应扩大。选择“柔边”画笔是为了让上下两图层图像间的合成能柔和过渡，而不至于边缘非常生硬。

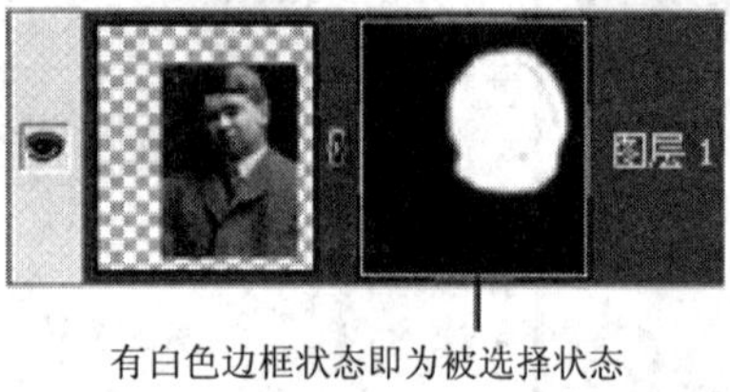

图 6-4-8　图层蒙版处于被选择状态

图 6-4-9　编辑图层蒙版，扩大显示范围

再如，想把人像显示的范围缩小，可将前景色设置为黑色，选择黑色“柔边”画笔在图层蒙版中的白色部分的边缘处涂抹，则显示的范围就被缩小了，同时人物图层中被显示的人像部分也会相应缩小，如图 6-4-10 所示。

图 6-4-10　编辑图层蒙版，缩小显示范围

2. 图层蒙版的使用

在图层蒙版缩览图处单击鼠标右键，弹出如图 6-4-11 所示的快捷菜单。

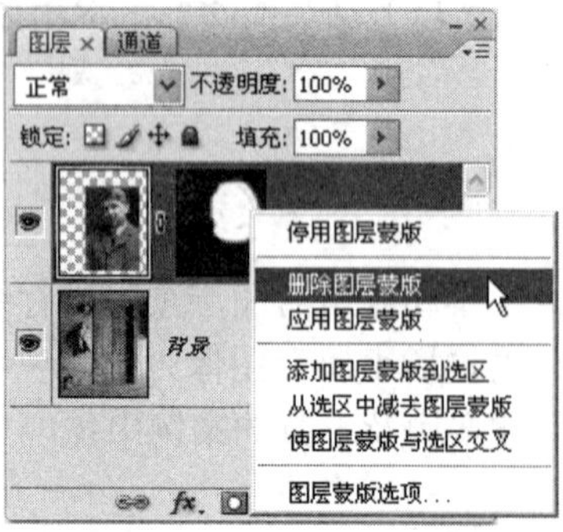

图 6-4-11　图层蒙版的快捷菜单

若选择“停用图层蒙版”选项，图层蒙版缩览图上会出现红色的“×”标记，如图 6-4-12

所示，图像会恢复至没有图层蒙版前的原始状态，但图层蒙版被保留。图层蒙版被停用后，在图层蒙版缩览图上单击鼠标右键，弹出如图 6-4-13 所示的快捷菜单，会发现“启用图层蒙版”选项被激活，若选择该项则恢复图层蒙版的使用状态。

图 6-4-12　停用图层蒙版

图 6-4-13　启用图层蒙版

在图 6-4-11 所示的图层蒙版快捷菜单中，若选择“删除图层蒙版”选项，则结果与选择“停用图层蒙版”选项相同，但图层蒙版被完全删除；若选择“应用图层蒙版”选项，则图层蒙版效果直接应用到图层上，如图 6-4-14 所示，应用图层蒙版后，图层蒙版本身不再存在，原图像也被改变。

图 6-4-14　应用图层蒙版

6.4.4　蒙版与选区的转换

图层蒙版可用来存储选区。在图像中将选区确定后，只要单击【图层】调板下方的【添加图层蒙版】按钮，就可将选区转换为图层蒙版存储起来，而且还可以对图层蒙版进行编辑，如图 6-4-15 所示。

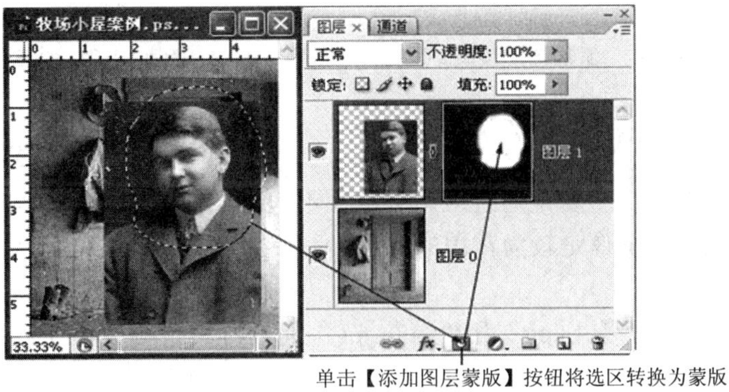

图 6-4-15　将选区转换为图层蒙版

将选区作为蒙版进行编辑的好处是几乎可以使用 Photoshop CS3 中所有的绘画工具、编辑工具和滤镜来修改蒙版，再将蒙版转换为选区，从而创建出许多不规则的选区形状和特效。

若想把图层蒙版中的选区取出来，只需按住【Ctrl】键单击图层蒙版缩览图就可将图层蒙版转换为选区，如图 6-4-16 所示。

图 6-4-16　将图层蒙版转换为选区

6.4.5　蒙版和通道

在通道内容中，曾说过对图像做任何的改变都可以在通道中得到体现。当我们对图 6-4-17 所示的名为“图层 1”的图层添加了图层蒙版后，再打开【通道】调板，就会发现通道中也相应添加了一个名为“图层 1 蒙版”的通道，如图 6-4-18 所示。若删除了该“图层 1”蒙版，那么通道中的“图层 1 蒙版”通道也会随之消失。如果说图层蒙版对图像的编辑是外在的表现形式，那么通道就是内在的表现形式。

图 6-4-17　添加图层蒙版

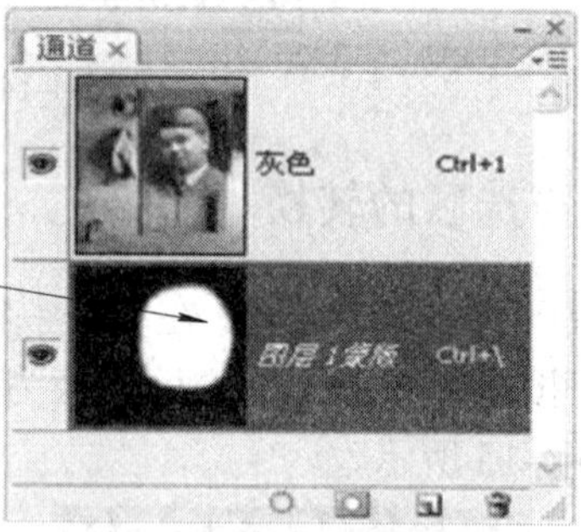

图 6-4-18　添加蒙版后的通道

6.4.6　制作“荷花童子”

本案例“荷花童子”主要是通过应用蒙版在不破坏原图像的情况下将两个图像合成来完成的。利用蒙版合成图像是较为常用的方法。

具体操作步骤如下：

(1) 打开文件名为“婴儿.jpg”和“荷花.jpg”的素材，如图 6-4-19 和图 6-4-20 所示。现在我们要把这两幅图像通过图层蒙版合成为图 6-4-21 所示的效果。

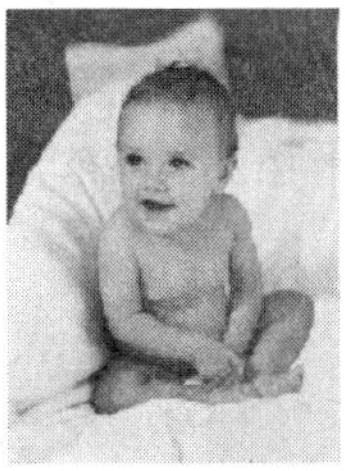

图 6-4-19　婴儿

图 6-4-20　荷花

图 6-4-21　荷花童子

(2) 用【移动工具】将“婴儿”图像直接拖入“荷花”文件中。由于“婴儿”图像较大，按【Ctrl + T】键，将“婴儿”图像缩至图 6-4-22 所示的大小，回车确认。

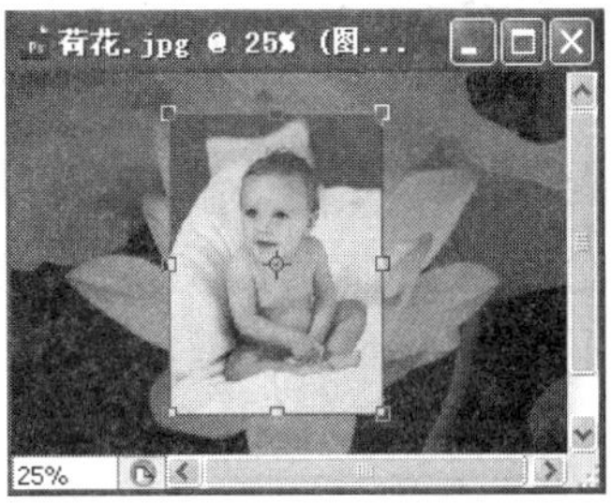

图 6-4-22　两图像的相对位置和大小

(3) 打开【图层】调板，选择有婴儿图像的“图层 1”，单击调板下方的【添加图层蒙版】按钮，为“图层 1”添加一个白色蒙版，如图 6-4-23 所示。将前景色和背景色设置为默认的黑白两色，用大小为 60 px 左右的硬边【画笔工具】在蒙版上涂抹。因为要留下的是婴儿，故在蒙版中用黑色画笔大约在婴儿身体以外的区域涂抹，以达到将婴儿图像中背景部分遮蔽的效果，如图 6-4-24 所示。

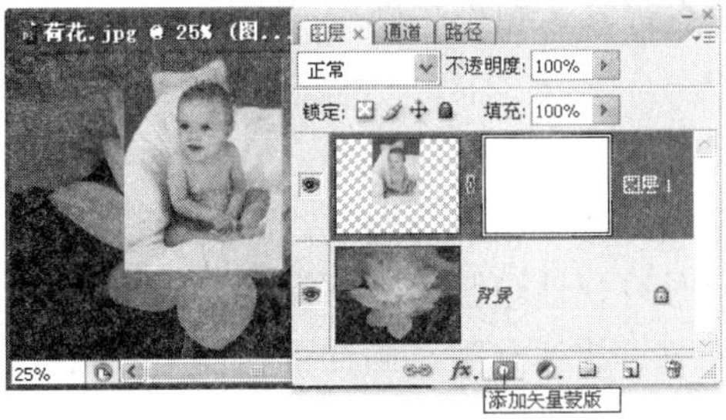

图 6-4-23　添加图层蒙版

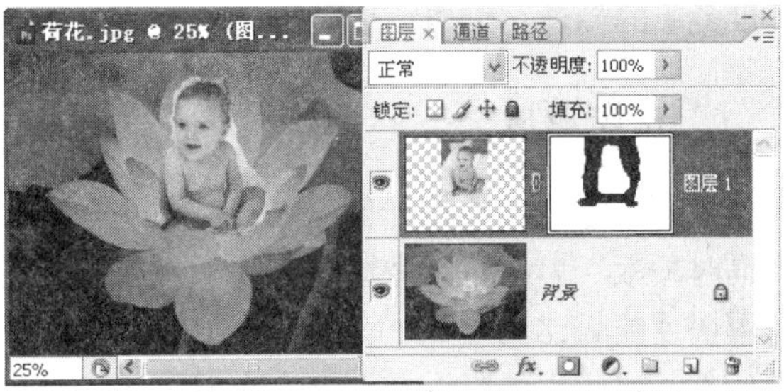

图 6-4-24　编辑图层蒙版

(4) 如图 6-4-25 所示，可以把图像进行局部放大，再用画笔不断编辑蒙版。为了让两个图像自然融合，可将画笔的硬度降低至 50%。在编辑蒙版的过程中，在婴儿身体边缘有转折的地方用较小的画笔编辑；如果有的地方被黑色画笔涂多了，图像被遮蔽过多，可再用白色画笔把误画的地方“收”回来。

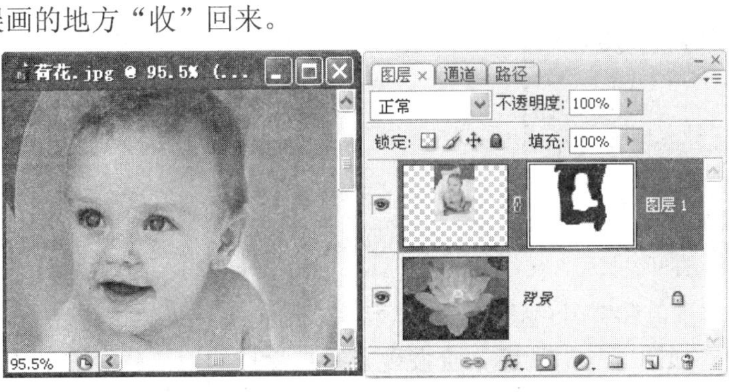

图 6-4-25　局部放大图像并编辑蒙版

(5) 经过反复对图层蒙版的编辑，最后的合成效果如图 6-4-26 所示，将作品重新命名为“荷花童子.psd”并存盘。当然，还可选择菜单【图层】/【图层蒙版】/【隐藏全部】命令，或直接将图层蒙版填充为黑色，如图 6-4-27 所示，在选定蒙版状态下用白色画笔进行涂抹，将婴儿显示出来。

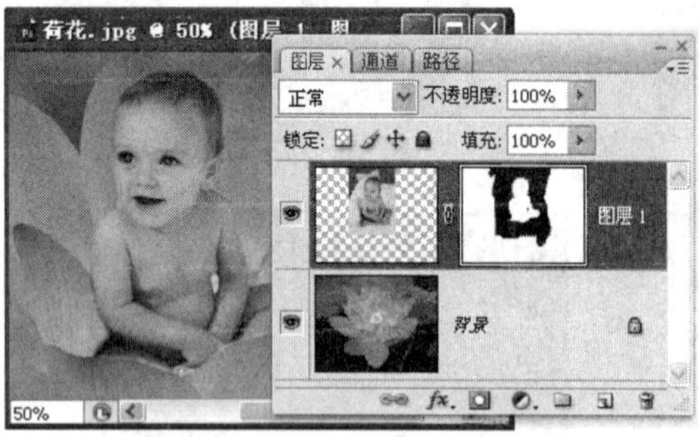

图 6-4-26　最后的合成效果

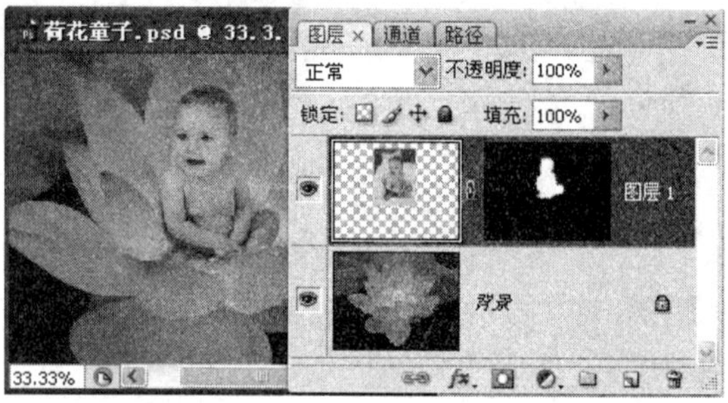

图 6-4-27　隐藏全部图像后，再编辑蒙版显示图像

6.5　案例——琴动我心

在学习“琴动我心”案例前，先介绍快速蒙版与矢量蒙版的概念与功用，快速蒙版与矢量蒙版的创建与编辑，以及二者与通道之间的关系等基本知识与操作。

6.5.1　快速蒙版

快速蒙版的实质在于创建一个临时选区，以完成对图像精确的选取，因此也将其称为“临时蒙版”。在快速蒙版状态下对图像进行选取时可视性较强，当不需要存储选区时，利用快速蒙版比利用 Alpha 通道更加快捷、方便。对于快速蒙版，同样可以使用绘画或编辑工具，或应用滤镜以及调整命令对蒙版进行编辑。

下面以选取如图 6-5-1 所示的贝壳为例，来说明快速蒙版的使用方法。

1．快速蒙版的创建

首先，打开文件名为“贝壳.jpg”的素材。如图 6-5-2 所示，单击工具箱中的【快速蒙版】模式按钮。

图 6-5-1　打开“贝壳”文件

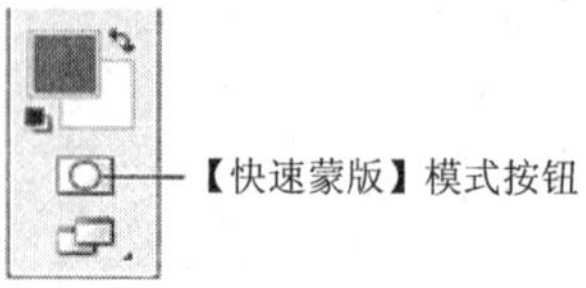

图 6-5-2　【快速蒙版】模式按钮

接下来，将前景色和背景色恢复为默认状态，用画笔在贝壳边缘以外的地方进行涂抹。在涂抹的过程中，如图 6-5-3 所示，会发现凡是被涂抹的地方就会被半透明的红色覆盖。在涂抹时，可先选择较粗的画笔将不需要的部分快速涂抹，然后再选择较细的笔刷在贝壳

边缘涂抹。若涂抹的区域有误，可将前景色设置为白色，再把被误涂抹的区域“收”回来。确认已将不需要的部分涂抹完毕后，单击工具箱中的【快速蒙版】模式按钮，快速蒙版状态就会转换为选区状态，半透明的红色区域消失，如图 6-5-4 所示，贝壳就被选取好了。在保留选区的状态下，如果想回到快速蒙版状态重新编辑选区，再单击工具箱中的【快速蒙版】模式按钮，就可回到快速蒙版状态。

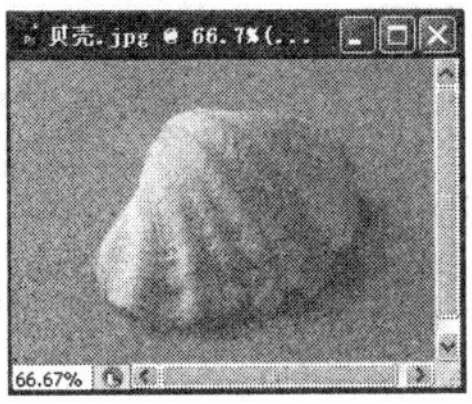

图 6-5-3　涂抹后的快速蒙版状态

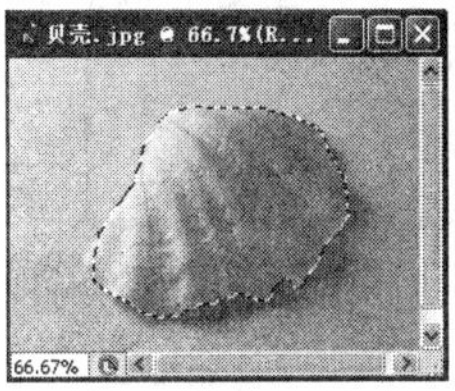

图 6-5-4　快速蒙版转换为选区

2. 快速蒙版选项的更改

双击工具箱中的【快速蒙版】模式按钮，弹出如图 6-5-5 所示的对话框。

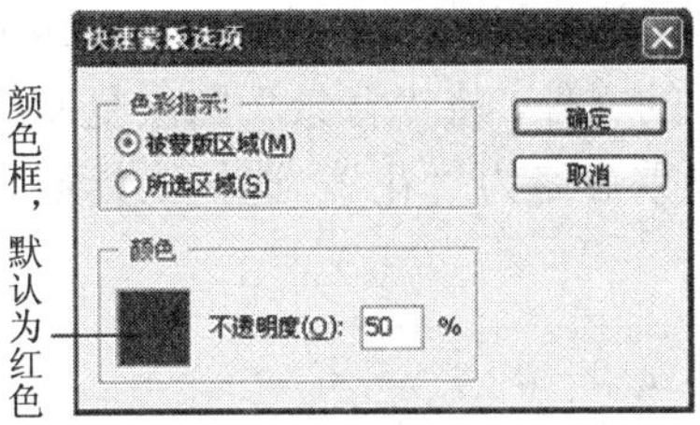

图 6-5-5　【快速蒙版】对话框

“颜色”选项中的颜色就是指快速蒙版的颜色，系统默认为红色(这也是为什么一开始添加快速蒙版时，用黑色画笔涂抹出的半透明区域是红色的原因)。在系统默认状态下，假如非选取的图像部分是红色的，那么再用红色作快速蒙版颜色，视觉上就不是很清晰了，这时可以单击“颜色”重新设置快速蒙版的颜色。在对话框中不但可重新设置快速蒙版的颜色，还可修改颜色的不透明度。

在“色彩指示”选项中，“被蒙版区域”选项是指非选择区域用半透明的红色覆盖。我们先前选取贝壳时就是这种默认状态，通过在非贝壳区域上涂抹，最后将贝壳选取；“所选区域”选项是指所选择的区域用半透明的红色覆盖，如果选择了此项，那么只需用画笔在贝壳上涂抹再退出快速蒙版状态便可将贝壳选取，该项的含义与“被蒙版区域”选项的含义相反。

3. 快速蒙版与通道

对图像做任何的改变都可以在通道中得到体现。再来看看对图像添加快速蒙版后，通道产生了哪些变化。当对如图 6-5-6 所示的“贝壳”图像添加了快速蒙版后，再打开【通道】调板就会发现通道中相应添加了一个名为“快速蒙版”的通道，如图 6-5-7 所示。但这个名为“快速蒙版”的通道是临时性的，只要一退出快速蒙版状态，这个临时通道就会消失。要想把快速蒙版保存下来，可将这个“快速蒙版”通道拖到调板下方的【新建】按钮，复制出一个“快速蒙版副本”就可将其保存在通道中了，如图 6-5-8 所示。

图 6-5-6 添加快速蒙版

图 6-5-7 添加快速蒙版后的通道

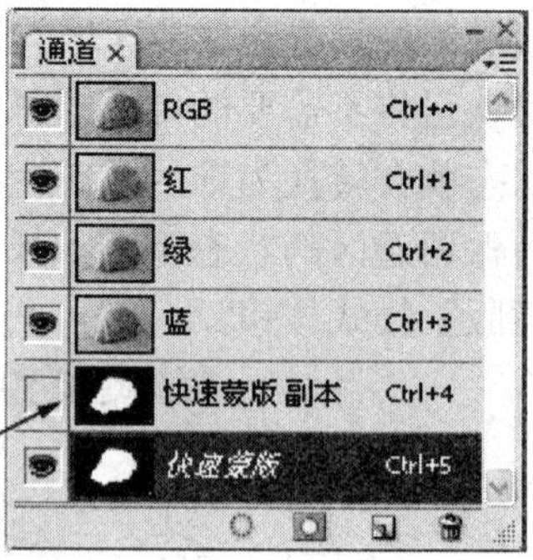

图 6-5-8 复制快速蒙版通道

6.5.2 矢量蒙版

矢量蒙版是通过矢量形状来决定图层中所显示的内容的。通过矢量蒙版对一个轮廓清晰鲜明的对象进行控制比用图层蒙版对它进行控制更适用。

下面通过创建一个蝴蝶形状的矢量蒙版来说明矢量蒙版的使用方法。

打开素材中名为“花.jpg”的文件，将“背景”图层复制后，再将背景图层填充为白色。将复制出的“背景副本”图层重命名为“花”。选择工具箱中的【自定形状工具】，其选项栏的设置如图 6-5-9 所示。

图 6-5-9 【自定形状工具】选项栏的设置

在名为“花”的图层中画出如图 6-5-10 所示的蝴蝶形状的路径(虽然路径在图层中可见，但实际上这个路径是存在【路径】调板中)，选择菜单【图层】/【矢量蒙版】/【当前路径】命令，则产生如图 6-5-11 所示的变化。我们发现“花”图层中显示的图像变为蝴蝶形状，在【图层】调板中，“花”图层右边产生了一个有蝴蝶形状路径的蒙版，这就是矢量蒙版。通过仔细观察，该矢量蒙版中路径以内的区域用白色表示，图层中路径区域的图像会被显示出来，路径以外的区域用灰色表示，图层中路径区域的图像被遮蔽并显示下面的图像。

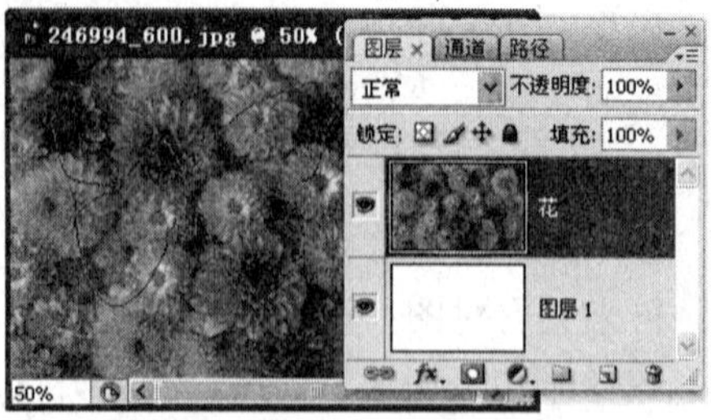

图 6-5-10 添加蝴蝶形状路径

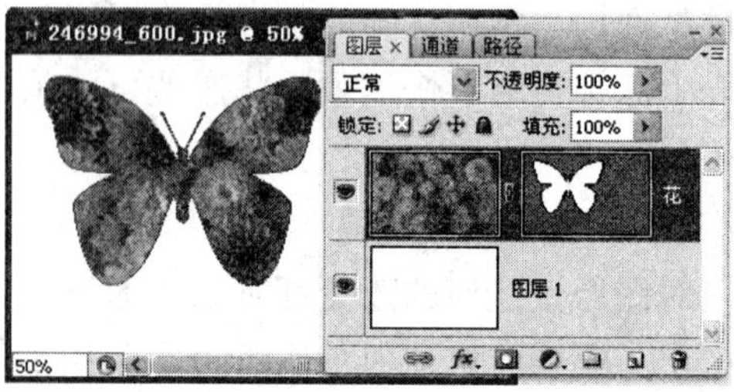

图 6-5-11 添加矢量蒙版

添加矢量蒙版后，还可通过对蒙版中路径形状的修改来改变图像显示区域。如图 6-5-12 所示，用路径【转换点工具】将蝴蝶的右上翅膀修改成尖角状，那么图层中被显示的图像形状也会产生相应的变化。如图 6-5-13 所示，同样可对矢量蒙版添加图层样式和滤镜效果。

图层添加矢量蒙版后，通道中的变化与添加其它蒙版的变化是不同的。如图 6-5-14 所示，不但按矢量形状改变了图层中图像所显示的区域，还改变了图像在通道中灰度图所显示的区域。

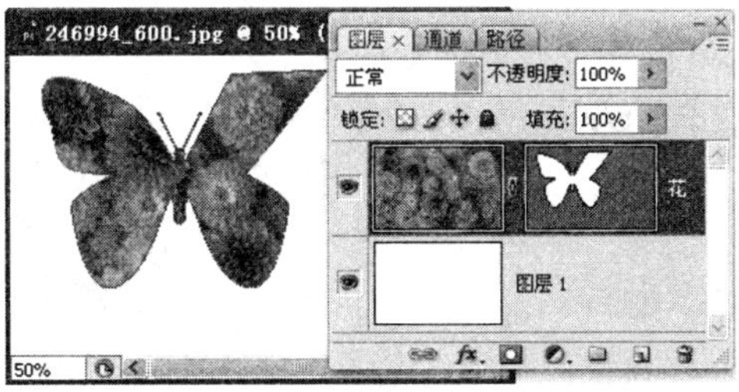

图 6-5-12 修改后的矢量蒙版

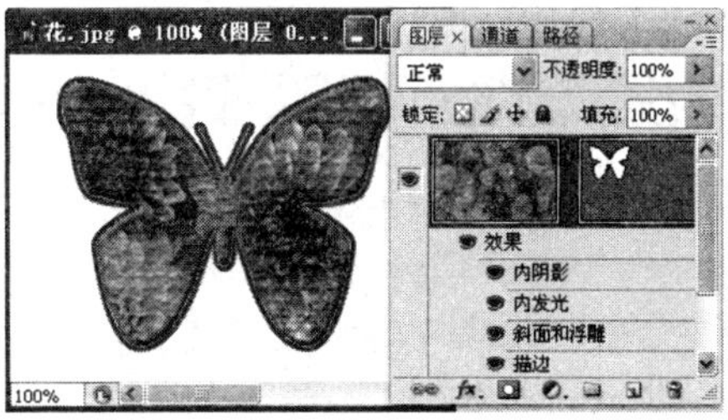

图 6-5-13 为矢量蒙版添加图层样式和滤镜效果

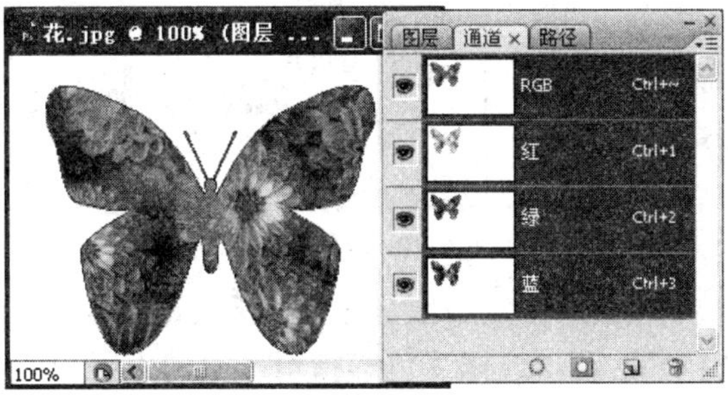

图 6-5-14 添加矢量蒙版后通道所产生的变化

6.5.3 制作“琴动我心”

本案例“琴动我心”主要是通过应用快速蒙版完成对图 6-5-15 中小提琴的提取，应用矢量蒙版、图层蒙版将图 6-5-15、图 6-5-16 和图 6-5-17 三个图像进行合成来完成的，其效果如图 6-5-18 所示。利用快速蒙版提取图像是较为常用的方法。

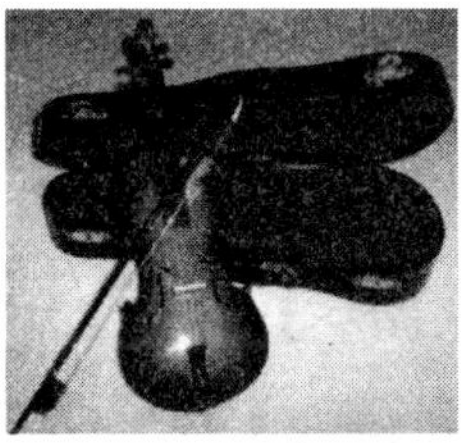

图 6-5-15 小提琴

图 6-5-16 五线谱

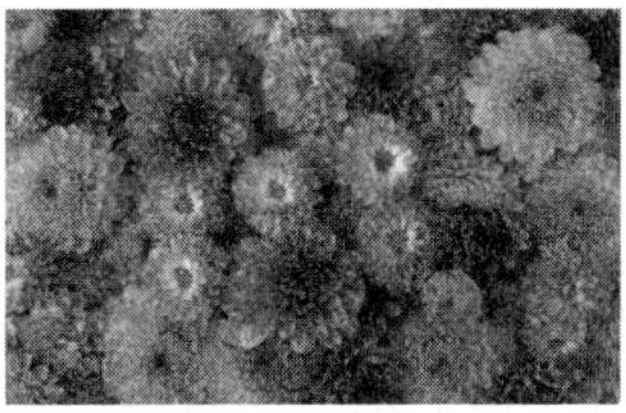

图 6-5-17 花

图 6-5-18 合成效果

具体操作步骤如下：

(1) 打开文件名为“小提琴.jpg”、“五线谱.jpg”和“花.jpg”的素材，如图 6-5-15、图 6-5-16 和图 6-5-17 所示。新建一个大小为 530 px × 720 px、分辨率为 72 dpi、RGB 模式、背景为白色的文件，并将文件命名为“琴动我心”。

(2) 在打开的“五线谱.jpg”文件中，用工具箱中的【矩形选框工具】按图 6-5-19 所示选取部分五线谱，再用【移动工具】将“五线谱”部分图像拖入“琴动我心”文件中。按【Ctrl + T】键，将新拖入的“五线谱”图像的宽度和高度均设为 115%，并逆时针旋转 10°，“五线谱”缩放至图 6-5-20 所示的大小，回车确认。

(3) 选中“琴动我心”文件中的“五线谱”图层，选择菜单【编辑】/【变换】/【变形】命令，将“五线谱”变形至图 6-5-21 所示的形状，回车确认。为了不影响后面的操作，暂时将“五线谱”图层的“眼睛”关闭。

图 6-5-19　选取部分“五线谱”

图 6-5-20　缩放旋转“五线谱”

图 6-5-21　将“五线谱”变形

(4) 利用快速蒙版选取小提琴。双击工具箱中的【快速蒙版】按钮，打开如图 6-5-22 所示的【快速蒙版选项】对话框，选择“色彩指示”中的“所选区域”选项，将快速蒙版颜色设置为黄色(#fcff00)。

打开“小提琴.jpg”文件，单击【快速蒙版】按钮，进入快速蒙版状态。将前景色设置为黑色，用画笔大小自定、硬度为 100%的【画笔工具】涂抹如图 6-5-23 所示的“小提琴”区域。

涂抹“小提琴”主体时可用大些的画笔，涂抹“小提琴”边缘和细节处时可用小些的画笔。如不小心涂抹过多，可将前景色设置为白色，再用白色画笔把涂抹过多之处涂抹回去。或仍将前景色设置为黑色，用【橡皮擦工具】把多涂的地方擦回去。最后，在快速蒙版状态下，涂抹的状态如图 6-5-23 所示。此处为学会使用快速蒙版的重要步骤，请仔细操作和体会。

图 6-5-22　【快速蒙版选项】对话框

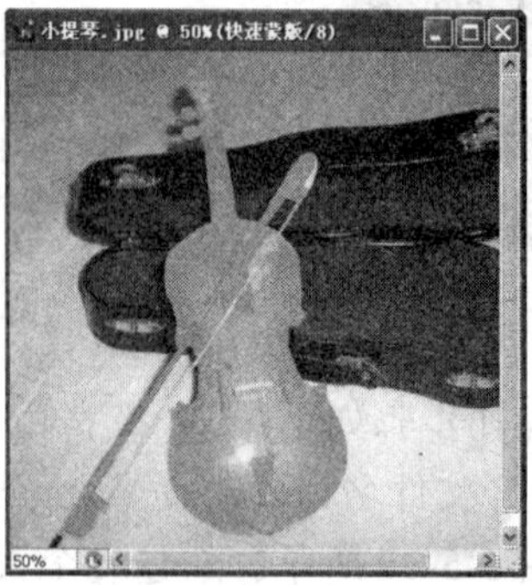

图 6-5-23　快速蒙版状态下选定小提琴

(5) 确定涂抹好所需的区域后，单击【快速蒙版】按钮退出快速蒙版状态。这时，如图 6-5-24 所示，被涂抹的区域颜色消失，转换为相应的选区。用【移动工具】将“小提琴”拖入“琴动我心”文件中。按【Ctrl + T】键，如图 6-5-25 所示，根据文档窗口大小适当调整新拖入的“小提琴”图像的宽度、高度和旋转角度，回车确认。

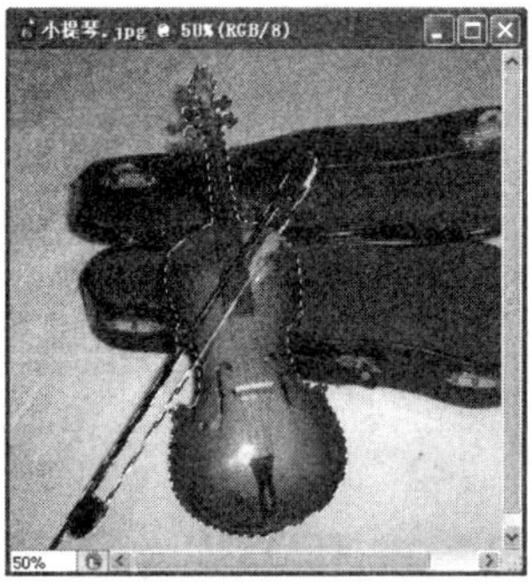

图 6-5-24　快速蒙版转换为选区

图 6-5-25　调整“小提琴”的宽度、高度和旋转角度

(6) 选定“五线谱”图层，将图层混合模式由“正常”改为“变暗”，填充改为 50%。为该图层添加图层蒙版，将前景色设置为黑色，用大小为 150 px 左右的、硬度为 0%的画笔在“五线谱”图像边缘处涂抹，形成“五线谱”淡入淡出的效果。另外，因该图层模式改为“变暗”，会造成在“小提琴”图层中也能看到“五线谱”的情况，故需用有一定硬度的画笔在“五线谱”与“小提琴”图像重合的地方在图层蒙版中涂抹，如图 6-5-26 所示，将重合部分的“五线谱”隐藏。

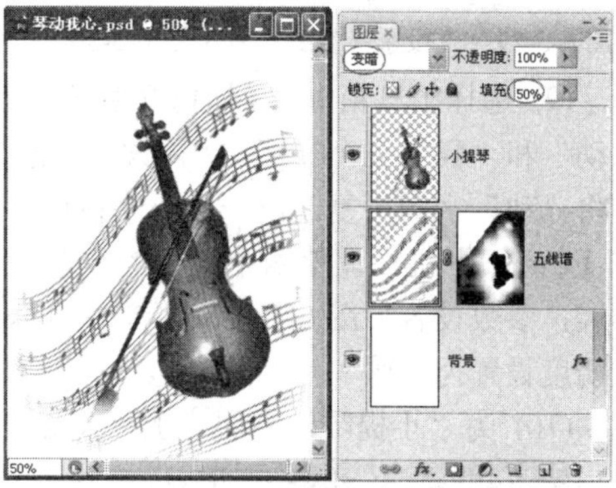

图 6-5-26　“五线谱”淡入淡出的效果

(7) 选定“小提琴”图层，单击【图层】调板下方的【创建图层组】按钮，在“小提琴”图层上方新建一个名为“琴动我心”的图层组。打开文件名为“花”的素材，用【移动工具】将“花”图像拖入“琴动我心”图层组中。选择【自定义形状工具】，在选项栏中选择“路径”选项，在形状中选择“心形框”形状，如图 6-5-27 所示，拖动鼠标在“花”图层的左上方画出一个“心形框”路径。选择菜单【图层】/【矢量蒙版】/【当前路径】命令，为其添加矢量蒙版，效果如图 6-5-28 左上方所示。

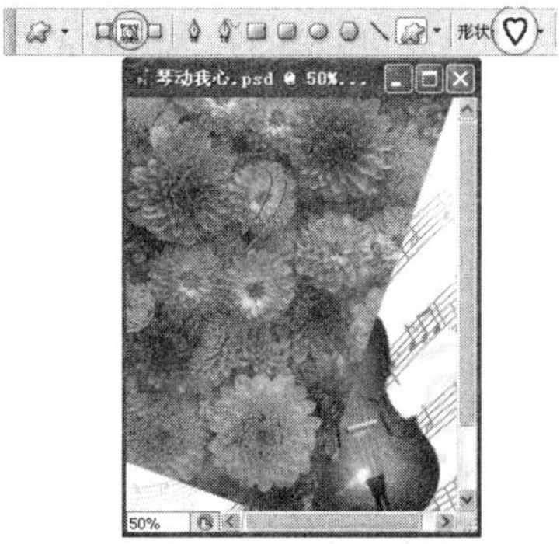

图 6-5-27　画出“心形框”路径

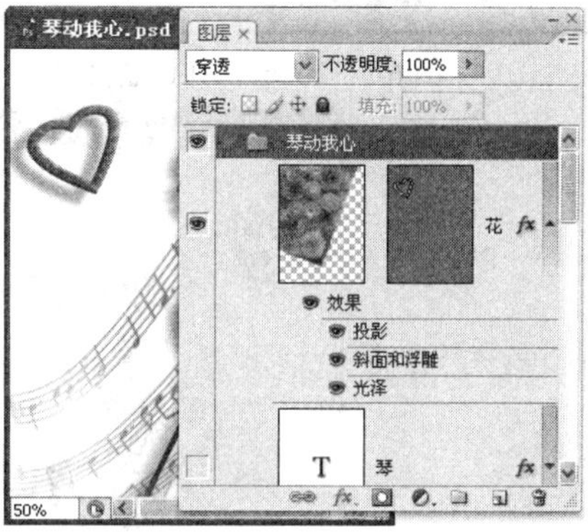

图 6-5-28　添加矢量蒙版

(8) 为矢量蒙版添加三个图层样式，“投影”样式参数设置如图 6-5-29 所示，“斜面和浮雕”样式参数设置如图 6-5-30 所示，“光泽”样式参数设置如图 6-5-31 所示。

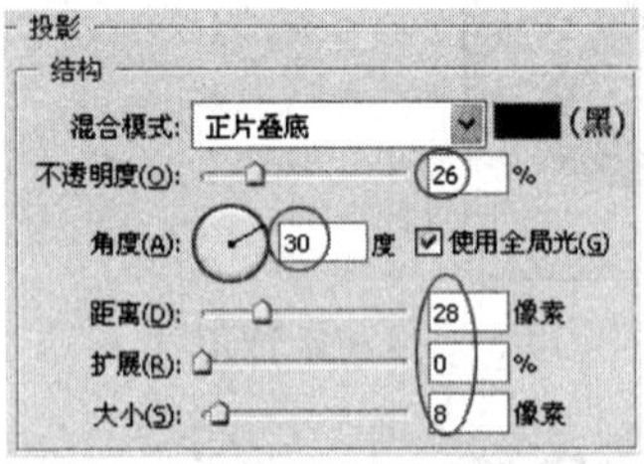

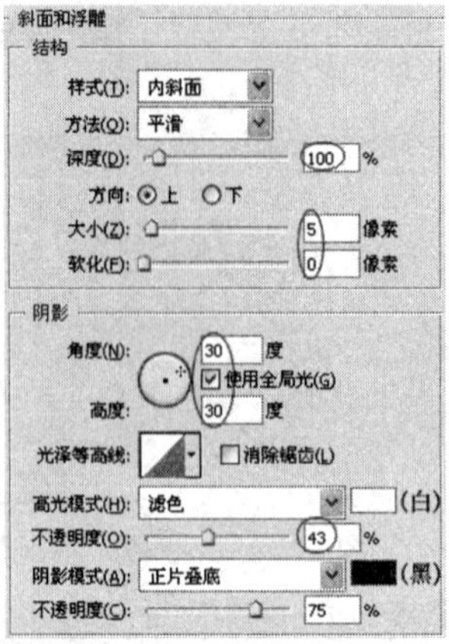

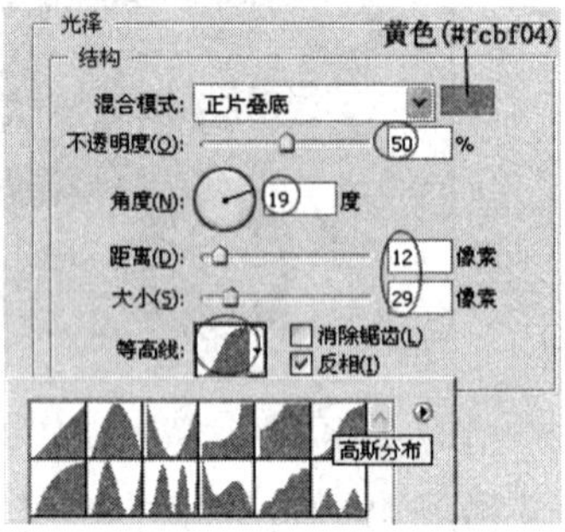

图 6-5-29　“投影”参数设置　图 6-5-30　“斜面和浮雕”参数设置　图 6-5-31　“光泽”参数设置

(9) 选择工具箱中的【横排文字工具】T，在“琴动我心”图层组中，分别输入“琴”、“动”和“我”三个文字，字体大小分别为 72 px、42 px 和 30 px。要求一个文字一个图层，并将“动”字图层复制出一份，字体可自行设定。如图 6-5-32 所示，分别对四个文字图层按【Ctrl+T】键，调整四个文字的位置、大小和方向。再为四个文字层分别添加“描边”样式，参数设置如图 6-5-33 所示。为了突出海报中的小提琴，将“琴动我心”图层组的不透明度设置为 70%。

(10) 为“小提琴”图层添加“投影”样式，参数设置和效果如图 6-5-34 所示。

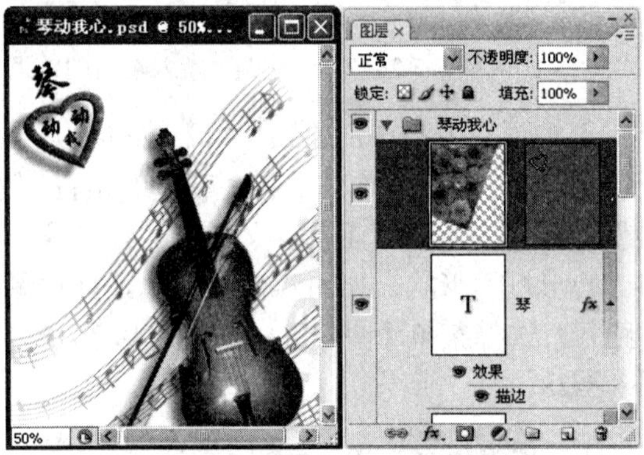

图 6-5-32　输入并调整文字

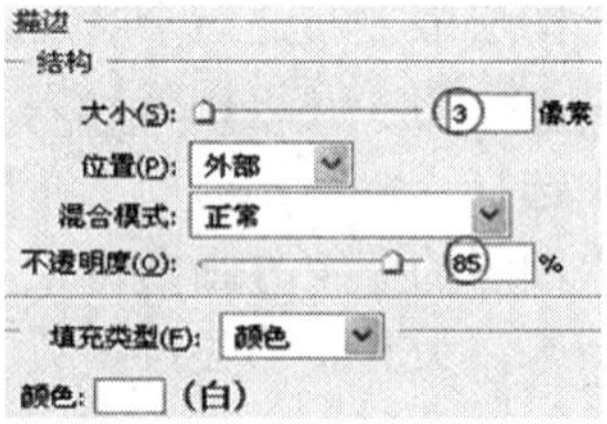

图 6-5-33　描边样式

图 6-5-34　“投影”样式参数设置和效果

(11) 选择【直排文字工具】IT，如图 6-5-35 所示，输入“经典名曲音乐会”文字，文字大小为 52 px，字体自选。

图 6-5-35　输入“经典名曲音乐会”文字

(12) 选择“背景”图层，打开【样式】调板，在“黄色金斜面凹陷”样式上单击，为“背景”图层添加该样式。若没有此样式，可将“文字效果 2”样式组追加至【样式】调板中。添加样式后，展开图层上的样式列表，将“斜面和浮雕”和“描边”样式的“眼睛”关闭或直接删除，只留下“渐变叠加”即可，如图 6-5-36 右边部分所示。最后效果如图 6-5-36 左边部分所示。

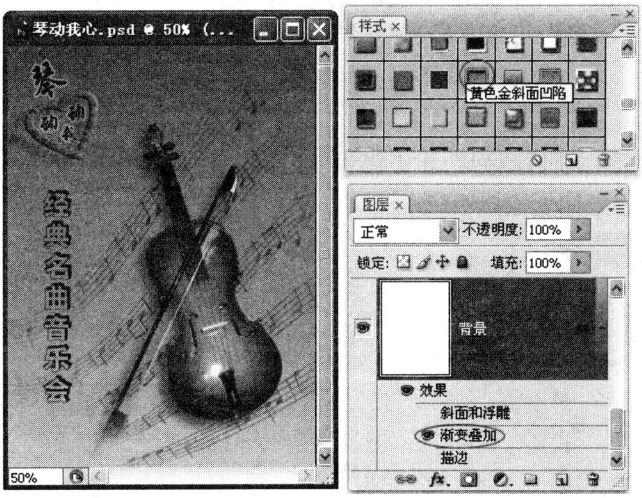

图 6-5-36　效果图及添加“渐变叠加”样式

6.6 本章小结

本章主要讲解了通道与蒙版的创建、编辑以及在图像中的应用。

通道是承载图像颜色信息和存储选区的载体，颜色通道是承载图像颜色信息的主体，Alpha 通道是承载选区的主体。利用通道不但可创建图像复杂的特殊效果，还可用来创建极为复杂的选区。在 Alpha 通道中可以创建选区、存储并载入选区和修改选区。

利用图层蒙版或矢量蒙版可将图层上指定位置的部分图像显示或遮蔽。将选区作为蒙版进行编辑的优点是：几乎可以使用 Photoshop CS3 中所有的绘画工具、编辑工具和滤镜来修改蒙版，然后再将蒙版转换为选区，从而创建出许多不规则的选区形状和特效。快速蒙版的实质在于创建一个临时选区，以完成对图像精确的选取。

6.7 上机练习

1. 制作“鸡蛋里的时钟”

下面通过制作如图 6-7-1 所示的“鸡蛋里的时钟”来进一步加强图层蒙版应用的操作。

图 6-7-1　鸡蛋里的时钟

操作步骤提示：

(1) 打开文件名为“时钟.jpg”和“鸡蛋.jpg”的素材，如图 6-7-2 和图 6-7-3 所示。现在要把这两幅图像通过图层蒙版合成为图 6-7-1 所示的效果。

图 6-7-2　时钟

图 6-7-3　鸡蛋

(2) 选择【移动工具】，将“时钟”图像直接拖入“鸡蛋”文件。暂时将“时钟”图层的不透明度设置为 50%。按【Ctrl + T】键，将“时钟”图像缩小至图 6-7-4 所示的大小，移动“时钟”中心与“蛋黄”中心对正，回车确认。然后把“时钟”图像的不透明度改回 100%。

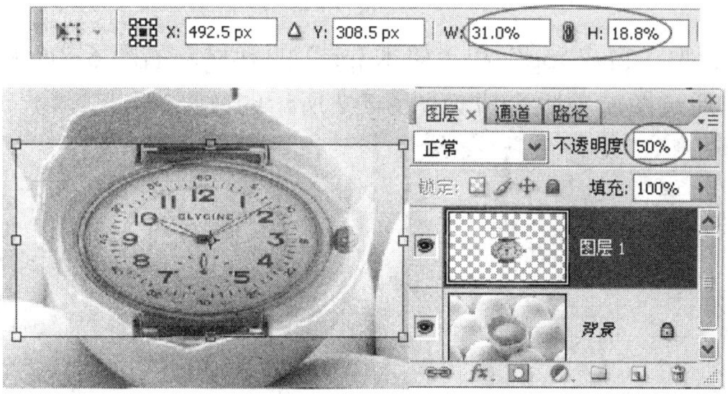

图 6-7-4　缩小“时钟”图像

(3) 为“图层 1”图层添加一个白色蒙版。为了在编辑图层蒙版时能看到“时钟”图像，以便于确定“时钟”显示的位置，将前景色设置为浅灰色并填充图层蒙版。

(4) 选择【椭圆选区工具】，在确定选择了图层蒙版的状态下，在如图 6-7-5 所示的位置以表盘外边为界画出一个椭圆选区，将选区内的灰色部分删除并保留选区。

(5) 将前景色设置为黑色，如图 6-7-6 所示，将选区反选并填充，再取消选区。这样，就只有“时钟”的表盘显示出来，至此该练习完成。将作品重新命名为“鸡蛋里的时钟.psd”并存盘。

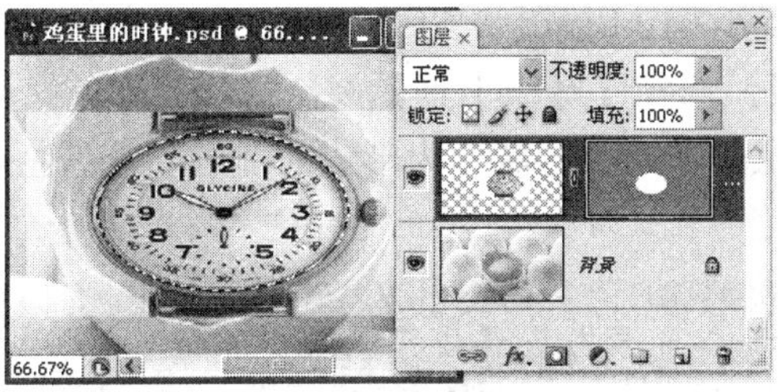

图 6-7-5　将蒙版中椭圆选区部分删除

图 6-7-6　将蒙版中灰色部分填充黑色

2. 窗户与树木的合成

下面通过制作如图 6-7-7 所示的窗户与树木的合成来进一步加强图层蒙版应用的操作。

图 6-7-7　窗户与树木的合成

操作步骤提示：

(1) 打开文件名为“窗户.jpg”和“树木.jpg”的素材，如图 6-7-8 和图 6-7-9 所示。现在要把这两幅图像通过图层蒙版合成为图 6-7-7 所示的效果。

图 6-7-8　窗户

图 6-7-9　树木

(2) 定好图层位置。打开“窗户”和“树木”文件，将“树木”拖入“窗户”文件，移动“树木”图层，将它正好覆盖在“窗户”图层的上方；将“窗户”图层解锁，再将“树木”图层移至“窗户”图层的下方。

(3) 添加蒙版。选择“窗户”图层，单击【图层】调板下方的【蒙版工具】，为“窗户”图层添加蒙版，此时蒙版默认为白色，如图 6-7-10 所示。

(4) 露出右侧树木。选择“窗户”图层蒙版，选择【魔棒工具】，将其“容差”属性设置为 32，分别单击“窗户”图层右侧窗户上、下两个区域，为形成的选区填充黑色。此时，树木从窗外露出，如图 6-7-11 所示。

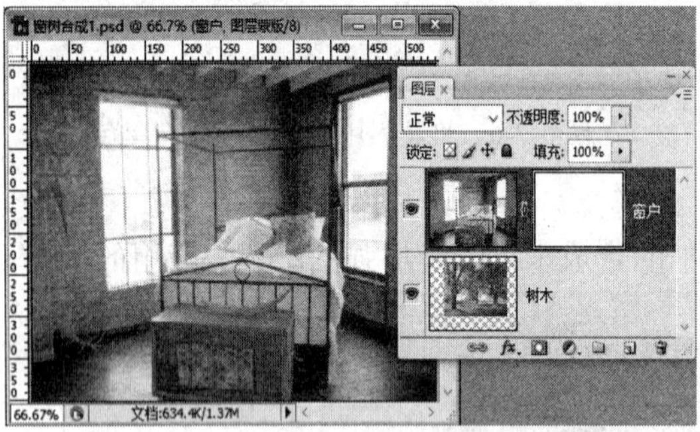

图 6-7-10　为“窗户”图层添加蒙版

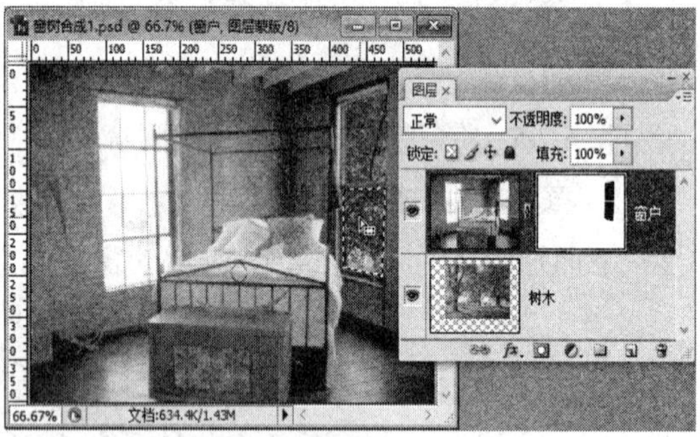

图 6-7-11　露出右侧树木蒙版的处理

(5) 露出左侧树木。同第(4)步，选择【魔棒工具】，将其“容差”属性设置为 5。为同时选取多个小窗户，按住【Shift】键的同时，逐个单击图层左侧的小窗户，为同时形成的选区填充黑色，如图 6-7-12 所示。此时，树木虽从窗外露出，但有的窗格没有显示完全。

(6) 最后细节的处理：将左侧窗户进行局部放大，如图 6-7-13 所示，对没显露的窗格用 3 个 px 左右的白色画笔在蒙版中细致地涂出；对不该露出的地方，可用黑色画笔涂回。总之，对不符合要求之处，可用黑、白色小画笔，反复在蒙版上交替涂抹，使窗格与树木之间尽量衔接好。

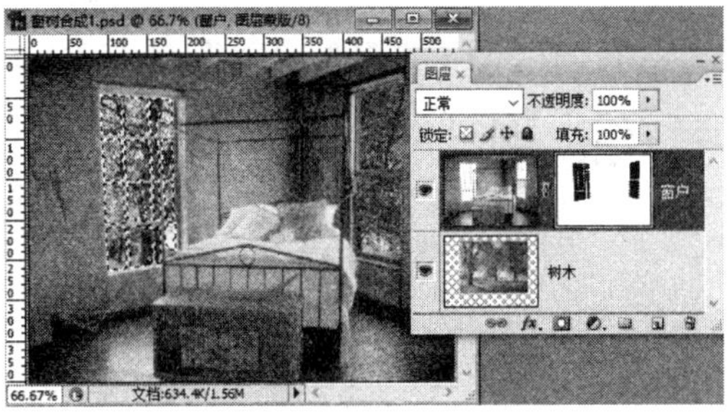

图 6-7-12　露出左侧树木蒙版的处理

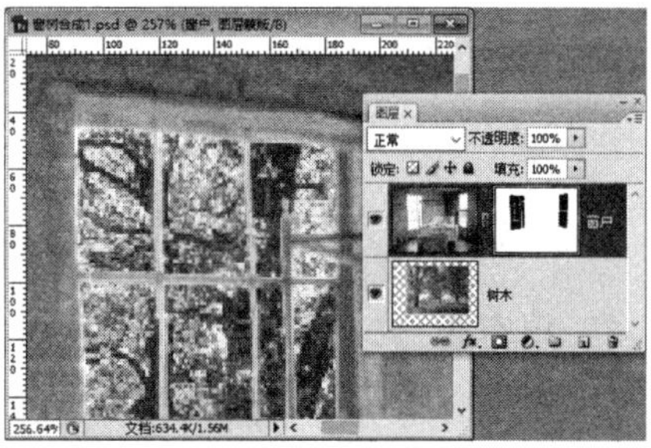

图 6-7-13　左侧窗户进行局部放大修整窗格

3. 制作“图片字”

下面通过制作如图 6-7-14 所示的文字与图片的合成来练习剪贴矢量蒙版的应用。

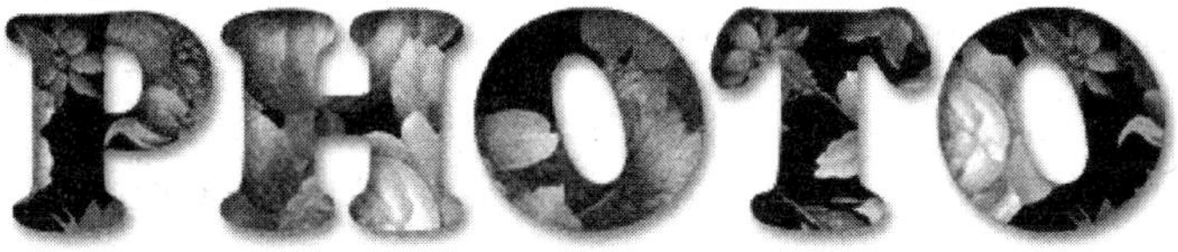

图 6-7-14　图片字

操作步骤提示：

(1) 在 Photoshop 中新建一个大小为 500 px × 200 px、分辨率为 72 dpi、RGB 模式、背景为白色的文件，并将文件命名为“图片字”。

(2) 输入文字。选择工具箱中的【横排文字工具】T，在画布上单击，输入大写的“PHOTO”，字体设置为“Cooper Black”，字体大小为 120 点，颜色不限，如图 6-7-15 所示。

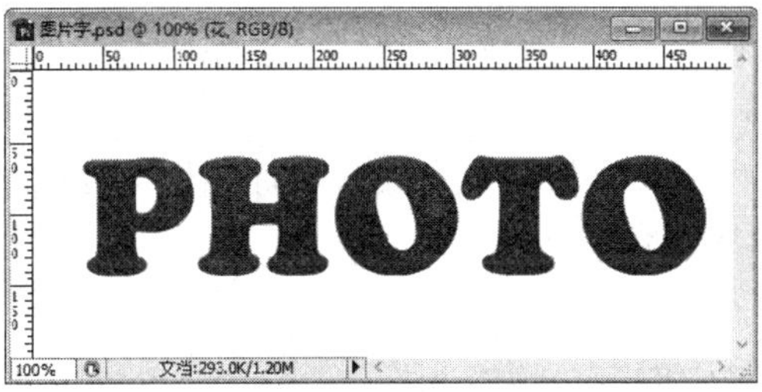

图 6-7-15　输入文字

(3) 添加剪切蒙版。打开“花.jpg”图片，将其拖入文字图层的上方。在“花”的图层上单击右键，在弹出的快捷菜单中选择【创建矢量蒙版】选项，则文字以图片中的图案显示，如图 6-7-16 所示。可用【移动工具】适当调整图片位置，还可为文字图层添加【投影】和【内阴影】样式，并适当调整样式参数，以达到满意的效果。

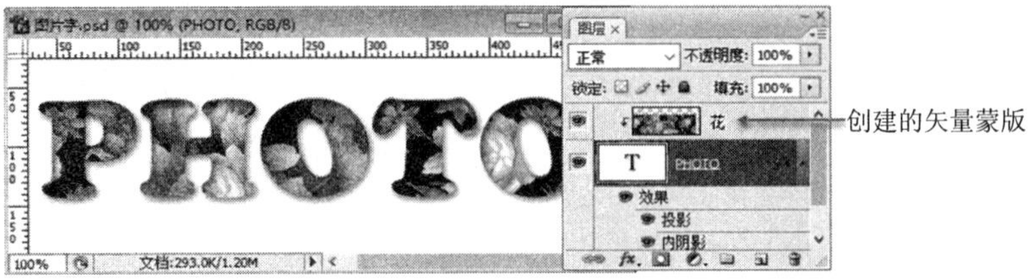

图 6-7-16　创建矢量蒙版

6.8 思考练习

1．填空题

(1) 在 Photoshop CS3 中，通道除了用来承载图像颜色信息，同时还是存储________的载体。

(2) 在 RGB 模式中，有四个默认的通道：最上方的_______和分别用来承载_______、_______、_______的三个单色颜色通道。

(3) Photoshop CS3 中，除了复合通道和颜色通道外，还有_______通道和_______通道。

(4) 在 Photoshop CS3 中，可以说 Alpha 通道的本质就是_______。

(5) _______蒙版是通过矢量形状来决定图层中所显示的内容的。

(6) RGB 模式中共有_______个单独的颜色通道，CMYK 模式中共有_______个单独的颜色通道。

2．判断题

(1) 利用通道不但可创建图像复杂的特殊效果，还可用来创建极为复杂的选区。 (　)

(2) 在 Photoshop CS3 中，Alpha 通道可用来存储选区、保存蒙版，也可用来存储图像的色彩信息。 (　)

(3) 存储在通道中的选区可直接作为选区使用，无须调出。 (　)

(4) 我们可使用任何绘图、编辑工具和滤镜对图层蒙版进行编辑。 (　)

(5) 快速蒙版的实质在于创建一个临时选区，以完成对图像精确的选取，因此也将其称为“临时蒙版”。 (　)

(6) 图层蒙版是个灰度图像，用白色在蒙版上涂抹则会显露当前图层内容，用黑色在蒙版上涂抹将遮蔽当前图层内容。 (　)

3．简答题

(1) 简述通道的分类及它们各自的特点。

(2) 简述图层蒙版的含义和特点。

(3) 简述快速蒙版的含义和特点。

第 7 章

图像色彩与色调调整

本章导读

Photoshop CS3 中有一组专门用来调整色彩与色调的工具，通过它可以轻松地对图像的色相、饱和度、亮度、对比度等进行非常细致的调整，局部换色，色彩校正，修复过度曝光的照片……当我们学会了这一整套调整工具的使用方法后，就会发现又打开了一道 Photoshop CS3 的玄妙之门，具备了处理数码照片的基本能力。

本章主要介绍常用色彩及色调调整命令、图像的快速调整命令以及图像的特殊颜色效果调整命令的应用方法。本章使用大量的图像色彩与色调调整的图片，几乎每个调整命令都是一个小的案例，可参考随书光盘中“第 7 章”各子目录下应用调整命令后的效果彩图，这对本章内容的学习有很大帮助。建议在学习过程中，利用本书所提供的素材对各调整命令进行相应的实际操作。在实际操作中，各调整命令对话框的参数和选项可自行设置，最好对各参数和选项都分别加以尝试，体会色彩调整前和调整后的对比，以加深对调整命令的理解和应用。

学习要点

※ 通过色阶、曲线和色彩平衡命令调整色调的方法。

※ 通过色相/饱和度、匹配颜色、替换颜色、可选颜色命令调整色彩的方法。

※ 通过阴影/高光、亮度/对比度命令调整色调的方法。

※ 通过黑白、去色、反相、阈值、色调分离命令调整图像特殊效果的方法。

※ 通过图像的直方图获取图像信息，并根据直方图有针对性地对图像加以调整的方法。

7.1　常用色彩及色调调整命令

选择菜单【图像】/【调整】命令，弹出如图 7-1-1 所示的下拉菜单，其中共含有 23 个调整命令。这里将命令按菜单布局分组，旨在让读者对调整命令先有个整体的认识，各命令在功能上并没有绝对的划分。

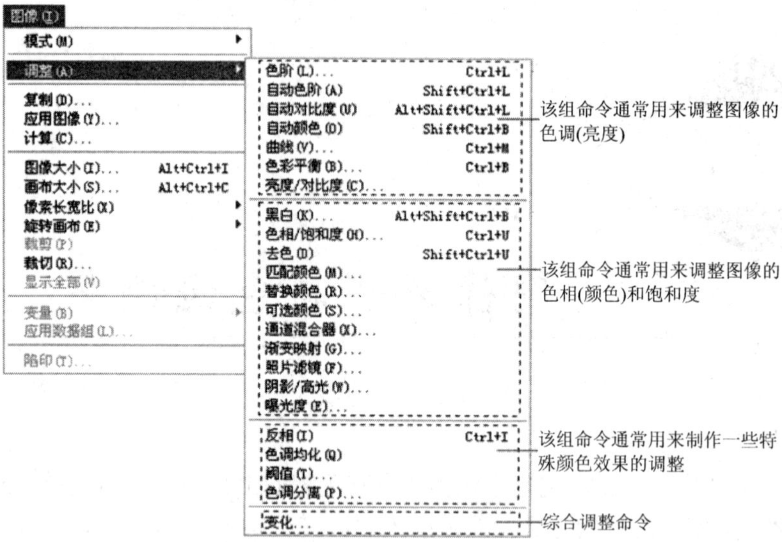

图 7-1-1　【调整】命令的下拉菜单

7.1.1　案例——调整灰暗图像

在学习“调整灰暗图像”案例前，先介绍【色阶】命令和直方图的相关知识。

1.【色阶】命令

【色阶】命令可以调整图像的阴影(暗调)、中间调和高光的强度级别，从而校正图像的色调范围和色彩平衡。【色阶】命令是调整图像色调和色彩最重要的命令之一。它不但可以对图像的复合通道或者单色通道分别进行调整，还可以对几个单色通道同时进行调整。可将【色阶】对话框中所做的设置存储起来，以便在另一个图像中使用，这对于处理同类照片十分方便。

2. 直方图

在较差的天气中拍出来的照片总是灰蒙蒙的，色调灰暗，对于这样的照片就可以用【色阶】命令进行调整。打开文件名为“校园.jpg”的素材，如图 7-1-2 所示。选择菜单【图像】/【调整】/【色阶】命令(或按【Ctrl + L】键)，打开如图 7-1-3 所示的【色阶】对话框，对话框中用虚线圈选的中间部分就是通常所说的“直方图”。通过图像的直方图获取图像信息，才能有针对性地对图像加以调整。

图 7-1-2　“校园”素材

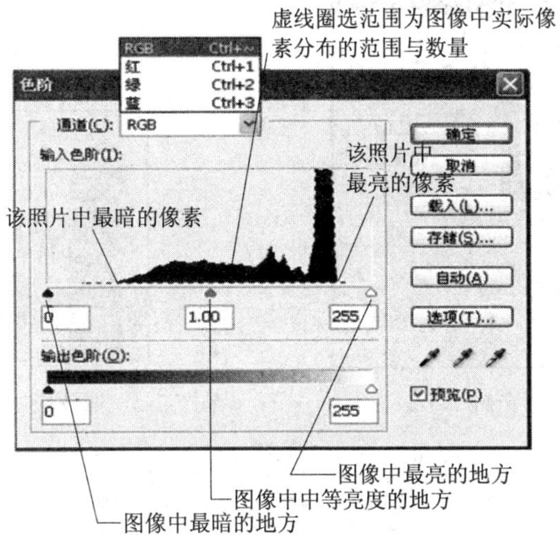

图 7-1-3　【色阶】对话框及选项含义

【色阶】对话框中各选项的含义如下：

◆ 直方图的水平坐标把图像的明暗分成 256 个级别，这 256 个级别就称为色阶。数值从 0 开始，一直到 255。最左边的最暗，值是 0；最右边的最亮，值是 255。如果一张照片中，同一亮度级别的像素一共有 5000 个，那么该值就是该亮度级别在直方图纵坐标上的相对高度。换句话说，直方图就是一张照片所有像素的亮度统计分析图。

◆ 【色阶】直方图中最左侧的黑色滑块▲为当前图像的最暗值，通过移动黑色滑块来控制图像的暗调；最右侧的白色滑块△为当前图像的最亮值，通过移动白色滑块来控制图像的高光；通过移动中间的灰色滑块▲来控制图像的中间调。滑块向左滑动时增加图像中暗调的数值，向右滑动时增加图像中高光的数值，三个滑块间的距离越小，图像对比度越大。

◆ 当移动直方图下方的滑块时，滑块下方的三个小方框中的数值也会跟着相应地变化。也可以在方框中直接输入数值来调整图像。

◆ 对话框上部的“通道”选项用于选择图像的复合通道或者单色通道分别进行调整。

◆ 对话框下部的“输出色阶”选项用于调节图像的明暗度，使图像整体变亮或变暗。

3. 调整灰暗图像

首先来分析图 7-1-2 所示色调较灰的照片的直方图，然后再通过【色阶】命令对其进行调整。从图 7-1-3 中间所示的直方图中可以看到，该照片的像素基本上分布在中间灰的地方，靠近左边最暗的地方没有像素，靠近右边最亮的地方也没有像素，这就是该照片色调发灰的原因。具体操作步骤如下：

选择菜单【图像】/【调整】/【色阶】命令，在对话框中按如图 7-1-4 所示的位置，将黑色滑块向右移动、白色滑块向左移动、灰色滑块向左移动，或直接输入数值。调整后的效果如图 7-1-5 所示，整个照片立刻变得鲜亮起来。

照片经调整后，从如图 7-1-6 所示的直方图上可以看到，像素的峰值向两边拉开了，表示图像最暗部分的黑场和表示图像最亮部分的白场都有像素分布。因此，一张高质量的照片，色阶应该是从 0 到 255 的各个位置都应有一些像素，这样画面才会亮暗分明。

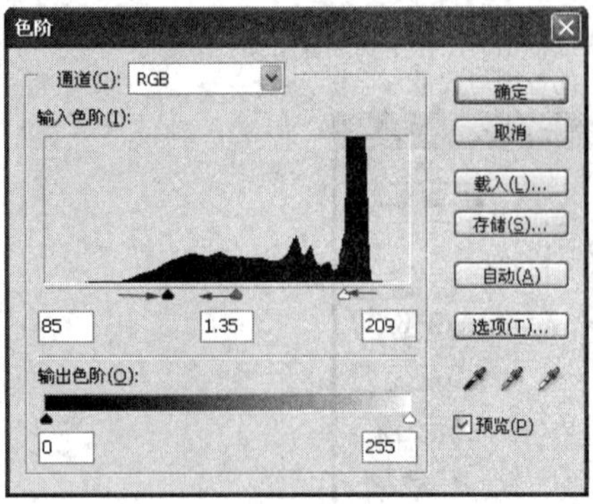

图 7-1-4　调整色阶

图 7-1-5　照片应用【色阶】命令后的效果

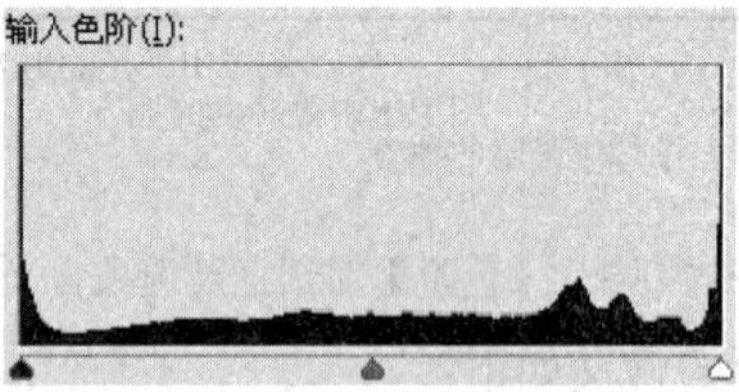

图 7-1-6　照片调整后的直方图

7.1.2　案例——调整泛白图像

在学习“调整泛白图像”案例前，先介绍【曲线】命令的相关知识。

1.【曲线】命令

与【色阶】命令一样，【曲线】命令也可以用来调整图像的色调范围，但【曲线】命令不仅可对暗调、中间调、高光三个变量进行调整，还可以调整图像中红、绿、蓝以及复合通道中的 0～255 范围内的任意点，因此能调整出更多种色调和色彩效果。选择菜单【图像】/【调整】/【曲线】命令(或按【Ctrl+M】键)，可打开如图 7-1-7 所示的【曲线】对话框。

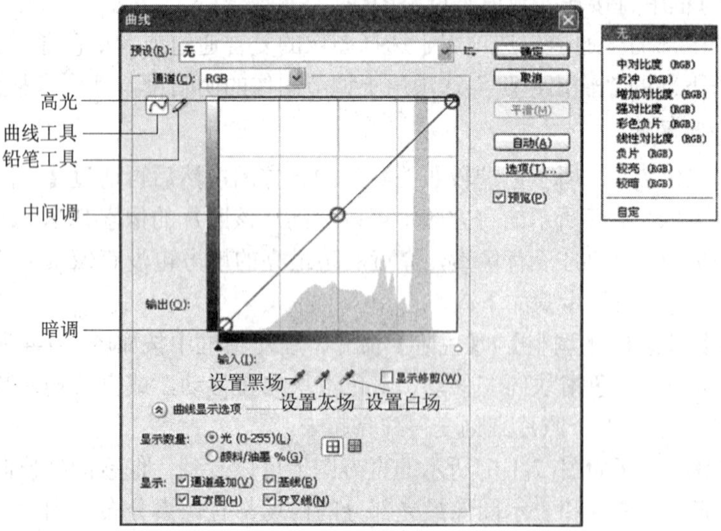

图 7-1-7　【曲线】对话框

【曲线】对话框中各选项的含义如下：

◆ 【曲线】“输入”水平轴的含义与直方图水平坐标是相同的，同样代表了原图像的亮度值，即图像的输入值；垂直轴表示处理后新图像的亮度值，即图像的输出值。

◆ 【曲线】的调整：初次打开图像的“曲线”是一条 45° 斜线，如图 7-1-7 所示。在该线上单击可创建一个或多个调节点，如图 7-1-8 所示，拖动调节点可调节各点的位置和曲线弯曲的程度。调节点向下拖动将增加图像中暗调的数量，向上拖动则增加图像中高光的数量。若要删除某一调节点，选择该点后将其直接拖到曲线外或按【Delete】键即可。

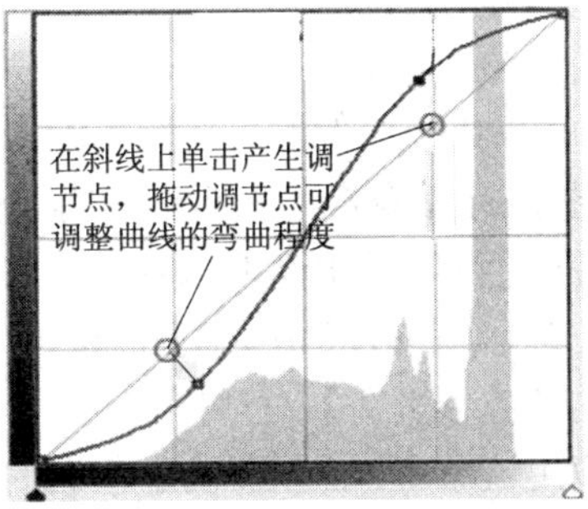

图 7-1-8　调整曲线

◆ “预设”：如图 7-1-7 所示，系统为用户提供了 9 种可直接使用的预设状态，也可进行自定义。

◆ “通道”：可选择图像的红、绿、蓝以及复合通道进行曲线调整。

◆ 【曲线工具】：默认的调整工具选项，使用方法已在“【曲线】的调整”中说明。

◆ 【铅笔工具】：选择该工具选项，用户可在曲线框内直接绘制曲线形状，从而调整图像。

◆ 【吸管工具】：使用该工具可直接在图像中选取某一像素的亮度，以确定图像的黑场、灰场和白场，也就是说确定图像的暗调、中间调和高光。

◆ “显示数量”：可选择光线总量或墨水总量。

◆ “显示”：控制是否显示通道、直方图等信息。

2. 调整泛白图像

打开如图 7-1-9 所示文件名为“房子.jpg”的素材，先来分析这张色调发白的照片的直方图，然后再通过【曲线】命令对其进行调整。从图 7-1-10 所示的直方图上可以看到，该照片的像素基本上分布在靠近右边较亮和最亮的地方，中间灰的地方较少，靠近左边最暗的地方没有像素，这就是该照片色调发白的原因。对其进行调整的具体步操作骤如下：

选择菜单【图像】/【调整】/【曲线】命令，按图 7-1-10 所示在对话框中的曲线上添加调节点并向下调整节点的位置，增加图像的暗调数量，单击【确定】按钮。如图 7-1-11 所示，整个照片立刻色调分明了。

图 7-1-9　“房子”素材图像

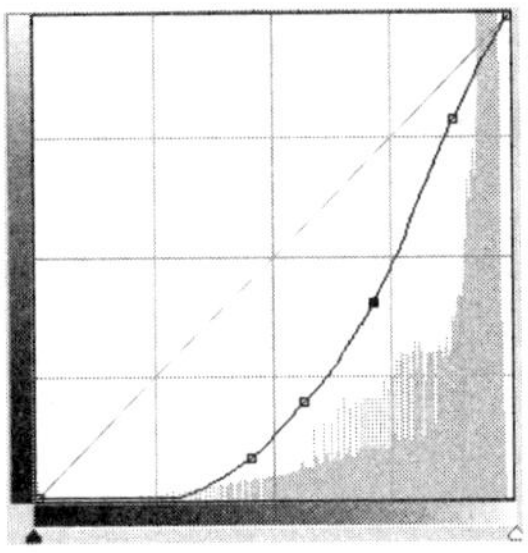

图 7-1-10　【曲线】调整

图 7-1-11　【曲线】调整后的房子效果

7.1.3　案例——调整图像色调

在学习“调整图像色调”案例前，先介绍【色彩平衡】命令的相关知识。

1.【色彩平衡】命令

【色彩平衡】命令用来对图像进行普通的色彩校正，它可以更改图像的总体颜色混合，但只能作用于复合通道。此命令常用来纠正有明显偏色的照片或调整图像的色调。选择菜单【图像】/【调整】/【色彩平衡】命令(或按【Ctrl + B】键)，可打开如图 7-1-12 所示的【色彩平衡】对话框。

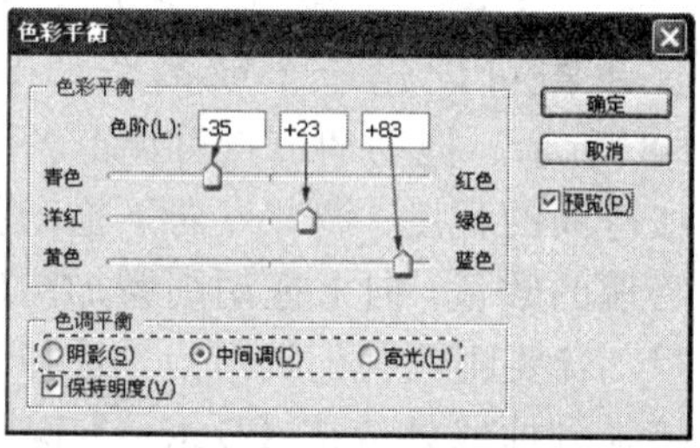

图 7-1-12　【色彩平衡】对话框

应用该命令，首先要确定色调的影响范围：阴影(暗调)、中间调和高光。通常选择“保持明度”选项防止图像的亮度值随颜色的更改而改变，以保持图像的色调平衡。

【色彩平衡】命令通过移动滑块或在数值框中输入数值来实现。将滑块拖向某种颜色，表示要在图像中增加该颜色；将滑块拖离某种颜色，表示要在图像中减少该颜色。移动滑块的同时，“色阶”选项旁三个数值框中的数值会相应变化，从左到右的三个数值框依次对应从上到下的三个颜色条，颜色数值变化的范围为–100～+100。

2. 调整图像色调

打开如图 7-1-13 所示经过【曲线】调整后的房子照片，该照片色调较冷，现通过【色彩平衡】命令将其调整为暖色调的照片，即向图像中增加红、黄两色。

图 7-1-13　【曲线】调整后的房子照片

具体操作步骤如下：

(1) 选择菜单【图像】/【调整】/【色彩平衡】命令，如图 7-1-14 所示，选择“中间调”选项增加红、黄两色。

(2) 如图 7-1-15 所示，选择“阴影”选项再增加红、黄两色。

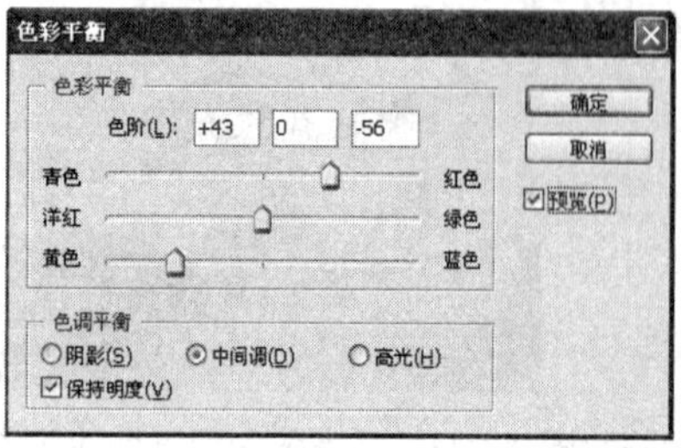

图 7-1-14　第一次【色彩平衡】调整

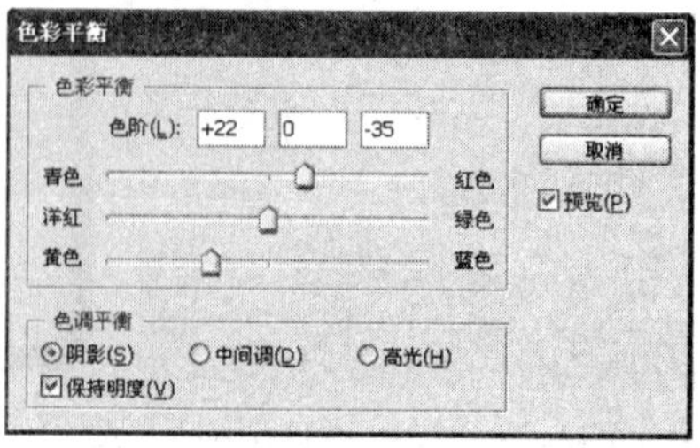

图 7-1-15　第二次【色彩平衡】调整

(3) 如图 7-1-16 所示，选择“高光”选项稍增加红、黄两色，然后单击【确定】按钮。这样，暖色调的照片就调整好了，如图 7-1-17 所示。

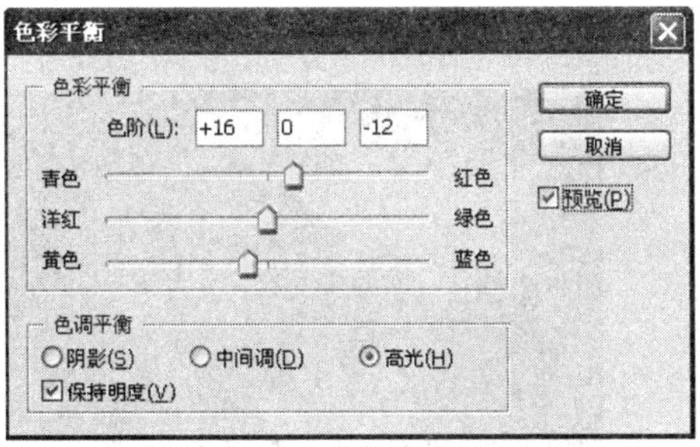

图 7-1-16　第三次【色彩平衡】调整

图 7-1-17　【色彩平衡】调整后的房子效果

7.1.4　案例——制作“锈迹斑斑”的荷叶

在学习“制作‘锈迹斑斑’的荷叶”前，先介绍【色相/饱和度】命令的相关知识。

1.【色相/饱和度】命令

【色相/饱和度】命令可以调整图像中的所有颜色或图像中单个颜色成分的色相、饱和度和明度，还可以对灰度图像着色或创建单色效果，尤其适用于微调 CMYK 图像中的颜色，以使它们处在输出设备的色域内。选择菜单【图像】/【调整】/【色相/饱和度】命令(或按【Ctrl + U】键)，可打开如图 7-1-18 所示的【色相/饱和度】对话框，该对话框中各选项的含义如下：

◆ “编辑”：可在该下拉列表框中选择应用范围，其中“全图”表示对图像中所有图像颜色的像素起作用，其它选项则表示针对某一颜色成分的像素起作用。

◆ “色相”：拖动滑块或在右侧的数值框中输入图像的色相值，可以调整图像的色相。

◆ “饱和度”：拖动滑块或在右侧数值框中输入图像的饱和度值，可以调整图像的饱和度。

◆ “明度”：拖动滑块或在右侧的数值框中输入图像的亮度值，可以调整图像的亮度。

◆ “着色”：选择该复选框，可使用同一种颜色来置换原图像中的颜色。

◆ “颜色条”：上面的颜色条显示调整前的颜色，下面的颜色条显示调整后如何以全饱和状态影响所有色相。

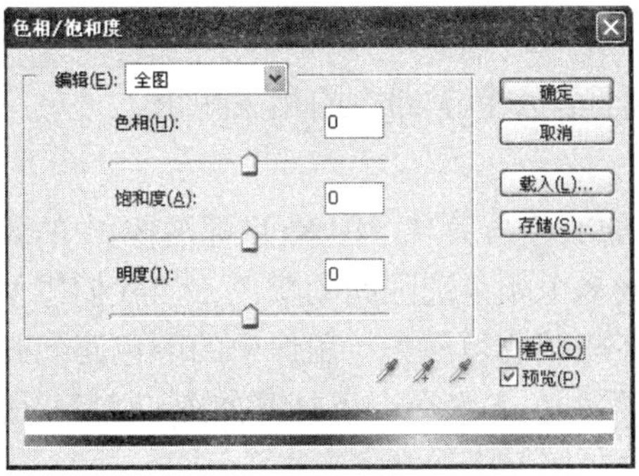

图 7-1-18　【色相/饱和度】对话框

图 7-1-19　“荷花”素材图像

例如要将如图 7-1-19 所示的照片中粉花绿叶的“荷花”调整为绿花紫叶的“荷花”，

可按如图 7-1-20 所示的参数调整图像的“色相”数值，以达到我们想要的效果，最后单击【确定】按钮，效果如图 7-1-21 所示。

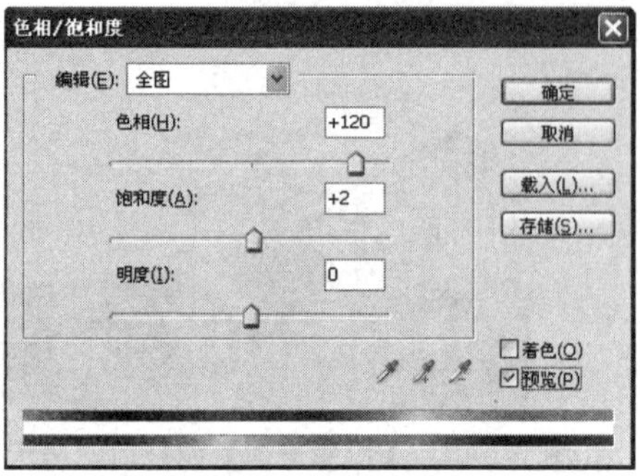

图 7-1-20　调整图像的色相参数

图 7-1-21　【色相/饱和度】调整后的“荷花”效果

2．制作“锈迹斑斑”的荷叶

下面利用【色相/饱和度】命令将如图 7-1-19 所示照片中的荷叶打造成“锈迹斑斑”的荷叶，具体操作步骤如下：

选择菜单【图像】/【调整】/【色相/饱和度】命令，打开【色相/饱和度】对话框，参数的调整如图 7-1-22 所示。“编辑”选项选择“青色”，要求该命令只对青色起作用；再将“色相”和“饱和度”分别调整为 130 和 50，即可达到如图 7-1-23 所示的“‘锈迹斑斑’的荷叶”的效果。

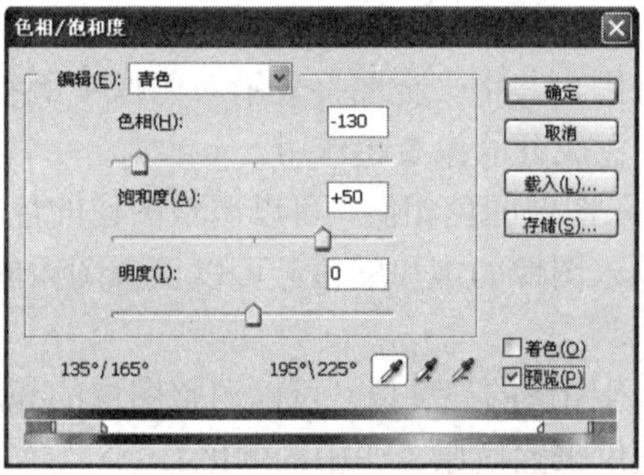

图 7-1-22　调整“青色”的色相/饱和度的参数

图 7-1-23　“锈迹斑斑”的荷叶

7.1.5　案例——匹配图像颜色

在学习“匹配图像颜色”案例前，先介绍【匹配颜色】命令的相关知识。

1．【匹配颜色】命令

【匹配颜色】命令可以将一个图像(源图像)的颜色与另一个图像(目标图像)中的颜色相匹配，还可以匹配同一个图像中不同图层之间或多个颜色选区间的颜色。当我们想使两个不同照片中的颜色保持一致，或一个图像中的某些颜色须与另一图像中的颜色匹配时，此命令极有用。选择菜单【图像】/【调整】/【匹配颜色】命令，可打开如图 7-1-24 所示的【匹配颜色】对话框，该对话框中主要选项的含义如下：

◆　“明亮度”：可增加或减小目标图像的亮度。取值范围为 1～200，默认值为 100。

◆ “颜色强度”：可增加或减小目标图像的色彩饱和度。取值范围为 1～200，默认值为 100。

◆ “渐隐”：用来减弱颜色匹配的效果。取值范围为 0～100，默认值为 0。

◆ “中和”：选择该项，可使颜色匹配效果减半，最终效果中会保留部分目标图像的色调。

◆ “源”：在“源”选项右侧的下拉列表框中选择颜色匹配所参照的源图像文件名，该文件必须是处于与目标图像同时打开的状态。

◆ “图层”：若源文件有多个图层，可在“图层”选项列表框中选择其中某一层参照匹配。

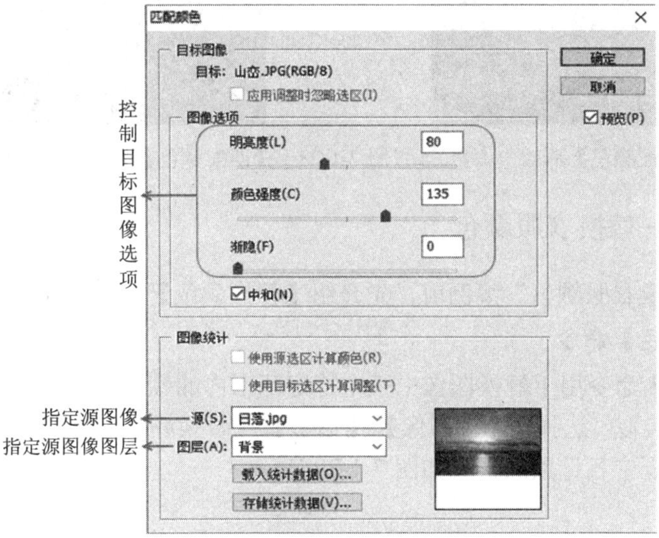

图 7-1-24　【匹配颜色】对话框

2. 匹配图像颜色

下面将图 7-1-25 所示的“山峦”照片和图 7-1-26 所示的“落日”照片进行颜色匹配。图 7-1-25 所示的“山峦”图像发蓝，色彩较清冷，图 7-1-26 所示的“落日”图像金光闪闪，色彩温暖，通过【匹配颜色】可让“山峦”也变得温暖起来。

图 7-1-25　“山峦”素材

图 7-1-26　“落日”素材

具体操作步骤如下：

(1) 打开文件名为“山峦”和“落日”这两个照片，选择“山峦”文件为当前操作图像即目标图像，再选择菜单【图像】/【调整】/【匹配颜色】命令，打开如图 7-1-24 所示的【匹配颜色】对话框，在“源”选项右侧的下拉列表框中选择“落日”文件名。

(2) 按如图 7-1-24 所示的参数调整图像的匹配效果。将“明亮度”减至 80，以免落日的光照效果过强；将“颜色强度”增至 135，以使一部分群山有金色的效果；将“渐隐”值调整为 3，以使匹配效果柔和，并保留山峦一些小的细节，单击【确定】按钮。最后的效果如图 7-1-27 所示。图 7-1-28 所示为选择“中和”选项后“山峦”的效果。

图 7-1-27　【匹配颜色】后的“山峦”

图 7-1-28　【匹配颜色】并选择“中和”效果后的“山峦”

7.1.6　案例——替换衣服颜色

在学习“替换衣服颜色”案例前，先介绍【替换颜色】命令的相关知识。

1.【替换颜色】命令

【替换颜色】命令用于替换图像中某个特定范围内的颜色，功能与前面学过的【色相/饱和度】命令相类似。选择菜单【图像】/【调整】/【替换颜色】命令，可打开【替换颜色】对话框。该对话框中各选项的含义如图 7-1-29 所示。

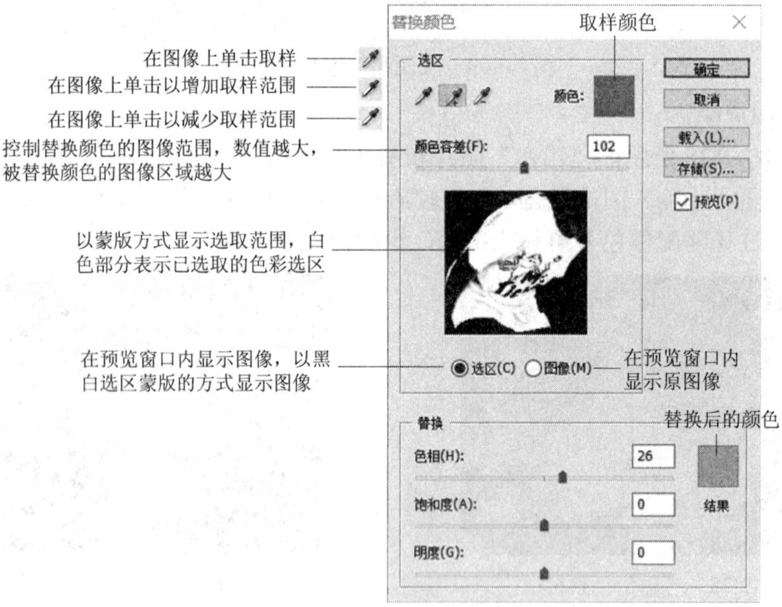

图 7-1-29　【替换颜色】对话框及选项含义

2．替换衣服颜色

下面通过【替换颜色】命令将如图 7-1-30 所示照片中小女孩的橙红色衣服改为如图 7-1-31 所示的明黄色衣服。

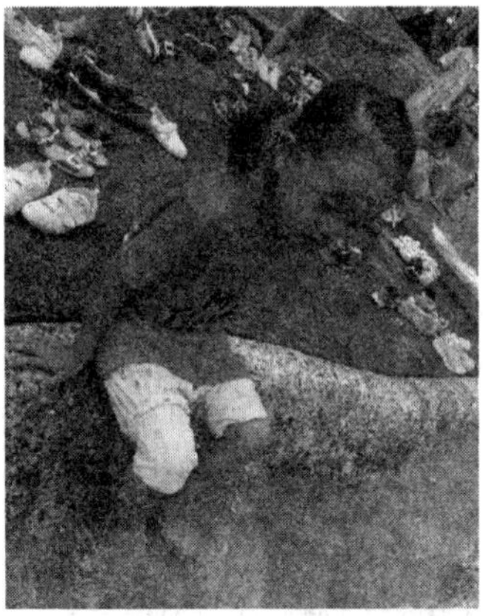

图 7-1-30　“小女孩”素材(衣服橙红色)

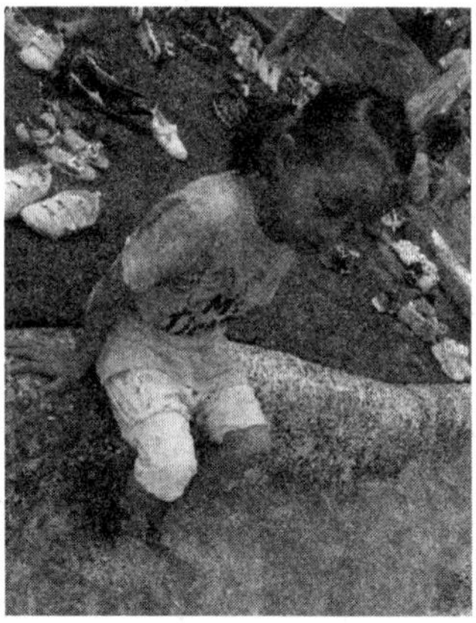

图 7-1-31　衣服被替换为明黄色后的“小女孩”

具体操作步骤如下：

(1) 打开文件名为“小女孩”的素材。因为只替换衣服颜色，为了不影响这两部分颜色，选择工具箱中的【磁性套索工具】沿着衣服边缘将衣服部分选取，如图 7-1-32 所示，选取时要仔细些。

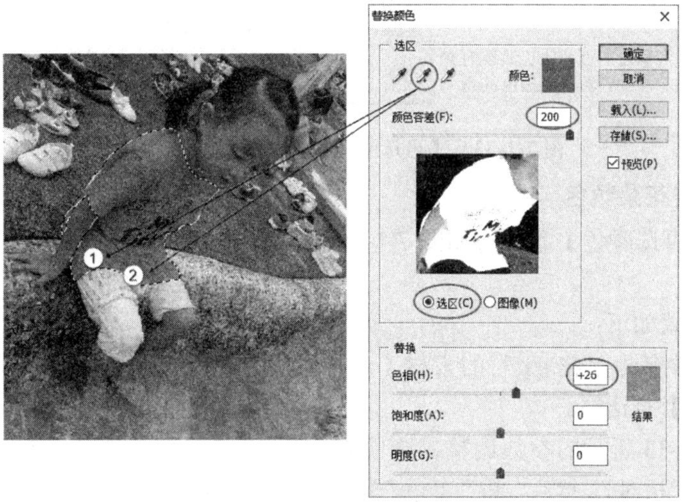

图 7-1-32　为“小女孩”替换衣服颜色

选取结束后，选择工具箱中的【套索工具】，如有少选的区域可选择“添加到选区”状态按钮，选择要添加的区域；如有多选的区域可选择“从选区减去”状态按钮，选择要去除的区域。为使颜色替换过渡得真实，可通过【选择】/【修改】/【扩展】命令，将选区扩展 1 个像素，再选择【选择】/【修改】/【羽化】命令(或按【Alt+Ctrl+D】键)，将选区羽化 1 个像素。

(2) 选择菜单【图像】/【调整】/【替换颜色】命令，打开如图 7-1-32 所示的【替换颜色】对话框，将“颜色容差”值设置为 200，选择第二个“添加到取样”吸管，分别在衣服上浅色处①和深色处②颜色上单击，将深浅不一的颜色都添加到替换颜色的区域中来。此时，需要替换的部分变为白色，不需要替换的部分变为黑色。最后将“色相”值调整为+26 或是其它自己喜爱的颜色值，单击【确定】按钮，这样人物的衣服颜色就替换好了。

7.1.7　案例——单独调整花朵颜色

在学习“单独调整花朵颜色”案例前，先介绍【可选颜色】命令的相关知识。

1.【可选颜色】命令

【可选颜色】命令用于校正色彩不平衡和调整颜色，它是高端扫描仪和分色程序常用的一种技术，可以有选择地修改任何主要颜色中的印刷色数量，而不会影响其它主要颜色。比如，可使用【可选颜色】校正显著减少图像绿色图素中的青色，同时保留蓝色图素中的青色不变。选择菜单【图像】/【调整】/【可选颜色】命令，可打开如图 7-1-33 所示的【可选颜色】对话框。

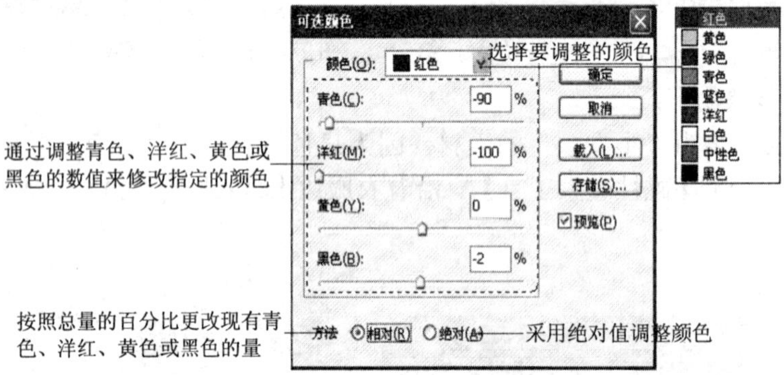

图 7-1-33　【可选颜色】对话框及选项含义

2. 单独调整花朵颜色

下面通过【可选颜色】命令将如图 7-1-34 所示图像中的红色小花改为如图 7-1-35 所示的黄色小花。

具体操作步骤如下：

(1) 打开文件名为“花.jpg”的素材，选择菜单【图像】/【调整】/【可选颜色】命令打开【可选颜色】对话框。

(2) 按图 7-1-33 所示的参数调整各选项值。首先，在“颜色”选项中选择“红色”，“方法”选项中选择“相对”。然后，将“青色”数值调整为“−90”，“洋红”数值调整为“−100”，“黑色”数值调整为“−2”，单击【确定】按钮，这样花的颜色就由红色变为了黄色。在调整过程中，可一边调整数值一边观察图像中颜色的变化，直到调出自己满意的颜色。

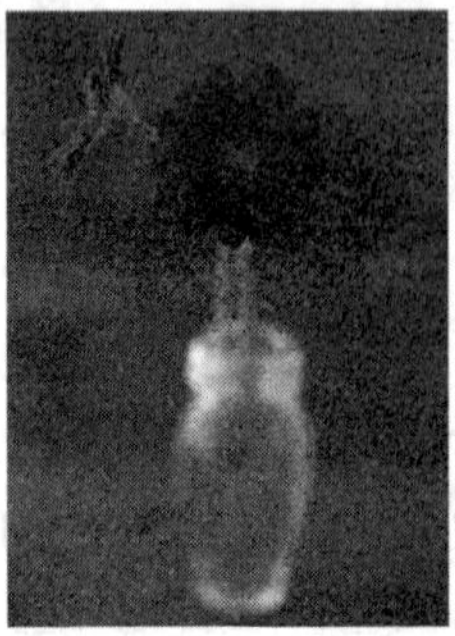

图 7-1-34　“花”素材(红色小花)

图 7-1-35　红色小花被替换为黄色后的效果

7.1.8　案例——改变图像的背景颜色

在学习“改变图像的背景颜色”案例前，先介绍【通道混合器】命令的相关知识。

1.【通道混合器】命令

【通道混合器】命令是使用当前颜色通道的混合来修改颜色通道，从而达到改变图像颜色的目的。选择菜单【图像】/【调整】/【通道混合器】命令，可打开如图 7-1-36 所示的【通道混合器】对话框。

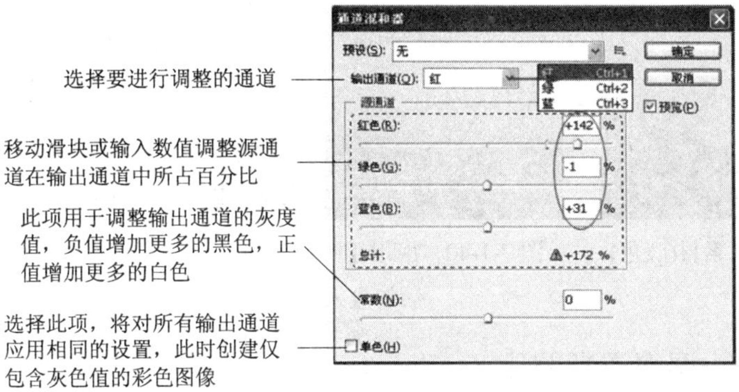

图 7-1-36　【通道混合器】对话框及选项含义

2. 改变图像的背景颜色

下面通过【通道混合器】命令将如图 7-1-37 所示的背景颜色以蓝色为主的“梅花”图像改为如图 7-1-38 所示的背景颜色以红色为主的“梅花”图像，具体的操作步骤如下：

选择菜单【图像】/【调整】/【通道混合器】命令，打开【通道混合器】对话框，参数设置如图 7-1-36 所示。应用【通道混合器】将“输出通道”选择为红色并增加红色输出值后，图中的背景由气氛寒冷的暗蓝转为气氛热烈的红色。

图 7-1-37　“梅花”素材(寒冷的暗蓝)

图 7-1-38　应用【通道混合器】后的“梅花”(热烈的红色)

7.1.9　案例——为照片添加有色滤镜

在学习“为照片添加有色滤镜”案例前，先介绍【照片滤镜】命令的相关知识。

1.【照片滤镜】命令

【照片滤镜】命令可改变图像的色调，相当于传统摄影中使用的有色滤镜，效果与色彩平衡相类似，但其参数设定比较符合摄影师等专业人士的使用习惯。

2. 为照片添加有色滤镜

下面通过【照片滤镜】命令将如图 7-1-39 所示的“城市”背景(背景是夕阳西下的暖色调)改为如图 7-1-40 所示的背景较冷而清爽的色调，具体操作步骤如下：

选择菜单【图像】/【调整】/【照片滤镜】命令，打开【照片滤镜】对话框，按图 7-1-41 所示的参数设置各选项。通过应用【照片滤镜】命令为照片添加蓝色“冷却滤镜”后，“城市”背景由夕阳西下的暖色调转为较冷而清爽的色调。

图 7-1-39　“城市”素材(暖色)

图 7-1-40　应用【照片滤镜】后的效果(冷色)

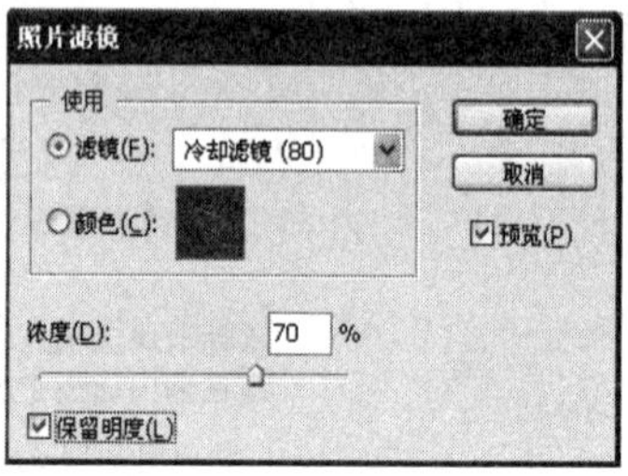

图 7-1-41　【照片滤镜】对话框

7.1.10　案例——调整逆光照片

在学习“调整逆光照片”案例前，先介绍【阴影/高光】命令的相关知识。

1.【阴影/高光】命令

【阴影/高光】命令适用于校正由强逆光而形成剪影的照片，或校正由于太接近相机闪光灯而有些发白的局部图像。在用其它方式采光的图像中，这种调整也可用于使阴影区域变亮。【阴影/高光】命令不是简单地使图像变亮或变暗，它基于阴影或高光中的周围像素(局部相邻像素)增亮或变暗。正因为如此，阴影和高光都有各自的控制选项，默认状态用来修复具有逆光问题的图像。

选择菜单【图像】/【调整】/【阴影/高光】命令，可打开如图 7-1-42 所示的【阴影/高光】对话框，该对话框中各选项的含义(其中“数量”、“色调宽度”和“半径”是对“阴影”、“高光”两项共同的说明)如下：

◆ “数量”：控制光线的校正量。较大的数值会使阴影变得较亮，或使高光处变得较暗。

◆ “色调宽度”：控制阴影或高光的色调修改范围。若值较小，则只对图像中较暗或较亮的区域进行调整；若值较大，则进行色调调整的范围较大。

◆ “半径”：控制每个像素周围多大范围内的像素作为“周围像素”，再根据“周围像素”决定当前像素是处在阴影中还是处在高光中。

◆ “颜色校正”：主要用于在图像已更改明暗的区域中的色彩微调，仅适用于彩色图像。

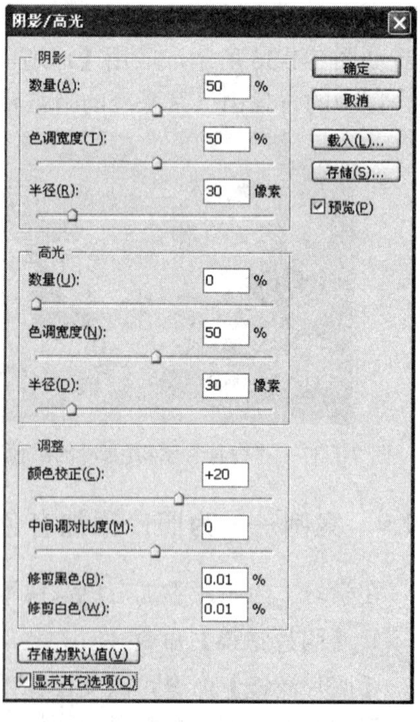

图 7-1-42　【阴影/高光】对话框

◆ “中间调对比度”：主要用于调整图像中间调的对比度。

◆ “修剪黑(白)色”：指定在图像中要把多少阴影和亮度忽略掉，调整图像的整体对比度。

◆ “显示其它选项”：显示扩展对话框。若不选此项，则只显示【阴影/高光】的“数量”选项。

2．调整逆光照片

下面通过【阴影/高光】命令将如图 7-1-43 所示的在逆光中拍摄而导致面目不太清晰的“女孩”图像加以调整。经【阴影/高光】命令调整后，“女孩”变得面目清晰，如图 7-1-44 所示。具体操作步骤如下：

选择菜单【图像】/【调整】/【阴影/高光】命令，打开【阴影/高光】对话框。【阴影/高光】的参数设置如下：阴影选项区内的“数量”值为 93%，“色调宽度”值为 60%，其它选项值为默认。

图 7-1-43　“女孩”素材

图 7-1-44　应用【阴影/高光】调整后的“女孩”

7.1.11　案例——增强图像细节

在学习“增强图像细节”案例前，先介绍【曝光度】命令的相关知识。

1．【曝光度】命令

【曝光度】命令是为了调整 HDR(一种接近现实世界视觉效果的高动态范围图像)的色调，但它也可用于 8 位或 16 位图像。【曝光度】命令是通过在线性颜色空间(灰度系数为 1.0)而不是图像的当前颜色空间执行计算而得出的。

2．增强图像细节

在如图 7-1-45 所示的照片中无法看清“手枪”的细节，通过【曝光度】命令调整后，“手枪”变得清晰且有一定的质感，如图 7-1-46 所示。具体操作步骤如下：

选择菜单【图像】/【调整】/【曝光度】命令，打开【曝光度】对话框，按如图 7-1-47 所示的参数调整各选项。其中，“曝光度”值为 2.6，“位移”值为−0.016，“灰度系数校正”值为 1.02。

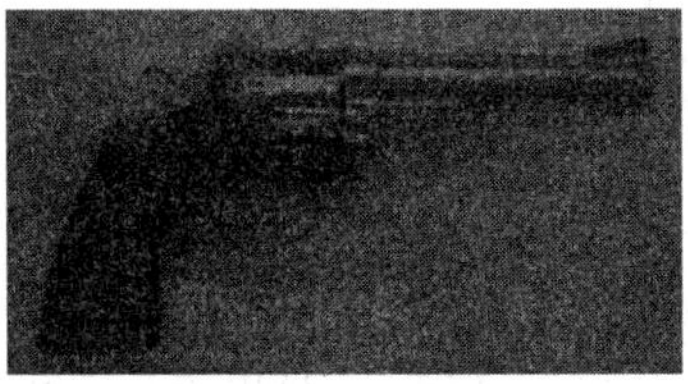

图 7-1-45　“手枪”素材

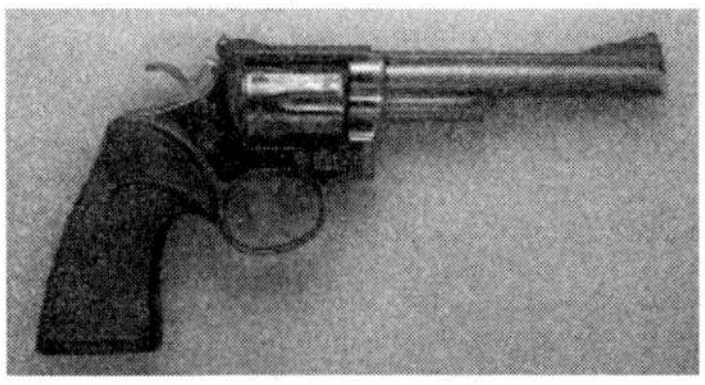

图 7-1-46　应用【曝光度】后的效果

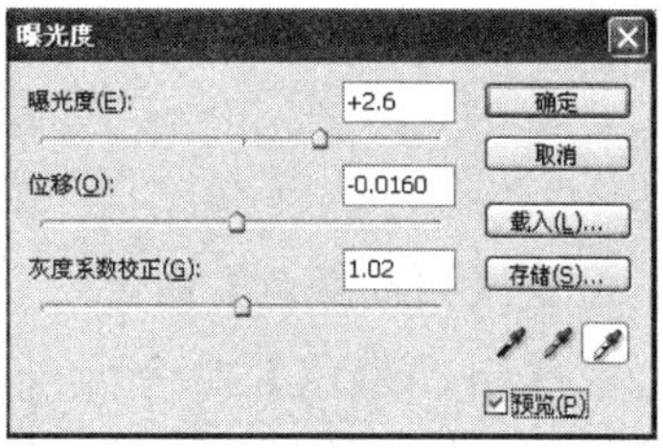

图 7-1-47　【曝光度】对话框

7.2　图像的快速调整命令

1.【自动色阶】命令

【自动色阶】命令可自动调整图像中的黑白场，使图像色彩达到均衡，相当于前面所讲的【曲线】和【色阶】对话框中右侧的“自动”选项的功能。该命令可增加色彩对比度，但也可能会产生偏色。对于像素值平均分布且需要以简单的方式增加对比度的特定图像，应用该命令会得到较好的效果。选择菜单【图像】/【调整】/【自动色阶】即执行该命令，无参数设置。

图 7-2-1 为“校园”原图像，应用【自动色阶】命令后的效果如图 7-2-2 所示，图像变得清晰，但色调过于偏红。

图 7-2-1　“校园”素材

图 7-2-2　应用【自动色阶】后的效果

2.【自动对比度】命令

【自动对比度】命令可自动调整图像整体的对比度。由于该命令不会单独调整各通道，因此增加色彩对比度的同时不会产生偏色现象。该命令剪切图像中的阴影和高光值，再将图像剩余部分的最亮和最暗像素映射为白色和黑色，使高光显得更亮而阴影(暗调)显得更暗。选择菜单【图像】/【调整】/【自动对比度】即执行该命令，无参数设置。

对“校园”原图像应用【自动对比度】命令后的效果如图 7-2-3 所示，图像变得清晰。

图 7-2-3　应用【自动对比度】后的效果

3.【自动颜色】命令

【自动颜色】命令可自动调整图像的对比度和颜色。在默认情况下，该命令使用 RGB128 灰色这一目标颜色来中和中间调，并将阴影和高光像素剪切 0.5%，因此该命令可以修正偏色，也有可能引起偏色。选择菜单【图像】/【调整】/【自动颜色】即执行该命令，无参数设置。

对“校园”原图像应用【自动颜色】命令后的效果如图 7-2-4 所示，图像变得清晰。

图 7-2-4　应用【自动颜色】后的效果

4.【亮度/对比度】命令

【亮度/对比度】命令可增加或减少图像亮度和颜色对比度。该命令有时容易引起细节的丢失，建议不要用于高端输出。选择菜单【图像】/【调整】/【亮度/对比度】命令，打开如图 7-2-5 所示的【亮度/对比度】对话框，直接调整“亮度”和“对比度”选项值即可。

对“校园”原图像应用【亮度/对比度】命令，将“亮度”值调整为 5，“对比度”值调整为 100，效果如图 7-2-6 所示，图像亮度提高，对比度增强，图像变得清晰。

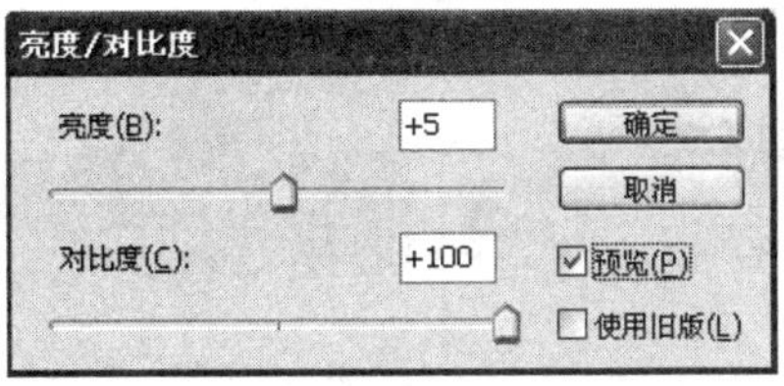

图 7-2-5　【亮度/对比度】对话框

图 7-2-6　应用【亮度/对比度】后的效果

5.【色调均化】命令

【色调均化】命令将每个通道中最亮和最暗的像素定义为白色和黑色，然后按比例重新分配中间像素值，使图像中的明暗分布均匀，色彩鲜明，但不能校正偏色。选择菜单【图像】/【调整】/【色调均化】即执行该命令，无参数设置。

对“校园”原图像应用【色调均化】命令后的效果如图 7-2-7 所示，图像色彩变得过于浓重。

图 7-2-7　应用【色调均化】后的效果

6.【变化】命令

【变化】命令可直观地调整图像或选区的色彩平衡、对比度、亮度和饱和度。由于对话框中有文字提示和指导，因此适于初学者使用。该命令对于不需要精确调整色彩的平均色调图像最有用，但更多地被用来判断应用哪种色调最适合图像。该命令不能应用在索引颜色图像上。

选择菜单【图像】/【调整】/【变化】命令，打开如图 7-2-8 所示的【变化】对话框，单击对话框中所需的缩览图，再单击【确定】按钮即完成【变化】命令的应用。

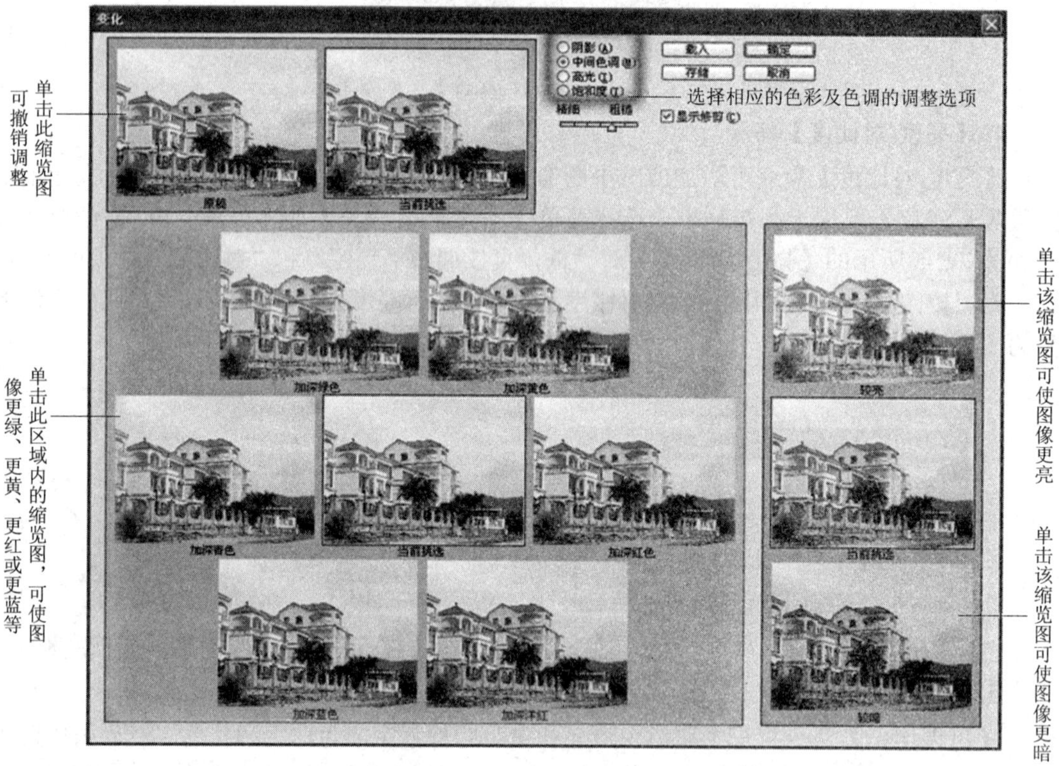

图 7-2-8　【变化】对话框

7.3　图像的特殊颜色效果调整命令

1.【黑白】命令

【黑白】命令通过调整红、黄、绿、青、蓝和洋红的亮度值，从而控制所生成图像的黑白效果。该命令可制作出高质量的黑白照片，也可用于制作不同色调的单色照片。在默认值下，该命令生成的黑白效果与应用【去色】命令的效果相同。选择菜单【图像】/【调整】/【黑白】命令，可打开如图 7-3-1 所示的【黑白】对话框。

图 7-3-2 为“房子”彩色照片，通过应用图 7-3-1 所示的【黑白】对话框中的参数后，“房子”变为暗粉色色调的单色照片，如图 7-3-3 所示。

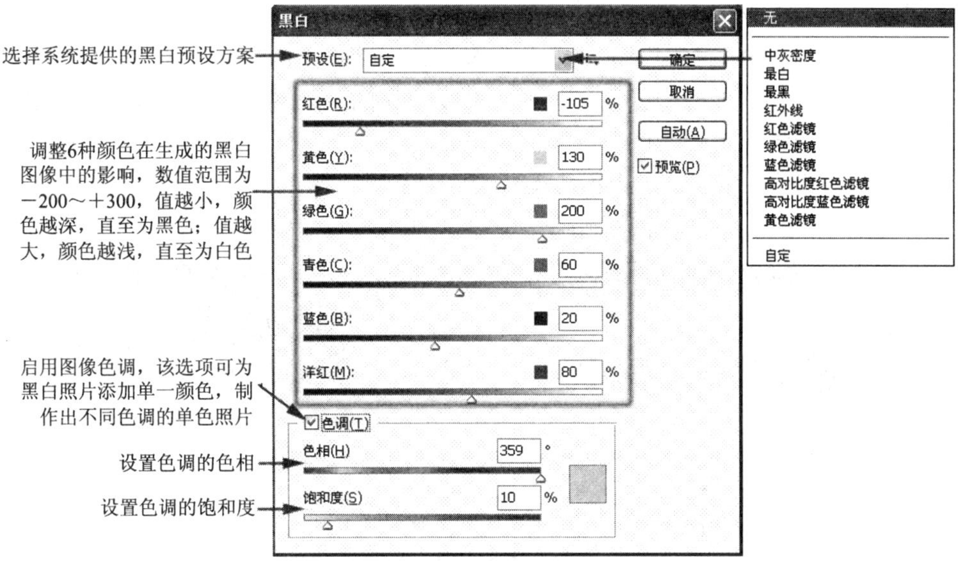

图 7-3-1　【黑白】对话框

图 7-3-2　“房子”素材

图 7-3-3　应用【黑白】后的效果

2.【去色】命令

【去色】命令可将彩色图像转换为相同颜色模式下的灰度图像，转换后图像中各像素的明度值不改变。该命令与应用【色相/饱和度】命令中将“饱和度”值设为−100 的效果相同。选择菜单【图像】/【调整】/【去色】即执行该命令，无参数设置。

对图 7-3-2 所示的“房子”原图像应用【去色】命令后的效果如图 7-3-4 所示，图像变为灰度图像。

图 7-3-4　应用【去色】后的效果

3.【渐变映射】命令

【渐变映射】命令是将相等的图像灰度范围映射到指定的渐变填充色。比如，指定的是双色渐变填充，那么图像中的阴影映射到渐变填充的一个端点颜色，高光映射到另一个端点颜色，而中间调映射到两个端点颜色之间的渐变。选择菜单【图像】/【调整】/【渐变映射】命令，可打开如图 7-3-5 所示的【渐变映射】对话框。

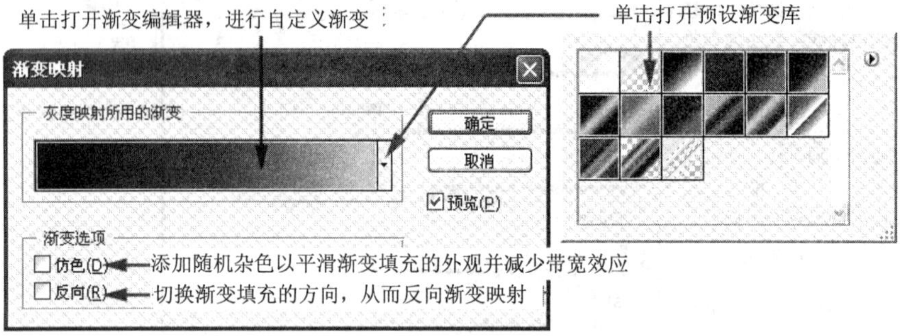

图 7-3-5　【渐变映射】对话框

对图 7-3-2 所示的“房子”彩色照片应用【渐变映射】对话框预设渐变库中的“透明彩虹”渐变进行渐变映射后，“房子”变为如七色彩虹样的照片，如图 7-3-6 所示。

图 7-3-6　应用【渐变映射】中“透明彩虹”渐变后的效果

4.【反相】命令

【反相】命令是将图像中的颜色转为反转色，比如白转为黑，红转为青，蓝转为黄等，效果同普通彩色胶卷冲印后的底片效果类似。选择菜单【图像】/【调整】/【反相】即执行该命令，无参数设置。

对图 7-3-2 所示的“房子”原图像应用【反相】命令后的效果如图 7-3-7 所示，图像颜色被反转。

图 7-3-7　应用【反相】后的效果

5.【阈值】命令

【阈值】命令可将灰度或彩色图像转换为高对比度的黑白图像，常用来制作漫画或版刻画。当指定某个色阶作为阈值后，所有比阈值亮的像素转换为白色，而所有比阈值暗的像素转换为黑色。选择菜单【图像】/【调整】/【阈值】命令，打开如图 7-3-8 所示的【阈值】对话框，在对话框中移动直方图下面的滑块指定某个色阶作为阈值，然后单击【确定】按钮即可。图 7-3-9 为将“阈值”设置为 148 时“房子”的黑白效果图。

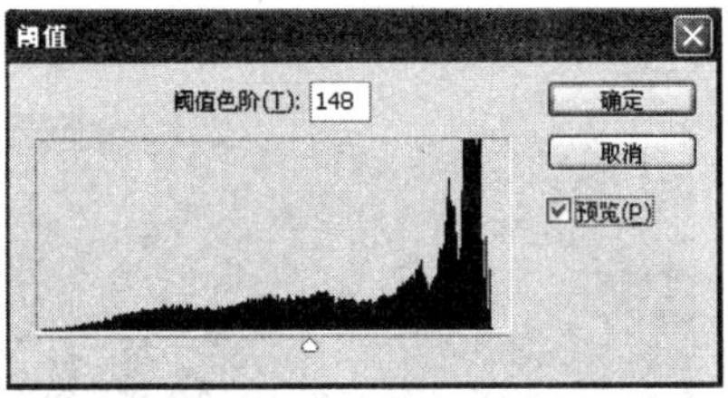

图 7-3-8　【阈值】对话框

图 7-3-9　应用【阈值】后的黑白效果

6.【色调分离】命令

【色调分离】命令可指定图像中每个通道的色调级(或亮度值)数目，然后将像素映射为最接近的匹配色调，产生类似水彩手绘的效果。比如，在 RGB 图像中选取两个色调色阶将产生六种颜色：两种红色、两种绿色、两种蓝色。此命令可在保持图像轮廓的前提下，有效地减少图像中的色彩数量，因此常在图像中创建较大的单调区域。选择菜单【图像】/【调整】/【色调分离】命令，打开如图 7-3-10 所示的【色调分离】对话框，在对话框中移动滑块为【色调分离】指定色阶数值，然后单击【确定】按钮即可。图 7-3-11 为将“色阶”数值设置为 2 时“房子”色调分离的效果图。

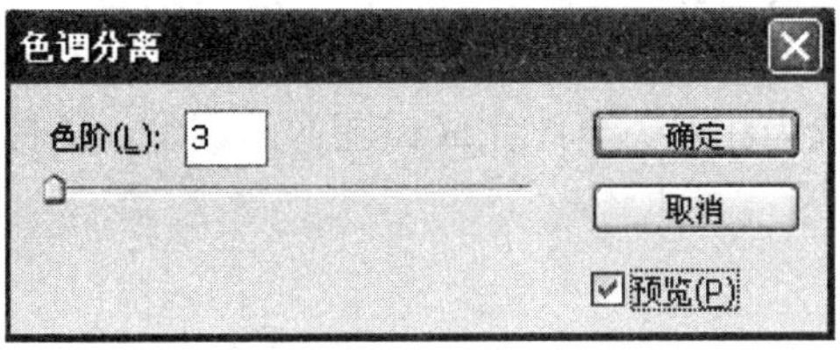

图 7-3-10　【色调分离】对话框

图 7-3-11　应用【色调分离】后的效果

7.4　本 章 小 结

本章主要讲解了图像色彩及色调调整命令的应用方法。常用的图像色彩及色调调整命令包括色阶、曲线、色彩平衡、色相/饱和度、匹配颜色、替换颜色、可选颜色、通道混合器、照片滤镜、阴影/高光、曝光度；用于图像快速调整的命令包括自动色阶、自动对比度、自动颜色、亮度/对比度、色调均化、变化；用于图像特殊颜色效果调整的命令包括黑白、去色、渐变映射、反相、阈值、色调分离。其中，色阶、曲线、色彩平衡、色相/饱和度、匹配颜色、替换颜色、可选颜色、阴影/高光命令是极为常用的命令，一定要熟练掌握。

7.5 上机练习

1．制作“诱人的草莓”

下面对图 7-5-1 所示的“草莓”图像进行色彩和色调的调整。图像中的草莓经过调整后变得十分诱人，效果如图 7-5-2 所示。

图 7-5-1 “草莓”素材

图 7-5-2 调整后的效果

操作步骤提示：

(1) 打开素材中名为“草莓.jpg”的文件，如图 7-5-1 所示。

(2) 选择菜单【图像】/【调整】/【亮度/对比度】命令，将对话框中的“亮度”值设置为 50%，提高图像的亮度。

(3) 选择菜单【图像】/【调整】/【阴影/高光】命令，应用对话框中的默认选项值，再一次提高图像的亮度。

(4) 选择菜单【图像】/【调整】/【可选颜色】命令，将对话框中的“颜色”选项设置为红色，“青色”选项设置为–45%，“洋红”选项设置为 70%，“黄色”选项设置为 40%，“黑色”选项设置为 50%，“方法”选项设置为相对。至此完成该图像的调整，草莓变得十分新鲜诱人，效果如图 7-5-2 所示。

2．制作“黑白版画”

下面对图 7-5-3 所示的“树”图像进行色彩和色调的调整。图像经过调整后变成黑白版画的效果，如图 7-5-4 所示。

图 7-5-3 “树”素材

图 7-5-4 “黑白版画”的效果

操作步骤提示：

(1) 打开素材中名为“树.jpg”的文件，如图 7-5-3 所示。

(2) 选择菜单【图像】/【调整】/【反相】命令。

(3) 选择菜单【图像】/【调整】/【阈值】命令，将对话框中的“阈值色阶”选项设置为 180 左右。至此完成该图像的调整，形成黑白版画效果，如图 7-5-4 所示。

3．制作“装饰画”

下面对图 7-5-5 所示的“树枝”图像进行色彩和色调的调整。图像经过调整后形成一幅有艺术风格的装饰画，效果如图 7-5-6 所示。

图 7-5-5　“树枝”素材

图 7-5-6　“装饰画”效果

操作步骤提示：

(1) 打开素材中名为“树枝.jpg”的文件，如图 7-5-5 所示。

(2) 选择菜单【图像】/【调整】/【色调均化】命令。

(3) 选择菜单【图像】/【调整】/【色调分离】命令，将对话框中的“色阶”选项设置为 2。至此完成该图像的调整。经调整树枝仿佛在金黄色的圆月中摇曳起来，圆月外边又由一圈红晕包围着，具有装饰画的效果，如图 7-5-6 所示。

4．制作“秋景变夏景”

下面对图 7-5-7 所示的“秋景”图像进行色彩和色调的调整。图像经过调整后由色彩浓重的秋天景象变为清新明朗的夏天景象，效果如图 7-5-8 所示。

图 7-5-7　“秋景”素材

图 7-5-8　夏景效果

操作步骤提示：

(1) 打开素材中名为“秋景.jpg”的文件，如图 7-5-7 所示，将其复制出一个副本，重命名为“夏景”。

(2) 选择“夏景”图层，选择菜单【图像】/【调整】/【替换颜色】命令，为扩大选取范围，将对话框中的“颜色容差”选项设置为 110，用【吸管工具】在图像的草地上单击。确定选取区域后，将“色相”选项设置为 63，“饱和度”选项设置为 30，其它选项为默认值。这样完成了草地由黄变绿的调整。

(3) 复制出一个“夏景副本”，并为该副本图层添加蒙版，用【渐变工具】为蒙版添加由上向下、由白至黑的渐变。注意白色填充范围不要过多地超过草地，以保证匹配颜色时不过多地影响草地的绿色，如图 7-5-9 所示。按【Ctrl】键在蒙版上单击，调出蒙版中由渐变形成的能使颜色匹配柔和过渡的选区，作为下一步颜色的匹配范围。打开素材中名为“匹配颜色图像.jpg”的文件，将这幅色调明亮的图像作为匹配颜色的图像。

图 7-5-9　添加蒙版

(4) 选择“夏景副本”图层，选择菜单【图像】/【调整】/【匹配颜色】命令，如图 7-5-10 所示，将对话框中的“明亮度”选项设置为 105，“颜色强度”选项设置为 150，“渐隐”选项设置为 20，“源”选项选择先前已打开的“匹配颜色图像.jpg”文件，其它选项为默认值。至此完成该图像的调整。图像经过调整后由色彩浓重的秋天景象变为清新明朗的夏天景象。

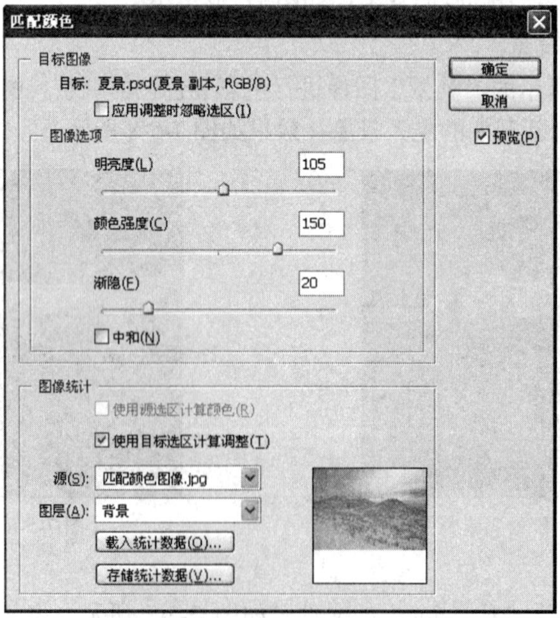

图 7-5-10　应用【匹配颜色】命令

7.6 思考练习

1．填空题

(1) 直方图的水平坐标把图像的明暗分成 256 个级别，这 256 个级别就称为______。

(2) 通常，一张高质量照片的直方图中，色阶应该是从____到____的各个位置都应有一些像素。

(3) 【曲线】的“输入”水平轴代表了原图像的亮度值，即图像的______值；垂直轴表示处理后新图像的亮度值，即图像的______值。

(4) _______命令可以调整图像中的所有颜色或图像中单个颜色成分的色相、饱和度和明度，还可以对灰度图像着色或创建单色调效果，尤其适用于微调 CMYK 图像中的颜色，以使它们处在输出设备的色域内。

(5) _______命令可以将一个图像(源图像)的颜色与另一个图像(目标图像)中的颜色相匹配，还可以匹配同一个图像中不同图层之间或多个颜色选区间的颜色。

(6) _______命令用于校正色彩不平衡和调整颜色，它是高端扫描仪和分色程序使用的一种技术，可以有选择地修改任何主要颜色中的印刷色数量，而不会影响其它主要颜色。

(7) ______命令可改变图像的色调，相当于传统摄影中使用的有色滤镜，效果与色彩平衡相类似，但其参数设定比较符合摄影师等专业人士的使用习惯。

(8) _______命令适用于校正由强逆光而形成剪影的照片，或校正由于太接近相机闪光灯而有些发白的局部图像。

(9) _______命令是将图像中的颜色转为反转色，效果同普通彩色胶卷冲印后的底片效果类似。

(10) _______命令将灰度或彩色图像转换为高对比度的黑白图像，常用来制作漫画或版刻画。

2．判断题

(1) 【曲线】命令只可对暗调、中间调、高光三个变量进行调整。　(　)

(2) 【色彩平衡】命令常用来纠正有明显偏色的照片或调整图像的色调。　(　)

(3) 【替换颜色】命令用于替换图像中某个特定范围内的颜色。　(　)

(4) 【通道混合器】命令是使用当前颜色通道的混合来修改颜色通道，从而达到改变图像颜色的目的。　(　)

(5) 【自动对比度】命令可自动调整图像中的黑白场，使图像色彩达到均衡。(　)

(6) 【自动对比度】命令可自动调整图像的对比度和颜色。　(　)

(7) 【去色】命令通过调整红、黄、绿、青、蓝和洋红的亮度值，从而控制所生成图像的黑白效果。该命令可制作出高质量的黑白照片，也可用于制作不同色调的单色照片。(　)

3．简答题

(1) 简述直方图的含义。

(2) 常用色彩及色调调整命令有哪些？

第 8 章　实战案例

本章导读

本章提供了五个综合性的案例，既有关于绘画的基本操作，又有关于通道与蒙版的深入应用，同时还通过案例引导读者如何进行色彩的基本搭配。通过本章的练习，读者可进一步提高关于 Photoshop CS3 的实际操作能力和综合运用能力。

8.1 销售广告

图 8-1-1 为一幅关于铅笔的销售广告，该广告主要以紫色调为主，因此背景主要是用深浅不一的紫色调颜色作底色，文字描边用的也是深紫色。通过该案例可学习一些色彩搭配知识，是个较好的基本练习。

图 8-1-1　铅笔销售广告

具体操作步骤如下：

(1) 在 Photoshop CS3 中，新建一个大小为 850 px × 1300 px、分辨率为 150 dpi、RGB 模式、背景为白色的文件，并将文件命名为“铅笔销售广告”。

(2) 绘制笔尖。选择【矩形选框工具】⬚，其选项栏设置如图 8-1-2 所示。

图 8-1-2 【矩形选框工具】选项栏的设置

(3) 打开【图层】调板，单击调板下方的【新建图层】按钮，新建一个名为“笔尖”的图层。选择【矩形选框工具】在图像窗口中单击，产生一个宽 90 px、高 150 px、固定大小的矩形选区。选择【渐变填充工具】，选择“线性填充”选项，单击选项栏中的渐变条弹出【渐变编辑器】对话框，渐变条的设置如图 8-1-3 所示，然后对选区进行渐变填充，如图 8-1-4 所示。

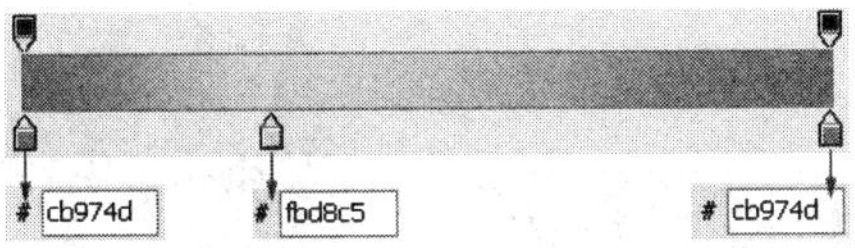

图 8-1-3 设置“渐变条”

图 8-1-4 渐变填充效果

(4) 按【Ctrl+T】键使矩形渐变填充处于变换状态。然后按住【Ctrl+Alt+Shift】键(透视的辅助快捷键)，用鼠标水平向左拖动矩形上方右边的关键点，将矩形变为梯形，如图 8-1-5 中的小图②和小图③所示，回车确认变换。复制“笔尖”图层，在复制图层中选择菜单【图像】/【调整】/【黑白】命令，在对话框中将“红”通道值设为−200，使复制笔尖变为图 8-1-5 中小图④所示的黑白图像，选择【矩形选框工具】选取黑笔尖下边的大部分并删除，只留下图 8-1-5 中小图⑤所示的一小部分作为铅笔尖。将“笔尖”图层和复制层合并，图层名仍为“笔尖”。

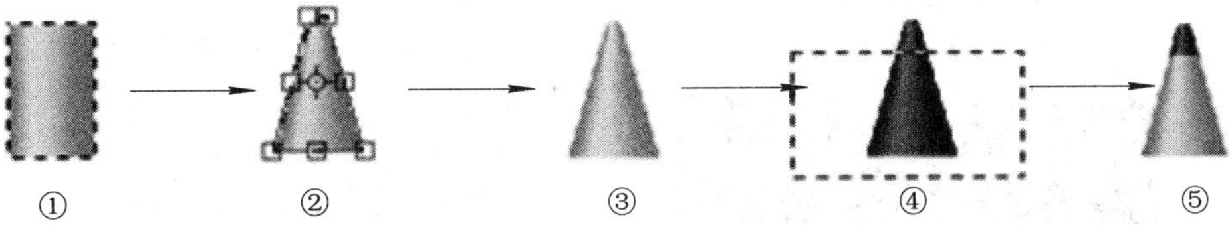

图 8-1-5 “笔尖”的处理过程图

(5) 绘制笔杆。新建一个名为“笔杆”的图层，选择【矩形选框工具】并以“笔尖”的宽度为依据拖出“笔杆”矩形选区。选择【渐变填充工具】，在【渐变编辑器】对话框中按图 8-1-6 所示设置渐变条，然后对选区进行渐变填充，如图 8-1-7 所示。选择【放大工具】，将“笔尖”局部放大后，用【橡皮擦工具】对“笔杆”顶部进行单击擦除部分颜色，如图 8-1-8 所示，制作出铅笔已被削好的状态。

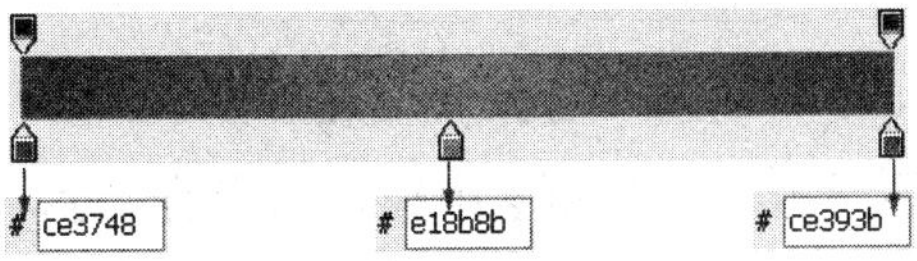

图 8-1-6 设置“渐变条”

图 8-1-7 渐变填充效果

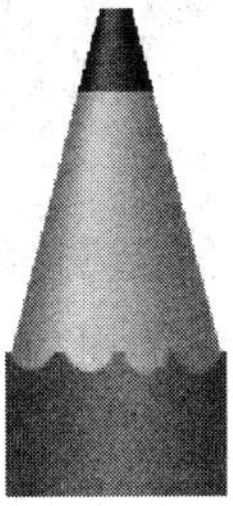

图 8-1-8 处理“笔杆”顶部

(6) 绘制多支笔杆。单击【图层】调板下方的【新建新组】按钮，新建一个名为“笔杆”的图层组。将“笔杆”图层拖入该图层组，并复制出 6 个副本，分别对这 7 个图层重新命名，依次为洋红、黄、红、绿、淡紫、青和蓝，图层关系如图 8-1-9 所示。对 7 个图层按图层名称分别选择菜单【图像】/【调整】/【色相/饱和度】命令，如图 8-1-10 所示，选定“着色”和“预览”选项，调整“色相”值改变笔杆颜色。新建一个名为“笔尖”的图层组，将“笔尖”拖入该组，按住【Ctrl+Alt】键拖出 6 个“笔尖”图层副本，分别与各笔杆位置相对应，如图 8-1-11 所示。

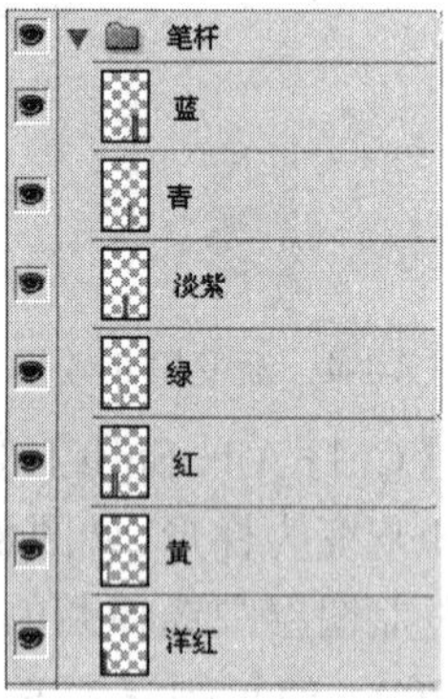

图 8-1-9 创建“笔杆”图层组

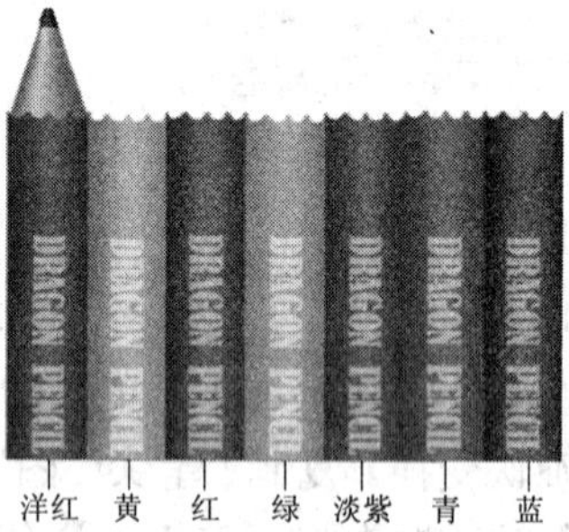

图 8-1-10 复制“笔杆”并调整色相

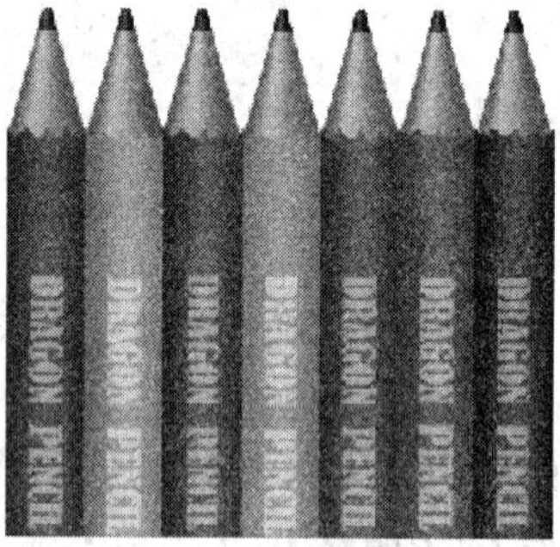
图 8-1-11 复制“笔尖”

(7) 绘制背景。新建一个名为“背景”的图层组，组中最下方的图层用浅紫色(#b4489a)填充，其它图层主要是用深紫、浅紫、淡绿和蓝色绘制正圆，各圆的大小、相对位置及颜色如图 8-1-12 所示，图层的相对关系如图 8-1-13 所示。

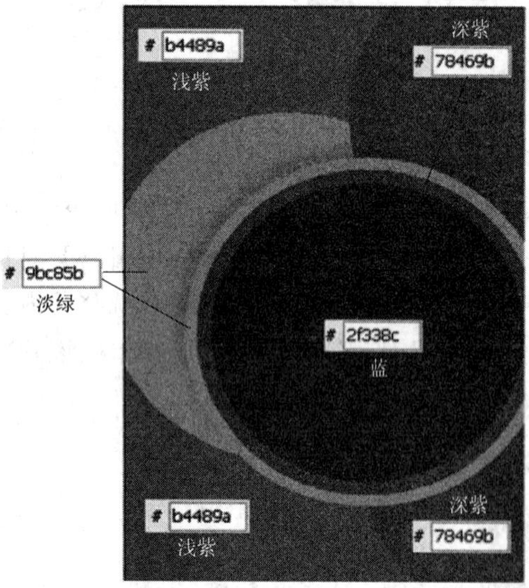

图 8-1-12 绘制背景图案

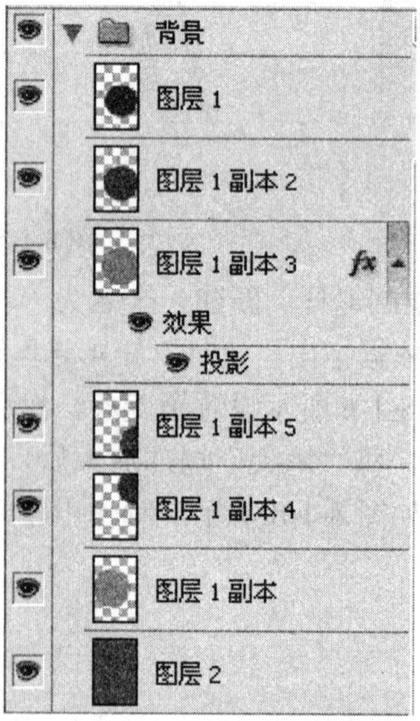

图 8-1-13 “背景”图层组中各图层的关系

(8) 编辑广告文字。新建一个名为“文字”的图层组。在各图层中输入相应的文字，文字颜色均为白色，文字的大小和相对位置如图 8-1-14 所示。除了“七色”和“￥7.77”字样不需描边外，其它文字层均应用了“描边”样式，描边颜色为深紫色，描边大小可自行设定。图层的相对关系如图 8-1-15 所示。至此，整个作品完成。

图 8-1-14　编辑广告文字

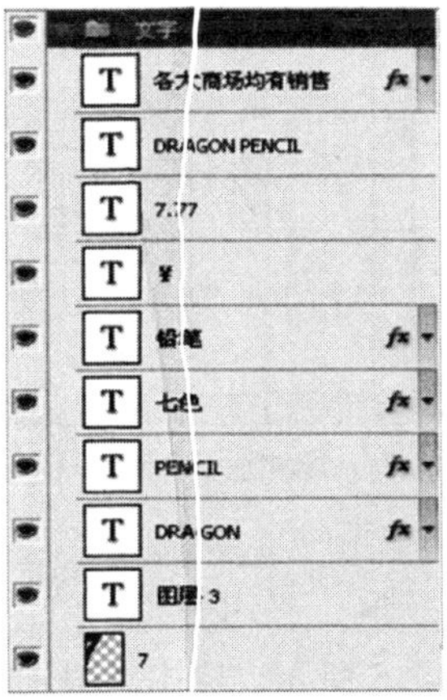

图 8-1-15　“文字”图层组中各图层的关系

8.2　美丽中国结

下面制作一个如图 8-2-1 所示的红色中国结。该案例制作过程较长，制作的重点是中国结的基本单位——四段红线连环相压效果的制作和中国结花边的制作。

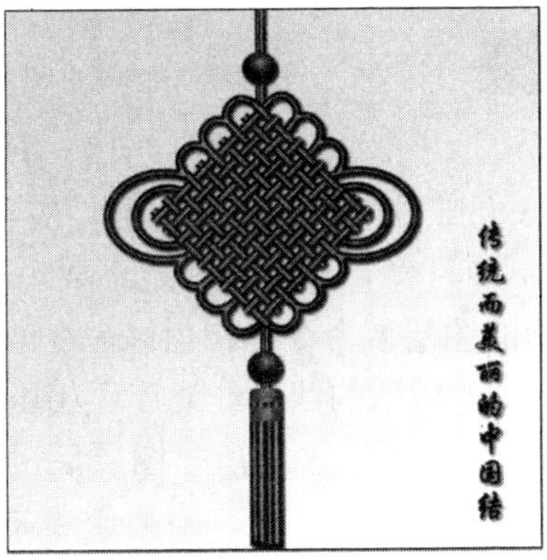

图 8-2-1　美丽中国结

具体操作步骤如下：

(1) 新建一个大小为 1000 px × 1000 px、分辨率为 72 dpi、RGB 模式、背景为白色的文件，并将文件命名为“美丽中国结”。

(2) 制作中国结的基本单位——四段红线连环相压效果。

① 新建图层 1，按【Ctrl+R】键显示标尺，按住鼠标左键从标尺处拖出位置如图 8-2-2 所示的参考线。选择工具栏中的【矩形选框工具】⬚，从标尺顶点处开始沿参考线拖出一个矩形选区，选区高约为选区宽的 3.5 倍。选择【渐变填充工具】▇，选择选项栏中的“线性填充”选项，单击渐变条打开编辑器，将渐变条设置成如图 8-2-3 所示的“红—白—红”渐变。对选区进行线性填充，产生一个红色渐变线段，如图 8-2-4 所示。

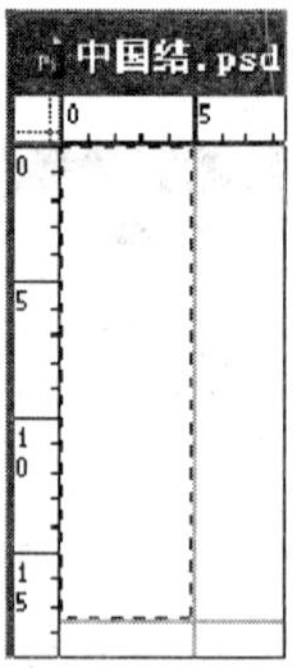

图 8-2-2　显示参考线，确定选区

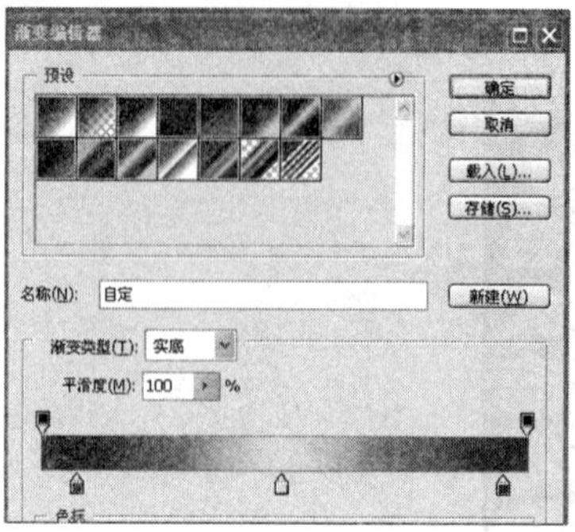

图 8-2-3　设置“渐变条”

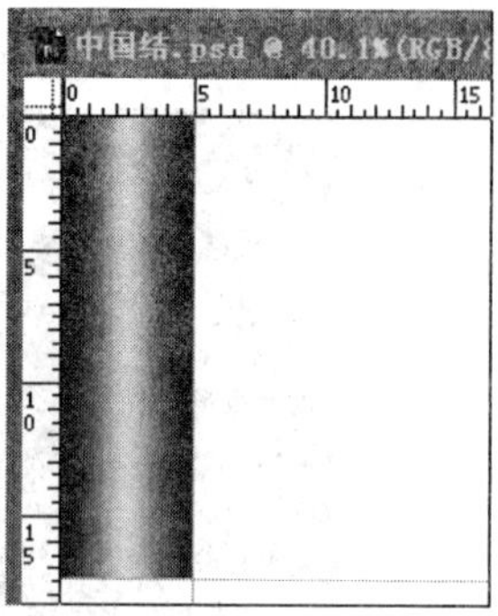

图 8-2-4　绘制红色渐变线段

② 在保留选区状态下，选择菜单【滤镜】/【杂色】/【添加杂色】命令，参数设置为“数量 12.5%、平均分布、单色”，按【Ctrl+D】键取消选区。将图层 1 复制 3 个，图层关系如图 8-2-5 所示。选中“图层 1 副本”图层，选择菜单【编辑】/【变换】/【旋转 90 度(顺时针)】命令，对“图层 1 副本 3”图层做同样的处理。调整各图层对象的位置，位置如图 8-2-6 所示。

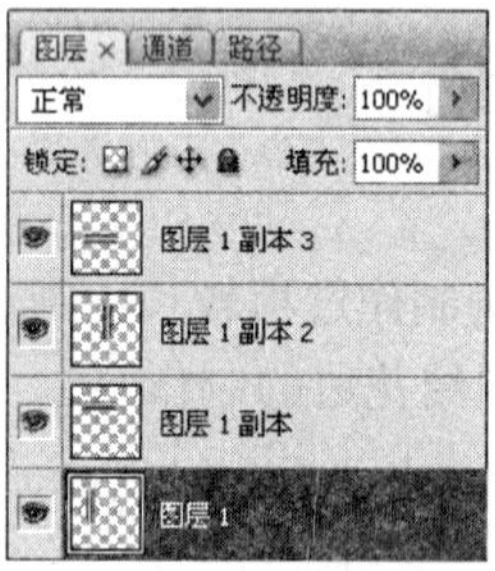

图 8-2-5　图层关系

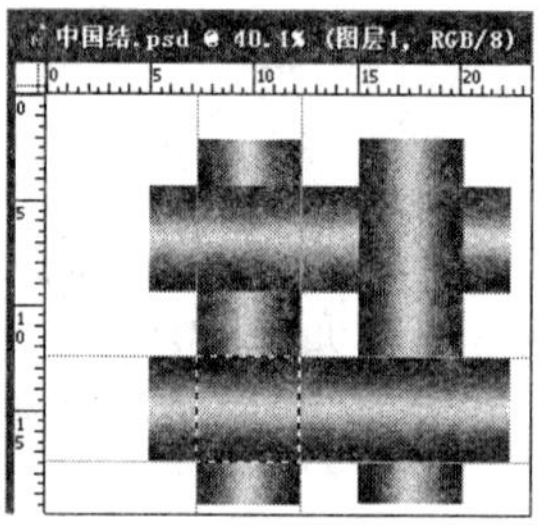

图 8-2-6　调整四个红色渐变线段的位置

③ 选择图层 1，按图 8-2-6 左下方所示的位置拖出相应参考线。选择【矩形选框工具】⬚，按参考线拖出一个矩形选区。注意，该选区一定不要小于参考线交叉区域。选择菜单【图层】/【新建】/【通过剪切的图层】命令，将由该命令产生的“图层 2”移置顶层，如图 8-2-7 所示，最后产生如图 8-2-8 所示的四段红线连环相压的效果。

④ 按住【Ctrl】键单击各图层，逐一选定所有图层后，再按【Ctrl+E】键合并所有图层，将其重命名为“图层 1”。按【Ctrl + T】键，拖动变换关键点的同时按住【Shift + Alt】键，将四段连环相压的红线段成比例缩小，如图 8-2-9 所示。

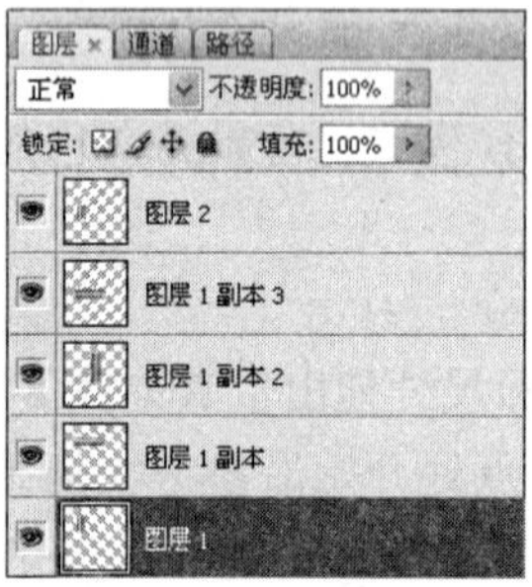

图 8-2-7　通过剪切的图层

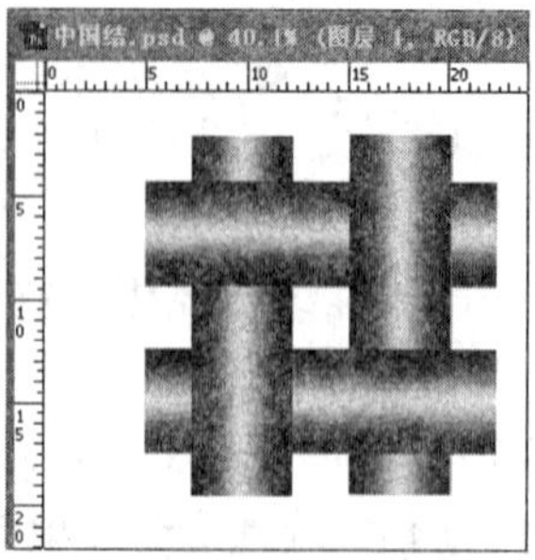

图 8-2-8　四段红线连环相压的效果

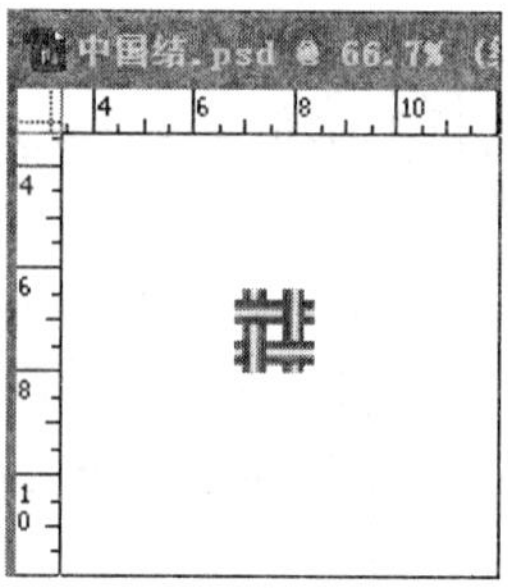

图 8-2-9　红线段成比例缩小

(3) 制作主体编织区域。

① 选择“图层 1”，按住【Ctrl + Alt】键，拖动“图层 1”中四段连环相压的红线，沿水平方向复制四份，要求连续无缝排列，注意红格间的空白要均匀，如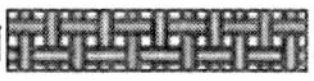。将这五个图层合并，再重新命名为“图层 1”。同理，将“图层 1”沿垂直方向复制四份，仍连续无缝排列，再将这五个图层合并，仍重新命名为“图层 1”。

② 按【Ctrl + T】键执行变换命令，按住【Shift】键将“图层 1”旋转 45°。此时中国结的主体编织区域基本完成，效果如图 8-2-10 所示。

(4) 制作中国结花边。

① 新建一个图层，命名为“花边”。打开【路径】调板，新建两个路径组，分别命名为“大花边路径”和“小花边路径”，如图 8-2-11 所示。选择【自定义形状】中的【椭圆工具】◯，在选项栏中选择只单纯绘制的【路径】按钮，如图 8-2-12 所示。

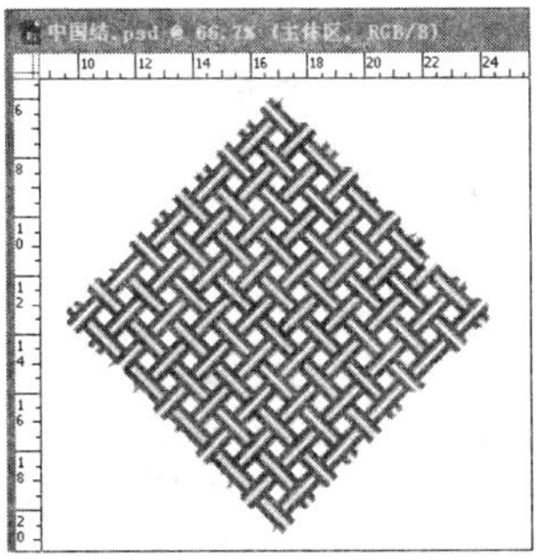

图 8-2-10　主体编织区域

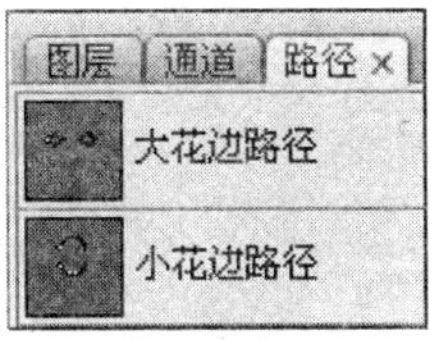

图 8-2-11　新建路径

图 8-2-12　设定【自定义形状】工具属性

② 选中“大花边路径”路径组，依照图 8-2-13 所示的位置仔细绘制出两个大花边的路径。先用心观察图 8-2-13 中路径与中国结主体区的相对位置，然后画出一侧，再复制出另一侧。同理，选中“小花边路径”路径组，依照图 8-2-14 画出多个小花边路径，因小花边路径为非闭合路径，可先画出三点直线路径，然后按【Esc】键结束不闭合的路径操作。选择【转换点工具】▷，将路径变为半椭圆形状，再按图 8-2-14 所示位置复制出另两条路径。(提示：选定路径后，按住【Ctrl+Alt】键拖动鼠标，即可复制出多个相同的路径。)

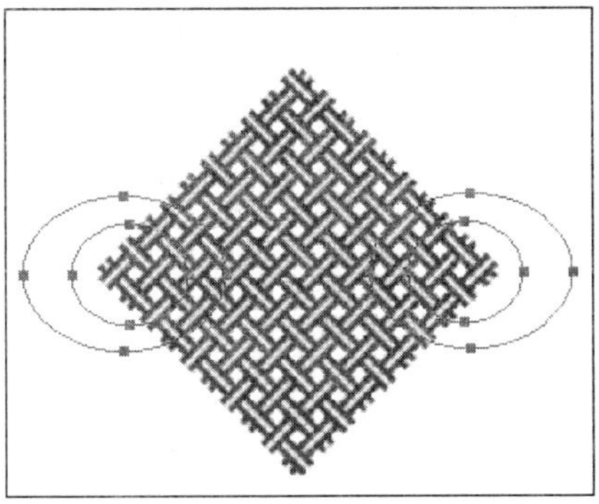

图 8-2-13　“大花边”椭圆路径

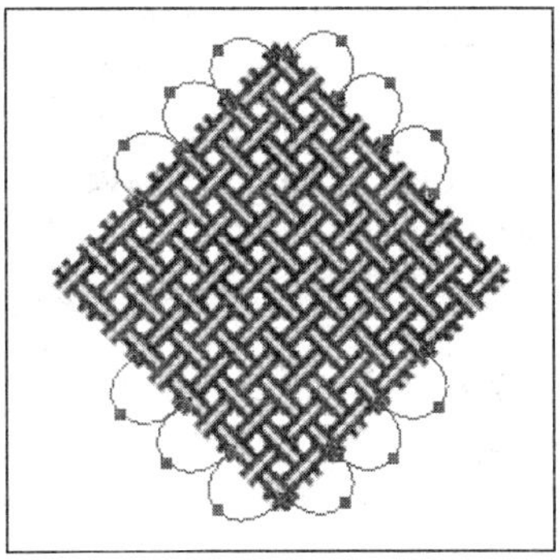

图 8-2-14　“小花边”非闭合路径

③ 新建一个图层，命名为“花边”并选中。将前景色设为红色(#ed0000)，画笔设为 18 px 硬边(此值可根据主体区域红线段的粗细自行调整)，再回到路径组，分别选中“大、小花边路径”对其描边。回到“花边”图层，选择菜单【选择】/【色彩范围】命令，用吸

管吸取图层中的红色，选定花边红色范围，形成如图 8-2-15 所示的选区。

④ 选择菜单【选择】/【修改】/【收缩】命令，收缩值为 7 px(该值可根据本身作画情况自行调整)，再选择同组命令中的羽化命令，羽化值为 1 px，将此选区填充为白色，此时花边的高光效果制作完成，如图 8-2-16 所示。花边完成后，主体区域与花边会出现交叉部分，【多边形套索工具】将“花边”图层中的交叉部分选定后删除。

(5) 制作珠子和穗子。

① 新建一个图层并命名为“珠”。选择【椭圆选框工具】，按住【Shift】键在图 8-2-16 上方所示的位置画出一个小正圆选区。选择【渐变填充工具】，在选项栏中选择“径向填充”选项，单击渐变条打开编辑器，将渐变条设为“白—红”渐变，对选区进行径向填充，如图 8-2-16 上方所示。将画好的珠子复制一份，放置于图像下方。

② 中间连线及下方穗子均用对矩形选区进行线性填充的方法制作而成。在制作过程中，矩形选区可画宽些进行填充，再自由变形为细线，效果如图 8-2-17 所示。

图 8-2-15　绘制“花边”

图 8-2-16　绘制“花边”高光效果

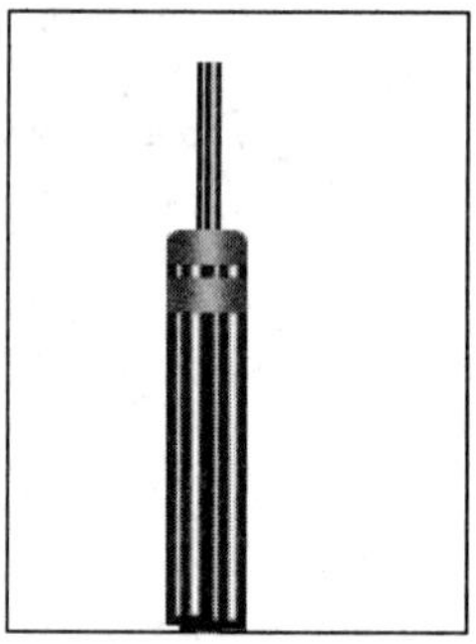

图 8-2-17　绘制穗子

(6) 添加效果。将所有图层合并，选择菜单【滤镜】/【杂色】/【添加杂色】命令，参数设置为“数量 3%、平均分布”，增加中国结的质感。再对其添加“投影”样式，参数设置如图 8-2-18 所示，增加立体感。如觉得中国结红色的效果不够，可再添加“颜色叠加”样式，叠加颜色为红色，如图 8-2-19 所示。最后在背景层中，进行“浅黄—白”的线性填充，以衬托中国结的喜庆色彩。至此，整个作品完成。

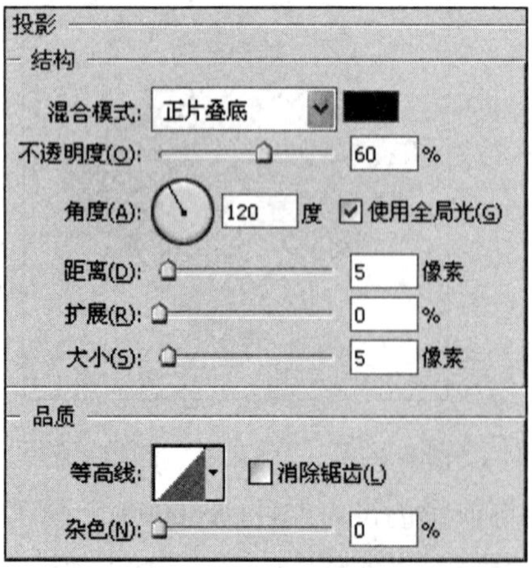

图 8-2-18　“投影”样式参数设置

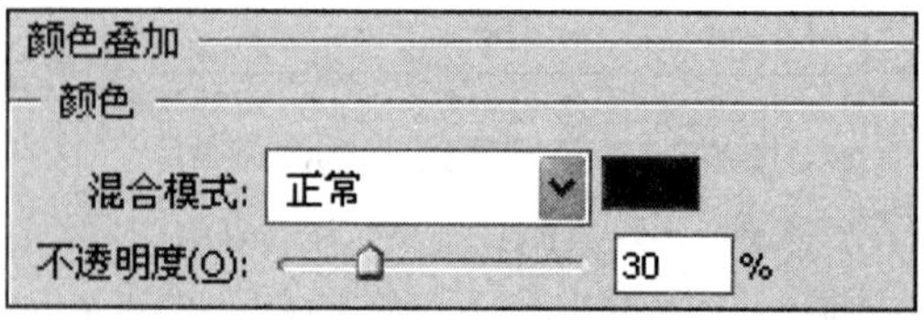

图 8-2-19　“颜色叠加”样式参数设置

8.3 公益广告

图 8-3-1 为一幅保护绿色资源的公益广告，该广告主色调为绿色，背景主要是用深浅不一的黄白两色作底色烘托绿色的清新。本案例主要应用了蒙版、通道、滤镜、色彩调整、画笔以及画布的调整等知识。

图 8-3-1 公益广告

具体操作步骤如下：

(1) 绘制森林中的阳光。

① 打开文件名为“森林.jpg”的素材，如图 8-3-2 所示。打开【通道】调板，通过观察发现，蓝色通道中的黑白对比明显，如图 8-3-3 所示。选中蓝色通道，按【Ctrl】键单击该通道，选取通道中的高光部分。

图 8-3-2 “森林”素材

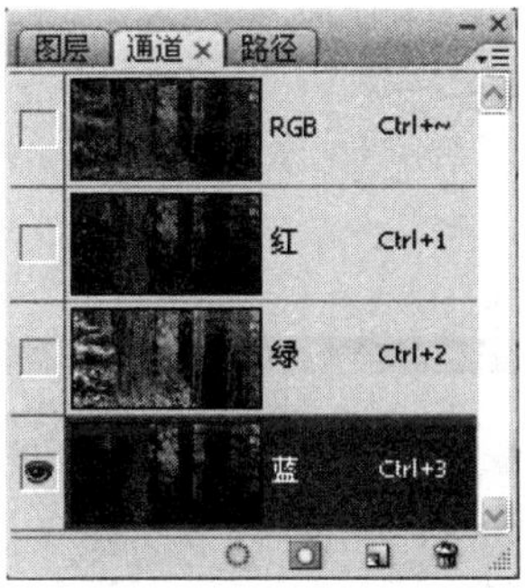

图 8-3-3 选取蓝色通道中的高光部分

② 选择复合通道，回到【图层】调板，双击背景图层，将背景图层解锁。按【Ctrl+J】键将选区中的内容复制到新的图层，如图 8-3-4 所示，将图层重命名为“阳光”。为了操作方便，暂时将“背景”图层关闭。选择“阳光”图层，选择菜单【滤镜】/【模糊】/【径向模糊】命令，将“数量”设置为 100、“方法”设置为“缩放”，注意要将模糊中心移到预览区的中间最上方，如图 8-3-5 所示，模拟“阳光”后的效果如图 8-3-6 所示。若感觉效果不明显，则可再选择菜单执行一次该命令。

图 8-3-4　复制“森林”的高光部分

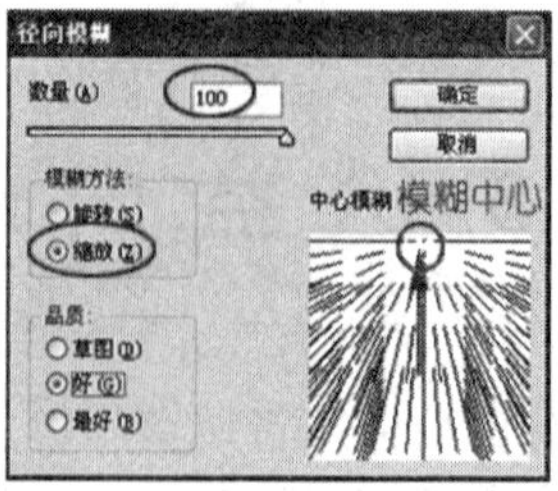

图 8-3-5　【径向模糊】对话框

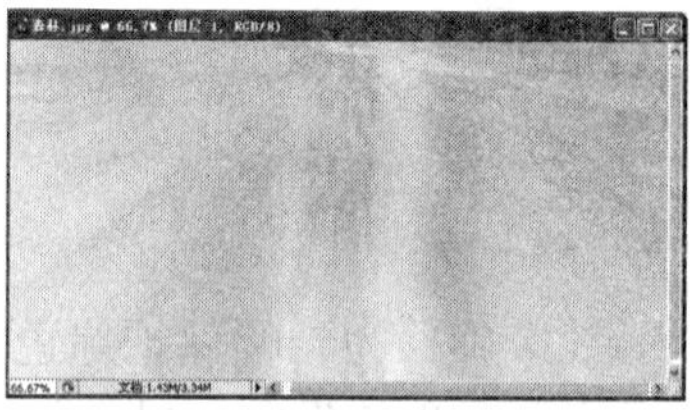

图 8-3-6　【径向模糊】效果

③ 选择菜单【滤镜】/【渲染】/【光照效果】命令，将“光照类型”设置为“全光源”，并将光照中心移至预览区的中间最上方，其它参数为默认值，效果如图 8-3-7 所示。单击“背景”图层的“眼睛”，显示森林图像，会看到如图 8-3-8 所示的阳光从森林中照射出来的效果。

图 8-3-7　【光照效果】后的“阳光”效果

图 8-3-8　阳光从森林中照射出来的效果

(2) 添加“草地”。

① 打开素材“草地.jpg”，如图 8-3-9 所示。选择【移动工具】，将其拖入“森林”文件中，命名该图层为“草地”，如图 8-3-10 所示。为了不破坏“森林”原素材，选择菜单【文件】/【存储为】命令，将文件重新命名为“公益广告—保护绿色资源.psd”，存储目录自行选定。

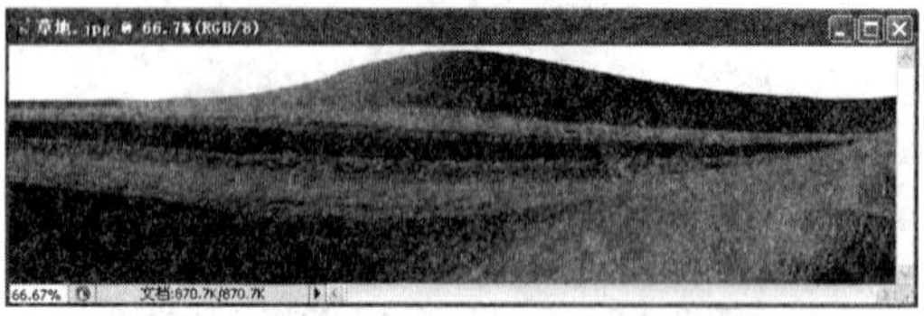

图 8-3-9　“草地”素材

图 8-3-10　将“草地”拖入当前文件

② 将“草地”素材放入当前文件中后，发现草地的颜色较暗，与“森林”的清新色调不和谐。选择菜单【图像】/【调整】/【匹配颜色】命令，打开如图 8-3-11 所示的对话框，将“明亮度”和“颜色强度”均设置为 105，在“源”选项下拉列表中选择“公益广告—保护绿色资源”文件，在“图层”选项中选择“背景”图层。经过颜色匹配后的草地效果如图 8-3-12 所示。

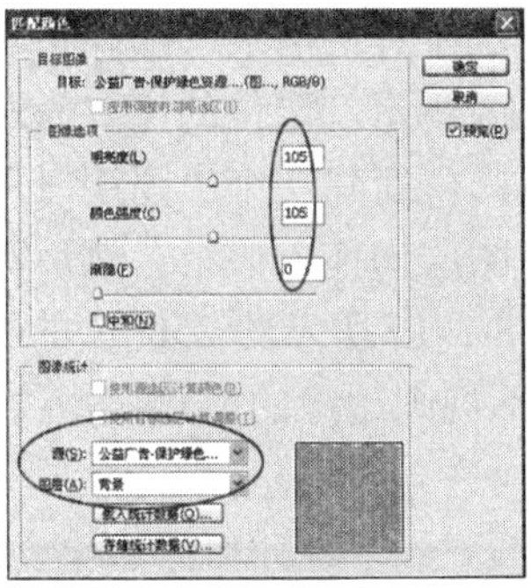

图 8-3-11　【匹配颜色】对话框

图 8-3-12　【匹配颜色】后的“草地”效果

(3) 添加人物和阴影。

① 打开如图 8-3-13 所示的素材“人物.jpg”。选择工具箱中的【魔棒工具】，在选项栏中选择【添加到选区】按钮，在人物身体以外的区域单击，包括人物的手臂和身体间的区域，按【Ctrl+Shift+I】键将选区反选，将人物选中。选择【移动工具】，将素材拖入当前文件，放置位置如图 8-3-14 所示，命名该图层为“人物”，并保留选区状态。新建一个图层并命名为“阴影”，向选区中填充黑色作为阴影的雏形。选择菜单【编辑】/【变换】/【垂直翻转】命令，将阴影垂直翻转。按【Ctrl+T】键使阴影处于变换状，按住【Shift】键将阴影逆时针旋转 45°，再按住【Ctrl】键拖动四个关键点，将阴影变换至如图 8-3-15 所示的样子。

图 8-3-13　“人物”素材

图 8-3-14　“人物”在当前图像中的位置

图 8-3-15　“人物”的阴影

② 为了让人物和草地有阳光照射后的真实感，如图 8-3-16 所示，需对“阳光”、“投影”和“草地”图层添加蒙版进行效果处理。“阳光”图层添加蒙版后，用黑色较粗些的柔边画笔在草地、人物和最前边大树干的位置进行涂抹，将这些位置的阳光隐藏。“草地”图层添加蒙版后，用同样的方法将草地上隆起的那部分隐藏。“投影”图层添加蒙版后，在如图 8-3-17 所示的位置由①点向②点对蒙版进行由白到黑的渐变填充，使阴影效果变得真实。

图 8-3-16　为各图层添加蒙版

图 8-3-17　添加蒙版后的阴影效果

(4) 改变画布大小。选择菜单【图像】/【画布大小】命令，在对话框中选择“相对”选项，增加的宽度和高度分别设置为 6 cm 和 5 cm，如图 8-3-18 所示，定位的位置为左上角处的方格。在【图层】调板中，双击“背景”图层将其解锁，再新建一个“图层 1”放在最底层。新建一个图层组，除新建的“图层 1”外，将所有图层均拖入该组。然后对该组添加蒙版并将蒙版填充黑色，所有的图像均被隐藏。选择图 8-3-19 所示约 250 px 的“粗边圆形钢笔”白色画笔在蒙版上“单击式”地涂抹，将图像以不规则边缘的形式显示出来，效果如图 8-3-20 所示。

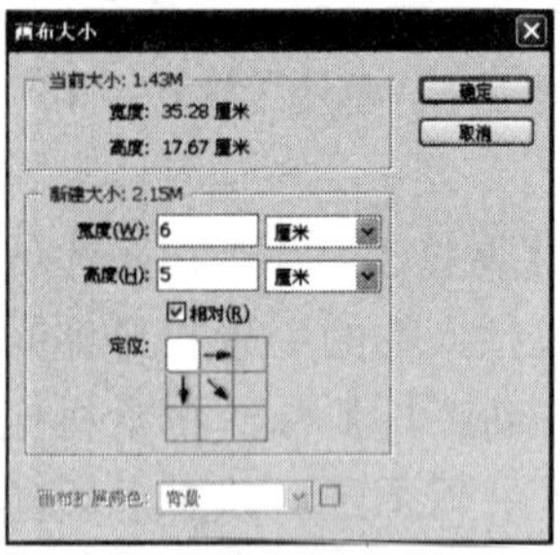

图 8-3-18　修改画布大小

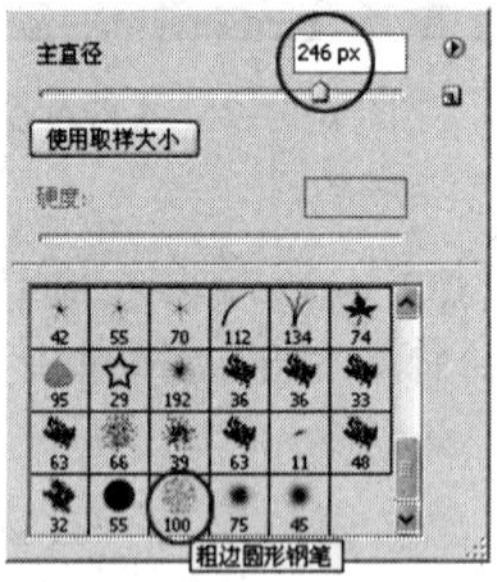

图 8-3-19　设置画笔

图 8-3-20　制作图像的不规则边缘显示形式

(5) 添加底层效果和文字。将前景色设置为黄色(#fffc75)，背景色设置为白色，选择“图层 1”图层并填充前景色，选择菜单【滤镜】/【素描】/【半调图案】命令，在选项中将“大小”设置为 3，“对比度”设置为 12，“图案类型”不限。选择菜单【滤镜】/【纹理】/【染色玻璃】命令，在选项中将“单元格大小”设置为 17，“边框粗细”设置为 7，“光照强度”不限。最后输入宣传文字，字体、大小和所添加的样式自行设定，最后的效果如图 8-3-1 所示。至此，整个作品完成。

8.4　人像主题海报

图 8-4-1 为一幅模拟挂在墙上的人像主题海报，由于照片基本上都是黑白照，因此海报的底色以淡紫红色为主，以衬托出黑白的经典。本案例主要应用了蒙版、滤镜、色彩调整、图层样式等知识，以帮助读者进一步学会如何灵活应用蒙版。实际上，可将本案例的 PSD 源文件作为模板，海报中的人像根据所选的主题和自己的喜好选择好后，分别进行替换即可。可打开该案例样本“人像主题海报.jpg”参照绘画(见图 8-4-1)。

图 8-4-1　人像主题海报

(1) 新建一个大小为 500 px × 700 px、分辨率为 150 dpi、RGB 模式、背景为白色的文件，并将文件命名为“人像主题海报”。将前景色设为淡紫色(#f47566)，并填充“背景”图层。选择菜单【滤镜】/【艺术效果】/【胶片颗粒】命令，为背景添加一些质感，使其不那么单调。

(2) 绘制透明按钮效果。

① 新建一个图层并命名为“圆”。选择【椭圆选框工具】，在选项栏中将“样式”设置为“固定大小”，宽度和高度均为 200 px，然后在图像的左上角单击，画一个直径为 200 px 的正圆选区，如图 8-4-2 所示，并为该选区填充白色。单击【图层】调板下方的【添加图层样式】按钮，选择“投影”样式，参数设置如图 8-4-3 所示。

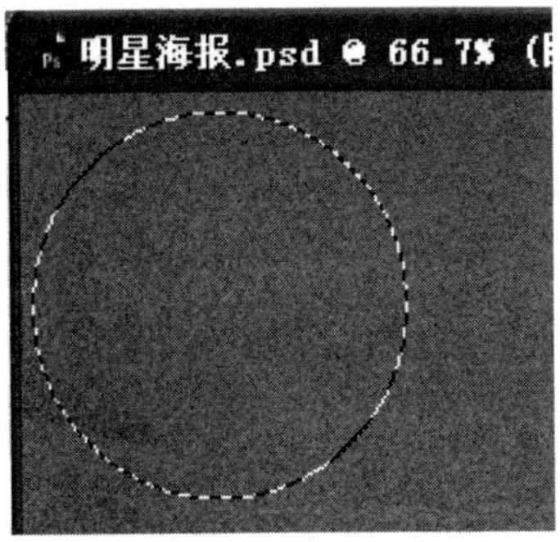

图 8-4-2　绘制正圆选区

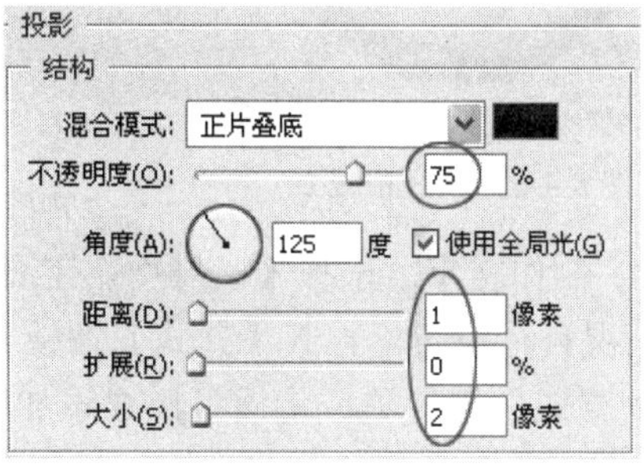

图 8-4-3　“投影”样式对话框

② 选择“斜面和浮雕”样式，参数设置如图 8-4-4 所示。添加好样式后，将“圆”图层的“填充”值设置为 0%，这时按钮就会出现透明的效果，如图 8-4-5 所示。

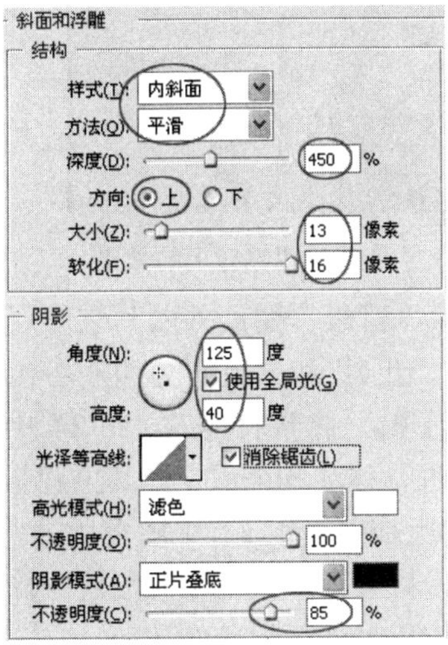

图 8-4-4　“斜面和浮雕”样式对话框

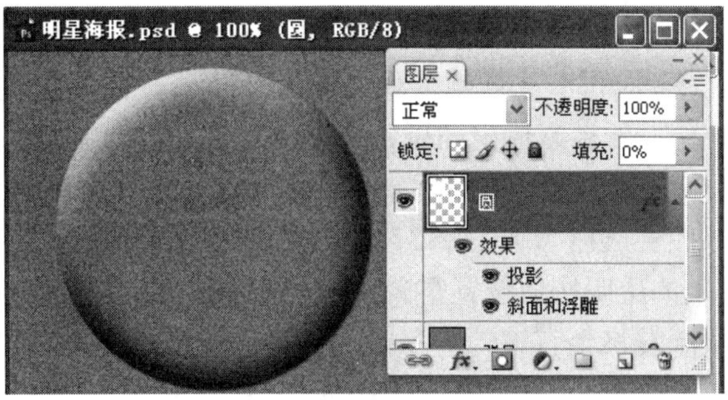

图 8-4-5　透明按钮效果

(3) 添加人像。打开素材“图 1.jpg”，选择【移动工具】，将素材拖入当前文件中，命名该图层为“图 1”，且将该图层放在“圆”图层的下方。按住【Ctrl】键，在“圆”图层的缩览图上单击，调出正圆选区，选择菜单【选择】/【修改】/【收缩】命令，将收缩值设置为 15 px。选择【矩形选框工具】，在选项栏中选择【从选区减去】按钮，按图 8-4-6 所画的示意图，从①点处向②点处拖动鼠标，减去正圆下方的 1/3 选区。然后单击【图层】调板下方的【添加蒙版】按钮，为“图 1”图层添加蒙版，如图 8-4-7 所示。这样，人像好似嵌在透明按钮上了。如需调整人像位置，可单击图层缩览图与蒙版缩览图之间的链接按钮，将二者解锁，然后单独移动或缩放人像的位置及大小，修改好后再次单击按钮，以恢复二者的链接关系。

图 8-4-6　选区相减

图 8-4-7　人物嵌在透明按钮上的效果

(4) 制作文字。选择【横排文字工具】T，输入白色文字“HAPPY”，字体和大小根据制作情况自行设定。打开【样式】调板，单击调板右上角的▾≡按钮，在弹出的菜单中选择“Web 样式”组选项，将该组样式添加到调板中，然后选择该组中的“拉丝光面金属”样式，如图 8-4-8 所示，为文字图层添加此样式。将文字图层的“填充”值改为 30%，使文字与按钮在颜色上和谐过渡，效果如图 8-4-9 所示。

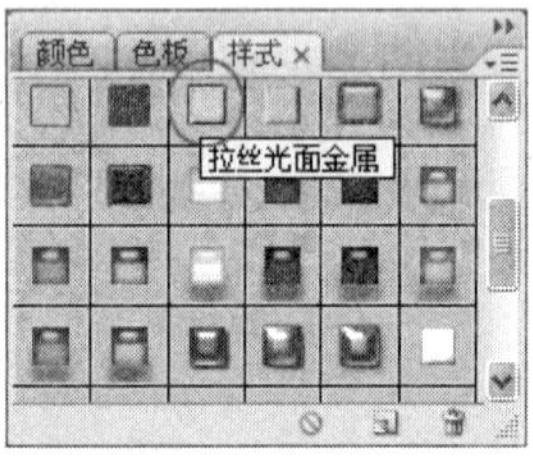

图 8-4-8　【样式】调板

图 8-4-9　文字嵌在透明按钮上的效果

(5) 制作其它四组人像按钮。新建一个图层组，将除“背景”图层外的其它图层均拖入该组，然后复制出四份，分别命名为“组 2”、“组 3”、“组 4”和“组 5”，再将各组图像的位置分别拉开。打开素材“图 2.jpg”，选择【移动工具】，将素材拖入“组 2”中，且将该图层放在“圆副本 2”图层的下方，将“图 2”人像进行移动和缩放，使其位置与“组 2”中的透明按钮位置重叠，如图 8-4-10 所示。单击并向上拖动“组 2”中的蒙版缩览图，使蒙版转移至有第二个图像的图层上，如图 8-4-11，然后将有第一张人像的图层删除。可像第(3)步那样重新调整人像相对蒙版的位置。同理，制作出另外三组人像按钮。

图 8-4-10　人像与透明按钮重叠

图 8-4-11　在图层间转移蒙版

(6) 为了使黑白照片与背景衔接柔和，依次选择各组中的黑白人像图层，再选择菜单【图像】/【调整】/【照片滤镜】命令，进行色调调整，滤镜类型为“加温滤镜(85)”，其它为默认值，如图 8-4-12 所示。选定所有组与图层，按【Ctrl + T】键，再按住【Shift + Alt】键拖动变换关键点，将所有组与图层缩小约至 90%。新建一个图层，将其放置在最底层，选择【渐变工具】，打开渐变编辑器，选择预设库中的“色谱”渐变，从左上角向右下角拖动鼠标，对该图层进行渐变填充，如图 8-4-13 所示。选择菜单【图像】/【调整】/【黑白】命令，参数为默认值，使图像变为灰度图。再选择菜单【滤镜】/【素描】/【便纸条】命令，为图层添加类似灰、白色的麻面效果，如图 8-4-14 所示。

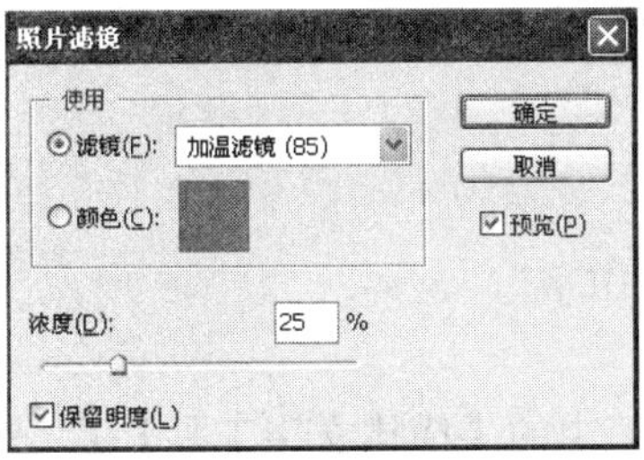

图 8-4-12　【照片滤镜】对话框

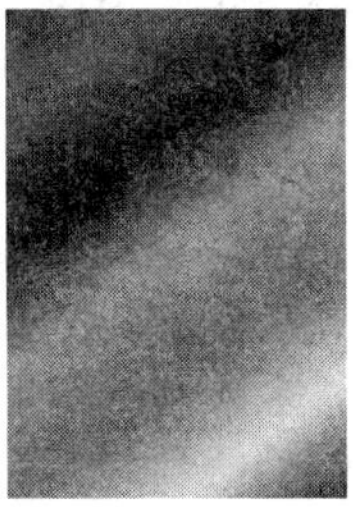
图 8-4-13　“色谱”渐变填充

图 8-4-14　【便纸条】效果

(7) 绘制四个挂钉。新建一个图层组，将其命名为“钉”，在该组新建一个图层并将其命名为“钉 1”。在图 8-4-15 所示的左上角位置画出一小正圆选区并填充白色，再为其添加“Web 样式”组中的“铬合金”样式。将该图层复制出三份，调整至其它三个顶角。文字内容较简单，可自行添加。最后再为浅紫红色的图层添加“投影”和“斜面和浮雕”样式，为其增加海报挂在墙面上的立体感，海报下的文字可根据需要自行编辑和设定效果。至此，本案例制作完成。

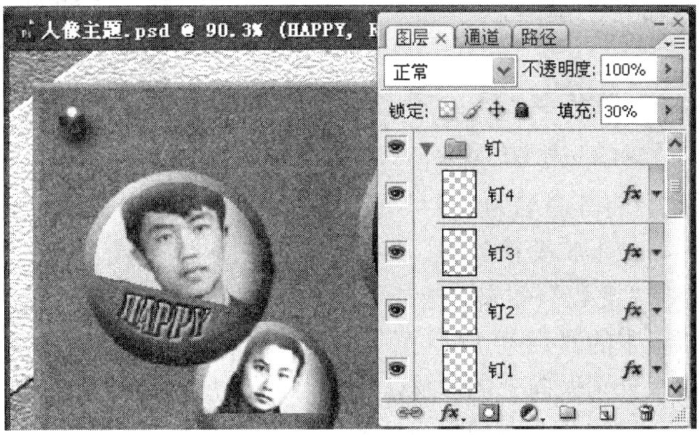

图 8-4-15　添加挂钉

8.5 麦 田 字

图 8-5-1 是在麦田里制造压倒文字的立体效果，有趣也有新意。但如果是单纯通过添加样式的做法，效果就没那么逼真。下面通过改变文字不透明度、绘制“站立小麦”、添

加阴影，尤其是通过自定义画笔绘制“站立小麦”来制造文字被压倒的样子，从而形成立体麦田字的方法来完成该作品。

图 8-5-1　麦田字

具体操作步骤如下：

(1) 打开名为“麦田素材”的图片，将其重命名为“麦田字”。

(2) 制作透视文字。

① 新建一个图层，将其命名为“P 字母”。选择工具箱中的【横排文字工具】T，输入“P”，参数设定如图 8-5-2 所示。按【Ctrl + T】键，使字母处于变换状态。按住【Ctrl】键的同时，分别拖动字母“P”的四个以及两侧的控制点，不断调整，变换成如图 8-5-3 所示的状态，使其具有透视感。

图 8-5-2　输入文字参数的设定

图 8-5-3　变换文字形状，形成透视效果

② 新建一个图层，将其命名为“S 字母”，输入“S”。参数设定同字母“P”，只是大小为 200 点。同样，做形状变换处理。

(3) 绘制字母边缘“毛边”效果。选择工具箱中的【涂抹工具】，在画笔中追加“自然画笔”组，选择该组中的“点刻 12 像素”画笔，参数设定如图 8-5-4 所示。然后，用该画笔对两个字母边缘分别做向上的涂抹，如图 8-5-5 所示，抹出毛边，以达到字母与麦田真实融合的效果。再将这两个图层的不透明度设定为 60%。

图 8-5-4　“点刻 12 像素”画笔的属性设置

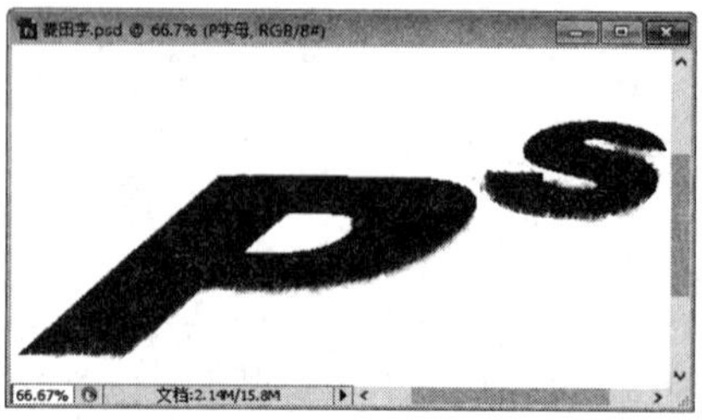

图 8-5-5　绘制出字母边缘“毛边”效果

(4) 绘制“站立小麦”。

这是最关键的一步。

① 要想文字有被“压倒”的立体效果，就要先自定义一个形状类似于小麦形状的画笔，如图 8-5-6 所示。先绘制出一个高 325 px、宽 30 px 的矩形填色，颜色不限。选择菜单【滤镜】/【液化】命令，使用【液化】命令中的【向前变形工具】和【褶皱工具】，二者相互配合使用，将矩形变成稍有扭曲的针形。

② 选择工具箱中的【画笔工具】，选定自定义画笔，按【F5】键，弹出【画笔】调板，设定笔尖大小为 25 px，间距为 170。接下来分别进行画笔的【形状动态】、【散布】以及【颜色动态】参数的设定，如图 8-5-7～图 8-5-9 所示。将前景色设置为棕色(#82460e)，背景色设置为土黄色(#ae8640)，以保证画笔的颜色在深棕和浅棕两种颜色中交替进行。

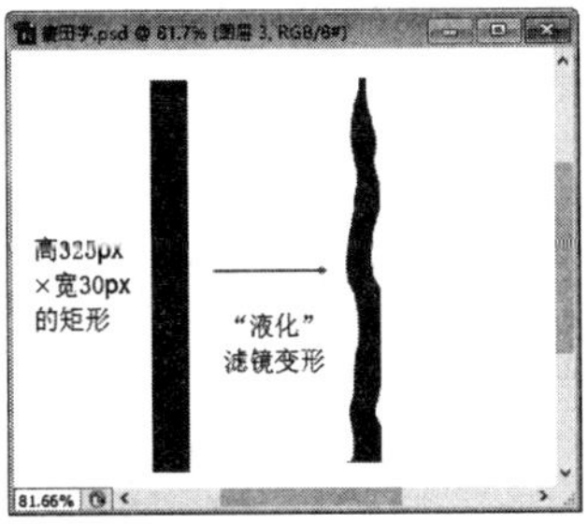

图 8-5-6　自定义画笔

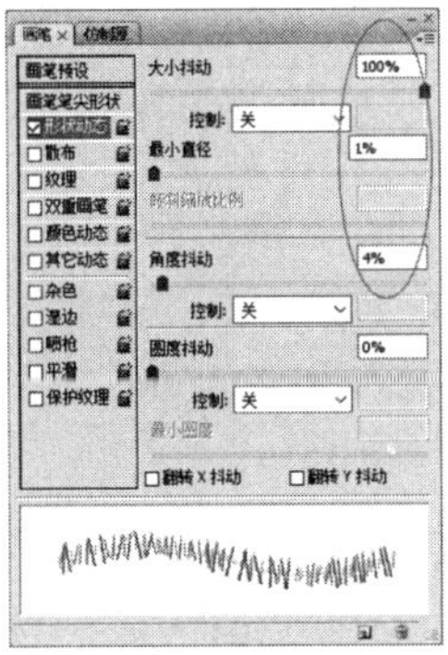

图 8-5-7　画笔【形状动态】参数设置

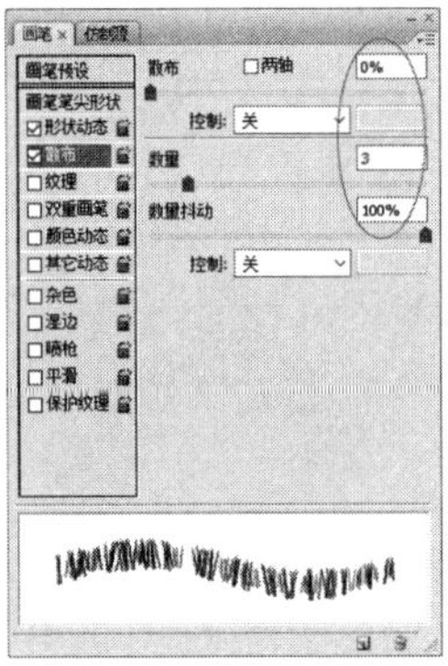

图 8-5-8　画笔【散布】参数设置

③ 新建一个图层，将其命名为“站立小麦”，如图 8-5-10 所示，应用自定义画笔在字母“P”和“S”的指定位置处画出“站立小麦”。要注意的是，将字母“P”的“站立小麦”的画笔大小设定为 28 px，而将字母“S”的画笔大小设定为 20 px。因字母“S”在更远处，它的“小麦”要比字母“P”的矮，才符合透视效果。

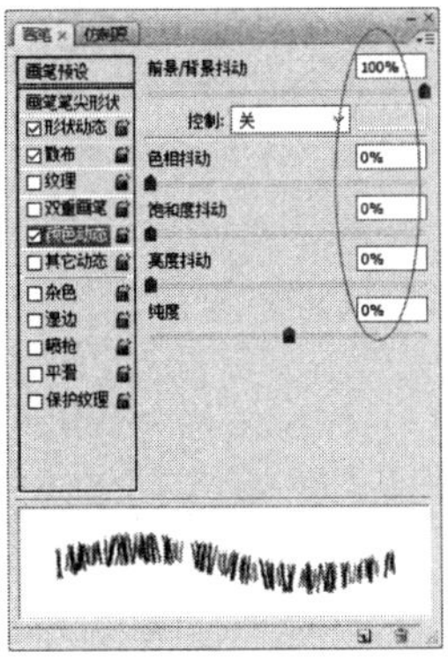

图 8-5-9　画笔【颜色动态】参数设置

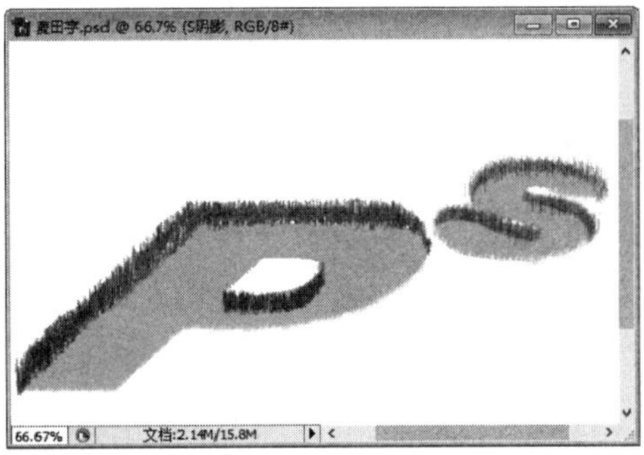

图 8-5-10　字母“P”和“S”的“站立小麦”

(5) 绘制“站立小麦”的阴影。为了使效果更逼真，还要考虑光所产生的阴影。新建一个图层，将其命名为“阴影”。将前景色设置为黑色，如图 8-5-11 所示，使用“柔角”17 px 左右的画笔在字母“P”和“S”的指定位置画出阴影。字母“P”右上方内侧需画大些，然后再用“柔角”30 px 左右的画笔回擦出半透明的阴影过渡区。字母“S”中间的阴影不能完全贴靠在字母内边缘处，要稍靠下，留出第(4)步绘出的“站立小麦”的位置。将“阴影”图层不透明度设置为 25%。至此，本案例制作完成。

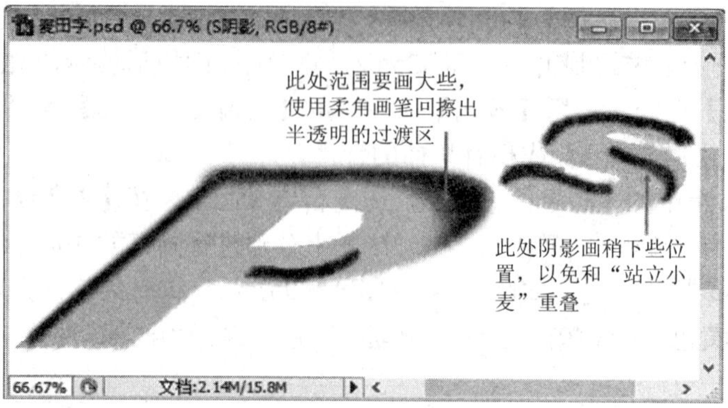

图 8-5-11　绘制“站立小麦”的阴影

附录　Photoshop CS3 常用快捷键速查表

键名	单键命令	组合键					
		Ctrl+	Shift+Ctrl	Alt+Ctrl	Ctrl+Shift+Alt	Shift+	Alt+
A	直接选取工具	全选					
B	画笔工具	色彩平衡	自动颜色	色彩平衡(历史)	黑白(色彩调整)		
C	裁剪工具	拷贝	合并拷贝				
D	前背景色复位	取消选择	重新选择	羽化			
E	橡皮擦工具	合并图层	合并可见图层	盖印	盖印可见图层		
F	屏幕切换	重复上次滤镜	渐隐滤镜效果	重复上次滤镜(对话框)			
G	渐变工具	编组	取消编组				
H	抓手工具	显示/隐藏额外内容	显示/隐藏路径				
I	吸管工具	反相	反选				
J	喷枪工具	拷贝为新层	剪切为新图层				
K	油漆桶工具	预置	颜色设置	预置(上次)			
L	套索工具	色阶	自动色阶	色阶(历史)	自动对比度		
M	选框工具	曲线		曲线(历史)			
N	铅笔工具	新文件	新建图层	新文件默认对话框	新图层(默认)		
O	加深减淡工具	打开		打开为			
P	钢笔工具	打印	页面设置				
Q	快速蒙版状态	退出					
R	涂抹工具	显示标尺					
S	橡皮图章	存盘	存储为	存储副本			
T	文字工具	自由变换	规律移动		规律复制		
U	度量工具	色相/饱和度	去色	色相/饱和度(历史)			
V	移动工具	粘贴	原位粘贴		外部粘贴		
W	魔棒工具	关闭文件					
X	前背景色互换	剪切					

续表

键名	单键命令	组合键					
		Ctrl+	Shift+Ctrl	Alt+Ctrl	Ctrl+Shift+Alt	Shift+	Alt+
Y	历史记录画笔	CMYK 预览	色域警告				
Z	缩放工具	撤销/恢复	逐步恢复	逐步撤销			
F1	帮助						
F2	剪切						
F3	拷贝						
F4	粘贴	关闭文件窗口					
F5	画笔调板					填充	
F6	颜色调板					羽化	
F7	图层调板					反选	
F8	信息调板						
F9	动作调板						
TAB	显示/隐藏调板					显示/隐藏除工具箱以外的调板	
[	画笔减细	下移一层	移至底层			选择第一个画笔	激活下一图层
]	画笔加粗	上移一层	移至顶层			选择最后一个画笔	激活上一图层
Del/←	删除	填充背景色				填充对话框	填充前景色
+	添加锚点工具	扩大视图显示					
–	删除锚点工具	减小视图显示					
;		显示参考线	贴紧参考线	锁定参考线			
”		显示网格	贴紧网格				
Pageup	上滚一屏	左滚一屏	左滚 10 像素			上滚 10 像素	
Pagedo	下滚一屏	右滚一屏	右滚 10 像素			下滚 10 像素	
方向键	微移(1 像素)					微移(10 像素)	微调字间距
数字 0		满屏显示		实际像素显示			